ANSYS Workbench
热力学分析实例演练

2024版

何嘉扬 等编著

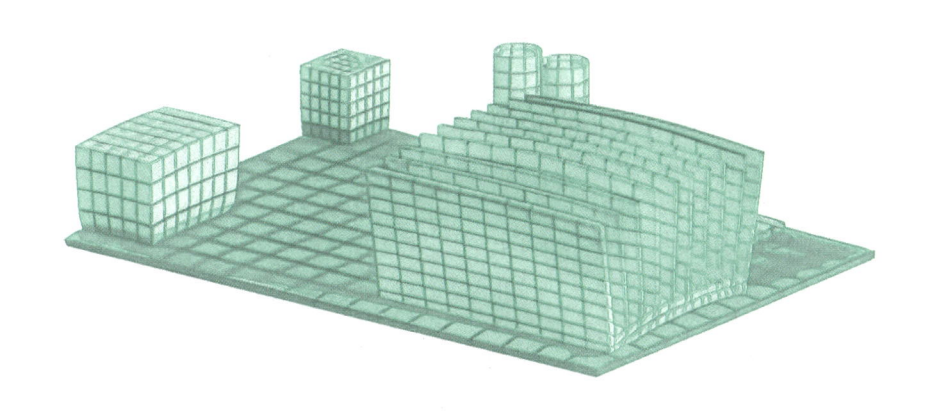

机械工业出版社
CHINA MACHINE PRESS

本书以 ANSYS Workbench 2024 为操作平台，详细介绍了利用 Workbench 平台进行热力学分析的相关功能及应用。本书内容丰富，涉及领域广泛，读者在掌握软件操作的同时，也能掌握解决相关工程领域实际问题的思路与方法。

全书涉及基础理论、项目范例和高级应用等内容。基础理论部分从有限元理论着手，介绍了热力学分析的基础理论以及 Workbench 平台的基础知识。项目范例部分以项目范例为指导，讲解在 Workbench 平台中进行的稳态热分析、非稳态热分析、热辐射分析等内容的理论计算公式与案例实际操作的方法。高级应用部分讲解了在 Workbench 平台中进行的相变分析、优化分析、热应力耦合分析、热流耦合分析等内容。同时，随书附赠算例源文件、教学视频及电子教案，从而增强读者阅读体验并提高学习效率。

本书工程实例丰富、讲解详尽，内容安排循序渐进、深入浅出，可以作为工程领域技术人员从事工程研究的参考书，也可以作为理工院校土木工程、机械工程、力学、电气工程等与热力学分析有关专业的高年级本科生、研究生及教师的培训教程。

图书在版编目（CIP）数据

ANSYS Workbench 热力学分析实例演练：2024 版／何嘉扬等编著． -- 北京：机械工业出版社，2025.5.
（CAD/CAM/CAE 工程应用丛书）． -- ISBN 978-7-111-77945-2

Ⅰ.O414.1-39

中国国家版本馆 CIP 数据核字第 2025X2M582 号

机械工业出版社（北京市百万庄大街 22 号　邮政编码 100037）
策划编辑：丁　伦　　　　　责任编辑：丁　伦　李晓波
责任校对：潘　蕊　李　杉　责任印制：任维东
天津市光明印务有限公司印刷
2025 年 5 月第 1 版第 1 次印刷
185mm×260mm・19.75 印张・515 千字
标准书号：ISBN 978-7-111-77945-2
定价：119.00 元

电话服务　　　　　　　　　　网络服务
客服电话：010-88361066　　　机　工　官　网：www.cmpbook.com
　　　　　010-88379833　　　机　工　官　博：weibo.com/cmp1952
　　　　　010-68326294　　　金　书　网：www.golden-book.com
封底无防伪标均为盗版　　机工教育服务网：www.cmpedu.com

前 言

ANSYS 公司的 ANSYS Workbench 作为多物理场及优化分析平台，将流体市场占据份额较大的 Fluent 及 CFX 软件集成起来，同时将电磁行业分析标准的 ANSOFT 系列软件集成到其平台中，并且提供了软件之间的数据耦合，给用户带来了极大的便利。

ANSYS Workbench 提供了 CAD 双向参数链接互动、项目数据自动更新机制、全面的参数管理、无缝集成的优化设计工具等，使 ANSYS 在"仿真驱动产品设计"（SDPD）方面达到了前所未有的高度。Workbench 还具有强大的结构、流体、热、电磁及其相互耦合分析功能。

1. 本书特点

本书以初、中级读者为对象，首先从有限元基本原理及 ANSYS Workbench 使用基础讲起，再辅以 ANSYS 在工程中的应用案例，帮助读者尽快掌握使用 Workbench 进行有限元分析的技能。

书中不仅是对软件操作过程的详细讲解，还通过理论与实际操作相结合的方式帮助读者加深对有限元方法的理解。

本书结合笔者多年 ANSYS 使用经验与实际工程应用案例，将 ANSYS 软件的使用方法与技巧详细地讲解给读者。本书在讲解过程中步骤详尽、内容新颖，讲解过程辅以相应的图片，使读者在阅读时一目了然，从而快速掌握书中所讲内容。

书中的案例是基于笔者多年来对热力学有限元分析方法及热学相关理论的深入理解进行编写，相关案例均给出了解析计算的方法并与有限元算法计算的结果进行了对比。

2. 本书内容

本书在必要的理论概述基础上，通过大量典型案例对 ANSYS Workbench 分析平台中的模块进行详细介绍，并结合实际工程与生活中的常见问题进行详细讲解。全书分为基础理论、项目范例、高级应用的内容，具体安排如下。

基础理论部分介绍了有限元理论和 ANSYS Workbench 平台基本操作、几何建模与导入方法、网格划分及网格质量评价方法、结果的后处理操作等内容，包括以下 4 个章节。

第 1 章：热力学分析的理论基础　　　　第 2 章：几何建模
第 3 章：网格划分　　　　　　　　　　第 4 章：边界条件与后处理

项目范例部分介绍了 ANSYS Workbench 平台结构基础分析内容，如稳态热分析、非稳态热分析、热辐射分析等内容，包括以下 4 个章节。

第 5 章：稳态热分析　　　　　　　　　第 6 章：非稳态热分析
第 7 章：非线性热分析　　　　　　　　第 8 章：热辐射分析

高级应用部分介绍了 ANSYS Workbench 平台结构进阶分析功能，如热应力分析、热流分析、热学优化分析等内容，包括以下 4 个章节。

第 9 章：相变分析　　　　　　　　　　第 10 章：优化分析
第 11 章：热应力耦合分析　　　　　　　第 12 章：热流耦合分析

本书中所有算例源文件可以关注封底的"IT 有得聊"或"仿真技术"公众号获取下载链接，下载后可以使用 Workbench 打开源文件，根据本书的介绍进行学习参考。同时，一并赠送电子教案和教学视频等海量学习资源。

3. 读者对象

本书适合 ANSYS Workbench 初学者和期望提高热力学有限元分析及建模仿真工程应用能力的读者，具体包括：

★ 初中级 Workbench 从业人员　　　★ ANSYS Workbench 爱好者
★ 大中专院校的教师和在校学生　　　★ 广大科研工作者

4. 读者服务

读者在学习过程中遇到难以解答的问题，可以到为本书专门提供技术支持的"仿真技术"公众号求助，笔者会尽快给予解答。该公众号还提供了丰富的学习资料，读者可以到相关栏目进行扩展学习。

ANSYS 本身是一个庞大的资源库与知识库，本书虽然卷帙浩繁，仍难窥其全貌，加之笔者水平有限，书中不足之处在所难免，敬请广大读者批评指正，也欢迎广大同行共同交流探讨。

最后，希望本书能为您的学习和工作提供助力！

编　者

目 录

前 言

第1章 热力学分析的理论基础 1
1.1 传热学概述 1
　1.1.1 传热的基本方式 2
　1.1.2 传热过程 4
1.2 导热 6
　1.2.1 基本概念及傅里叶定律 7
　1.2.2 导热系数 9
　1.2.3 微分方程式 12
　1.2.4 单值性条件 15
1.3 本章小结 17

第2章 几何建模 18
2.1 Workbench 平台概述 18
　2.1.1 平台界面 18
　2.1.2 菜单栏 19
　2.1.3 工具栏 31
　2.1.4 工具箱 31
2.2 几何建模 35
　2.2.1 DesignModeler 几何建模平台 35
　2.2.2 菜单栏 36
　2.2.3 工具栏 45
　2.2.4 常用命令栏 47
　2.2.5 树轮廓 47
2.3 几何建模实例 50
　2.3.1 连接板几何建模 50
　2.3.2 连接板同步几何建模 55
2.4 本章小结 61

第3章 网格划分 62
3.1 网格划分方法及设置 62
　3.1.1 网格划分适用领域 62
　3.1.2 网格划分方法 63
　3.1.3 网格默认设置 64
　3.1.4 网格尺寸设置 66
　3.1.5 网格膨胀层设置 68
　3.1.6 网格高级选项 68
　3.1.7 网格质量设置 69
　3.1.8 网格评估统计 75
3.2 网格划分实例 75
　3.2.1 网格尺寸控制 75
　3.2.2 扫掠网格划分 82
　3.2.3 多区域网格划分 86
3.3 本章小结 90

第4章 边界条件与后处理 91
4.1 边界条件设置 91
4.2 后处理 96
　4.2.1 查看结果 96
　4.2.2 显示结果 99
　4.2.3 显示温度结果 101
　4.2.4 用户自定义输出结果 101
　4.2.5 后处理结果 102
4.3 分析实例 102
　4.3.1 问题描述 103
　4.3.2 创建分析项目 103
　4.3.3 导入创建的几何体 103
　4.3.4 添加材料库 105
　4.3.5 添加模型材料属性 107
　4.3.6 划分网格 108
　4.3.7 施加载荷与约束 108
　4.3.8 结果后处理 110

4.3.9 保存与退出 …… 114
4.4 本章小结 …… 114

第 5 章 稳态热分析 …… 115

5.1 稳态导热 …… 115
　5.1.1 平壁导热理论 …… 115
　5.1.2 通过圆筒壁的导热 …… 117
5.2 复合层平壁导热分析 …… 121
　5.2.1 问题描述 …… 121
　5.2.2 解析方法计算 …… 121
　5.2.3 创建分析项目 …… 122
　5.2.4 创建几何体模型 …… 122
　5.2.5 创建分析项目 …… 123
　5.2.6 划分网格 …… 124
　5.2.7 施加载荷与约束 …… 125
　5.2.8 结果后处理 …… 127
　5.2.9 保存与退出 …… 129
5.3 复合层圆筒壁导热分析 …… 129
　5.3.1 问题描述 …… 129
　5.3.2 解析方法计算 …… 130
　5.3.3 创建分析项目 …… 130
　5.3.4 创建几何体模型 …… 131
　5.3.5 创建分析项目 …… 132
　5.3.6 划分网格 …… 133
　5.3.7 施加载荷与约束 …… 134
　5.3.8 结果后处理 …… 136
　5.3.9 保存与退出 …… 137
5.4 本章小结 …… 137

第 6 章 非稳态热分析 …… 138

6.1 非稳态导热的基本概念 …… 138
6.2 无限大平壁导热分析 …… 140
　6.2.1 问题描述 …… 140
　6.2.2 解析方法计算 …… 140
　6.2.3 创建分析项目 …… 141
　6.2.4 创建几何体模型 …… 142
　6.2.5 创建分析项目 …… 143
　6.2.6 划分网格 …… 144
　6.2.7 施加载荷与约束 …… 145
　6.2.8 瞬态计算 …… 146

6.2.9 保存与退出 …… 148
6.3 热电偶接点散热仿真 …… 148
　6.3.1 问题描述 …… 149
　6.3.2 解析解法介绍 …… 149
　6.3.3 创建分析项目 …… 149
　6.3.4 创建几何体模型 …… 150
　6.3.5 创建分析项目 …… 150
　6.3.6 划分网格 …… 152
　6.3.7 施加载荷与约束 …… 152
　6.3.8 结果后处理 …… 153
　6.3.9 保存与退出 …… 156
6.4 本章小结 …… 156

第 7 章 非线性热分析 …… 157

7.1 非线性热分析概述 …… 157
7.2 平板非线性热分析 …… 157
　7.2.1 问题描述 …… 157
　7.2.2 创建分析项目 …… 158
　7.2.3 创建几何体模型 …… 158
　7.2.4 创建分析项目 …… 160
　7.2.5 划分网格 …… 161
　7.2.6 施加载荷与约束 …… 162
　7.2.7 结果后处理 …… 163
　7.2.8 保存与退出 …… 166
7.3 本章小结 …… 167

第 8 章 热辐射分析 …… 168

8.1 基本概念 …… 168
　8.1.1 热辐射的本质和特点 …… 168
　8.1.2 吸收、反射和投射 …… 169
8.2 空心半球与平板的热辐射分析 …… 171
　8.2.1 问题描述 …… 171
　8.2.2 创建分析项目 …… 171
　8.2.3 定义材料参数 …… 171
　8.2.4 导入模型 …… 172
　8.2.5 划分网格 …… 172
　8.2.6 定义荷载 …… 175
　8.2.7 求解及后处理 …… 178
　8.2.8 保存并退出 …… 179
8.3 本章小结 …… 179

目录

第9章　相变分析　180
9.1　相变分析简介　180
- 9.1.1　相与相变　180
- 9.1.2　潜热与焓　180
- 9.1.3　相变分析基本思路　181

9.2　飞轮铸造相变模拟分析　182
- 9.2.1　问题描述　182
- 9.2.2　创建分析项目　182
- 9.2.3　导入几何体模型　183
- 9.2.4　创建分析项目　184
- 9.2.5　保存与退出　197

9.3　本章小结　197

第10章　优化分析　198
10.1　优化分析简介　198
- 10.1.1　优化设计概述　198
- 10.1.2　Workbench 结构优化分析简介　198
- 10.1.3　Workbench 结构优化分析　199

10.2　散热肋片优化分析　199
- 10.2.1　问题描述　200
- 10.2.2　创建分析项目　200
- 10.2.3　创建几何体模型　200
- 10.2.4　创建分析项目　204
- 10.2.5　划分网格　205
- 10.2.6　施加载荷与约束　207
- 10.2.7　结果后处理　209
- 10.2.8　保存与退出　216

10.3　本章小结　216

第11章　热应力耦合分析　217
11.1　热应力概述　217
11.2　瞬态热应力分析　220
- 11.2.1　热应力案例描述　220
- 11.2.2　创建分析项目　220
- 11.2.3　创建几何体模型　221
- 11.2.4　材料设置　222
- 11.2.5　划分网格　224
- 11.2.6　施加载荷与约束　225
- 11.2.7　结果后处理　226
- 11.2.8　保存与退出　232

11.3　热应力对结构模态影响分析　232
- 11.3.1　创建分析项目　233
- 11.3.2　创建几何体模型　233
- 11.3.3　创建升温分析项目　235
- 11.3.4　划分网格　236
- 11.3.5　施加载荷与约束　237
- 11.3.6　结果后处理　238
- 11.3.7　创建降温分析项目　243
- 11.3.8　创建几何体模型　244
- 11.3.9　创建分析项目　245
- 11.3.10　划分网格　247
- 11.3.11　施加载荷与约束　247
- 11.3.12　结果后处理　248
- 11.3.13　创建无温度变化分析项目　254
- 11.3.14　创建几何体模型　254
- 11.3.15　创建分析项目　255
- 11.3.16　划分网格　257
- 11.3.17　施加载荷与约束　258

11.4　热疲劳分析　260
- 11.4.1　问题描述　260
- 11.4.2　创建分析项目　260
- 11.4.3　创建几何体模型　261
- 11.4.4　材料设置　262
- 11.4.5　划分网格　263
- 11.4.6　施加载荷与约束　264
- 11.4.7　结果后处理　265
- 11.4.8　保存与退出　270

11.5　本章小结　270

第12章　热流耦合分析　271
12.1　CFX 流场分析　271
- 12.1.1　问题描述　271
- 12.1.2　创建分析项目　272
- 12.1.3　创建几何体模型　272
- 12.1.4　网格划分　273
- 12.1.5　初始化及求解控制　277
- 12.1.6　流体计算　279
- 12.1.7　结果后处理　280

12.2　Fluent 流场分析　282

12.2.1 问题描述 …………………… 282	12.3 Icepak 流场分析 …………………… 297
12.2.2 软件启动与文件保存 …………… 283	12.3.1 问题描述 …………………… 297
12.2.3 导入几何数据文件 …………… 283	12.3.2 软件启动与文件保存 …………… 297
12.2.4 网格设置 …………………… 284	12.3.3 导入几何数据文件 …………… 298
12.2.5 进入 Fluent 平台 …………… 286	12.3.4 添加 Icepak 模块 …………… 299
12.2.6 材料选择 …………………… 289	12.3.5 热源设置 …………………… 302
12.2.7 设置几何属性 …………… 289	12.3.6 求解分析 …………………… 303
12.2.8 流体边界条件 …………… 290	12.3.7 Post 后处理 …………… 305
12.2.9 求解器设置 …………… 292	12.3.8 静态力学分析 …………… 306
12.2.10 结果后处理 …………… 292	12.4 本章小结 …………………… 308
12.2.11 Post 后处理 …………… 295	

第 1 章 热力学分析的理论基础

热力学分析是研究计算传热学与热学的综合学科，本章主要以计算传热学的基础理论为主线，简单介绍传热学中的三个基本传热方式及基础理论，使读者对传热学的基本概念和分析方法有总体了解，为后面章节学习有限元分析奠定一定的理论基础。

1.1 传热学概述

传热学是研究热量传递过程规律的一门科学。凡有温度差，就有热量自发地从高温物体传递到低温物体的现象。

由于自然界和生产过程中都存在温度差，因此，传热是自然界和生产领域中非常普遍的现象。传热学的应用领域十分广泛，已是现代技术科学的主要技术基础学科之一，诸如以下领域都离不开传热学。

- 各种锅炉和换热设备的设计、强化换热和节能而改进锅炉及其他换热设备的结构。
- 化学工业生产为维持化学工艺流程的温度而研制特殊要求的加热或冷却技术及余热回收。
- 电子工业中为解决超大规模集成电路或电子仪器产生的热量而需研究散热方法。
- 机械制造工业测算和控制冷加工或者热加工中机件的温度场。
- 输电领域中为提高电力设备在高电压、大电流下的运行稳定性而研究其发热及散热特性。
- 核能、火箭等尖端技术中存在的需要解决的传热问题。
- 太阳能、地热能和工业余热利用工程中高效能换热器的开发和设计，以及应用传热学知识指导强化或削弱传热，达到节能的目的。
- 农业、生物、地质、气象、环保等相关领域。

近几十年来，传热学的成果对各个领域技术进步起到了很大的促进作用，而传热学向各个技术领域的渗透又推动了学科的迅速发展。

在电力行业与电力设备制造领域，更是不乏传热问题。例如电动机和变压器中冷却风扇的选择、配套和合理有效的利用，散热窗的布置与散热通道的开发、设计与实验研究，各供热设备管道的保温材料及建筑围护结构材料等的研制及热物理性质的测试、热损失的分析计算，各类换热器的设计、选择和性能评价等，都要求用户具备一定的传热学知识。总之传热学是一门重要的技术基础课程。

1.1.1 传热的基本方式

为了由浅入深地认识和掌握传热的规律，先来分析一些常见的传热现象。例如房屋墙壁在冬季的散热，整个过程如图 1-1 所示。该过程可分为三段：首先热量由室内空气以对流换热的方式和墙与室内物体之间的辐射方式传给墙内表面；再由墙内表面以固体导热方式传递到墙外表面；最后由墙外表面以空气对流换热和墙与周围物体间的辐射方式，把热量传到室外环境。显然在其他条件不变时，室内外的温度差越大，传热量也越大。

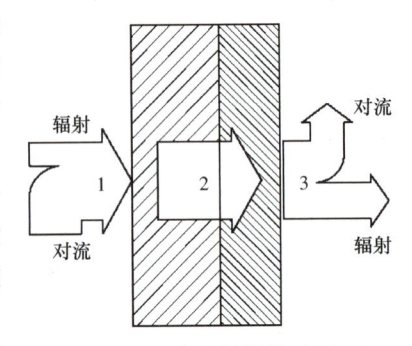

图 1-1 墙壁的散热过程

又如，在热水暖气片的传热过程中，热水的热量先以对流换热的方式传递给壁内侧，然后以导热方式通过壁，壁外侧空气再以对流换热和壁与周围物体的辐射换热方式将热量传递给室内。

从上述两个典型传热过程的描述不难理解，传热过程是由导热、热对流及热辐射三种基本传热方式组合形成的。要了解传热过程的规律，就需要首先分析三种基本传递方式。

本节将对这三种基本传热方式进行简要解释，并给出它们最基本的表达式，使读者对传热学有一个基本的了解和认识。

1. 导热

导热又称为热传导，是指物体各部分无相对位移或不同物体直接接触时，分子、原子及自由电子等微观粒子热运动而进行的热量传递现象。导热是物质的属性，导热过程可以在固体、液体及气体中发生。但在引力场下，单纯的导热一般只发生在密实的固体中，因为，在有温差时，液体和气体中可能出现热对流而难以维持单纯的导热。

大平壁导热是导热的典型问题。由前述墙壁的导热过程看出，平壁热量与壁两侧表面的温度差成正比，与壁厚成反比，并与材料的导热性能有关。因此，通过平壁的导热量的计算式是

$$\Phi = \frac{\lambda}{\delta} \Delta t A \, (\text{W}) \tag{1-1a}$$

或热流密度

$$q = \frac{\lambda}{\delta} \Delta t \, (\text{W/m}^2) \tag{1-1b}$$

式中，A 为壁面积，单位为 m^2；δ 为壁厚，单位为 m；Δt 为壁两侧表面的温差，$\Delta t = t_{w1} - t_{w2}$，单位为℃；$\lambda$ 为比例系数，称为导热系数或热导率。

热导率是指单位厚度的物体具有单位温度差时，在它的单位面积上每单位时间的导热量，其国际单位是 W/(m·K)。热导率表示材料导热能力的大小。导热系数一般由实验测定，例如，普通混凝土 $\lambda = 0.75 \sim 0.8 \, [\text{W/(m·K)}]$，纯铜的 λ 将近 400 $[\text{W/(m·K)}]$。

在传热学中，常用电学欧姆定律的形式（电流=电位差/电阻）来分析热量传递过程中热量与温度差的关系，即把热流密度的计算式改写为欧姆定律的形式。

热流密度

$$q = \frac{温度差 \Delta t}{热阻 R_t} (\text{W/m}^2) \tag{1-2}$$

与欧姆定律对比，可以看出热流相当于电流；温度差相当于电位差；而热阻相当于电阻。于是，得到了一个在传热学中非常重要且实用的概念——热阻。对不同的传热方式，热阻 R_t 的具体表达式是不一样的。以平壁为例，改写式（1-1b）得

$$q = \frac{\Delta t}{\frac{\delta}{\lambda}} = \frac{\Delta t}{R_\lambda} (\text{W/m}^2) \tag{1-1c}$$

用 R_λ 表示导热热阻，则平壁导热热阻为 $R_\lambda = \frac{\delta}{\lambda}$ （m²·K/W）。可见平壁导热热阻与壁厚呈正比，而与导热系数呈反比。R_λ 越大，则 q 越小。利用式（1-1a），对于面积为 A（m²）的平壁，则热阻为 $\frac{\delta}{\lambda \cdot A}$（K/W）。热阻的倒数称为热导，它相当于电导。

不同情况下的导热过程，导热的表达式亦各异。本书将几种典型情况下的导热的宏观规律及其计算方法进行分章节论述。

2. 热对流

依靠流体的运动，把热量由一处传递到另一处的现象，称为热对流。热对流是传热的另一种基本方式。若热对流过程中单位时间通过单位面积有质量 $M[\text{kg}/(\text{m}^2 \cdot \text{s})]$ 的流体由温度 t_1 的地方流至 t_2 处，其比热容为 $c_p[\text{J}/(\text{kg} \cdot \text{K})]$，则此热对流的热流密度应为

$$q = Mc_p(t_2 - t_1)(\text{W/m}^2) \tag{1-3}$$

值得注意的是，传热工程涉及的问题往往不单纯是热对流，而是流体与固体壁直接接触时的换热过程，传热学把它称为"对流换热"，也称为"放热"。

因为有温度差，热对流将同时伴随热传导，所以，对流换热过程的换热机制既有热对流的作用，亦有导热的作用，故对流换热与热对流不同，它已不再是基本传热方式。计算对流换热的基本公式是牛顿于 1701 年提出的，即

$$q = h(t_w - t_f) = h\Delta t (\text{W/m}^2) \tag{1-4a}$$

或

$$\Phi = h(t_w - t_f)A = h\Delta t A (\text{W}) \tag{1-4b}$$

式中，t_w 表示固体壁表面温度，单位为℃；t_f 表示流体温度，单位为℃；Δt 表示壁表面与流体温度差，单位为℃；h 表示对流换热表面传热系数，其意义是指单位面积上，流体同壁面之间的单位温差在单位时间内所能传递的热量。常用的表面传热系数单位是 $[\text{J}/(\text{m}^2 \cdot \text{s} \cdot \text{K})]$ 或 $[\text{W}/(\text{m}^2 \cdot \text{K})]$。$h$ 的大小表达了该对流换热过程的强度。例如热水暖气片外壁面和空气间的表面传热系数约为 $6[\text{W}/(\text{m}^2 \cdot \text{K})]$，而它的内壁面和热水之间的 h 则可达数千 $\text{W}/(\text{m}^2 \cdot \text{K})$。

由于 h 受制于多项影响因素，故研究对流换热问题的关键是如何确定表面传热系数。本书将对一些典型情况下的对流换热过程进行分析，并提供理论解与实验解。

式（1-4a）称为牛顿冷却定律（牛顿冷却公式）。按式（1-2）提出的热阻概念改写式（1-4a），得到如下关系式

$$q = \frac{\Delta t}{\frac{1}{h}} = \frac{\Delta t}{R_h} \tag{1-4c}$$

式中，$R_h = \dfrac{1}{h}$ 是单位壁表面积上的对流换热热阻 [m²·K/W]，根据式（1-4b），则表面积为 A 的壁面上的对流换热热阻为 $\dfrac{1}{h \cdot A}$，单位是 K/W。

3. 热辐射

导热或热对流都是以冷、热物体的直接接触来传递热量的，热辐射则不同，它依靠物体表面对外发射可见和不可见的射线（电磁波，或者光子）传递热量。

物体表面每单位时间、单位面积对外辐射的热量称为辐射力，用 E 来表示，它的常用单位是 J/(m²·s) 或 W/m²，其大小与物体表面性质及温度有关。对于黑体（一种理想的热辐射表面），根据理论和实验验证，它的辐射力 E_b 与表面热力学温度的 4 次方成比例，即斯蒂芬-玻耳兹曼定律

$$E_b = \sigma_b T^4 (\text{W/m}^2) \text{ 或 } \Phi = \sigma_b T^4 A (\text{W}) \tag{1-5a}$$

上式也可以写作

$$E_b = C_b \left(\dfrac{T}{100}\right)^4 (\text{W/m}^2) \text{ 或 } \Phi = C_b \left(\dfrac{T}{100}\right)^4 A (\text{W}) \tag{1-5b}$$

式中，E_b 表示黑体辐射力，单位为（W/m²）；σ_b 表示斯蒂芬-玻耳兹曼常数，亦称为黑体辐射常数，$\sigma_b = 5.67 \times 10^{-8}$ [W/(m²·K⁴)]；C_b 表示黑体辐射系数，$C_b = 5.67$ [W/(m²·K⁴)]；T 表示热力学温度，单位为 K。

一切实际物体的辐射力都低于同温度下黑体的辐射力，等于

$$E = \varepsilon \sigma_b T^4 (\text{W/m}^2) \text{ 或 } E = \varepsilon C_b \left(\dfrac{T}{100}\right)^4 (\text{W/m}^2) \tag{1-5c}$$

式中，ε 是实际物体表面的发射率，也称为黑度，其值范围为 0~1。

物体间靠热辐射进行的热量传递称为辐射传热，它的特点是：在热辐射过程中伴随着能量形式的转换（物体内能→电磁波能→物体内能）；不需要冷却物体直接接触；不论温度高低，物体都在不停地相互发射电磁波能且相互辐射能量，高温物体辐射给低温物体的能量大于低温物体向高温物体辐射的能量，总的结果是热由高温传到低温。

两个无限大的平行平面间的热辐射是最简单的辐射换热问题，设它的两表面热力学温度分别为 T_1 和 T_2，且 $T_1 > T_2$，则两表面间单位面积、单位时间辐射换热热流密度的计算公式为

$$q = C_{1,2} \left[\left(\dfrac{T_1}{100}\right)^4 - \left(\dfrac{T_2}{100}\right)^4\right] (\text{W/m}^2) \tag{1-5d}$$

或 A（m²）上的辐射热流量

$$\Phi = C_{1,2} \left[\left(\dfrac{T_1}{100}\right)^4 - \left(\dfrac{T_2}{100}\right)^4\right] A (\text{W}) \tag{1-5e}$$

式中，$C_{1,2}$ 是 1 和 2 两个表面间的系统辐射系数，它取决于辐射表面材料性质及状态，其值范围为 0~5.67。本书的辐射换热部分将论述热辐射的宏观规律及若干典型条件下的辐射换热计算方法。

1.1.2 传热过程

工程中经常遇到两流体通过壁面的换热，即热量从壁一侧的高温流体通过壁传给另一侧的

低温流体的过程，称为传热过程。在初步了解前述基本传热方式后，即可导出传热过程的基本计算式。

设有一大平壁，面积为 A。它的一侧为温度 t_{f1} 的热流体，另一侧为温度 t_{f2} 的冷流体，两侧对流换热表面传热系数分别为 h_1、h_2，壁面温度分别为 t_{w1} 和 t_{w2}，壁的材料导热系数为 λ，壁厚度为 δ，如图 1-2 所示。

又设传热工况不随温度变化，即各处温度计热量不随时间改变，传热过程处于稳态，壁的长和宽均远大于它的厚度，可认为热流方向与壁面垂直。

若将该平壁在传热过程中的各处温度描绘在 t-x 坐标图上，图中的曲线为该壁传热过程的温度分布线。

按图 1-1 的分析方法，整个传热过程分三段，分别用下列三式表示。

热量由热流体以对流换热传给壁左侧，按式（1-4a），其热流密度为

$$q = h_1(t_{f1} - t_{w1})$$

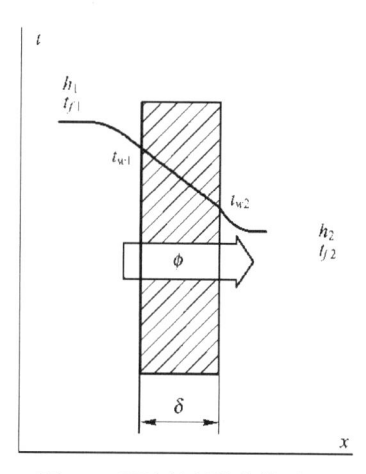

图 1-2 两流体间的传热过程

该热量又以导热方式通过壁，按式（1-1b）为

$$q = \frac{\lambda}{\delta}(t_{w1} - t_{w2})$$

它再由壁右侧以对流换热传给冷流体，即

$$q = h_2(t_{w2} - t_{f2})$$

在稳态情况下，以上三式的热流密度 q 相等，把它们改写为

$$\begin{cases} t_{f1} - t_{w1} = \dfrac{q}{h_1} \\ t_{w1} - t_{w2} = \dfrac{q}{\dfrac{\lambda}{\delta}} \\ t_{w2} - t_{f2} = \dfrac{q}{h_2} \end{cases}$$

三式相加，消去 t_{w1} 和 t_{w2}，整理后得该壁面传热热流密度为

$$q = \frac{1}{\dfrac{1}{h_1} + \dfrac{\delta}{\lambda} + \dfrac{1}{h_2}}(t_{f1} - t_{f2}) = k(t_{f1} - t_{f2}) \quad (\text{W/m}^2) \tag{1-6a}$$

对 $A(\text{m}^2)$ 的平壁，传热热流量 Φ 为

$$\Phi = qA = k(t_{f1} - t_{f2})A \ (\text{W}) \tag{1-6b}$$

式中

$$k = \frac{1}{\dfrac{1}{h_1} + \dfrac{\delta}{\lambda} + \dfrac{1}{h_2}} \ [\text{W}/(\text{m}^2 \cdot \text{K})] \tag{1-7}$$

k 称为传热系数，它表明单位时间、单位壁面积上，冷热流体间每单位温度差可传递的热量，k 的国际单位是 J/(m²·s·K)或 W/(m²·K)，故 k 能反映传热过程的强弱。为理解它的意义，按热阻形式改写式（1-6a），得

$$q = \frac{t_{f1}-t_{f2}}{\frac{1}{k}} = \frac{\Delta t}{R_k}(\text{W/m}^2) \tag{1-6c}$$

R_k 为平壁单位面积传热热阻，即

$$R_k = \frac{1}{k} = \frac{1}{h_1} + \frac{\delta}{\lambda} + \frac{1}{h_2}(\text{m}^2\cdot\text{K/W}) \tag{1-8}$$

可见传热过程的热阻等于热流体、冷流体的传热热阻及导热热阻之和，相当于串联电阻的计算方法。掌握这一点，对于分析和计算传热过程十分方便。由传热热阻的组成不难认识，传热阻力的大小与流体的性质、流动情况、壁的材料以及形状等许多因素有关，所以它的数值变化范围很大。例如，一砖厚度（240mm）的房屋外墙的 k 值约为 2W/(m²·K)。

在蒸汽热水器中，k 值可达 5000W/(m²·K)。对于换热器，k 值越大，则传热越好。但对建筑物围护结构和热力管道的保护层，它们的作用是减少热损失，k 值越小，则保温性能越好，这就要求保温材料导热系数越小越好。

综上所述，学习传热学的目的概括起来就是：认识传热规律、计算各种情况下传热量或传热过程中的温度及其分布、学习增强或减弱热量传递的方法以及学习对热传导现象进行实验研究的方法。

1.2 导热

导热是指温度不同的一个物体各部分或温度不同的两个物体之间直接接触而发生的热传递现象。从微观角度来看，热是一种联系到分子、原子、自由电子等的移动、转动和振动的能量。因此，物质的导热本质或机理就必然与组成物质的微观粒子的运动有密切的关系。

1）在气体中，导热是气体分子不规则热运动时相互作用或碰撞的结果。

2）在介电体中，导热是通过晶格的振动，即原子、分子在其平衡位置附近的振动来实现的。由于晶格振动的能量是量子化的，人们把晶格振动的量子称为声子。这样，节点物质的导热可以看成是声子相互作用和碰撞的结果。

3）在金属中，导热主要是通过自由电子的相互作用和碰撞来实现，声子的相互作用和碰撞只起微小的作用。

4）至于液体的导热机理，相对于气体和固体而言，目前还不十分清楚。但近年来的研究结果表明，液体的导热机理类似于介电体，即主要依靠晶格的振动来实现。

应该指出，在液体和气体中，只有在消除热对流的条件下，才能实现纯导热过程。例如，设置一个封闭的水平夹层，上为热板，下为冷板，中间充气体或液体，当上下两板温度差不大且夹层很薄时，可实现纯导热过程。

导热理论是从宏观角度进行现象分析的，它并不研究物质的微观结构，而把物质看作是连续介质。当研究对象的几何尺寸比分子的直径和分子间的距离大很多时，这种看法无疑是正确的。在一般情况下，大多数的固体、液体及气体，可以将其认为是连续介质。但在某些情形下，如稀薄的气体，就不能将其认为是连续介质。

在许多工程实践中，包括供热、通风和空调工程在内，会经常遇到导热的现象，例如建筑物的暖气片、墙壁和锅炉炉墙中的热量传递，热网地下埋设管道的热损失等。导热理论的任务就是要找出任何时刻物体中各处的温度。

为此，本节将从温度分布的基本概念出发，讨论导热过程的基本规律以及描述物体内部温度分布的导热微分方程。此外，还会对求解导热微分方程所需要的条件进行相应说明。

1.2.1 基本概念及傅里叶定律

了解导热的相关内容后，本节将介绍导热的一些基本概念和傅里叶定律。基本概念包括温度场、等温面与等温线、温度梯度等。

1. 基本概念

（1）温度场

温度场是某一时刻空间各点温度的总称。一般地说，它是时间和空间的函数，对直角坐标系即

$$t = f(x, y, z, \tau) \tag{1-9}$$

式中，t 为温度，x, y, z 为直角坐标系的空间坐标，τ 为时间。

式（1-9）表示物体的温度在 x, y, z 三个方向和在时间上都发生变化的三维非稳态温度场。如果温度场不随时间而变化，即 $\frac{\partial t}{\partial \tau} = 0$，则为稳态温度场，这时，$t = f(x, y, z, \tau)$。如果稳态温度场仅和两个或一个坐标有关，则称为二维或一维稳态温度场。一维稳态温度场可表示为

$$t = f(x) \tag{1-10}$$

它是温度场中最简单的一种情况，例如高宽远大于其厚度的大墙壁内的导热就可以认为是一维导热。具有稳态温度场的导热过程叫作稳态导热。温度场随时间变化而变化的导热过程叫作非稳态导热。

（2）等温面与等温线

同一时刻，温度场中所有温度相同的点连接所构成的面叫作等温面。不同的等温面与同一平面相交，则在此平面上构成一簇曲线，称为等温线。

在同一时刻任何给定地点的温度不可能具有一个以上的不同值，所以两个不同温度的等温面或两条不同温度的等温线绝不会彼此相交。它们或者是物体中完全封闭的曲面（线），或者就终止于物体的边界上。

在任何时刻，标绘出物体中的所有等温面（线），就给出了物体内的温度分布情形，即给出了物体的温度场，所以，习惯上物体的温度场用等温面图或者等温线图来表示。图1-3就是用等温线图表示温度场的示例。

（3）温度梯度

在等温面上不存在温度差异，所以，沿着等温面不可能有热量的传递。热量传递只发生在不同的等温面之间。

自等温面上的某点出发，沿着不同方向到达另一等温面时，将发现单位距离的温度变化，即温度的变化率，具有不同的数值。自等温面上某点到另一个等温面，以该点

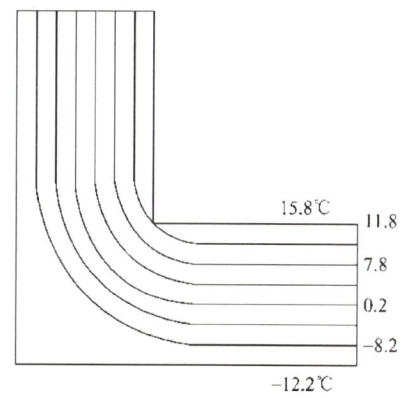

图1-3 房屋墙角内的温度场

法线方向的温度变化率为最大。

沿该点法线方向，数值也正好等于这个最大温度变化率的矢量称为温度梯度，用 grad$t$ 表示，正向（符号取正）是朝着温度增加的方向，如图 1-4 所示。

$$\mathrm{grad}\, t = \frac{\partial t}{\partial n}\boldsymbol{n} \tag{1-11}$$

式中，$\boldsymbol{n}$ 为法线方向上的单位矢量，$\frac{\partial t}{\partial n}$ 为沿着法线方向温度的方向导数。温度梯度在直角坐标系三个坐标轴上的分量分别为 $\frac{\partial x}{\partial n}$、$\frac{\partial y}{\partial n}$、$\frac{\partial z}{\partial n}$。而且

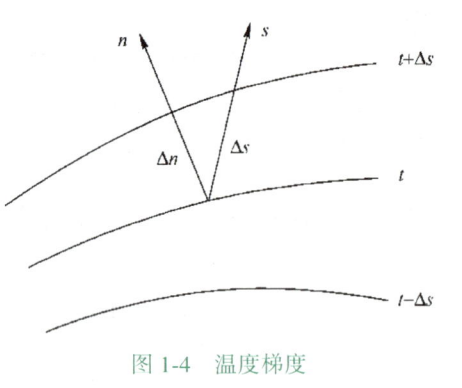

图 1-4 温度梯度

$$\mathrm{grad}\, t = \frac{\partial t}{\partial x}\boldsymbol{i} + \frac{\partial t}{\partial y}\boldsymbol{j} + \frac{\partial t}{\partial z}\boldsymbol{k} \tag{1-12}$$

式中，$\boldsymbol{i}$、$\boldsymbol{j}$ 和 $\boldsymbol{k}$ 分别为三个坐标轴方向的单位矢量。温度梯度的负值，$-\mathrm{grad}\, t$ 称为温度降度，它是与温度梯度数值相等而方向相反的矢量。

（4）热流密度矢量

单位时间、单位面积上所传递的热量称为热流密度。在不同方向上，热流密度的大小是不同的。

与定义温度梯度类似，等温面上某点以通过该点最大热流密度的方向为方向，数值上也正好等于沿着该方向热流密度的矢量称为热流密度矢量。其他方向的热流密度都是热流矢量在该方向的分量。

热流密度矢量 $\boldsymbol{q}$ 在直角坐标系三个坐标轴上的分量为 $\boldsymbol{q}_x$、$\boldsymbol{q}_y$、$\boldsymbol{q}_z$。而且

$$\boldsymbol{q} = \boldsymbol{q}_x\boldsymbol{i} + \boldsymbol{q}_y\boldsymbol{j} + \boldsymbol{q}_z\boldsymbol{k} \tag{1-13}$$

式中，$\boldsymbol{i}$、$\boldsymbol{j}$、$\boldsymbol{k}$ 分别为三个坐标方向的单位矢量。

2. 傅里叶定律

傅里叶在实验研究导热过程的基础上，把热流矢量和温度梯度联系起来，得到

$$\boldsymbol{q} = -\lambda\, \mathrm{grad}\, t \quad (\mathrm{W/m^2}) \tag{1-14}$$

上式就是 1822 年由傅里叶提出的导热基本定律的数学表达式，亦称为傅里叶定律。式中的比例系数 λ 称为导热系数。

式（1-14）说明："总热通量"矢量和温度梯度位于等温面的同一法线上，但指向温度降低的方向，如图 1-5 所示。式中的负号表示热流矢量的方向与温度梯度的方向相反，永远顺着温度降低的方向。

按照傅里叶定律、式（1-12）和（1-13）可以看出，热流密度矢量 x、y 和 z 轴的分量应为

$$\begin{cases} \boldsymbol{q}_x = -\lambda\, \dfrac{\partial t}{\partial x} \\[4pt] \boldsymbol{q}_y = -\lambda\, \dfrac{\partial t}{\partial y} \\[4pt] \boldsymbol{q}_z = -\lambda\, \dfrac{\partial t}{\partial z} \end{cases} \tag{1-15}$$

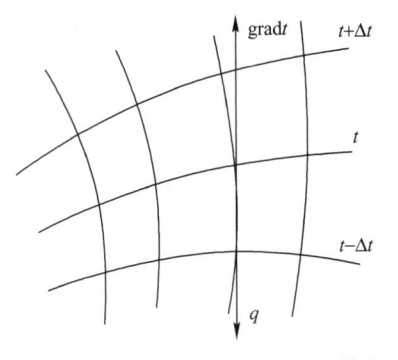

图 1-5 "总热通量"矢量和温度梯度

值得指出的是，式（1-14）和式（1-15）中隐含着一个条件，就是导热系数在各个不同方向是相同的。这种导热系数与方向无关的材料称为各向同性材料。

傅里叶定律确定了"总热通量"矢量和温度梯度的关系。因此要确定热流矢量大小，就需要知道温度梯度，即物体内的温度场。

1.2.2 导热系数

导热系数是物质的一个重要热物性参数，我们可以认为式（1-16）就是导热系数的定义式，即

$$\lambda = \frac{q}{-\mathrm{grad}\, t} \tag{1-16}$$

可见，导热系数的数值就是物体中单位温度梯度、单位时间、通过单位面积的导热量，它的单位是 W/(m·K)。导热系数的数值表征物质导热能力的大小。

工程计算采用的各种物质的导热系数的数值一般由实验测定。一些常用物质的导热数值，见表 1-1。

表 1-1　273K 时物质的导热系数 ［单位：W/(m·K)］

材　料	导热系数	材　料	导热系数	材　料	导热系数
金属固体		石英（平行于轴）	19.1	氯甲烷（CH$_3$Cl）	0.178
纯银	418	钢玉石（Al$_2$O$_3$）	10.4	氟利昂（CCl$_2$F$_2$）	0.0728
纯铜	387	大理石	2.78	二氧化碳（CO$_2$）	0.105
纯铝	203	冰，H$_2$O	2.22	气体	
纯锌	112.7	熔凝石英	1.91	氢	0.175
纯铁	73	硼硅酸耐热玻璃	1.05	氦	0.141
纯锡	66	液体		空气	0.0243
纯铅	34.7	水银	8.21	戊烷	0.0128
非金属固体		水	0.552	三氯甲烷	0.0066
方镁石（MgO）	41.6	SO$_2$	0.211	—	

一般而言，金属比非金属具有更高的导热系数。物质的固相比它们的液相具有较高的导热性能，物质液相的导热系数又比其气相高。不论金属或非金属，其晶体比它的无定形态具有较好的导热性能。与纯物质相比，晶体中的化学杂质使其导热性能降低。纯金属比它相应的合金具有高得多的导热系数。

物质的导热系数不但因物质的种类而异，还和物质的温度、压力等因素有关。导热既然是在温度不同的物体各部分之间进行的，所以温度的影响尤为重要。在一定温度范围内，许多工程材料的导热系数可以认为是温度的线性函数，即

$$\lambda = \lambda_0 (1+bt) \tag{1-17}$$

式中，λ_0 为某个参考温度时的导热系数，b 为由实验确定的常数。

不同物质导热系数的差异是由于物质构造上的差别以及导热的机理不同所致。为了更全面地了解各种因素，下面分别研究气体、液体和固体（金属和非金属材料）的导热系数。

1. 气体的导热系数

气体导热系数的数值约在 0.006~0.6［W/(m·K)］范围内。气体的导热是由于分子的热运

动和相互碰撞时所发生的能量传递。根据气体分子运动理论，在常温常压下，气体的导热系数可以表示为

$$\lambda = \frac{1}{3}\bar{u}l\rho c_v \tag{1-18}$$

式中，$\bar{u}$ 为气体分子运动的平均速度；l 为气体分子在两次碰撞间的平均自由行程；ρ 为气体的密度；c_v 为气体的比定容热容。

当气体的压力升高时，气体的密度也增加，自由行程 l 则减小，而乘积 ρl 保持常数。因而，除非压力小于（2.67×10^{-3}）MPa 或压力高于（2.0×10^3）MPa，可以认为气体的导热系数不随压力发生变化。

图 1-6 给出了几种气体的导热系数随温度变化的实测数据。由图 1-6 可知，气体的导热系数随温度升高而增大，这是因为气体分子运动的平均速度和比定容热容随温度的升高而增大所致。

气体中的氢和氦的导热系数远高于其他气体，大约为其他气体的 4~9 倍，如图 1-7 所示。这一点可以从它们的分子质量很小，因而有较高的平均速度这一方面得到理解。在常温下，空气的导热系数为 0.025[W/(m·K)]。房屋双层玻璃窗中的空气夹层，就是利用空气的低导热性起到降低散热作用的。

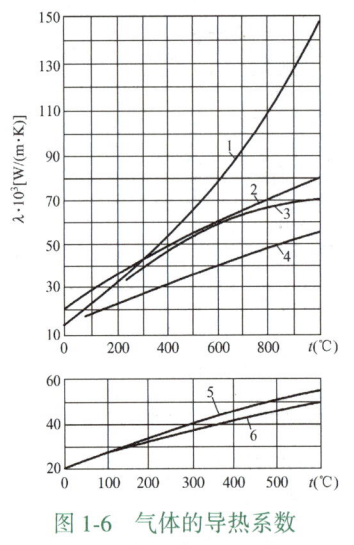

图 1-6　气体的导热系数　　图 1-7　氢和氦的导热系数

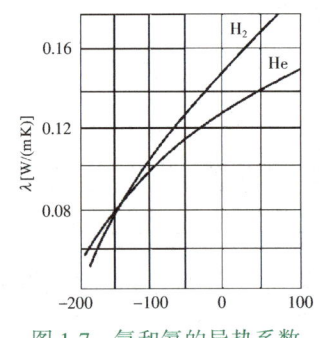

1—水蒸气　2—二氧化碳　3—空气　4—氩　5—氧　6—氨

混合气体的导热系数不能像比热容那样简单地用部分求和的方法确定，科学家提出了若干种计算方法，但归根结底，需要用实验方法确定。

2. 液体的导热系数

液体导热系数的数值约在 0.07~0.7W/(m·K) 范围内。液体的导热主要是依靠晶格的振动来实现的。应用这一概念来解释不同液体的实验数据，其中大多数实验数据都得到证实，据此得到的液体导热系数的经验公式

$$\lambda = A\frac{c_p\rho^{\frac{4}{3}}}{M^{\frac{1}{3}}} \tag{1-19}$$

式中，c_p 为液体的比定压热容，ρ 为液体的密度，M 为液体的分子量。系数 A 与晶格振动在液体中的传播速度成正比，与液体的性质无关，但与温度有关。一般情况下可认为 $Ac_p = \text{const}$。

对于非缔合液体或弱缔合液体，其分子量是不变的，由式（1-19）可以看出，当温度升高时，由于液体密度减小，导热系数是下降的。对于强缔合液体，例如水和甘油等，其分子量是变化的，而且随温度而变化。因此，在不同的温度时，它们的导热系数随温度变化的规律是不一样的。图1-8给出了一些液体导热系数随温度的变化。

3. 固体的导热系数

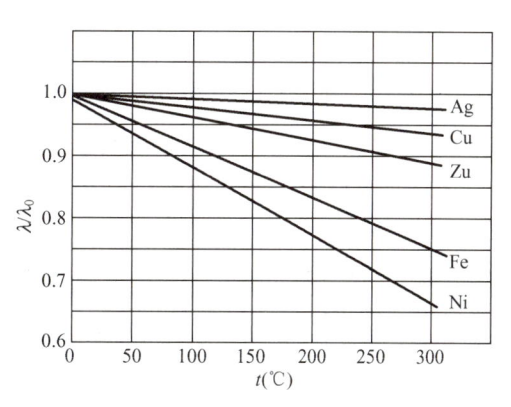

（1）金属的导热系数

各种金属的导热系数一般在 $12 \sim 418 \text{W}/(\text{m} \cdot \text{K})$ 范围内变化。大多数纯金属的导热系数随温度的升高而减小，如图1-9所示。这是因为金属的导热是依靠自由电子的迁移和晶格振动来实现的，而且主要依靠前者。当温度升高时，晶格振动的加强干扰了自由电子的运动，使导热系数下降。

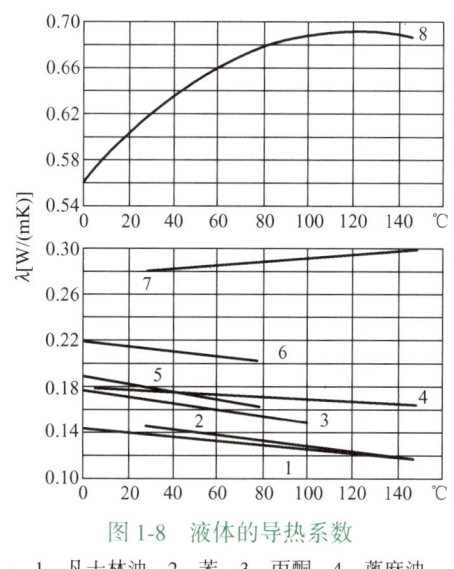

图 1-8 液体的导热系数
1—凡士林油　2—苯　3—丙酮　4—蓖麻油
5—乙醇　6—甲醇　7—甘油　8—水

图 1-9 金属的导热系数

金属导热与导电的机理一致，所以金属的导热系数与导电率互成比例。银的导热系数与其导电能力一样，是很高的，然后依次为铜、金、铝。

在金属中掺入任何杂质，将破坏晶格的完整性而干扰自由电子的运动，使导热系数变小。例如，在常温下，纯铜的导热系数为 $387 \text{W}/(\text{m} \cdot \text{K})$，而黄铜（70%Cu，30%Zn）的导热系数降低为 $109 \text{W}/(\text{m} \cdot \text{K})$。

另外，金属加工过程也会造成晶格的缺陷状况，所以化学成分相同的金属，导热系数也会因加工情况而有所不同。大部分合金的导热系数随温度的升高而增大。

（2）非金属材料（介电体）的导热系数

建筑环境与设备工程专业特别感兴趣的是建筑材料和隔热材料。这一类材料的导热系数大约在 $0.025 \sim 3.0 \text{W}/(\text{m} \cdot \text{K})$ 范围内。它们的导热系数都随温度的升高而增大。岩棉制品、膨胀珍珠岩、矿渣棉、泡沫塑料、膨胀蛭石、微孔硅酸钙制品等都属于这类材料。

严格地讲，这些材料不应视为连续介质，但如果空隙的大小和物体的总几何尺寸比起来很小的话，仍然可以有条件地认为它们是连续介质，用表观导热系数或当作连续介质时的折算导热系数来考虑。

在多孔材料中，填充空隙的气体（例如空气）具有低的导热系数，所以良好的保温材料都是空隙多、相应地体积重量（习惯上简称"密度"）轻的材料。

根据这一特点，除利用天然材料（例如石棉等）外，还可以人为地增加材料的空隙以提高保温能力，例如微孔硅酸钙、泡沫塑料和加气混凝土等。但是，当密度低到一定程度后，小的空隙会连成沟道或者使空隙较大，引起空隙内的空气对流作用加强，空隙壁间的辐射已有所加强，反而会使表观导热系数升高。

多孔材料的导热系数受湿度的影响很大。由于水分的渗入，替代了相当一部分空气，而且更主要的是水分将从高温区向低温区迁移而传递热量。因此，湿材料的导热系数比干材料和水都要大。

例如，干砖的导热系数为 0.35W/(m·K)，水的导热系数为 0.6W/(m·K)，而湿砖的导热系数高达 1.0W/(m·K)。所以对建筑物的围护结构，特别是冷、热设备的保温层，都应采取防潮措施。

前已述及，分析材料的导热性能时，还应区分各向同性材料和各向异性材料。例如木材，沿不同方向的导热系数不同，木材纤维方向导热系数的数值比垂直纤维方向的数值高一倍，这种材料称为各向异性材料。纤维和树脂等增强、黏合的复合材料，也是各向异性材料。本书在以后的分析讨论中，只限于各向同性材料。

表 1-2 是一些建筑、保温材料的导热系数和密度数值，供参考。

表 1-2 建筑和保温材料导热系数和密度的数值

材 料 名 称	温度 t ℃	密度 ρ kg/m³	导热系数 λ W/(m·K)	材 料 名 称	温度 t ℃	密度 ρ kg/m³	导热系数 λ W/(m·K)
膨胀珍珠岩散料	25	60~300	0.021~0.062	硬泡沫塑料	30	29.5~56.3	0.041~0.048
岩棉制品	20	80~150	0.035~0.038	软泡沫塑料	30	41~162	0.043~0.056
膨胀蛭石	20	100~130	0.051~0.07	铝箔间隔层（5层）	21	—	0.042
石棉绳	—	590~730	0.1~0.21	红砖（营造状态）	25	1860	0.87
微孔硅酸钙	50	82	0.049	红砖	35	1560	0.49
粉煤灰砖	27	458~589	0.12~0.22	水泥	30	1900	0.30
矿渣棉	30	207	0.058	混凝土板	35	1930	0.79
软木板	20	105~437	0.044~0.079	瓷砖	37	2090	1.1
木丝纤维	25	245	0.048	玻璃	45	2500	0.65~0.71
云母	—	290	0.58	板聚苯乙烯	30	24.7~37.8	0.04~0.043

1.2.3 微分方程式

傅里叶定律确定了"总热通量"矢量和温度梯度之间的关系。但是要确定"总热通量"矢量的大小，还应进一步知道物体内的温度场，即

$$t = f(x, y, z, \tau)$$

为此，像其他数学、物理问题一样，首先要找到描述上式的微分方程。这可以在傅里叶定律的基础上，借助热力学第一定律（即能量守恒与转化定律），把物体内各点的温度关联起来，建立温度场的通用微分方程，亦即导热微分方程。

假定所研究的物体是各向同性的连续介质，其导热系数λ、比热容c和密度ρ均为已知，并假定物体内具有内热源，例如化学反应时放出反应热、电阻通电发热，以及熔化过程中吸收物理潜热等，这时内热源为负值。用单位体积单位时间内所发出的热量q_v（W/m³）表示内热源的强度。

基于上述各项假定，再从进行导热过程的物体中分割出一个微元体$dV=dxdydz$，微元体的三个边分别平行于x、y和z轴，如图1-10所示。

根据能量守恒与转化定律，对微元体进行热平衡分析，那么在$d\tau$时间内导入与导出微元体的净热量，加上热源的发热量，应该等于微元体热力学能量的增加，即

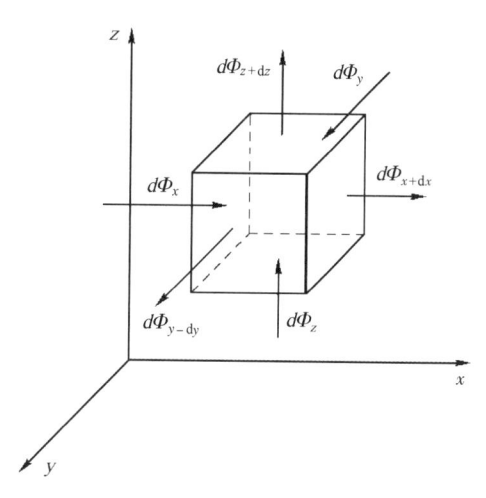

图1-10 微元体的导热

导入与导出微元体的净热量+微元体中内热源的发热量=微元体热力学能的增加 （1-20）

下面分别计算式（1-20）中的Ⅰ、Ⅱ和Ⅲ三项。

导入与导出微元体的净热量可以通过由x、y和z三个方向导入与导出微元体的净热量相加而得到。在$d\tau$时间内，沿x轴方向，经x表面导入的热量为

$$d\Phi_x = q_x dydzd\tau$$

经$x+dx$表面导出的热量为

$$d\Phi_{x+dx} = q_{x+dx} dydzd\tau$$

而

$$q_{x+dx} = q_x + \frac{\partial q_x}{\partial x}dx$$

于是，在$d\tau$时间内，沿x轴方向导入与导出微元体的净热量为

$$d\Phi_x - d\Phi_{x+dx} = -\frac{\partial q_x}{\partial x}dxdydzd\tau$$

同理，此时间内，沿y轴方向和z轴方向导入与导出微元体的净热量分别为

$$d\Phi_y - d\Phi_{y+dy} = -\frac{\partial q_y}{\partial y}dxdydzd\tau$$

$$d\Phi_z - d\Phi_{z+dz} = -\frac{\partial q_z}{\partial z}dxdydzd\tau$$

将x、y和z三个方向导入与导出微元体的净热量相加得到

$$\text{Ⅰ} = -\left(\frac{\partial q_x}{\partial x}+\frac{\partial q_y}{\partial y}+\frac{\partial q_z}{\partial z}\right)dxdydzd\tau \tag{1-21}$$

将式（1-15）代入式（1-21），可以得到

$$\text{Ⅰ} = \left[\frac{\partial}{\partial x}\left(\frac{\partial q_x}{\partial x}\right)+\frac{\partial}{\partial y}\left(\frac{\partial q_y}{\partial y}\right)+\frac{\partial}{\partial z}\left(\frac{\partial q_z}{\partial z}\right)\right]dxdydzd\tau \tag{1-22}$$

在 dτ 时间内，微元体中内热源的发热量为

$$\text{II} = q_v \mathrm{d}x\mathrm{d}y\mathrm{d}z\mathrm{d}\tau \tag{1-23}$$

在 dτ 时间内，微元体中热力学能的增量为

$$\text{III} = \rho c \frac{\partial t}{\partial \tau} \mathrm{d}x\mathrm{d}y\mathrm{d}z\mathrm{d}\tau \tag{1-24}$$

对于固体和不可压缩的流体，比定压热容为 c_p，即 $c_p = c_v = c$。将式（1-22）、式（1-23）和式（1-24）代入式（1-20），消去等号两边的 dxdydzdτ，可得

$$\rho c \frac{\partial t}{\partial \tau} = \frac{\partial}{\partial x}\left(\lambda \frac{\partial t}{\partial x}\right) + \frac{\partial}{\partial y}\left(\lambda \frac{\partial t}{\partial y}\right) + \frac{\partial}{\partial z}\left(\lambda \frac{\partial t}{\partial z}\right) + q_v \tag{1-25}$$

式（1-25）称为导热微分方程式，实际上它是导热过程的能量方程。上式借助于能量守恒定律和傅里叶定律把物体中各点的温度联系起来，它表达了物体的温度随空间和时间变化的关系。

当热物性参数导热系数 λ、比热容 c 和密度 ρ 均为常数时，式（1-25）可以简化为

$$\frac{\partial t}{\partial \tau} = \frac{\lambda}{\rho c}\left(\frac{\partial^2 t}{\partial x^2} + \frac{\partial^2 t}{\partial y^2} + \frac{\partial^2 t}{\partial z^2}\right) + \frac{q_v}{\rho c} \tag{1-26}$$

或写成

$$\frac{\partial t}{\partial \tau} = \alpha \ \nabla^2 t + \frac{q_v}{\rho c}$$

式中，∇^2 为拉普拉斯运算符；$\alpha = \dfrac{\lambda}{\rho c}$ 为热扩散率，单位是 m^2/s。热扩散率 α 表征物体被加热或冷却时，物体内各部分温度去向均匀一致的能力。

例如，木材的热扩散率 $\alpha = (1.5 \times 10^{-7})$（m^2/s）；铝的热扩散率 $\alpha = (9.45 \times 10^{-5})$（m^2/s），木材的热扩散率约为铝的 1/600，所以燃烧木棒的一端已达到很高的温度，而另一端仍保持不烫手的温度。热扩散率对非稳态导热过程具有很重要的意义。

当热物性为常数且无热源时，式（1-26）可写成

$$\frac{\partial t}{\partial \tau} = \alpha \ \nabla^2 t \tag{1-27}$$

对于稳态温度场，$\dfrac{\partial t}{\partial \tau} = 0$，式（1-26）可以简化为

$$\nabla^2 t + \frac{q_v}{\lambda} = 0 \tag{1-28}$$

对于无内热源的稳态温度场，式（1-28）可进一步简化为

$$\nabla^2 t = \frac{\partial^2 t}{\partial x^2} + \frac{\partial^2 t}{\partial y^2} + \frac{\partial^2 t}{\partial z^2} = 0 \tag{1-29}$$

在这种情况下，微元体的热平衡式（1-23）和式（1-24）中的 II 和 III 两项均为零，所以导入和导出微元体的净热量也为零，即导入微元体的热量等于导出微元体的热量。

当所分析的对象为轴对称物体（圆柱、圆筒或圆球）时，采用圆柱坐标系（r, ϕ, z）或球坐标系（r, ϕ, θ）更为方便。这样，通过坐标变换（如图 1-11 所示），可以将式（1-25）转换为圆柱坐标系或者圆球坐标系的公式。对于圆柱坐标系，式（1-25）可改写为

$$\rho c \frac{\partial t}{\partial \tau} = \frac{1}{r}\frac{\partial}{\partial r}\left(\lambda r \frac{\partial t}{\partial r}\right) + \frac{1}{r^2}\frac{\partial}{\partial \phi}\left(\lambda \frac{\partial t}{\partial \phi}\right) + \frac{\partial}{\partial z}\left(\lambda \frac{\partial t}{\partial z}\right) + q_v \tag{1-30}$$

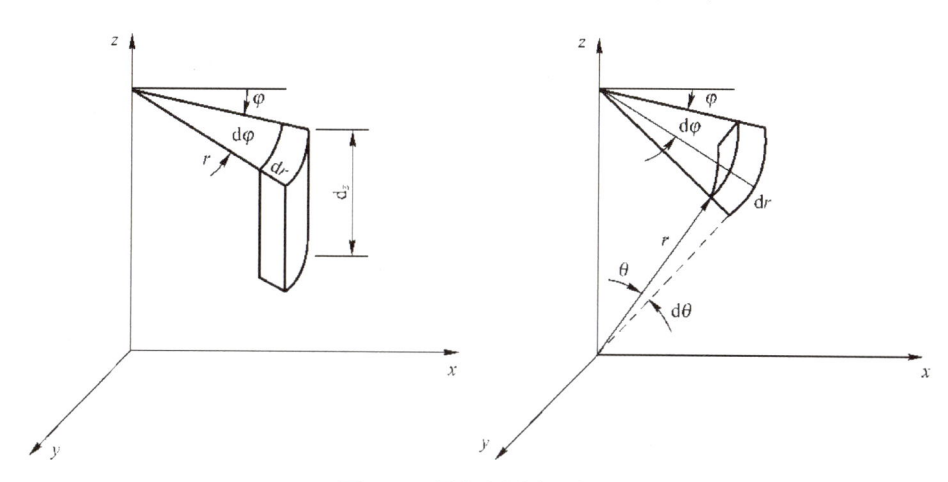

图 1-11 圆柱和圆球坐标系

对于圆球坐标系，式（1-25）可改写为

$$\rho c \frac{\partial t}{\partial \tau} = \frac{1}{r^2}\frac{\partial}{\partial r}\left(\lambda r^2 \frac{\partial t}{\partial r}\right) + \frac{1}{r^2 \sin^2 \theta}\frac{\partial}{\partial \phi}\left(\lambda \frac{\partial t}{\partial \phi}\right) + \frac{1}{r^2 \sin \theta}\frac{\partial}{\partial \theta}\left(\lambda \sin \theta \frac{\partial t}{\partial \theta}\right) + q_v \tag{1-31}$$

1.2.4 单值性条件

导热微分方程式是根据热力学第一定律和傅里叶定律所建立的描写物体温度随空间和时间变化的关系式，没有涉及某一特定导热过程的具体特点，因此，它是所有导热过程的通用表达式。

要从众多不同的导热过程中区分人们所研究的某一特定的导热过程，还需对该过程作进一步的具体说明，这些补充说明条件总称为单值性条件。

从数学角度来看，求解导热微分方程式可以获得方程式的通解。然而就特定的导热过程而言，不仅要得到通解，而且要得到既能满足导热微分方程式，又能满足该过程的补充说明条件的唯一解。

把这种特定唯一解的附加补充说明条件称为单值性条件。因此，对于一个具体给定的导热过程，其完整的数据描述应包括导热微分方程式和它的单值性条件两部分。

单值性条件一般有以下四项。

（1）几何条件

说明参与导热过程的物体的几何形状和大小。例如，形状是平壁或圆柱壁以及它们的厚度、直径等几何尺寸。

（2）物理条件

说明参与导热过程的物理特征。例如，给出参与导热过程物体的热物性参数导热系数 λ、比热容 c 和密度 ρ 等的数值，它们是否随温度发生变化，是否有内热源及其大小和分布情形。

（3）时间条件

说明在时间上过程进行的特点。稳态导热过程没有单值性的时间条件，因为过程的进行不

随时间发生变化。对于非稳态导热过程，应该说明开始时刻物体内部的温度分布，它可以表示为

$$t|_{t=0} = f(x,y,z) \quad (1-32)$$

故时间条件又称为初始条件。初始条件可以是各种各样的空间分布，例如，加热或冷却一个物体时，在过程开始时刻，物体的各部分具有相同的温度，那么初始条件表示式为

$$t|_{t=0} = t_0 = \text{const} \quad (1-33)$$

（4）边界条件

人们所研究的物体总是和周围环境有某种程度的相互联系。它往往也是物体内导热过程发生的原因。因此，凡是说明物体边界上过程进行的特点、反映过程与周围环境相互作用的条件均称为边界条件。常见的边界条件的表达方式可以分为以下三类。

第一类边界条件是已知任何时刻物体边界面上的温度值，即

$$t|_s = t_w \quad (1-34)$$

式中，下标 s 表示边界面，t_w 是温度在边界面 s 的给定值。对于稳态导热过程，t_w 不随时间发生变化，即 $t_w = \text{const}$；对于非稳态导热过程，若边界面上温度随时间而变化，还应给出 $t_w = f(\tau)$ 的函数关系。例如，图 1-12 为一维无限大平壁的第一类边界条件，平壁两侧表面各为持恒定的温度 t_{w1} 和 t_{w2}，它的第一类边界条件可以表示为

$$t|_{t=0} = t_{w1}; \quad t|_{t=\delta} = t_{w2}$$

对于二维或三维稳态温度场，它的边界面超过两个，这时应逐个按边界面给定它们的温度值。

第二类边界条件是已知任何时刻物体边界面上的"总热通量"值。因为傅里叶定律给出了"总热通量"矢量与温度梯度之间的关系，所以第二类边界条件等于已知任何时刻物体边界面 s 法向的温度变化率的值。

值得注意的是，已知边界面上温度变化率的值，并不是已知物体的温度分布，因为物体内各处的温度梯度和边界面上的温度值都还是未知的。第二类边界可以表示为

$$q|_s = q_w$$

或

$$-\frac{\partial t}{\partial n}\bigg|_s = \frac{q_w}{\lambda} \quad (1-35)$$

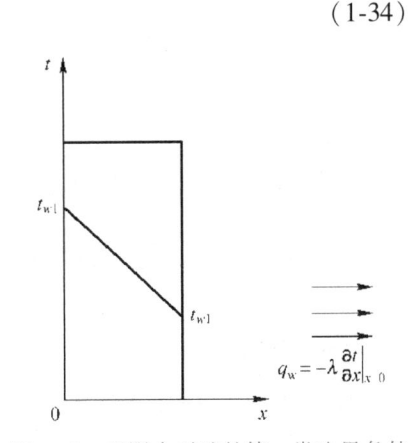

图 1-12 无限大平壁的第一类边界条件

式中，q_w 是给定的通过边界面 s 的热流密度，对于稳态导热过程，$q_w = \text{const}$；对于非稳态导热过程，若边界面上热流密度是随时间变化的，还要给出 $q_w = f(\tau)$ 的函数关系。

图 1-13 为肋片基处的边界条件，就是 $x=0$ 界面处热流密度值恒定为 q_w，这时第二类边界条件可以表示为

$$-\frac{\partial t}{\partial x}\bigg|_{x=0} = \frac{q_w}{\lambda}$$

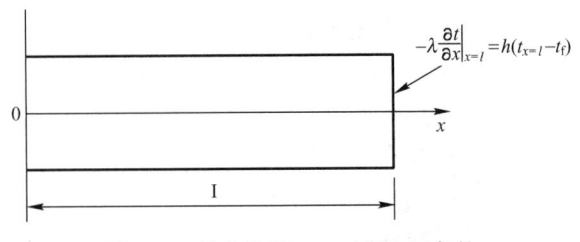

图 1-13 肋片的第二、三类边界条件

若某一个边界面 s 是绝热的,根据傅里叶定律,该边界面上温度变化率数值为零,即

$$\left.\frac{\partial t}{\partial n}\right|_s = 0 \tag{1-36}$$

例如,对于以后将要讨论的肋片,由于肋片的温度沿着肋片高度而下降,因此对于很高的肋片,它的端部温度与周围空气的温度就很接近,可以近似地认为端部是绝热的,见图 1-13。这时肋片端部的边界条件应写为

$$\left.\frac{\partial t}{\partial x}\right|_{x=l} = 0$$

第三类边界条件是已知边界面周围流体温度 t_f 和边界面与流体之间的表面传热系数 h。根据牛顿冷却定律,物体边界面 s 与流体间的对流换热量可以写为

$$q = h(t|_s - t_f)$$

于是,第三类边界条件可以表示为

$$-\lambda \left.\frac{\partial t}{\partial n}\right|_s = h(t|_s - t_f) \tag{1-37}$$

由图 1-13 可见,若肋片端部与周围空气的对流换热不允许忽略,那么肋片端部的第三类边界条件可以表示为

$$-\lambda \left.\frac{\partial t}{\partial n}\right|_{x=l} = h(t|_{x=l} - t_f)$$

对于稳态导热过程,h 和 t_f 不随时间而变化;对于非稳态导热过程,h 和 t_f 可以是时间的函数,这时还要给出它们和时间的具体函数关系。

应该注意的是,式(1-37)中已知的条件是 h 和 t_f,而 $\left.\frac{\partial t}{\partial n}\right|_s$ 和 $t|_s$ 都是未知的,这正是第三类边界条件与第一类、第二类边界条件的区别所在。在确定某一个边界面的边界条件时,应根据物理现象本身在边界面的特点给定,不能对同一界面同时给出两种边界条件。

1.3　本章小结

本章从最基本的热传导、热辐射及热对流三种基本公式及原理出发,对传热学中的相关理论及使用范围进行了详细介绍,并列举出不同类型边界条件时的解析公式。

第 2 章 几何建模

ANSYS 2024 是 ANSYS 公司较新版本的多物理场分析平台，其中提供了大量全新的先进功能，有助于用户更好地掌握设计情况，从而提升产品性能和设计完整性。将 ANSYS 2024 的新功能与 ANSYS Workbench 相结合，可以实现更加深入和广泛的物理场研究，并通过扩展满足客户不断变化的需求。

ANSYS 2024 采用的平台可以精确地简化各种仿真应用的工作流程。同时提供了多种关键的多物理场解决方案、前处理和网格剖分强化功能，以及一种全新的参数化高性能计算（HPC）许可模式，从而使设计探索工作更具扩展性。

2.1 Workbench 平台概述

在计算机中安装 ANSYS 2024 后，在 Windows 系统下执行"开始"→"所有程序"→ANSYS 2024→Workbench 2024 命令，可以启动 Workbench 2024。

2.1.1 平台界面

启动 Workbench 2024 后，软件平台如图 2-1 所示。启动软件后，用户可以根据个人喜好设

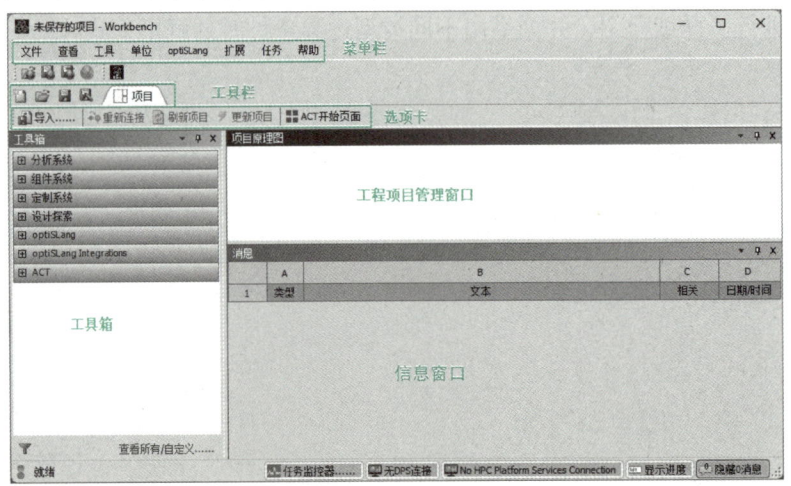

图 2-1 Workbench 软件平台

18

置下次启动是否同时开启导读对话框，如果不想启动导读对话框，取消勾选导读对话框底端的复选框即可。

ANSYS Workbench 平台界面由菜单栏、工具栏、工具箱、工程项目管理窗口、信息窗口及选项卡等部分构成。

2.1.2 菜单栏

菜单栏包括"文件""查看""工具""单位""optiSLang""扩展""任务"及"帮助"八个菜单。对菜单中包括的子菜单及命令详述如下。

1. "文件"菜单

"文件"菜单中的命令如图 2-2 所示。下面对"文件"菜单中的常用命令进行介绍。

1) 新：建立一个新的工程项目。在建立新工程项目前，Workbench 软件会提示用户是否需要保存当前的工程项目。

2) 打开：打开一个已经存在的工程项目，同样会提示用户是否需要保存当前工程项目。

3) 保存：保存工程项目，同时为新建立的工程项目命名。

4) 另存为：将已经存在的工程项目另存为一个新的项目名称。

5) 导入：导入外部文件。选择"导入"命令会弹出图 2-3 所示的"导入"对话框，在该对话框的文件类型下拉列表中可以选择多种文件类型。

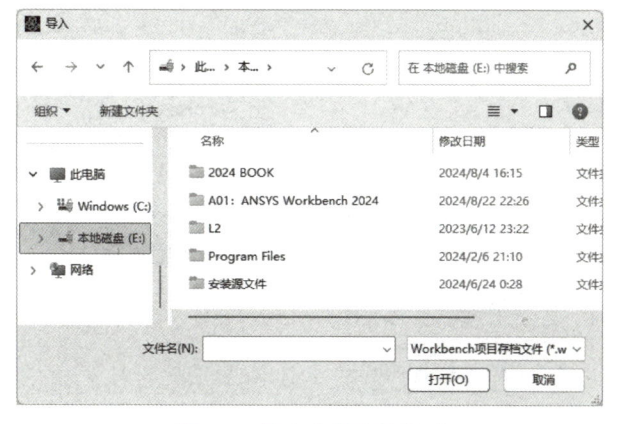

图 2-2 "文件"菜单　　　　　图 2-3 导入支持文件类型

注：文件类型下拉列表中的 HFSS Project File（*.hfss）、Maxwell Project File（*.mxwl）和 Simplorer Project File（*.asmp）三种文件类型名称需要安装 ANSYS Electromagnetics Suite 电磁系列软件才会显示。

ANSYS Workbench 平台支持 ANSYS Electromagnetics Suite。

6) 存档：将工程文件存档，如果项目工程文件没有保存，软件会提示先保存文件。选择"存档"命令后，在弹出的图 2-4 所示的"另存为"对话框中单击"保存"按钮，然后在弹出的图 2-5 所示的"存档选项"对话框中勾选所需复选框，单击"存档"按钮，将工程文件进行存档。

19

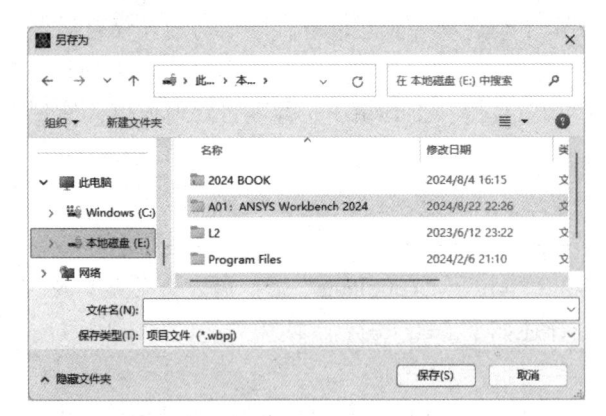

图 2-4 "另存为"对话框　　　　图 2-5 "存档选项"对话框

7）脚本：脚本语言，ANSYS Workbench 平台支撑的脚本语言有 Python（*.py）及自带脚本（*.wbjn）两种格式。选择"脚本"命令，会出现图 2-6 所示子菜单，其中包括以下三个选项。

- 录制脚本：选择此命令，开始对当前 Workbench 平台中的所有操作用脚本语言进行记录，脚本格式为 *.wbjn。
- 运行脚本文件：运行一个已经存在的脚本语言，脚本包括 *.wbjn 和 *.py 两种格式，如图 2-7 所示。

图 2-6 "脚本"命令子菜单　　　　图 2-7 脚本格式

- 打开命令窗口：执行该命令，将弹出 Python 脚本语言"命令窗口"，如图 2-8 所示。此时在窗口中输入如下代码。

print"Hello Workbench!"

将在下行中显示"Hello Workbench！"字样。ANSYS Workbench 平台的脚本语言非常强大，用户可以通过该功能进行模块的建立、材料的添加等操作。

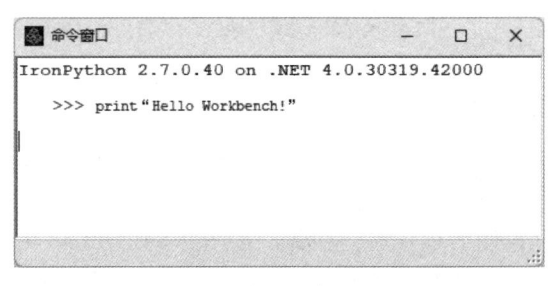

图 2-8 脚本命令框

2. "查看"菜单

"查看"菜单中的相关命令如图 2-9 所示。下面对"查看"菜单中常用命令进行介绍。

- 刷新：刷新项目管理窗口。
- 重置工作空间：将 Workbench 平台的工作空间复原到初始状态。
- 重置窗口布局：如果平台的布局经过更改，通过此命令能将 Workbench 平台的窗口布局复原到初始状态。
- 工具箱：选择"工具箱"命令来显示或隐藏左侧的工具箱。工具箱前面有"√"符号，说明工具箱处于显示状态；选择"工具箱"命令，取消勾选该选项，工具箱将被隐藏。
- 工具箱自定义：选择此命令，将在窗口中弹出图 2-10 所示的"工具箱自定义"窗口，用户可通过勾选各个模块前面的复选框来设置是否在工具箱中显示该模块。

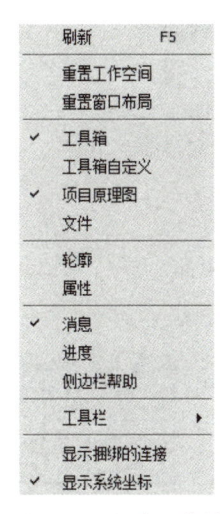

图 2-9 "查看"菜单　　　　图 2-10 "工具箱自定义"窗口

- 项目原理图：选择此命令，确定是否在 Workbench 平台上显示项目管理窗口。
- 文件：选择此命令，会在 Workbench 平台下侧弹出图 2-11 所示的"文件"窗口，窗口中显示了本工程项目中所有的文件及相应的文件路径等重要信息。

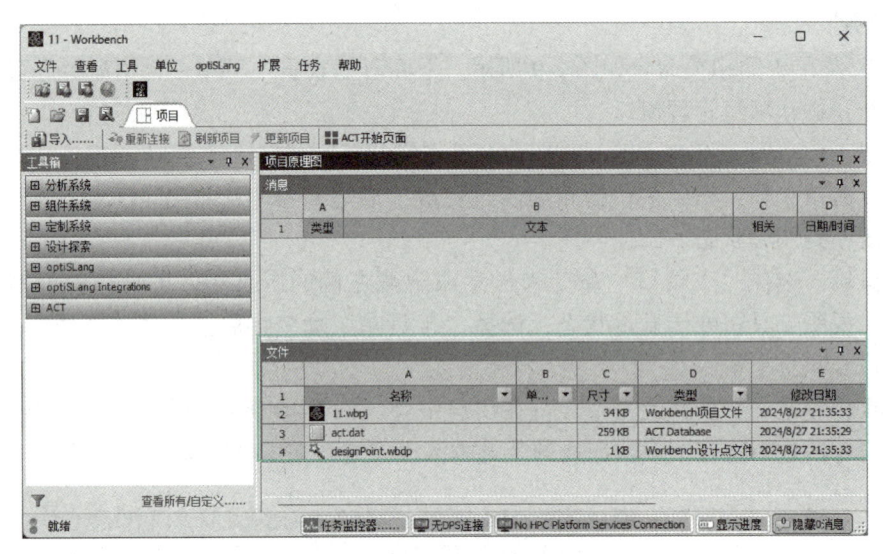

图 2-11 "文件" 窗口

- 属性：选择此命令，再单击 A6 的 "结果" 单元格，此时会在 Workbench 平台右侧弹出图 2-12 所示的 "属性" 窗口，窗口中显示的是 A6 "结果" 栏中的相关信息。

图 2-12 "属性" 窗口

3. "工具" 菜单

"工具" 菜单中的命令如图 2-13 所示。下面对 "工具" 菜单中的常用命令进行介绍。

1）重新连接：当连接失败时，选择该命令进行重新连接。

2）刷新项目：当上行数据中的内容发生变化时，选择该命令进行板块刷新（更新也会刷新板块）。

3）更新项目：数据已更改，选择该命令重新生成板块的数据输出。

4）选项：选择该命令，弹出 "选项" 对话框。该对话框中主要包括以下选项面板。

图 2-13 "工具" 菜单

① "项目管理" 选项面板：在图 2-14 所示的 "项目管理" 选项面板中，用户可以设置 Workbench 平台启动的默认目录、计算时临时文件的位置以及项目工程文件压缩等级设置等参数。

图 2-14 "项目管理"选项面板

②"外观"选项面板：在图 2-15 所示的"外观"选项面板中，用户可对 Workbench 平台中的部分软件模块的背景颜色、文字颜色、几何图形的边等进行颜色设置，同时也可以启动"试用版选项"等。图 2-16 为启用"试用版选项"前后"工具箱"中选项的对比。

图 2-15 "外观"选项面板　　　　　图 2-16 "试用版选项"开启与否的对比

③"区域和语言选项"选项面板：在图 2-17 所示的选项面板中，用户可以设置 Workbench 平台的语言，其中包括德语、英语、法语、日语及中文五种。

④"图形交互"选项面板：在图 2-18 所示的选项面板中，用户可以设置鼠标对图形的操作，如平移、旋转、放大、缩小、多选等。下面以常用的三键鼠标（见图 2-19）为例进行说明。

图 2-17 "区域和语言选项"选项卡　　　　图 2-18 "图形交互"选项卡

- 鼠标滚轮：单击右侧的下拉按钮，在下拉列表中设置鼠标滚轮执行"缩放"或者"无"。默认为"缩放"操作。
- 鼠标中键：单击右侧的下拉按钮，在下拉列表中可进行鼠标中键的"旋转""平移""缩放""缩放框"及"无"设置。默认为"旋转"操作。
- 右键：单击右侧的下拉按钮，在下拉列表中可进行鼠标右键的"旋转""平移""缩放""缩放框"及"无"设置。默认为"缩放框"操作。

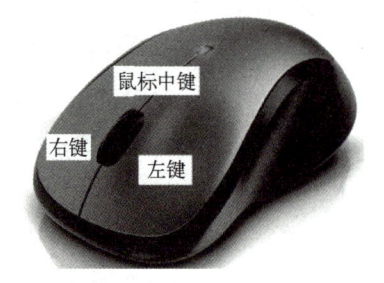

图 2-19 三键鼠标

- Shift+鼠标左键（键盘上的 Shift 键+三键鼠标的左键）：单击右侧的下拉按钮，在下拉列表中可选择"旋转""平移""缩放""缩放框"及"无"，默认为"无"。
- Shift+鼠标中键（键盘上的 Shift 键+三键鼠标的中键）：单击右侧的下拉按钮，在下拉列表中可选择"旋转""平移""缩放""缩放框"及"无"，默认为"缩放"操作。
- Shift+鼠标右键（键盘上的 Shift 键+三键鼠标的右键）：单击右侧的下拉按钮，在下拉列表中可选择"旋转""平移""缩放""缩放框"及"无"，默认为"缩放框"操作。
- Ctrl+鼠标左键（键盘上的 Ctrl 键+三键鼠标的左键）：单击右侧的下拉按钮，在下拉列表中可选择"多选""旋转""平移""缩放""缩放框"及"无"，默认为"多选"操作。
- Ctrl+鼠标中键（键盘上的 Ctrl 键+三键鼠标的中键）：单击右侧的下拉按钮，在下拉列表中可选择"旋转""平移""缩放""缩放框"及"无"，默认为"平移"操作。
- Ctrl+鼠标右键（键盘上的 Ctrl 键+三键鼠标的右键）：单击右侧的下拉按钮，在下拉列表中可选择"旋转""平移""缩放""缩放框"及"无"，默认为"缩放框"操作。
- Ctrl+Shift+鼠标左键（键盘上的 Ctrl+Shift+三键鼠标的左键）：单击右侧的下拉按钮，在下拉列表中可选择"多选"及"无"，默认为"无"。
- 在旋转过程中动态查看：若勾选此复选框，转动几何时可以动态观察视觉效果。
- 扩展选择角度限值：默认为 20°，用户可以根据几何特点更改此角度值，以方便几何选择时的扩展应用。
- 用于配置工具的角增量：默认为 10°，用户可根据需要调整角度增量值。

⑤ "脚本与日志"选项面板：切换至此选项面板，在右侧将显示录制脚本语言的默认文件路径，用户也可以设置"Workbench 日志文件"的路径及日志文件保存的时间，如图 2-20 所示。

⑥ "求解过程"选项面板：设置求解过程中一些显示及处理，如图 2-21 所示。

图 2-20　"脚本与日志"选项面板　　　　图 2-21　"求解过程"选项面板

- 默认更新选项：包括"前台运行""后台运行"及"提交给远程求解管理器"三个选项，默认为"前台运行"。
- 默认设计点更新顺序：包括"从当前更新"及"按顺序更新设计点"两个选项，默认为"从当前更新"。
- 显示高级求解器选项：该复选框用于设置是否显示高级求解器选项。
- 保留的设计点：包括"更新参数"及"更新整个项目"两个选项。
- 默认执行模式：包括"连续的"和"并行"两种类型。选中"并行"模式后，下面的"默认进程数量"参数被激活，此时可根据 CPU 的数量设置并行计算所使用 CPU 的数量。

⑦ "扩展"选项面板：在该选项面板中，用户可以将自己编写并编译成 *.wbex 格式的程序代码目录添加到"附加扩展文件夹"，如图 2-22 所示。如果有多个文件夹，则中间用分号（;）隔开。添加一个文件路径后，在"利用项目保存二进制扩展"列表中可以选择是否保存。这部分内容在后面有详细介绍，这里不再赘述。

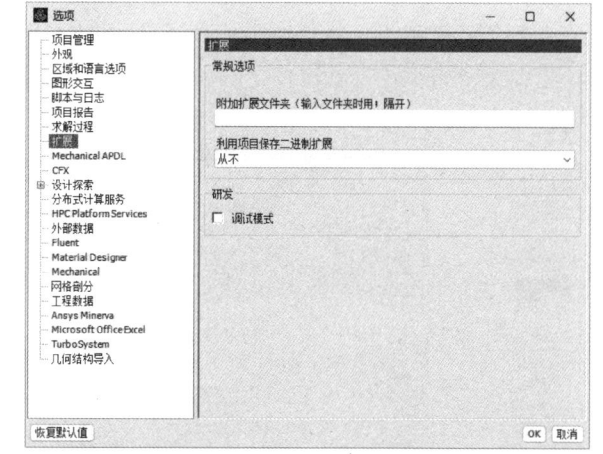

图 2-22　"扩展"选项面板

⑧ Mechanical APDL（ANSYS APDL 分析平台）选项面板：在图 2-23 所示的选项面板中，用户可以设置"命令行选项""数据库内存""工作空间内存""Utilized Cores（可利用核

心)"及是否开启"GPU 加速器"等。

⑨ CFX（CFX 流体动力学分析模块）选项面板：在"解决方案默认值"区域中有图 2-24 所示的"仅保留最新解决方案数据"和"缓存解决方案数据"两个复选框。

图 2-23　APDL 选项面板　　　　　　图 2-24　CFX 选项面板

在"初始化选项"列表中可以选择初始化选项，即"自动""如果可能，从当前解决方案数据更新""如果可能，从缓存的解决方案数据更新"和"从初始条件更新"四个选项。

在"执行控制冲突选项"列表中可以选择不同的方式来设置默认的执行命令，以控制冲突选项，包括"警告""使用设置单元执行控制"和"使用解决方案单元执行控制"三个选项。

⑩ "设计探索"选项面板：该选项面板中包括"显示高级选项"复选框。在"设计点"选项区域下面有"在 DX 运行后保存设计点"复选框，如果勾选，则"为每个保留的设计点保留数据"复选框将被激活；当勾选"重试所有失败的设计点"复选框，可以在下面设置"重试次数"和"重试延迟（秒）"的时间，单位为秒，如图 2-25 所示。在"设计探索"选项卡下面有三个子选项卡。

- "实验设计"选项面板：在图 2-26 所示的"实验设计"选项面板中，用户可以对"实验类型设计"进行选择，下拉列表中包括四个选项，下面分别进行介绍。

图 2-25　"设计探索"选项面板　　　　　　图 2-26　"实验设计"选项面板

☑ 中间复合材料设计（简称CCD）：中间复合材料设计是在二水平权因子和分部实验设计的基础上发展出来的一种实验设计方法，它是二水平全因子和分部实验设计的拓展。

通过对二水平实验增加设计点（相当于增加了一个水平），可以对评价指标（输出变量）和因素间的非线性关系进行评估。

该方法常用于需要对因素的非线性影响进行测试的实验，选择该选项后，下面的选项区域的"设计类型"列表中有"自动定义的""G-最佳性""VIF-最佳性""可旋转的"和"面心的"五种实验类型。

☑ 最佳空间填充设计：在整个设计空间均匀分布，空间填充能力强，适用于后续的"遗传聚合""标准响应表面-全二阶多项式""Kriging"（克里金模型）"非参数回归""神经网络"的响应面类型，为了节省计算时间，可以指定样本数，样本有可能没有落在角落及中点。

选择"最佳空间填充设计"选项，将激活下面的"拉丁超立方体抽样与最优空间填充方案"区域中的参数，其中"设计类型"列表中包含"最大–最小距离""居中的L2"和"最大熵"三个选项。

在"样本类型"列表中有"CCD采样""线性模型样本""纯二次模型样本""全二次模型样本"及"用户定义的样本"五个样本类型选项。

☑ Box-Behnken设计（响应面设计）：Box-Behnken设计（响应面设计）是可以评价指标和因素间的非线性关系的一种实验设计方法。

与中间复合材料设计（CCD）不同的是，Box-Behnken设计方法不需要连续进行多次实验，并且在因素数相同的情况下，Box-Behnken（响应面）实验的实验组合数比中间复合材料设计（CCD）少，因而更经济。Box-Behnken设计（响应面设计）常用于需要对因素的非线性影响进行研究的实验。

☑ 拉丁超立方抽样设计：计算机实验中广泛采用的一种设计是拉丁超立方设计。一个包含 n 次试验和 m 个变量的拉丁超立方设计可以用一个 $n×m$ 矩阵表示，其中每一列都是向量（1，2，…，n）的一个置换，我们称一个拉丁超立方设计为正交拉丁超立方设计。

● "响应面"子选项面板：在图2-27所示的选项面板中，可以设置响应面的类型，有"遗传聚合""标准响应表面-全二阶多项式""Kriging（克里金模型）""非参数回归""神经网络"几种。当选择"Kriging（克里金模型）"时，下面的"Kriging选项"被激活，在"内核变量类型"列表中有"变量内核变化"和"恒定内核变化"两种选项。

● "采样与优化"子选项面板：在图2-28所示的"采样与优化"子选项面板中可以设置"随机数生成"是否为"可重复性"、"加权的拉丁超立方体"的"采样放大"的数量，在"优化"选项区域中，用户可以在"约束处理"列表中选择"严格的"或"松弛"两种选项。

⑪ Fluent（流体动力学）选项面板：在图2-29所示的Fluent分析模型软件设置选项面板中，可以完成Fluent软件的相关设置并设置为启动默认项。

在"常规选项"区域中，用户可以设置在编辑计算时是否显示一些警告、启动新的计算时是否自动删除原来的结果；在"新Fluent系统的默认选项"区域中，可以设置在启动程序的时候显示启动器、读完数据后是否显示网格、是否将 Fluent 的 GUI 界面嵌入到窗口中、是否应用 Workbench 统一的颜色方案及是否同时启动 UDF 编译环境等。

图 2-27 "响应面"子选项面板

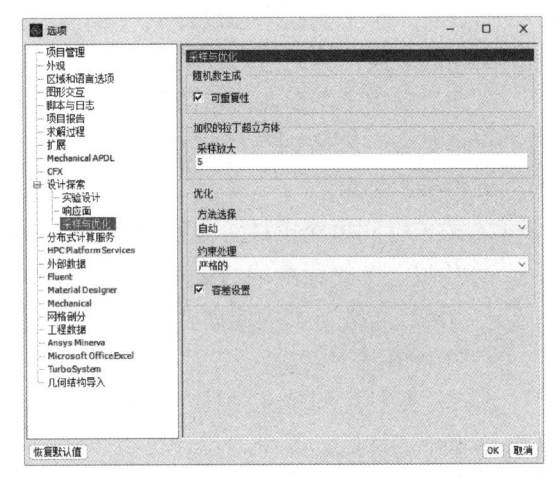

图 2-28 "采样与优化"子选项面板

同时也可以设置"精度"是"单精度"还是"双精度"。在"设置单元格"区域中，可以设置是否启动设置输出案例文件生成；在"解决方案单元"区域中，可以选择显示求解过程中的监视及是否产生一个可以被改写的文件。

⑫ Mechanical（机械）选项面板：在图 2-30 所示的 Mechanical（机械）选项面板中，可以设置关联几何数据模型后是否自动删除接触、并行计算的最大使用内核数量等。

图 2-29 Fluent 选项面板

图 2-30 Mechanical（机械）选项面板

⑬ Microsoft OfficeExcel 选项面板：在图 2-31 所示的 Microsoft Office Excel 选项面板中，用户可以设置变量数据名的前缀过滤格式。

⑭ "几何结构导入"选项面板：在图 2-32 所示的选项面板中可以选择几何建模工具，即 DesignModeler、SpaceClaim 直接建模器和 Discovery 等。用户还可以在"SpaceClaim 首选项"选项区域设置是否将 SpaceClaim 直接建模软件作为外部 CAD 软件。

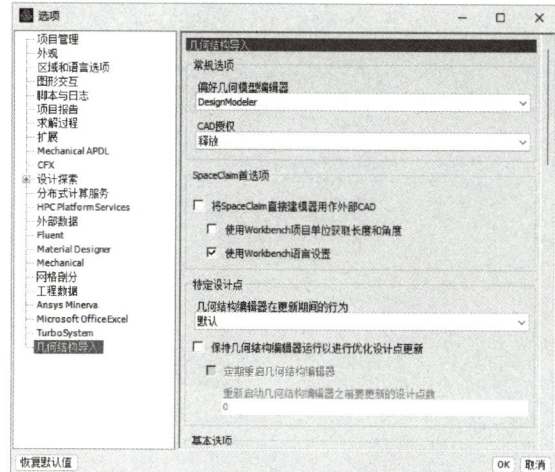

图 2-31　Microsoft Office Excel 选项面板　　　　图 2-32　"几何结构导入"选项面板

这里仅对 Workbench 平台与建模、分析相关并且常用的选项进行了简单介绍，其余选项请读者参考帮助文档的相关内容。

4. "单位"菜单

在"单位"菜单中，用户可以设置国际单位、米制单位、美制单位及用户自定义单位，如图 2-33 所示。在该菜单中选择"单位系统"命令，在弹出的图 2-34 所示的"单位系统"对话框中可以制定用户需要的单位格式。

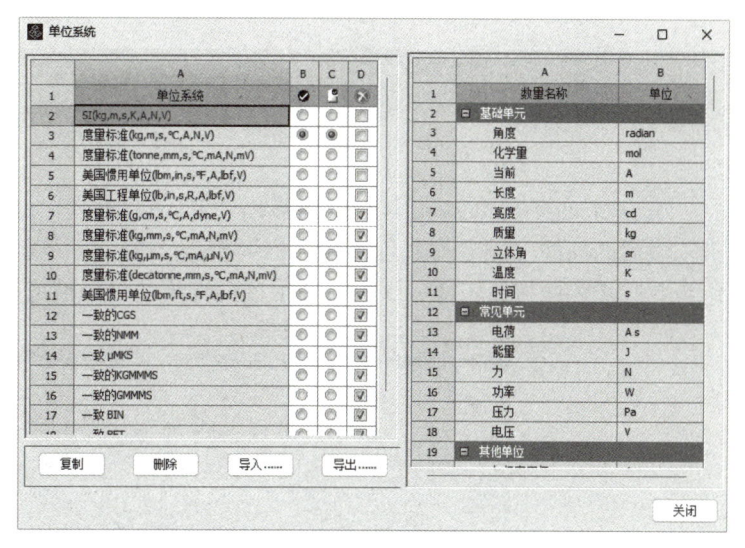

图 2-33　"单位"菜单　　　　图 2-34　"单位系统"对话框

5. "扩展"菜单

图 2-35 所示的扩展菜单是 ANSYS Workbench 平台新增加的模块，在该模块中可以添加 ACT（客户化应用工具套件），如图 2-35 所示。

选择"扩展"菜单中的"ACT 开始页面"命令，弹出图 2-36 所示的页面，单击 Launch Wizards 按钮，将出现通过向导导入已经建立好的 ACT 插件格式的模块。

29

图 2-35 "扩展".菜单

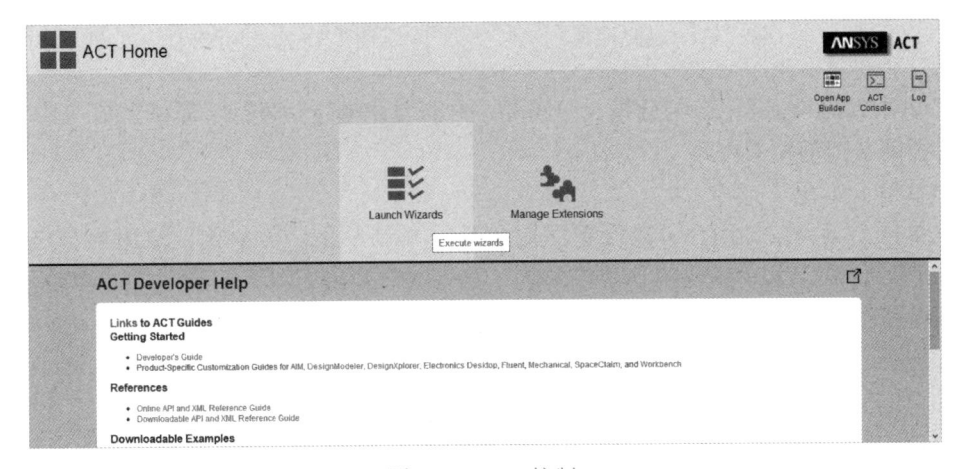

图 2-36 ACT 控制

单击 Manage Extensions 按钮，将弹出"扩展管理器"窗口，如图 2-37 所示。在窗口中单击未激活的插件（颜色为灰色，将光标置于按钮上，将显示"点击加载扩展"提示信息）按钮，此时灰色的按钮将变成绿色，表示该插件模块已经被成功加载。

图 2-37 "扩展管理器"窗口

如果读者想加载新的插件模块，则单击"扩展管理器"窗口右上角的+按钮；如果想建立新的文件夹目录，则单击+按钮右侧的 按钮即可。

6. "任务"菜单

通过"任务"菜单，用户可以设置远程提交的任务文件及检测显示等信息。

7. "帮助"菜单

执行"帮助"菜单中的命令，软件可实时地为用户提供软件操作及理论上的帮助。

2.1.3 工具栏

Workbench 的工具栏如图 2-38 所示。工具栏中相关按钮的功能已经在前面菜单中出现过，这里不再赘述。

图 2-38 工具栏

2.1.4 工具箱

"工具箱"位于 Workbench 平台的左侧，图 2-39 为"工具箱"中包含的基本分析系统模块和插件分析模块。

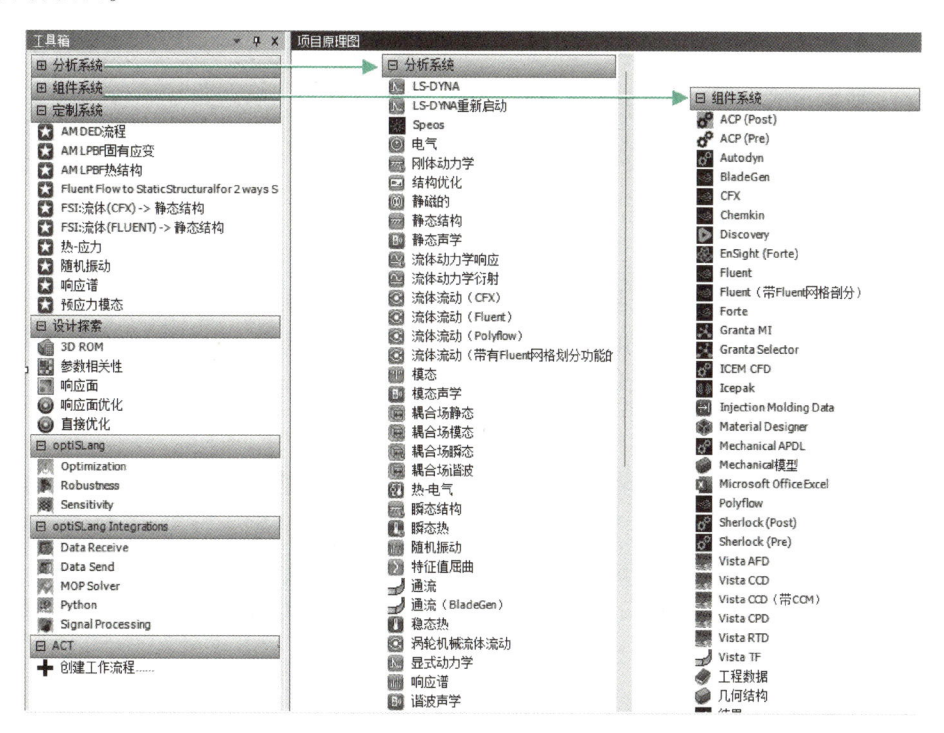

图 2-39 "工具箱"

下面将对"工具箱"中的基本分析系统模块进行简要介绍。

- 分析系统：该模块中包括不同的分析类型，如静力分析、热分析、流体分析等。模块中也包括用不同求解器求解相同分析的类型，如静力分析就包括用 ANSYS 求解器和 SAMCEF 求解器两种。图 2-40 为"分析系统"所包含的分析模块。

注：在"分析系统"中，需要单独安装的分析模块有 Maxwell 2D（二维电磁场分析模块）、Maxwell 3D（三维电磁场分析模块）、RMxprt（电机分析模块）、Simplorer（多领域系统分析模块）及 nCode（疲劳分析模块）。

1）组件系统：该模块中包括应用于各种领域的几何建模工具及性能评估工具。组件系统包含的模块如图 2-41 所示。

图 2-40 "分析系统"模块　　　　图 2-41 "组件系统"模块

2）定制系统：在图 2-42 所示的用户自定义系统中，除了软件默认的几个多物理场耦合分析工具外，Workbench 平台还允许用户自己定义常用的多物理场耦合分析模块。

3）设计探索：图 2-43 为设计优化模块，其中允许用户利用五种工具对零件产品的目标值进行优化设计及分析。

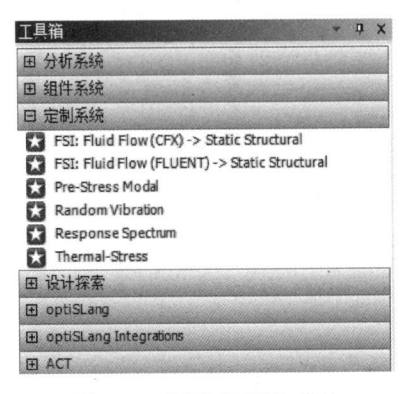

图 2-42 "定制系统"模块　　　　图 2-43 "设计探索"模块

4) 外接插件分析模块，Workbench 分析平台以其易用性及良好的兼容性，除了被广大用户广泛学习和使用外，还被一些程序生产厂商作为一个接口平台，将程序集成到 Workbench 平台中进行扩展分析。

- 法国达索公司的 SIMULIA Tosca Structure 无参数结构优化软件开发了基于 Workbench 平台的接口程序——Tosca Extension for ANSYS Workbench，仅需要通过 Extension 接口即可将 Tosca Structure 外接程序接口集成到 Workbench 平台中进行结构的优化分析。
- 英国的 DEM—Solution 公司为其主打的离散元计算程序开发了基于 Workbench 平台的插件程序——EDEM Add-In for ANSYS® Workbench™，通过此接口模块能将离散元 EDEM 程序计算的粒子与 Workbench 平台中的结构分析模块进行单项耦合受力分析。
- Workbench LS-DYNA（显示动力学分析模块）：在显示动力学分析模块中，程序将使用 LS-DYNA 求解器对模型进行显示动力学分析。这个模块需要用户单独安装插件。

下面用一个典型的实例来说明如何在用户自定义系统中建立自己的分析模块。

步骤 1：启动 Workbench 后，按住"工具箱"→"分析系统"中的"流体流动（Fluent）"不放，直接拖拽到"项目原理图"窗口中，如图 2-44 所示。此时会在"项目原理图"窗口中生成一个类似 Excel 表格的"流体流动（Fluent）"分析流程图表。

注："流体流动（Fluent）"分析图表显示了执行"流体流动（Fluent）"流体分析的工作流程，其中每个单元格命令代表一个分析流程步骤。根据"流体流动（Fluent）"分析流程图标从上往下执行每个单元格命令，就可以完成流体的数值模拟工作，具体流程如下。

- A2"几何结构"：得到模型几何数据、进行网格的控制与剖分。
- A4"设置"：进行边界条件的设定与载荷的施加。
- A5"求解"：进行分析计算。

步骤 2：双击"组件系统"中的"几何结构"模块和"分析系统"中的"静态结构"模块，此时会在"项目原理图"窗口中的项目 A 下面生成项目 B 和项目 C，如图 2-45 所示。

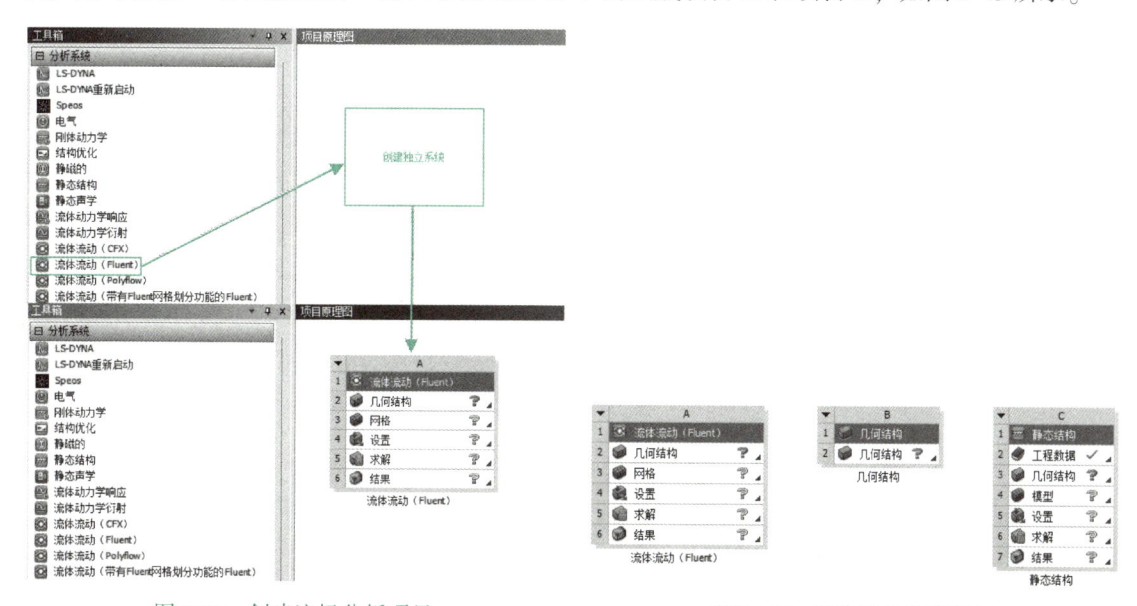

图 2-44 创建流场分析项目

图 2-45 创建结构分析项目

注：此时模块单元的排列顺序将发生变化。

步骤 3：创建好三个模块后，按住 A2 的"几何结构"不放，直接拖拽到 B2 的"几何结构"中。同样的操作方法，将 B2 的"几何结构"拖拽到 C3 的"几何结构"中，如图 2-46 所示。

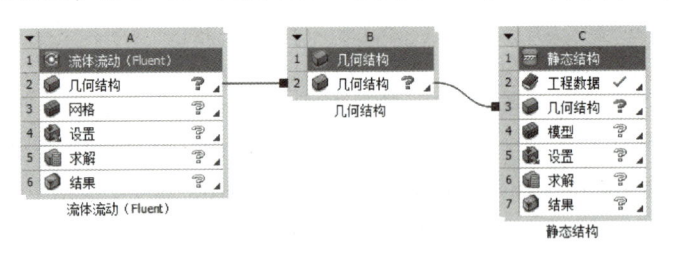

图 2-46　工程数据传递

步骤 4：将 A5 的"求解"拖拽到 C5 的"设置"中。操作完成后，项目连接形式如图 2-47 所示。此时实现了项目 A 和项目 C 的双向耦合计算。

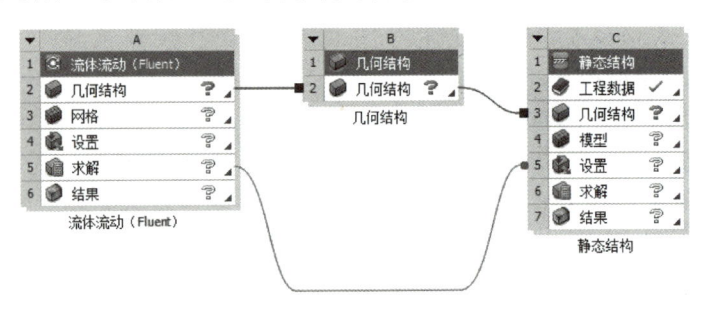

图 2-47　项目 A 和项目 C 的双向耦合计算

注：在工程分析流程图表之间如果存在 ▬■（一端是小正方形），表示数据共享；工程分析流程图表之间如果存在 ↗•（一端是小圆点），表示实现数据传递。

步骤 5：在 Workbench 平台的"项目原理图"窗口中单击鼠标右键，在弹出的图 2-48 所示的快捷菜单中选择"添加到定制"命令。

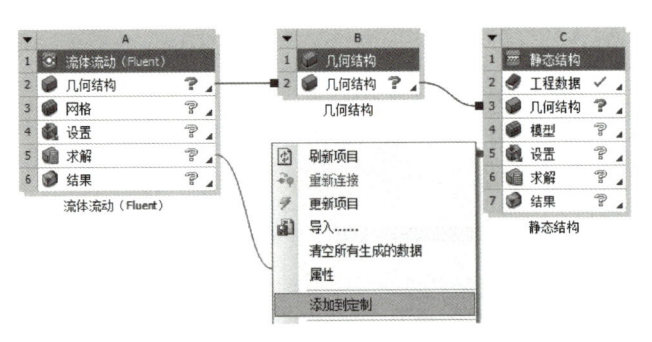

图 2-48　选择"添加到定制"命令

步骤 6：在弹出的图 2-49 所示的"添加项目模板"对话框中输入"名称"为 Fluent Flow to Static Structuralfor 2 ways Solution 并单击 OK 按钮。

步骤 7：完成用户自定义的分析模板添加后，单击 Workbench 左侧"工具箱"下面"定制系统"前面的+图

图 2-49　"添加项目模板"对话框

标，刚才定义的分析模板被成功添加到"定制系统"中，如图 2-50 所示。

步骤 8：选择 Workbench 平台"文件"菜单中的"新"命令，新建一个空项目工程管理窗口。然后双击"工具箱"下面的"定制系统"→Fluent Flow to Static Structuralfor 2 ways Solution（流体流动到静态结构的两种解决方案）模板。此时"项目原理图"窗口中将出现图 2-51 所示的分析流程。

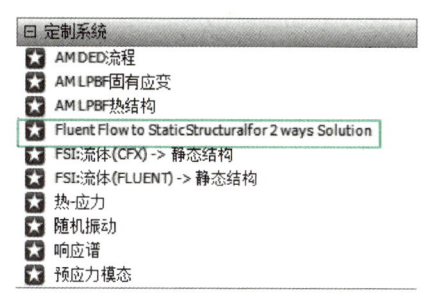

图 2-50 用户定义的分析流程模板

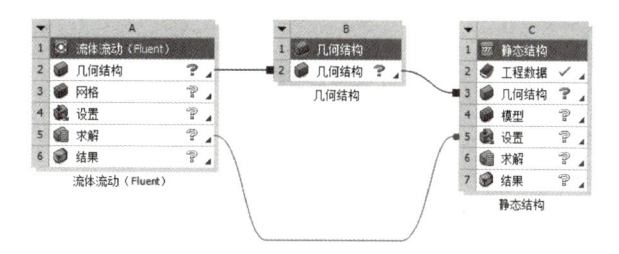

图 2-51 加载自定义模板

注：分析流程图表模板建立完成后，要想进行分析，还需要添加几何文件及边界条件等，以后章节将一一介绍。

ANSYS Workbench 安装完成后，系统将自动创建部分用户自定义系统。

2.2 几何建模

早期的有限元都是采用面向流程的分析方法，即通过编程实现有限元的仿真计算。这种方法不仅效率低下，还非常容易出错，并且不易检查，一旦分析出来的结果出现了错误，需要逐行代码进行分析，浪费了大量的时间。

随着计算机技术的进步，可视化技术也得到了飞速发展，现在的有限元分析方法均采用友好的界面、可视化程度极高的面向对象的结构，不仅省去了编程的痛苦，还可以通过绘图窗口中的操作步骤显示，对每一步操作进行检查校准。有限元分析的一般过程也由原来单调的编程升级到现在的几何建模、材料设置、网格划分、边界条件选择、计算及后处理。

有限元分析的第一个重要工程就是几何建模，其直接影响最后一步计算结果的正确性，是一个合理有限元分析过程的重中之重。一般在整个有限元分析过程中，几何建模占据了非常多的时间。

本节将着重讲解如何利用 ANSYS Workbench 自带的几何建模工具——DesignModeler 进行几何建模。

2.2.1 DesignModeler 几何建模平台

在 ANSYS Workbench 平台中，双击"工具箱"→"组件系统"下面的"几何结构"模块，此时在右侧的"项目原理图"窗口中出现"几何结构"，如图 2-52 所示。

注：也可以在"分析系统"下面双击任意一个模块选项，在出现的分析流程选项卡中建立"几何结构"。

右击 A2 的"几何结构"，进入图 2-53 所示的 DesignModeler 平台界面。如同其他 CAD 软件（如 Creo、SolidWorks、UG、SolidEdge、CAXA 实体建模及 CATIA 等）一样，DesignModeler 平台也包括菜单栏、工具栏、绘图窗口、模型树及命令树、属性详细设置窗口等部分。在几何建模之前，我们先对常用的命令及菜单进行详细介绍。

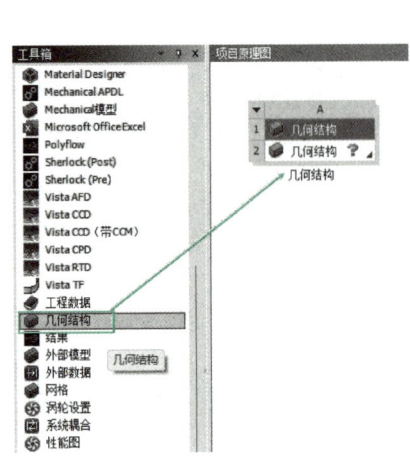

图 2-52 "几何结构"创建

图 2-53 DesignModeler 平台

注：DesignModeler 平台虽然具有与其他 CAD 软件相似的几何建模功能，但是读者需要了解的一个重点是：DesignModeler 的强大之处在于它对几何结构的修复能力，这也是其他 CAD 建模工具无法比拟的重要特点。DesignModeler 可以对其他 CAD 软件创建的模型通过中间格式（如 *.igs、*.步骤、*.x_t 等）进行导入，当模型很复杂时，中间的格式转化会出现模型缺陷，这时需要通过 DesignModeler 平台中的工具对几何模型进行修复，以保证后期有限元分析的正确性。

2.2.2 菜单栏

DesignModeler 平台的菜单栏中包括"文件""创建""概念""工具""单位""查看"及"帮助"七个基本菜单。

1. "文件"菜单

"文件"菜单中的命令如图 2-54 所示。下面对"文件"菜单中的常用命令进行介绍。

- 刷新输入：当几何数据发生变化时，选择此命令可以保持几何文件同步。
- 重新开始：如果当前绘图程序里面有几何模型，选择此命令将提示是否清理模型并重新启动程序。单击"Yes"按钮，则启动一个新的建模程序；单击"No"按钮，则留在当前界面。
- 加载 DesignModeler 数据库：选择该命令，弹出的对话框将加载 DM 建立的几何模型。

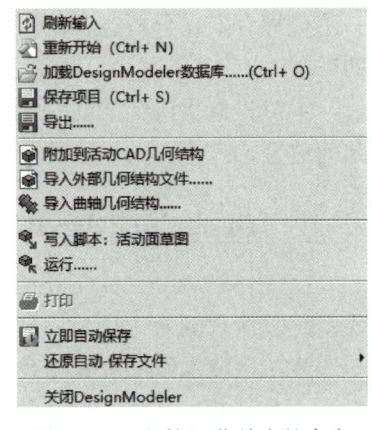

图 2-54 "文件"菜单中的命令

- 保存项目：选择此命令可以保存工程文件，如果是新建立且未保存的工程文件，Workbench 平台会提示输入文件名。
- 导出：选择"导出"命令后，DesignModeler 平台会弹出图 2-55 所示的"另存为"对话框，在对话框的"保存类型"下拉列表中，读者可以选择所需的几何数据类型。
- 附加到活动 CAD 几何结构：选择此命令，DesignModeler 平台会将当前活动的 CAD 软件中的几何数据模型读入图形交互窗口中。

图 2-55 "另存为"对话框

注：如果在 CAD 中建立的几何文件未保存，DesignModeler 平台将无法读取当前处于打开状态 CAD 软件的几何文件模型。

- 导入外部几何结构文件：选择此命令，将弹出图 2-56 所示的对话框，用户可以选择要读取的文件。此外，DesignModeler 平台支持的所有外部文件格式都包含在"打开"对话框的"文件类型"中。
- 导入曲轴几何结构：选择此命令，可以导入 *.txt 格式的轴类几何文件，文件中的内容以梁单元形式给出。在图 2-57 的 shaft.txt 文档中，第一列为转子的分段数，第二列为每段转子的轴向长度，第三列为转子的外直径，第四列为转子的内直径。

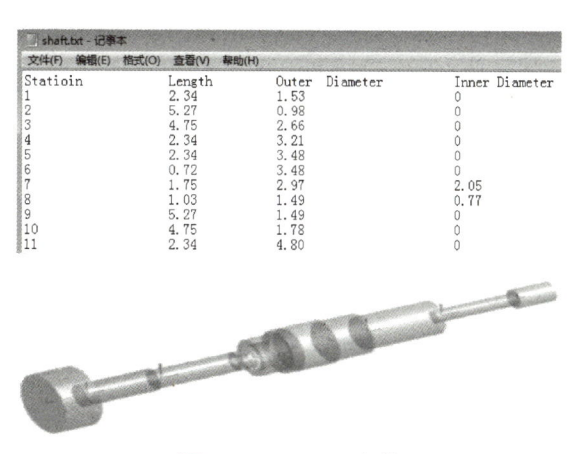

图 2-56 "打开"对话框

图 2-57 shaft.txt 文档

通过"导入曲轴几何结构"命令将 shaft.txt 文档导入"几何结构"平台后，将显示截面实体模型后的效果。

- "写入脚本：活动面草图"：选择该命令，将弹出保存脚本文件名对话框，默认格式为 *.js（java script），还可以选择 *.anf（ANSYS Neural File）格式。在 XY 平面上建立一个草绘，例如正六边形（见图 2-58）。然后选择"写入脚本：活动面草图"命令，并将文件名保存为 script_ex1.js。打开 script_ex1.js 文件，可以查看在 XY 平面上建立正六边形过程的脚本记录，如图 2-59 所示。

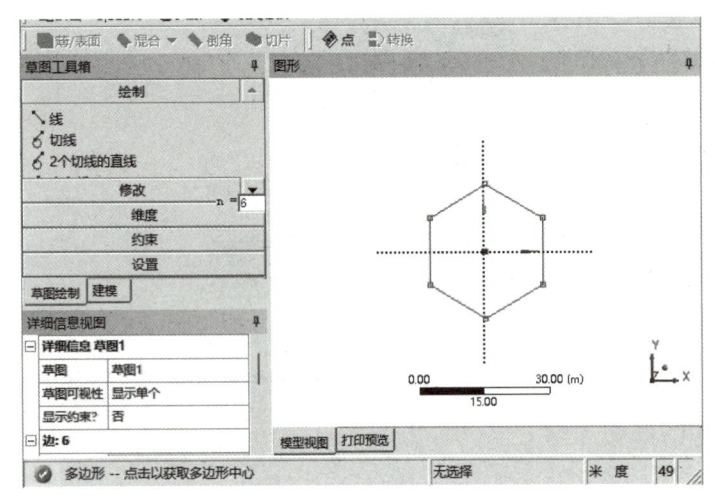

图 2-58　草绘正六边形　　　　　　图 2-59　脚本记录

- 运行：选择该命令，弹出运行已经保存的脚本文件。如果运行成功，将会读入脚本中的相关操作。将图 2-60 中的脚本导入"几何结构"平台的操作为：选择"运行"命令，在弹出的"打开"对话框中选择 script_ex1.js 文件，单击"打开"按钮，把正六边形的草绘导入"几何结构"平台中。

注：多次选择"运行"命令后，"几何结构"平台会把每一次的"运行"都导入"几何结构"平台中，所以执行"运行"操作时，读者务必注意。

其余命令这里不再讲解，请读者参考帮助文档的相关内容。

2．"创建"菜单

"创建"菜单如图 2-60 所示。"创建"菜单中包含对实体操作的一系列命令，包括"新平面""倒角""挤出"等，下面对"创建"菜单中的实体操作命令进行简单介绍。

图 2-60　"创建"菜单

（1）"新平面"命令

选择此命令后，会在"详细信息视图"窗口中出现图 2-61 所示的"平面"设置面板，在"详细信息 平面 4"→"类型"中显示了 8 种设置新平面的类型。

- 从平面：从已有的平面中创建新平面。
- 从面：从已有的表面中创建新平面。
- 从质心：从一个已有几何的中心创建新平面。
- 从圆/椭圆：从已有的圆形或者椭圆形创建新平面。
- 从点和边：从已经存在的一条边和一个不在这条边上的点创建新平面。
- 从点和法线：从一个已经存在的点和一条边界方向的法线创建新平面。
- 从三点：从已经存在的三个点创建一个新平面。
- 从坐标：通过设置与坐标系相对的位置来创建新平面。

图 2-61　"平面"设置面板

选择以上 8 种中的任何一种方式来建立新平面，"类型"下面的选项都会有所变化，具体请参考软件自带的帮助文档。

（2）"挤出"命令

该命令可以将二维平面图形拉伸成三维立体图形，即对已经草绘完成的二维平面图形沿着二维图形所在平面的法线方向进行拉伸操作。"挤出"命令的相关参数如图 2-62 所示。

在"操作"选项中可以选择两种操作方式，分别为"添加材料"和"添加冻结"。

在"方向"选项中有四种拉伸方式可以选择。

- 法向：默认设置的拉伸方式。
- 已反转：此拉伸方式与"法向"方向相反。
- 双-对称：沿着两个方向同时拉伸指定的拉伸深度。
- 双-非对称：沿着两个方向同时拉伸指定的拉伸深度，但是两侧的拉伸深度不同，需要在下面的选项中设置。

图 2-62 "挤出"设置面板

在"按照薄/表面？"选项中，用户可以选择拉伸是否为薄壳拉伸。如果在选项中选择 Yes，则需要分别输入薄壳的内壁和外壁厚度。

（3）"旋转"命令

选择此命令后，出现图 2-63 所示的"旋转"设置面板。

在"几何结构"中选择需要旋转操作的二维平面几何图形；在"轴"选项中设置二维几何图形旋转所需要的轴线；"操作""按照薄/表面？""合并拓扑？"参数，用户可以参考"挤出"命令的相关内容。

在"FD1,角度（>0）"栏中可以输入旋转角度。

（4）"扫掠"命令

选择此命令，将弹出图 2-64 所示的"扫掠"设置面板。

图 2-63 "旋转"设置面板

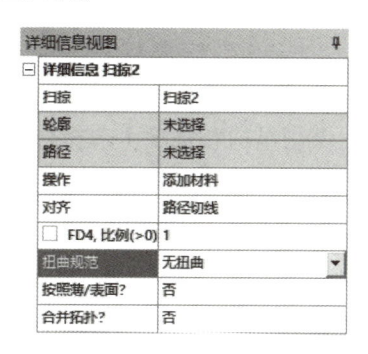

图 2-64 "扫掠"设置面板

在"轮廓"选项中选择二维几何图形作为要扫掠的对象；在"路径"选项中选择以直线或者曲线的形式来确定二维几何图形扫掠的路径；在"对齐"选项中，可以选择按"路径切线"或者"全局轴"两种方式；在"FD4,比例(>0)"中输入比例因子来扫掠比例。

在"扭曲规范"选项中选择扭曲的方式，包括"无扭曲""匝数"及"俯仰"等三种选项。

- 无扭曲：即扫掠出来的图形是沿着扫掠路径的。
- 匝数：在扫掠过程中设置二维几何图形绕扫掠路径旋转的圈数。如果扫掠的路径是闭合环路，则圈数需要是整数；如果扫掠路径是开路，则圈数可以是任意数值。
- 俯仰：在扫掠过程中设置扫掠的螺距大小。

(5)"蒙皮/放样"命令

选择此命令后，弹出图2-65所示的"蒙皮/放样"设置面板。在"轮廓选择方法"选项中可以用"选择所有文件"或者"选择单独轮廓"两种方式选择二维几何图形。选择完成后，会在"轮廓"选项下面出现选择的所有轮廓几何图形的名称。

(6)"薄/表面"命令

选择此命令后，弹出图2-66所示的"薄/表面"设置面板。在"选择类型"选项中可以选择以下三种方式。
- 待保留面：选择此选项后，对保留面进行"薄/表面"处理。
- 待移除面：选择此选项后，对选中面进行去除操作。
- 仅几何体：选择此选项后，对选中的实体进行抽空处理。

图2-65 "蒙皮/放样"设置面板

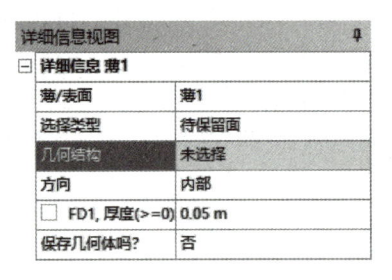

图2-66 "薄/表面"设置面板

在"方向"选项中，可以通过以下三种方式对"薄/表面"进行操作。
- 内部：选择此选项后，"薄/表面"操作对实体进行壁面向内部"薄/表面"处理。
- 外部：选择此选项后，"薄/表面"操作对实体进行壁面向外部"薄/表面"处理。
- 中间平面：选择此选项后，"薄/表面"操作对实体进行中间壁面"薄/表面"处理。

(7)"固定半径混合"命令

选择此命令，弹出图2-67所示的圆角设置面板。在"FD1,半径(>0)"数值框中输入圆角的半径；在"几何结构"选项中选择需要进行圆角的棱边或者平面，如果选择的是平面，圆角命令将对平面周围的几条棱边全部进行圆角处理。

(8)"变量半径混合"命令

选择此命令，弹出图2-68所示的圆角设置面板。在"过渡"选项中包括"平滑"和"线性的"两种过渡方式；在"边"选项中选择要倒角的棱边；在"FD1, Sigma半径（>=0）"数值框中输入初始半径大小；在"FD2, 终点半径（>=0）"数值框中输入尾部半径大小。

图2-67 确定半径圆角设置面板

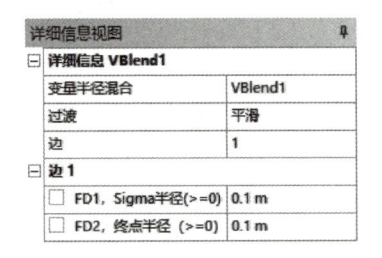

图2-68 变化半径圆角设置面板

(9)"倒角"命令

选择此命令会弹出图2-69所示的"倒角"设置面板。在"几何结构"选项中,用户可以选择实体棱边或者表面。选择表面时,表面周围的所有棱边将全部倒角。

在"类型"选项中有以下三种数值输入方式。

- 左-右:选择此选项后,在下面的文本框中输入两侧的长度。
- 左角:选择此选项后,在下面的文本框中输入左侧长度和一个角度。
- 右角:选择此选项后,在下面的文本框中输入右侧长度和一个角度。

(10)"模式"命令

选择此命令会弹出图2-70所示的"模式"设置面板,在"方向图类型"选项中可以选择以下三种阵列样式。

图2-69 "倒角"设置面板

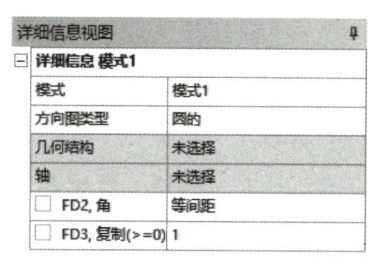

图2-70 "模式"设置面板

- 线性的:选择此选项后,阵列的方式将沿着某一方向阵列,需要在"方向"选项中选择要阵列的方向、偏移距离和阵列数量。
- 圆的:选择此选项后,阵列的方式将沿着某根轴线阵列一圈,需要在"轴"选项中选择轴线、偏移距离和阵列数量。
- 矩形:选择此选项后,阵列方式将沿着两条相互垂直的边或者轴线阵列,需要选择两个阵列方向、偏移距离和阵列数量。

(11)"几何体操作"命令和"几何体转换"命令

选择此命令会弹出图2-71所示的"几何体操作"设置面板,在"类型"选项中有以下几种操作样式。

- 镜像:对选中的几何体进行镜像操作。选择此选项后,需要在"几何体"选项中选择要镜像的几何体,在"镜像平面"选项中选择一个平面(如"XY平面"等)。

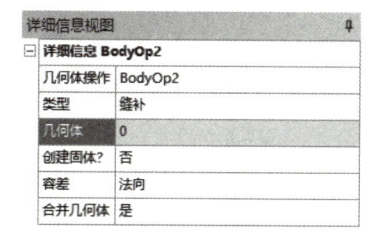

图2-71 "几何体操作"设置面板

- 移动:对选中的几何体进行移动操作。选择此选项后,需要在"几何体"选项中选择要移动的几何体,在"源平面"选项中选择一个平面作为初始平面,如"XY平面"等;在"目标平面"选项中选择一个平面作为目标平面,两个平面可以不平行,本操作主要应用于多个零件的装配。
- 删除:对选中平面进行删除操作。
- 缩放:对选中实体进行等比例放大或者缩小操作。选中此选项后,在"缩放原点"选项中可以选择"全局坐标系原点""实体的质心"及"点"三个选项;在"FD1,缩放比例(>0)"中输入缩放比例。

- 缝合：对有缺陷的几何体进行补片复原后，再利用"缝合"对复原部位进行实体化操作。
- 简化：对选中材料进行简化操作。
- 切材料：对选中的几何体进行去除材料操作。
- 表面印记：对选中几何体进行表面印记操作。
- 材料切片：需要在一个完全冻结的几何体上执行操作，对选中材料进行材料切片操作。
- 清除体：对选中几何体进行清除操作。
- 转化成 NURBS 曲线：对选中实体进行几何体转化操作。

（12）Boolean（布尔运算）命令

选择此命令会弹出图 2-72 所示的 Boolean 设置面板。在"操作"中有以下四种操作选项。

- 单位：将多个实体合并到一起，形成一个实体，此操作需要在"工具几何体"选项中选择所有进行合并的实体。
- 提取：用一个"工具几何体"从另一个"目标几何体"中去除；需要在"目标几何体"中选择需要切除材料的实体，在"工具几何体"栏中选择要切出的实体工具。
- 交叉：将两个实体的相交部分取出来，其余的实体被删除。
- 压抑面：生成一个实体"工具几何体"与另一个实体"目标几何体"相交处的面。用户需要在"目标几何体"和"工具几何体"栏中分别选择两个实体。

图 2-72 Boolean 设置面板

（13）"切片"命令

"切片"命令增强了 DesignModeler 的可用性，可以产生用来划分映射网格的可扫掠分网的体。当模型完全由冻结体组成时，此命令才可用。选择此命令会弹出图 2-73 所示的"切割"设置面板。

在"切割类型"选项中包含以下几种对实体进行切片的方式。

图 2-73 "切割"设置面板

- 按平面切割：利用已有的平面对实体进行切片操作，平面需要经过实体，在"基准平面"选项中选择平面。
- 切掉面：在模型上选中一些面（这些面大概形成一定的凹面），选择该选项将切开这些面。
- 按表面切割：利用已有的曲面对实体进行切片操作，在"切割目标"选项中选择曲面。
- 切掉边缘：选择切分边，用切分出的边创建分离体。
- 按边循环切割：在实体模型上选择一条封闭的棱边来创建切片。

（14）"删除"命令

"删除"命令包含删除体、删除面和删除线三个子选项。此命令用于"撤销"倒角和去材料等操作，可以将倒角、去材料等特征从体上移除。选择此命令会弹出图 2-74 所示的"面删除"设置面板。

在"修复方法"选项列表中包含以下几种实现删除面的操作。

图 2-74 "面删除"设置面板

- 自动：选择此选项，在"面"选项中选择要去除的面，即可将面删除。
- 自然处理：对几何体进行自然复原处理。
- 补丁处理：对几何体进行修补处理。
- 无修复：不进行任何修复处理。

(15)"原语"命令

执行"原语"命令，可以创建一些基本图形，如球体、箱体、圆柱体及金字塔等。

- 球体：选择"球体"选项后，在"详细信息视图"中显示设置球体的相关参数，如图 2-75 所示。在窗口中，用户可以设置球心三个方向的坐标值和球的半径，如果是空心球，还可以设置球的厚度等。
- 框：选择"框"选项后，在"详细信息视图"中显示设置框属性的相关参数，如图 2-76 所示。在窗口中，用户可以设置框的第一点坐标值、对角线在三个方向的坐标值（或者第二点坐标值）及是否创建为薄壁零件等参数。

图 2-75 "球体"设置面板

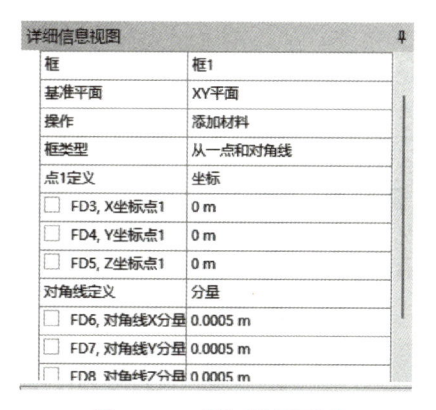

图 2-76 "框"设置面板

- 平行六面体：通过输入原始坐标和三个方向的坐标，建立平行六面体。"平行六面体"的设置面板，如图 2-77 所示。
- 圆柱体：通过输入原始坐标、轴向坐标及半径来建立圆柱体。"圆柱体"设置面板，如图 2-78 所示。

图 2-77 "平行六面体"设置面板

图 2-78 "圆柱体"设置面板

3. "概念"菜单

图2-79为"概念"菜单，其中包含对线体和面操作的一系列命令，包括线体的生成与面的生成等。

4. "工具"菜单

图2-80为"工具"菜单，其中包含对线、体和面操作的一系列命令，包括冻结、解冻、命名的选择、属性、对称、填充等。

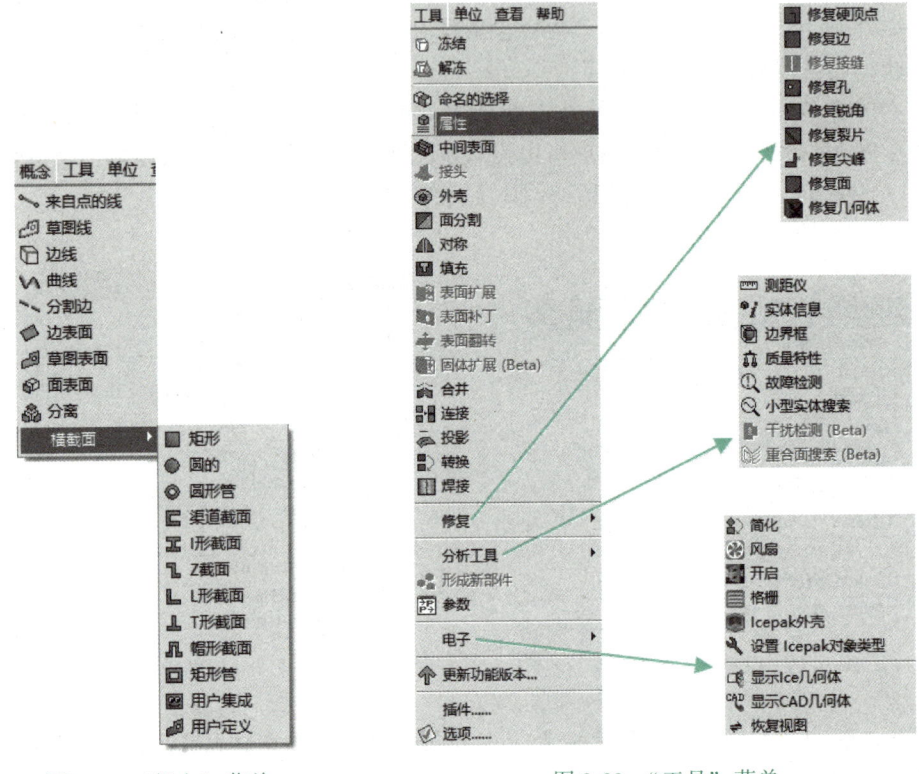

图2-79 "概念"菜单　　图2-80 "工具"菜单

下面对一些常用的工具命令进行简单介绍。

- "冻结"：DesignModeler平台默认将新建的几何体和已有的几何体合并为单个体，如果想将新建立的几何体与已有的几何体分开，需要将已有的几何体进行冻结处理。

注：冻结特征可以将所有的激活体转到冻结状态，但是在建模过程中除切片操作外，其他命令都不能用于冻结体。

- 解冻：冻结的几何体可以通过本命令解冻。
- 命名的选择：用于对几何体中的节点、边线、面、体等进行命名。
- 中间表面：用于将等厚度的薄壁类结构简化成"壳"模型。
- 外壳：在体附近创建周围区域，以方便模拟场区域。此命令主要应用于流体动力学（CFD）及电磁场有限元分析（EMAG）等计算的前处理，通过"外壳"操作可以创建物体的外部流场或者绕组的电场、磁场计算域模型。
- 填充：与"外壳"命令相似，"填充"命令主要为几何体创建内部计算域，如管道中的流场等。

第 2 章 几何建模

5. "单位"菜单

图 2-81 为"单位"菜单，长度单位设置菜单中包括单位的选择，如国际单位制中的米、厘米、毫米、微米及英制单位的英尺、英寸，共六种。还可以设置是否支持超大模型，默认为不支持。角度的单位可以设置成角度或者弧度两种。模型的容差等级也可以进行设置。

6. "查看"菜单

图 2-82 为"查看"菜单，各个命令主要对几何体显示的操作进行设置，这里不再赘述。

7. "帮助"菜单

图 2-83 为"帮助"菜单，提供了在线帮助等功能。

图 2-81 "单位"菜单

图 2-82 "查看"菜单

图 2-83 "帮助"菜单

2.2.3 工具栏

图 2-84 为 DesignModeler 平台默认的常用工具。这些工具命令在菜单栏中均可找到。下面对建模过程中经常用到的命令进行介绍。

图 2-84 工具栏

重点强调一下 （相邻选择）命令。选择此命令后，出现图 2-85 的五个下拉选项。

以三键鼠标为例，鼠标左键实现基本控制，包括几何体的选择和拖动。此外还可以与键盘中的按键结合使用，以实现不同的操作。

- Ctrl 键+鼠标左键：执行添加/移除选定的几何实体。
- Shift 键+鼠标中键：执行放大/缩小几何实体操作。

图 2-85 相邻选择的选项

- Ctrl 键+鼠标中键：执行几何体的平移操作。

另外，按住鼠标右键框选几何实体，可以实现几何实体的快速缩放操作。在绘图区域单击鼠标右键，可以弹出快捷菜单，以完成相关的操作，如图 2-86 所示。

1. 选择过滤器

在建模过程中，经常需要选择实体的某个面、某个边或者某个点等，用户可以在工具栏中相应的过滤器中进行选择切换，如图 2-87 所示。如果想选择图形中的某个面，首先单击工具栏中的 按钮，使其处于凹陷状态，然后选择某个面即可。如果想要选择线或者点，只需单击工具栏中的 或者 按钮，然后点选对应的线或者点。

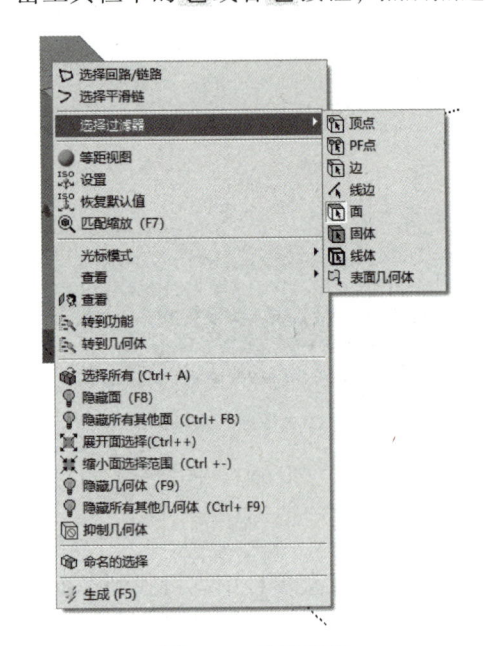

图 2-86 快捷菜单

图 2-87 面选择过滤器

如果需要对多个面进行选择，则需要单击工具栏中 按钮，在弹出的菜单中选择 框选 命令，然后单击 按钮，在绘图区域中框选对应的面。

线或者点的框选与面类似，这里不再赘述。

框选具有方向性，具体说明如下。

- 鼠标从左到右拖拽：选中所有完全包含在选框中的对象。
- 鼠标从右到左拖拽：选中包含于或经过选框的对象。

利用鼠标还能直接对几何模型进行控制。

2. 窗口控制

DesignModeler 平台的工具栏中包含各种控制窗口的快捷按钮，通过单击不同的按钮，可以实现对图形的不同控制，如图 2-88 所示。

图 2-88 控制窗口的按钮

- 用来实现几何旋转操作。
- 用来实现几何平移操作。
- 用来实现图形的放大或缩小操作。

- 用来实现窗口的缩放操作。
- 用来实现自动匹配窗口大小操作。
- （放大镜）用来放大几何局部特征。
- 用来执行切换到上一视图操作。
- 用来执行切换到下一视图操作。
- 用来执行切换到等轴侧视图操作。
- 用来显示平面。
- 用来显示模型。
- 用来正视观察。

利用光标还能直接在绘图区域控制图形。当光标位于图形的中心区域时，相当于 操作；当光标位于图形之外时，为绕 Z 轴旋转操作；当光标位于图形界面的上下边界附近时，为绕 X 轴旋转操作；当光标位于图形界面的左右边界附近时；为绕 Y 轴旋转操作。

2.2.4 常用命令栏

图 2-89 为 DesignModeler 平台默认的常用命令，这些命令在菜单栏中均可找到，这里不再赘述。

图 2-89　常用命令栏

2.2.5 树轮廓

图 2-90 所示的树轮廓中包括两个模块：建模和草图绘制。草图绘制模块主要由图 2-91 所示的几个部分组成，下面分别进行介绍。

图 2-90　树轮廓　　　　图 2-91　草图绘制的工具组成

1. 绘制

图 2-92 为"绘制"下拉菜单，其中包含二维草图绘制需要的所有工具，如线、圆、矩形、椭圆形等，操作方法与 CAD 软件一样。

2. 修改

图 2-93 为"修改"下拉菜单，其中包含二维草图绘制修改需要的所有工具，如圆角、倒角、修剪、扩展、切割等，操作方法与 CAD 软件一样。

3. 维度

图 2-94 为"维度"（尺寸标注）下拉菜单，其中包含二维图形尺寸标注需要的所有工具，如通用、水平的、顶点、长度/距离、半径、直径、角度等，操作方法与 CAD 软件一样。

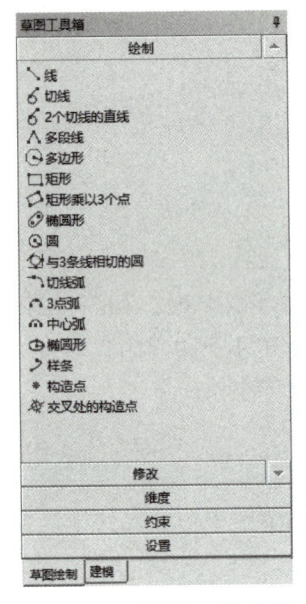

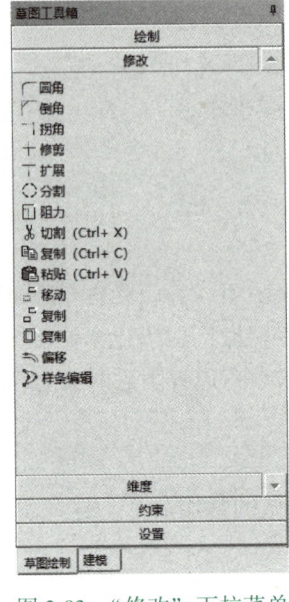

图 2-92 "绘制"下拉菜单

图 2-93 "修改"下拉菜单

图 2-94 "维度"下拉菜单

4. 约束

图 2-95 为"约束"下拉菜单，其中包含二维图形约束需要的所有工具，如固定的、水平的、顶点、垂直、切线、重合、对称、并行、同心、等半径、等长度等，操作方法与 CAD 软件一样。

5. 设置

图 2-96 为"设置"下拉菜单，主要用于完成草图绘制界面的栅格大小及移动捕捉步大小的设置任务。

图 2-95 "约束"下拉菜单

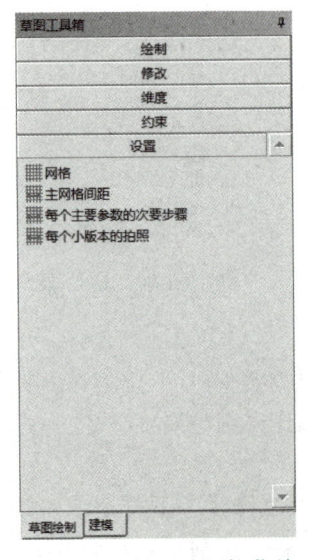

图 2-96 "设置"下拉菜单

- 网格：选中"网格"工具（"网格"图标处于凹陷状态），勾选"在 2D 内显示"和"捕捉"复选框，用户交互窗口将出现图 2-97 所示的栅格。

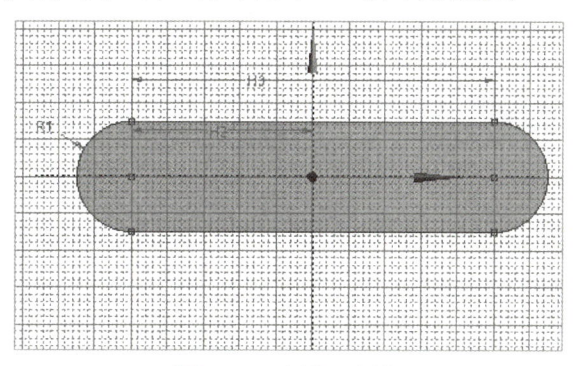

图 2-97 "网格"栅格

- 主网格间距：选中该工具（使"主网格间距"图标处于凹陷状态），在后面的 10 mm 文本框中输入主栅格的大小，默认为 10。将此值改成 20 后，在用户交互窗口将出现图 2-98 右侧所示的栅格。

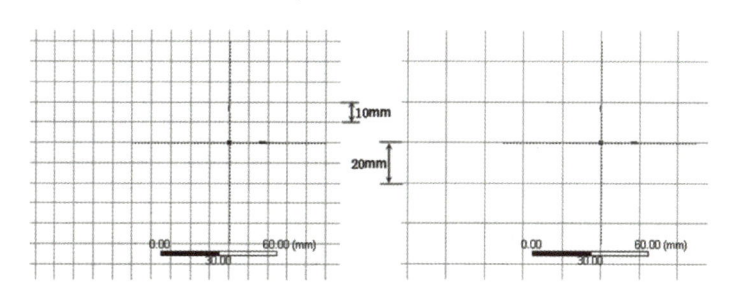

图 2-98 设置主栅格大小

- 每个主要参数的次要步骤：选中该工具（使"每个主要参数的次要步骤"图标处于凹陷状态），在后面显示的 10 文本框中输入每个主栅格上划分的网格数，默认为 10。将此值改为 15 后，在用户交互窗口将出现图 2-99 右侧所示的网格。

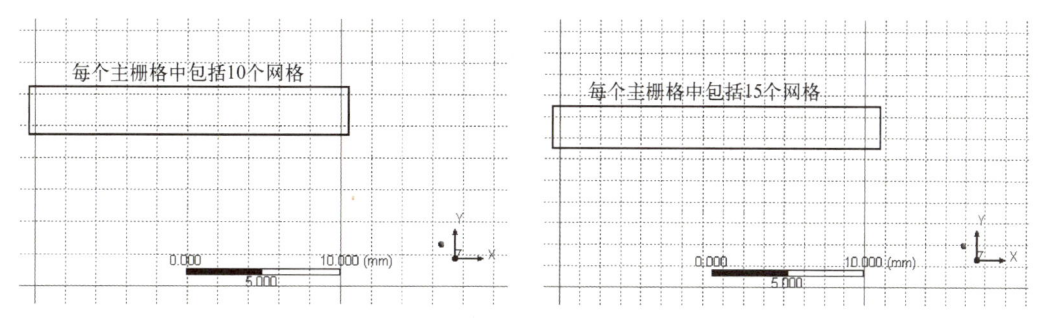

图 2-99 主栅格中小网格数量设置

- 每个小版本的拍照：选中该工具（使"每个小版本的拍照"图标处于凹陷状态），在后面显示的 1 文本框中输入每个小网格上捕捉的次数，默认为 1。将此值改成 2 后，选择草绘直线命令，在用户交互窗口中单击直线的第一点，然后移动鼠标，此时吸盘会在每个小网格四条边的中间位置被吸一次，如果值是默认的 1，则在四个角点被吸住。

2.3 几何建模实例

前面几节详细介绍了 DesignModeler 平台界面的构成和工具的应用，本节将利用这些工具对较复杂的几何模型进行建模。

2.3.1 连接板几何建模

本实例将创建一个图 2-100 所示的连接板模型，在模型的建立过程中使用了拉伸、去材料创建平面、投影及冻结实体等命令。

模型文件	无
结果文件	Chapter02\char02-1\post.wbpj

步骤 1：启动 Workbench 软件后，在左侧的"工具箱"→"组件系统"选项卡中选择"几何结构"选项，新建项目 A。然后在项目 A 的 A2 的"几何结构"中右击，选择"新的 DesignModeler 几何结构"命令，如图 2-101 所示。

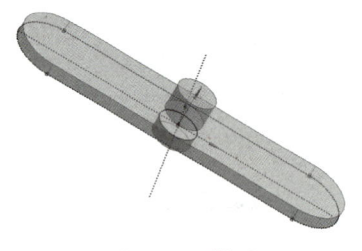

图 2-100 模型

图 2-101 启动 DesignModeler

步骤 2：启动 DesignModeler 平台，选择"单位"菜单下面的"毫米"选项，确定绘图单位制为毫米。

步骤 3：选择"树轮廓"的"A:几何结构"中的"XY 平面"选项，如图 2-102 所示。然后单击 图标，这时"XY 平面"草绘平面将自动旋转到正对着平面。

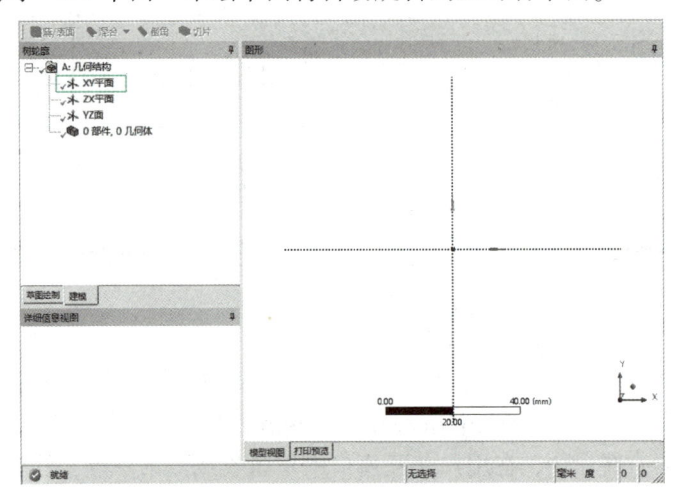

图 2-102 草绘平面

步骤 4：选择左侧"树轮廓"窗口中的"草图绘制"选项，切换到"草图绘制"草绘模式，选择"绘制"→"椭圆"命令，在绘图区域绘制两端圆角的椭圆，椭圆的中心在坐标原点上，如图 2-103 所示。

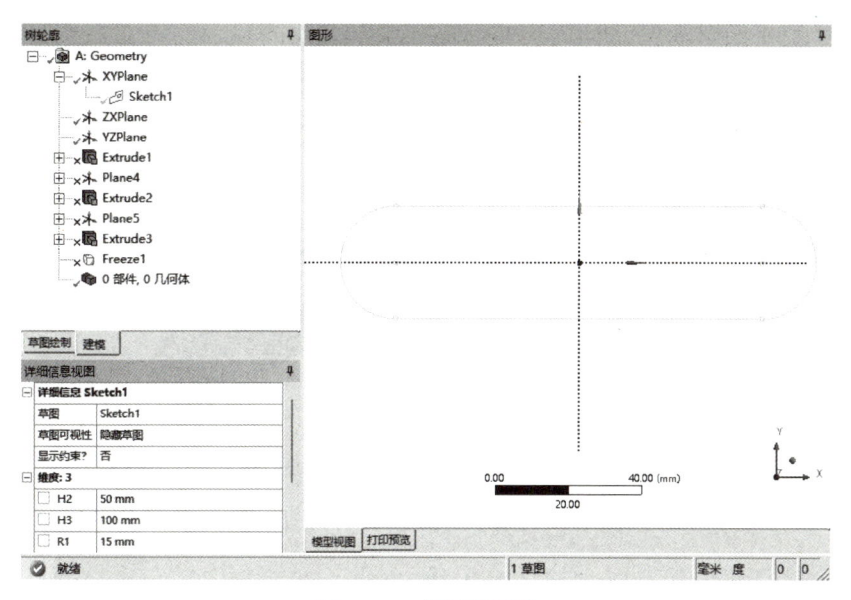

图 2-103　绘制椭圆形

步骤 5：选择"维度"→"通用"命令，进行长度标注。在"详细信息视图"面板"维度：3"的 H2 栏中输入 50mm、R1 栏中输入 15mm、H3 栏中输入 100mm，并按 Enter 键确定输入，如图 2-104 所示。

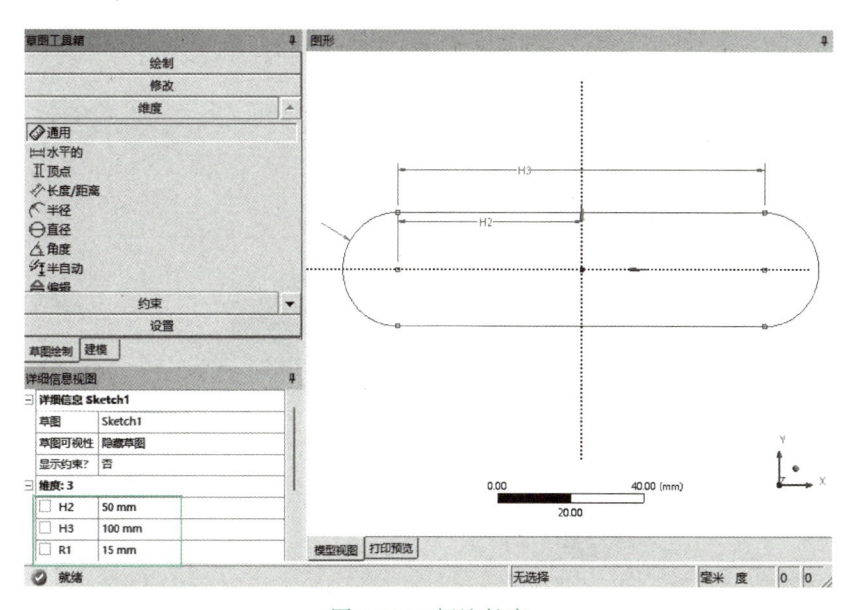

图 2-104　标注长度

注："通用"工具除了能对长度进行标注外，还可以对距离、半径等尺寸进行智能标注。用户可以使用"水平的"工具对水平方向的尺寸进行标注，使用"垂直"工具对竖直方向的

尺寸进行标注,使用"半径"工具对圆形进行半径标注。

步骤 6:切换到"建模"模式,在工具栏中单击 挤出 按钮,在"详细信息视图"面板中确保"几何结构"栏中的"Sketch1"被选中,在"FD1,深度(>0)"文本框中输入10mm,单击 生成 按钮,效果如图2-105所示。

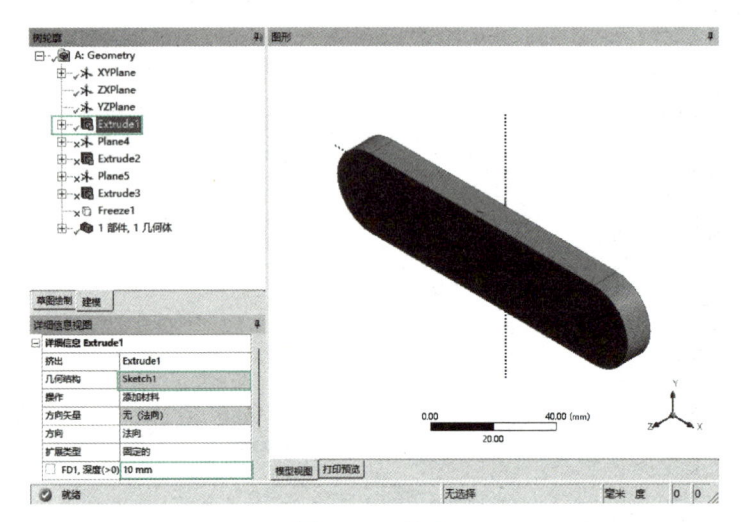

图 2-105　挤出

步骤 7:单击工具栏中的 按钮,关闭草绘平面的显示,效果如图2-106所示。

步骤 8:要创建圆柱,则首先在工具栏中单击 按钮,切换到面选择器,单击图2-107所示的平面,使其处于加亮显示状态。然后单击工具栏中的 按钮,使加亮平面正对屏幕。

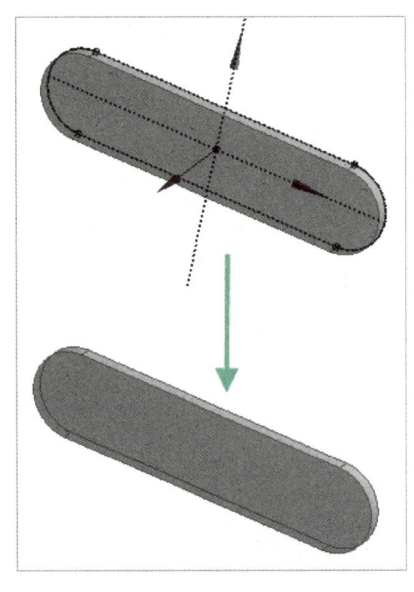

图 2-106　模型平面显示切换

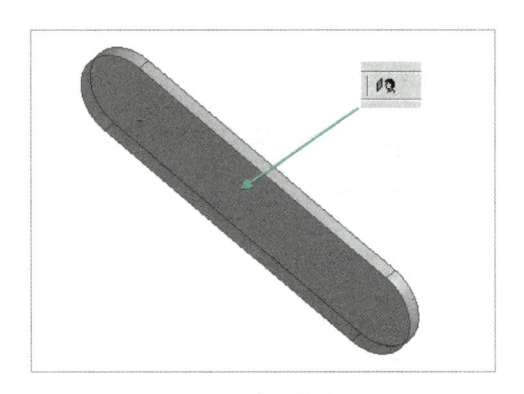

图 2-107　确定草绘平面

步骤 9:切换到"草图绘制"草绘模式,选择"绘制"→"圆"命令,在绘图区域绘制图2-108所示的圆。然后对圆进行标注,在"详细信息视图"面板的D5栏中输入15mm,在

H6栏中输入50mm，在L7栏中输入15mm，并按Enter键确认输入。

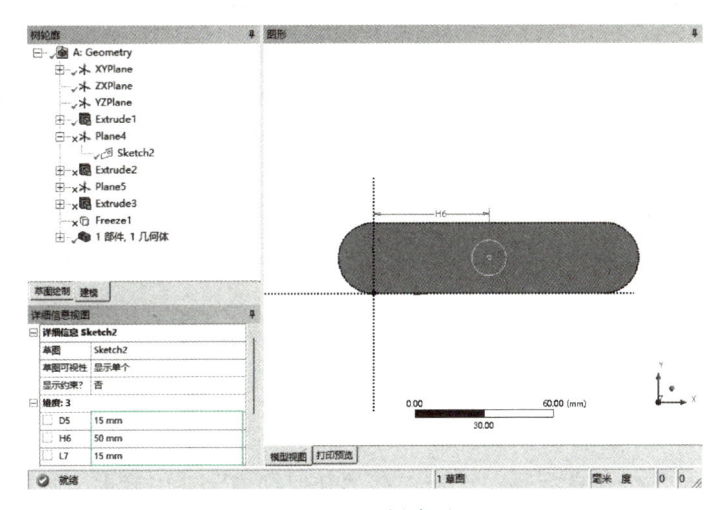

图2-108 创建圆

步骤10：单击工具栏中的 挤出 按钮，在"详细信息视图"面板的"几何结构"栏中确保"Sketch2"被选中，在"操作"栏中选择"添加材料"选项，在"扩展类型"栏中选择"固定的"选项，在"FD1,深度(>0)"栏中输入10mm。选择图示的加亮面，此时"几何结构选择"栏中会显示数字1，表示已有一个面被选中，其余选项保持默认。单击工具栏中的 生成 按钮，完成挤出的创建，如图2-109所示。

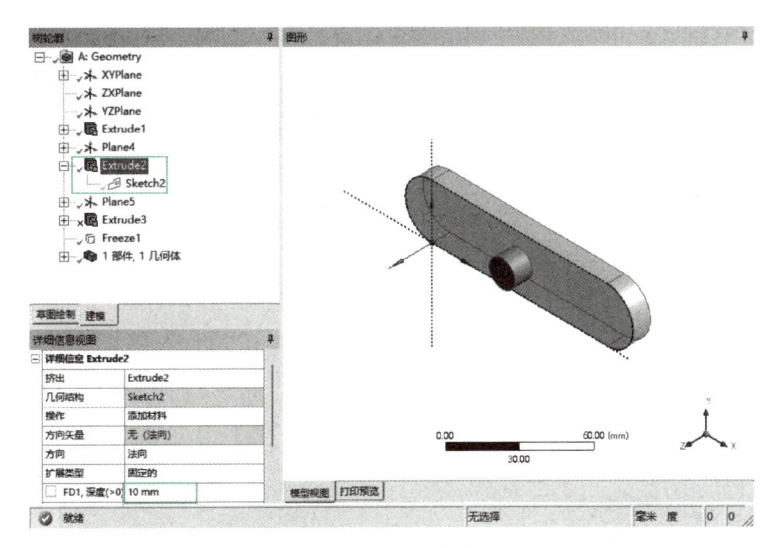

图2-109 创建挤出

步骤11：要创建对称平面，则单击工具栏中的 ✱ 按钮，选择图2-110所示的"详细信息视图"面板，在"类型"栏中选择"从质心"选项，在"基实体"栏中确保实体被选中，其余选项保持默认。单击工具栏中的 生成 按钮，生成平面。

步骤12：实体投影。在Plane5（平面5）上方单击鼠标右键，在图2-111所示的快捷菜单中依次选择"插入"→"草图投影"命令。

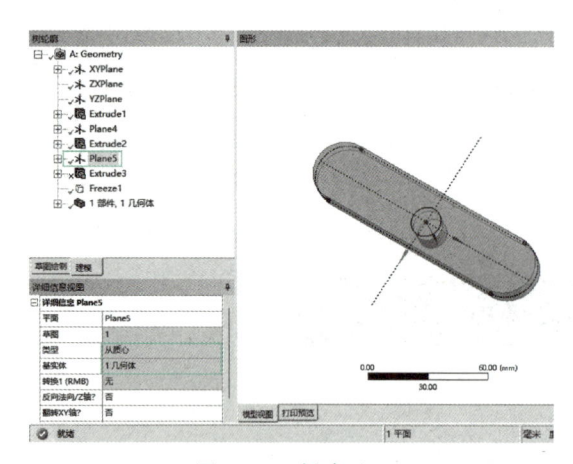

图 2-110　创建平面

图 2-111　快捷菜单

步骤 13：弹出"详细信息视图"面板，在"几何结构"栏中确保一侧的半圆柱面被选中，单击 生成 按钮，此时在 Plane5（平面 5）上创建了一个投影草绘，如图 2-112 所示。

步骤 14：单击工具栏中的 挤出 按钮，在"详细信息视图"面板中设置"几何结构"为草图 3、"操作"为"切割材料"、"方向"为"已反转"、"扩展类型"为"从头到尾"，其余选项默认。然后单击 生成 按钮，生成去材料命令，如图 2-113 所示。

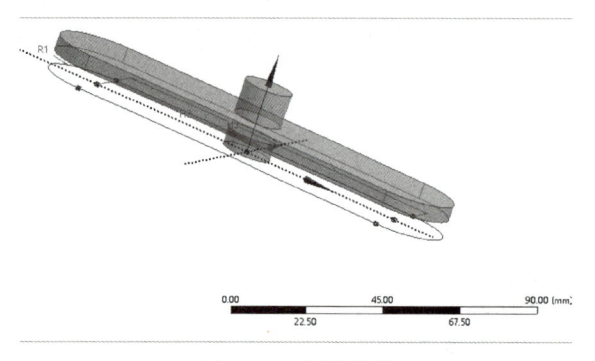

图 2-112　投影草绘

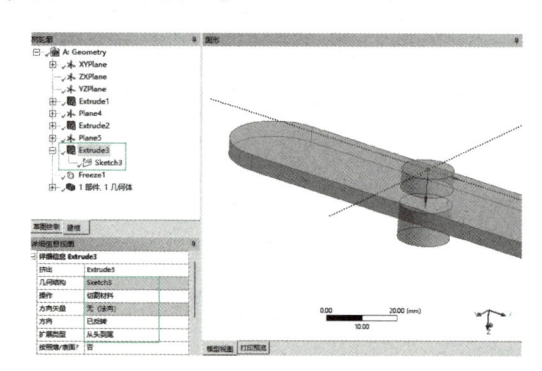

图 2-113　去材料

步骤 15：冻结实体。选择"树轮廓"中的"1 部件，1 几何体"下面的 solid（固体），然后选择菜单栏中的"工具"→"冻结"命令，如图 2-114 所示。此时几何实体变成透明状，如图 2-115 所示。

图 2-114　冻结设置

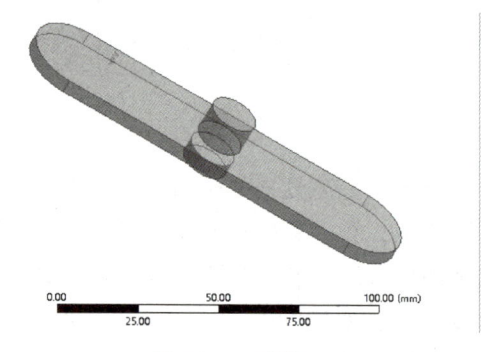

图 2-115　冻结

步骤 16：单击工具栏中的 ■ 按钮，在弹出的"保存"对话框中输入 post。关闭 DesignModeler 程序，单击右上角的 × 按钮关闭程序。

DesignModeler 除了能对几何体进行建模外，还能对多个几何体进行装配操作。由于篇幅限制，本实例仅介绍了 DesignModeler 平台几何建模的基本方法，并未对更复杂的几何体进行讲解，请读者根据以上操作及 ANSYS 帮助文档自行学习。

2.3.2 连接板同步几何建模

在 ANSYS 中，利用 SpaceClaim 可以更快捷地进行模型的创建和编辑。不同于基于特征的参数化 CAD 系统，SpaceClaim 能够让用户以最直观的方式对模型直接编辑，自然流畅地进行模型操作而无须关注模型的建立过程。

SpaceClaim 使设计和工程团队能更好地协同工作，能降低项目成本并加速产品上市周期。SpaceClaim 让用户按自己的意图修改已有设计，不用在意它的创建过程，也无须深入了解它的设计意图，更不会困扰于复杂的参数和限制条件。

CAD 模型在用于模具设计、CAE 网格划分、数控加工等操作之前，都需要进行模型的清理工作，例如去除不需要的孔、小的圆角、倒角、凸台等，通常这些工作需要很多的时间，使用 SpaceClaim 软件的几何模型清理方法，则可以快速完成这些清理工作。

SpaceClaim 的建模工具可以在零件或装配的任意截面视图、二维工程图以及任意 3D 视图下工作，甚至可以在 SpaceClaim 的 3D 标注环境下工作。用户可以在熟悉的 2D 设计视图下通过一个布局或对 2D 元素进行回转、对称等操作，轻松得到三维部件。

对于直接建模技术，不管模型是否有特征（比如从其他 CAD 系统读入的非参数化模型），用户都可以直接进行后续模型的创建或修改，而无须关注模型的建立过程。不同于基于特征的参数化 3D 设计系统，直接建模能够让用户以最直观的方式对模型进行编辑，所见即所得。

ANSYS SpaceClaim 平台界面如图 2-116 所示。

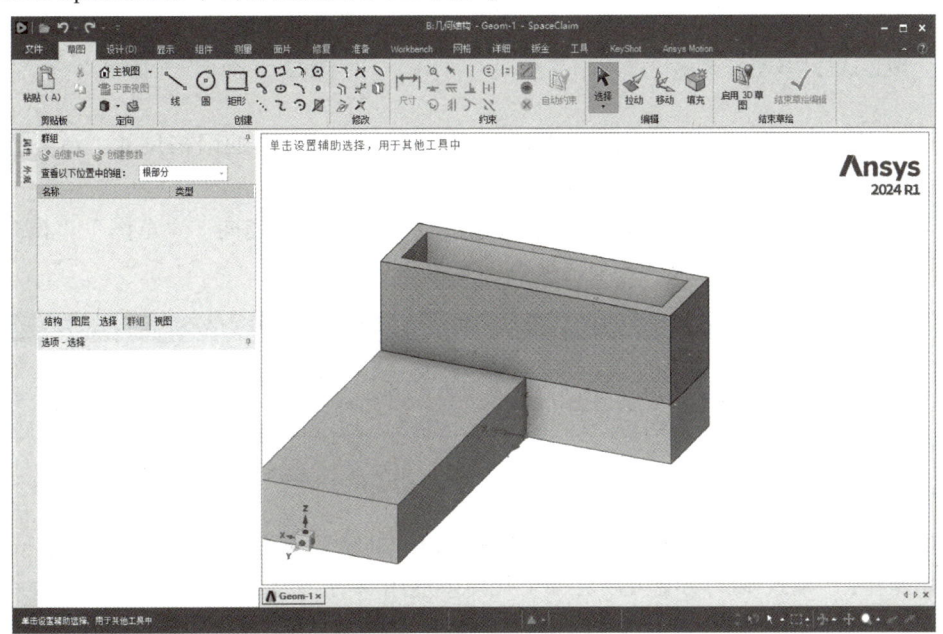

图 2-116　SpaceClaim 平台界面

1. 工具栏

工具栏位于 SpaceClaim 平台界面的左上方，其中包括文件打开、几何保存、向前重做及向后操作 4 个默认按钮。用户可以通过单击右侧的下拉按钮，对工具栏中的工具进行添加和删除操作。

2. 选项卡

ANSYS SpaceClaim 平台的选项卡中包含以下菜单选项。

1）文件：单击"文件"选项卡，将弹出图 2-117 所示的菜单列表，其中包括"新建""打开""另存为""共享""打印""关闭"及"退出 SpaceClaim"等操作命令。选择"新建"选项后，右侧将出现新建的类型，包括设计、图纸、空图纸、设计和图纸及三维标记等新建类型。

选择"打开"选项，将弹出图 2-118 所示的"打开"对话框，在文件类型中可以看到 ANSYS SpaceClaim 平台支持的几何文件类型非常多，这里不一一介绍，请读者自己操作并理解。

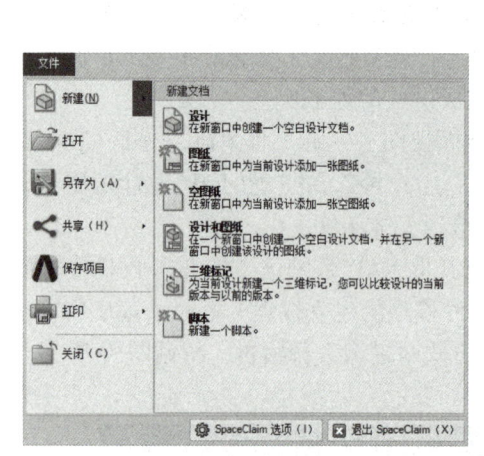

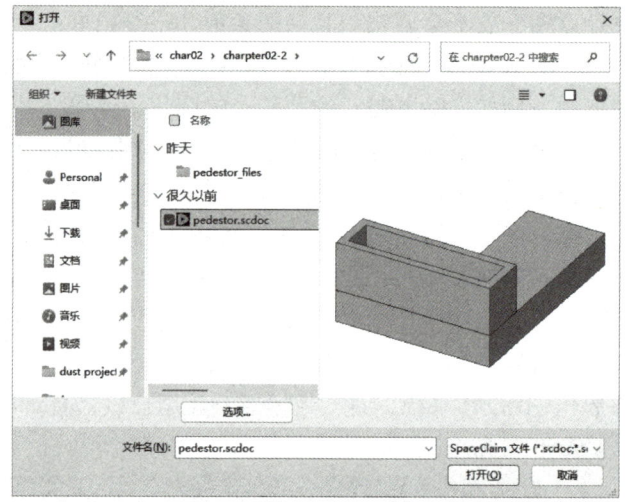

图 2-117 "文件"菜单　　　　　图 2-118 "打开"对话框

在 SpaceClaim 选项中，用户可以对 ANSYS SpaceClaim 平台中的网格尺寸、渲染程度及保存格式等进行设置。

2）设计：切换至"设计"选项卡，其中包括"剪贴板""定向""草图""模式""编辑""相交""创建"及"主体"8 个选项组，如图 2-119 所示。

图 2-119 "设计"选项卡

- 剪贴板：选择几何体，然后单击"复制"和"粘贴"按钮，可以完成几何体的复制粘贴操作；"格式刷"功能可以对一个几何体应用与另一个几何体一样的视觉效果。
- 定向：可以对几何体进行平移、旋转、回位及缩放等操作。选中几何体的一个平面，单击"平面图"按钮，将几何体旋转到选择平面与屏幕平行的位置，方便读者进行几何绘制。
- 草图：该选项组中的功能相当于 DesignModeler 建模平台中的"草图绘制"操作，可以完成点、直线、矩形、圆形、圆弧、多边形、样条曲线及虚线的创建，还可以完成对线条的延伸、剪裁、投影、倒角、缩放等操作。
- 模式：包括草图模式、剖面模式及实体模式 3 种类型。
- 编辑：包括选择（包括使用方框、使用套索、使用多边形、使用画笔、使用边界、全选、取消选择及选择组件）、拉伸、移动、填充、融合、替换及调整面等与几何实体操作相关的命令。
- 相交：包括组合、拆分主体、拆分面、投影灯操作。
- 创建：包括创建平面、中心线、坐标系、偏移、壳体、镜像等操作。
- 主体：包括方程、圆柱及球等操作。

3）显示：切换至"显示"选项卡，可以进行图层设置、线粗细设置、图形显示设置等操作，如图 2-120 所示。

图 2-120　"显示"选项卡

4）组件：切换至"组件"选项卡，可以进行相切设置、对齐设置、定向设置等操作，如图 2-121 所示。

图 2-121　"组件"选项卡

5）测量：切换至"测量"选项卡，可以进行几何长度测量、质量计算、几何体检查等操作，如图 2-122 所示。

图 2-122　"测量"选项卡

6）刻面：切换至"刻面"选项卡，可以进行壳体修改、突出检查、厚度检查等操作，如图 2-123 所示。

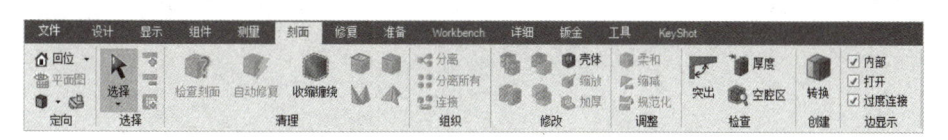

图 2-123　"刻面"选项卡

7) 修复：切换至"修复"选项卡，可以进行几何缺陷的检查与修补、边线的拟合修复等操作，如图 2-124 所示。

图 2-124 "修复"选项卡

8) 准备：切换至"准备"选项卡，如图 2-125 所示。在该选项卡中可以完成体积抽取、中间面提取，设置外壳、压印、干涉检查、梁单元的轮廓（截面形状），还可以通过 ANSYS Workbench 平台及 ANSYS AIM 平台打开几何模型等。

图 2-125 "准备"选项卡

9) Workbench：切换至 Workbench 选项卡，可以进行识别对象、开口设置等操作，如图 2-126 所示。

图 2-126 "Workbench"选项卡

10) 详细：切换至"详细"选项卡，可以完成尺寸标注、字体设置、公差标注等操作，如图 2-127 所示。

图 2-127 "详细"选项卡

11) 钣金：切换至"钣金"选项卡，如图 2-128 所示。在该选项卡中可对大部分结构的钣金件进行操作，包括接合、止裂槽、拆分、弯曲、展开等。

图 2-128 "钣金"选项卡

12) 工具：切换至"工具"选项卡，如图 2-129 所示。在该选项卡中可以完成标准孔、识别孔等设置。

图 2-129 "工具"选项卡

13) KeyShot：切换至 KeyShot 选项卡，如果未安装 KeyShot，将显示图 2-130 所示的选项卡，此时单击"下载 KeyShot"按钮，即可通过 KeyShot 官方网址下载适用于当前 SpaceClaim 版本的 KeyShot 程序；如果安装了 KeyShot，便可以对几何体进行渲染操作。渲染操作不是本书的讲解范围，这里不再赘述。

图 2-130 KeyShot 选项卡

注：KeyShot 是收费软件，需要单独的授权支持。

本实例将创建一个图 2-131 所示几何模型，在模型的建立过程使用了自下而上的建模方式，即由点到线、由线到面、由面到体的建模思路，此外还使用了"薄/表面"命令。

模型文件	无
结果文件	Chapter02\char02-2\pedestor.wbpj

步骤1：启动 Workbench 软件，在左侧的"工具箱"→"组件系统"选项卡中选择"几何结构"选项，新创建一个项目 A。然后在项目 A 的 A2："几何结构"中单击鼠标右键，选择"新的 SpaceClaim 几何结构"命令，如图 2-132 所示。

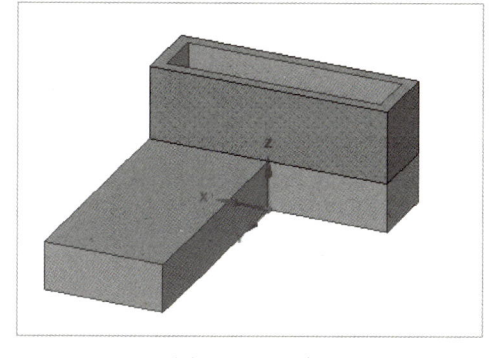

图 2-131 几何

图 2-132 右键快捷菜单

步骤2：启动 ANSYS SpaceClaim 平台，打开图 2-117 所示的几何体创建平台，由于 ANSYS SpaceClaim 默认的单位为毫米，所以这里不需要对单位进行设置。

步骤3：切换到"设计"选项卡，单击 平面视图 按钮，将绘图平面切换到屏幕，此时的绘图平面为 XZ 平面，如图 2-133 所示。

步骤 4：在"设计"选项卡的"草图"选项组中单击 ▭ 按钮，在坐标原点绘制一个边长分别为 100 和 50 的长方形，如图 2-134 所示。

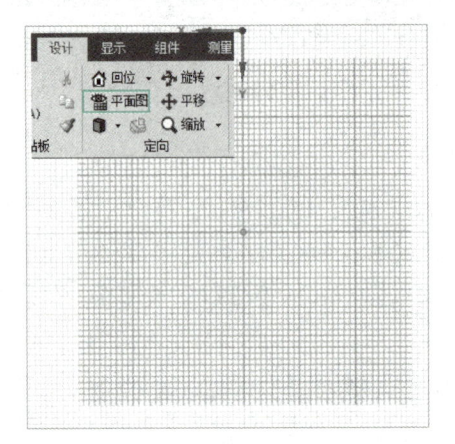

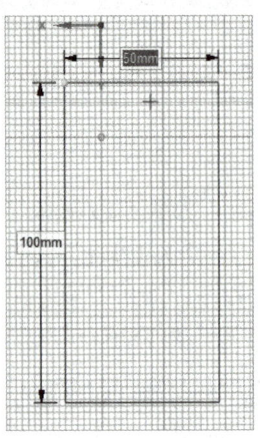

图 2-133　绘图平面　　　　图 2-134　创建长方形

步骤 5：在"设计"选项卡中单击 🖌 按钮，此时长方形变成了矩形平面，如图 2-135 所示。鼠标左键单击平面中的任何一个位置不放，然后往上拖拽鼠标，平面将被拉伸成实体。

步骤 6：在自动弹出的输入框中输入拉伸厚度为 20，完成长方体的创建，如图 2-136 所示。

步骤 7：在"设计"选项卡中单击 • 按钮，在坐标原点绘制一个点，如图 2-137 所示。

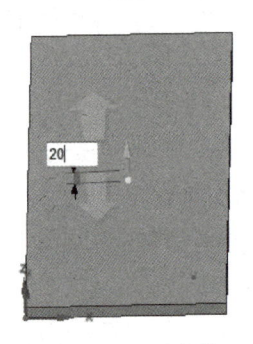

图 2-135　长方形　　　图 2-136　矩形实体　　　图 2-137　创建点

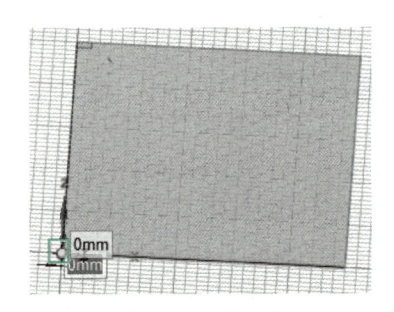

步骤 8：在"设计"选项卡中单击"拉伸"按钮，然后选择刚才创建的点不放并拖拽鼠标，此时将从点创建一条直线，输入拉伸长度为 30，如图 2-138 所示。

步骤 9：按住刚创建的直线不放后拖拽鼠标，并在拉伸的长度输入框中输入 50，如图 2-139 所示。

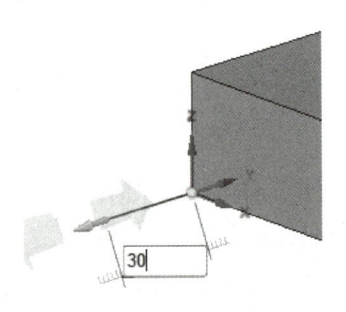

图 2-138　点拉伸成线　　　　图 2-139　线拉伸成面

步骤 10：在"设计"选项卡中单击"拉伸"按钮，然后选择刚才创建的面不放，并选中左侧工具栏中的 ⚒ 命令进行双面拉伸，拖拽鼠标并输入厚度为 100，如图 2-140 所示。

步骤 11：选择工具栏中的 ⚒拆分主体 命令，然后先选中几何实体，再选择图 2-141 所示的面进行几何分割，分割完成后由分割面将几何体变成两个实体。

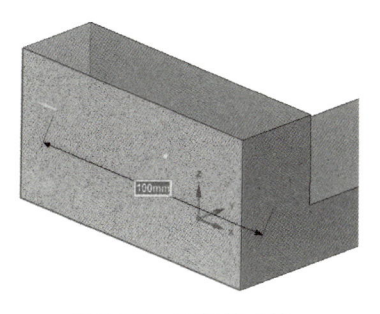

图 2-140　面拉伸成体

图 2-141　几何实体分割

步骤 12：在"设计"选项卡中单击 ⚒壳体 按钮，然后选中上面的长方体上表面，在弹出的"厚度"输入框中输入 5，如图 2-142 所示。

步骤 13：单击绘图窗口中的 ✓ 按钮，完成几何"薄/表面"操作，如图 2-143 所示。

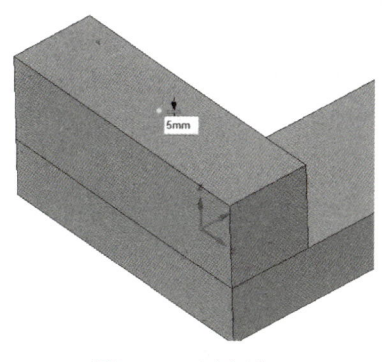

图 2-142　厚度设置

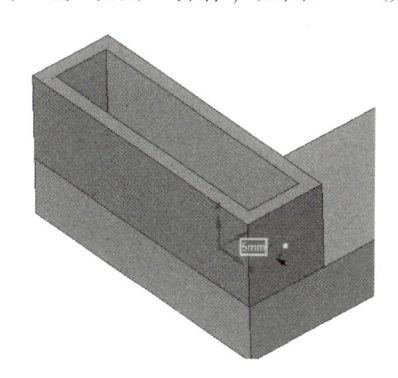

图 2-143　几何"薄/表面"

步骤 14：单击工具栏中的 ⚒ 按钮，在弹出的"保存"对话框中将文件命名为 pedestor。关闭 SpaceClaim 程序。

2.4　本章小结

本章是有限元分析中的第一个关键过程——几何建模。在本章中，我们介绍了 ANSYS Workbench 几何建模的方法及集成在 Workbench 平台上的 DesignModeler 几何建模工具的应用方法，并通过一个实例展示了具体应用的操作流程。

第 3 章
网 格 划 分

在有限元计算中，只有网格的节点和单元参与计算。在求解开始，Meshing（网格划分）平台会自动生成默认的网格，用户可以使用默认网格，并检查网格是否满足要求。如果自动生成的网格不能满足工程计算的需要，则需要人工划分网格，细化网格和不同的网格对结果影响比较大。

网格的结构和疏密程度直接影响计算结果的精度，但是网格加密会增加 CPU 的计算时间且需要更大的存储空间。理想情况下，用户需要的是结果不再随网格的加密而改变的网格密度，即当网格细化后，解没有明显改变。如果可以合理地调整收敛控制选项，同样可以达到满足要求的计算结果。但是，细化网格不能弥补不准确的假设和输入引起的错误，这一点需要读者注意。

3.1 网格划分方法及设置

本节将对网格划分的适用领域、不同类型网格的划分方法及操作过程等进行介绍。

3.1.1 网格划分适用领域

Meshing（网格划分）平台网格划分可以根据不同的物理场需求提供不同的网格划分方法，图 3-1 为 Meshing（网格划分）平台的"物理偏好"（物理场参照类型），下拉列表中包括"机械""非线性机械""电磁""CFD""显式"和"流体动力学"等选项。

- 机械：为结构及热力学有限元分析提供网格划分。
- 电磁：为电磁场有限元分析提供网格划分。
- CFD：为计算流体动力学分析提供网格划分，如 CFX 及 Fluent 求解器。
- 显式：为显式动力学分析软件提供网格划分，如 AUTODYN 及 LS-DYNA 求解器。

图 3-1 网格划分物理参照设置

3.1.2 网格划分方法

对于三维几何体来说，ANSYS Mesh 有几种不同的网格划分方法，单击"网格"—"插入"按钮，在弹出的网格划分列表中选择所需的方法。

1）自动：选择此选项时，ANSYS Mesh 将自动进行网格划分。
2）四面体：选择此选项时，网格划分方法又可进一步细分。

- 补丁适形（Workbench 自带功能）：默认考虑所有的面和边（尽管在收缩控制和虚拟拓扑时会改变且默认损伤外貌基于最小尺寸限制）；适度简化 CAD（如 native CAD、Parasolid、ACIS 等）；在多体部件中可能结合使用扫掠方法生成共形的混合四面体/棱柱和六面体网格；有高级尺寸功能；表面网格→体网格。
- 补丁独立（基于 ICEM CFD 软件）：对 CAD 有长边的面、许多面的修补和短边等有用；内置 defeaturing/simplification 基于网格技术；体网格→表面网格。

图 3-2 为采用自动网格划分方法得出的网格分布。
图 3-3 为采用"四面体"中的"补丁适形"网格划分方法得出的网格分布。

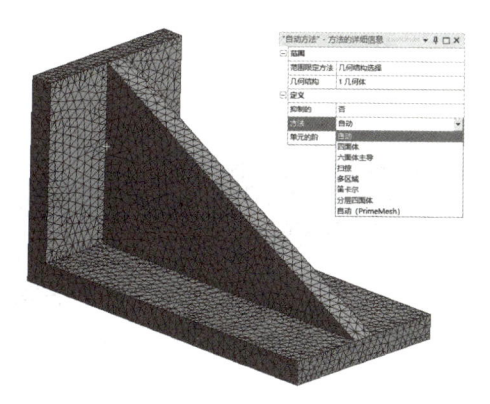

图 3-2 自动网格划分方法

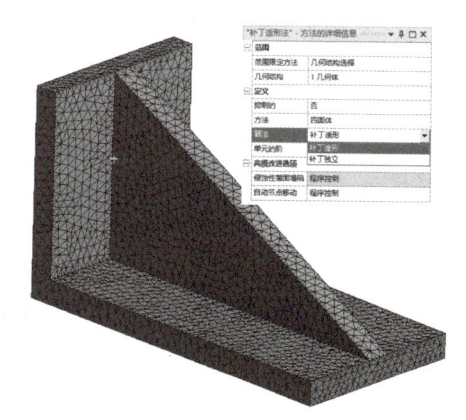

图 3-3 "补丁适形"网格划分方法

图 3-4 为采用"四面体"中的"补丁独立"网格划分方法得出的网格分布。
图 3-5 为采用"六面体主导"网格划分方法得出的网格分布。

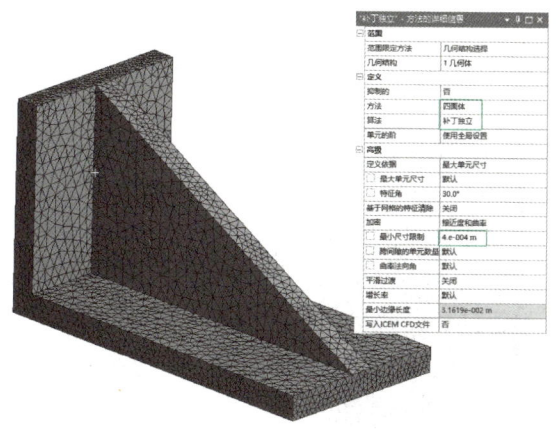

图 3-4 "补丁独立"网格划分方法

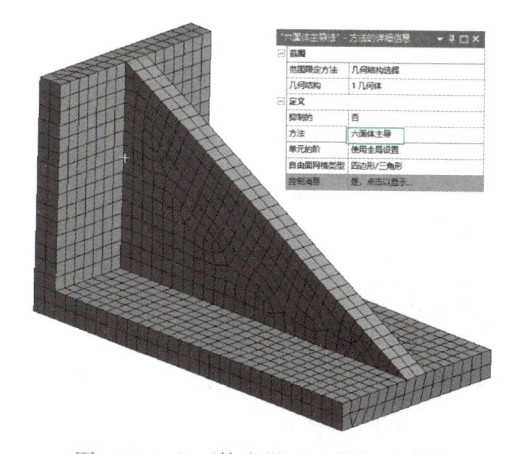

图 3-5 "六面体主导"网格划分方法

3）六面体主导：选择此选项时，ANSYS Mesh 将采用六面体单元划分网格，但是会包含少量的金字塔单元和四面体单元。

4）扫掠：图 3-6 为采用"扫掠"划分的网格模型。

5）多区域：图 3-7 为采用"多区域"划分的网格模型。

图 3-6 "扫掠"网格划分方法

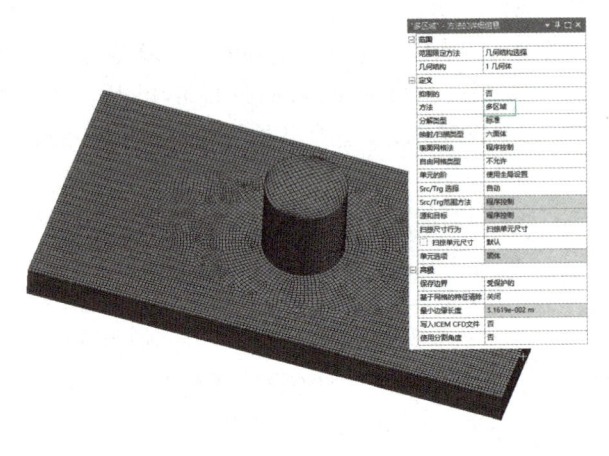

图 3-7 "多区域"网格划分方法

6）膨胀（膨胀法）：图 3-8 为采用"膨胀"划分的网格模型。

对于二维几何体来说，ANSYS Mesh 有以下几种网格划分方法。

1）Quad Dominant：四边形主导网格划分。
2）Triangles：三角形网格划分。
3）Uniform Quad/Tri：四边形/三角形网格划分。
4）Uniform Quad：四边形网格划分。

图 3-8 "膨胀"网格划分的模型

3.1.3 网格默认设置

Meshing 网格设置可以在 Mesh 下进行操作，即单击树轮廓中的 网格 图标，打开"'Mesh'的详细信息"参数设置面板，在"默认值"中进行物理模型选择的相关设置。

图 3-9 至图 3-12 为 1×1×1 的立方体在默认网格设置情况下，结构分析计算（Mechanical）、

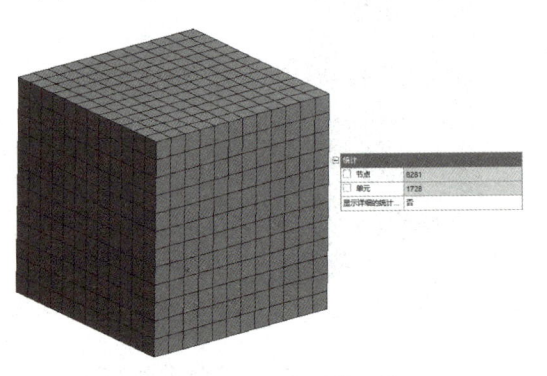

图 3-9 结构分析计算网格

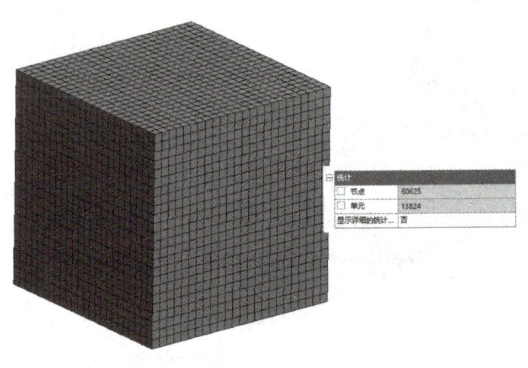

图 3-10 电磁场分析计算网格

64

电磁场分析计算（Electromagnetics）、流体动力学分析计算（CFD）及显式动力学分析（Explicit）四个不同物理模型的节点数和单元数。

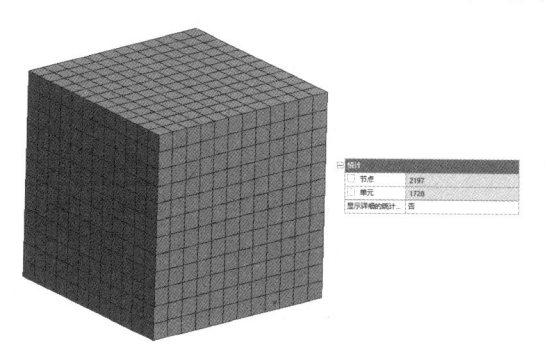

图 3-11　流体动力学分析计算网格 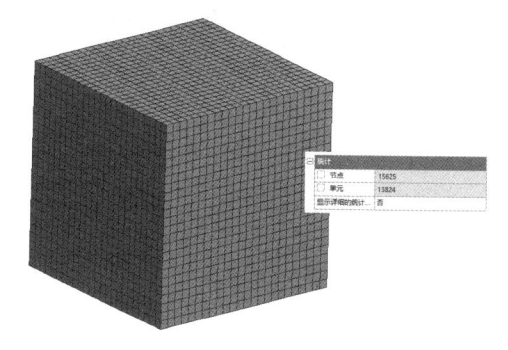　　　　图 3-12　显式动力学分析计算网格

从中可以看出，在程序默认情况下，单元数量由小到大为：流体动力学分析＝结构分析＜显式动力学分析＝电磁场分析；节点数量由小到大为：流体动力学分析＜结构分析＜显式动力学分析＜电磁场分析。

当物理模型确定后，可以通过"关联"选项来调整网格疏密程度，图 3-13 至图 3-16 为在 Mechanical（结构计算物理模型）时，"关联"分别为－100、0、50、100 所对应的单元数量和节点数量。对比这四张图可以发现"关联"值越大，节点和单元划分的数量越多。

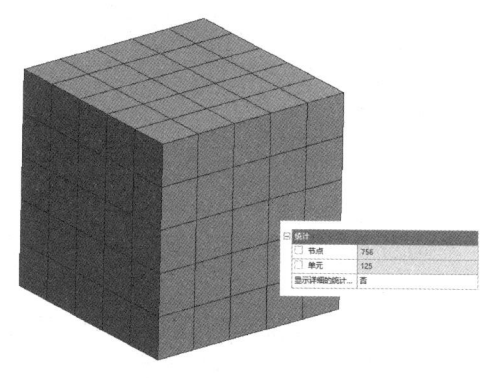

图 3-13　"关联"＝－100 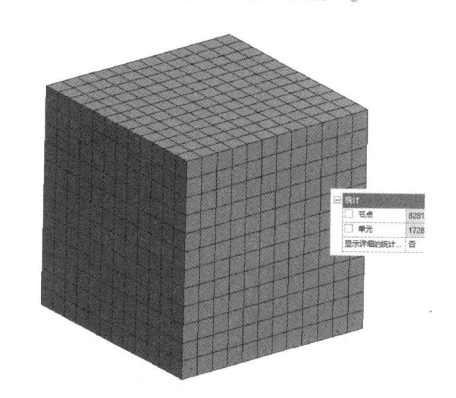　　　　图 3-14　"关联"＝0

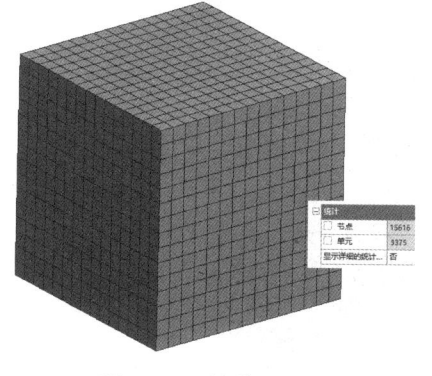

图 3-15　"关联"＝50 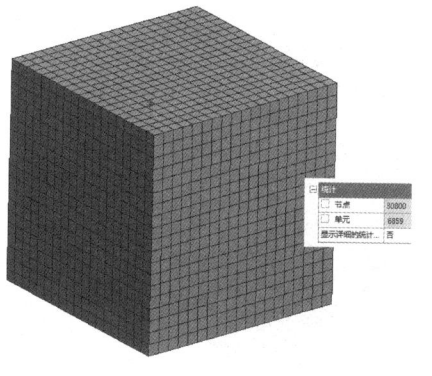　　　　图 3-16　"关联"＝100

3.1.4 网格尺寸设置

单击树轮廓中的 网格 图标，打开"'Mesh'的详细信息"参数设置面板，在"尺寸调整"中进行网格尺寸的相关设置。图 3-17 为"尺寸调整"设置面板。

1）使用自适应尺寸调整：网格细化的方法，此选项默认为"否"。单击后面的下拉按钮，选择"是"，则代表使用网格自适应的方式进行网格划分。

2）当"使用自适应尺寸调整"为"否"时，可以设置"捕获曲率"和"捕获邻近度"为"是"时，则面板会增加（曲率和邻近度）网格控制设置，如图 3-18 所示。

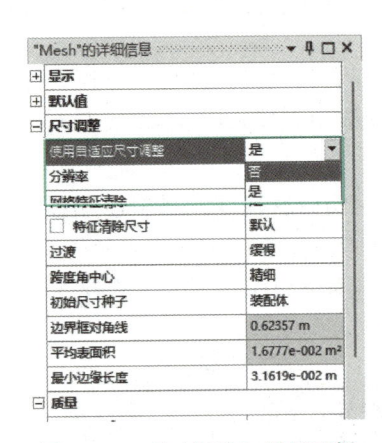

图 3-17 "尺寸调整"设置面板

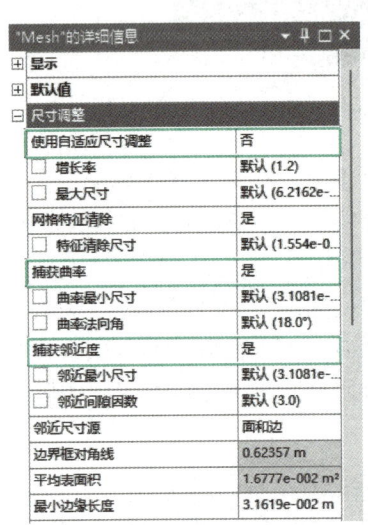

图 3-18 "捕获曲率"及"捕获邻近度"设置

针对"捕获曲率"和"捕获邻近度"选项的设置，Meshing（网格划分）平台根据几何模型的尺寸，均有相应的默认值，读者亦可以结合工程需要对其下各个选项进行修改与设置，以满足工程仿真计算的要求。

3）单元尺寸：在此选项后面输入网格尺寸大小，可以控制几何尺寸网格划分的粗细程度。图 3-19 至图 3-21 为"单元尺寸"设置为默认、1.e-004m、4.e-004m 三种情况下的节点数量及单元数量。

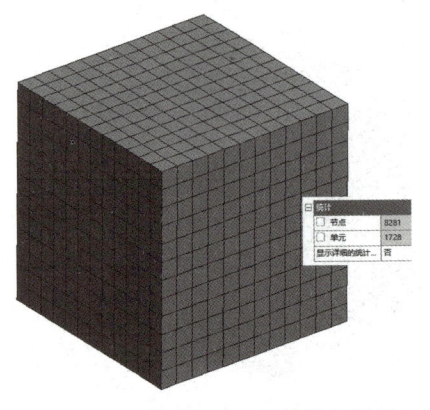

图 3-19 "单元尺寸"保持默认设置

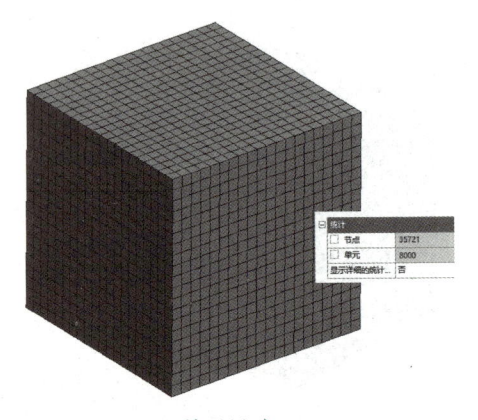

图 3-20 "单元尺寸" = 1.e-004m

从图 3-19~图 3-21 可以看出，网格划分可以通过设置网格单元尺寸的大小来控制。

4) 初始尺寸种子：此选项用来控制每一个部件的初始网格种子，如果单元尺寸已被定义，则会忽略。在"初始尺寸种子"栏有两个选项可供选择："装配体"及"零件"。下面对这两个选项分别进行讲解。

- 装配体：基于这个设置，初始种子放入所有装配部件，不管抑制部件的数量有多少，抑制部件网格不改变。
- 零件：基于这个设置，初始种子在网格划分时放入个别特殊部件，抑制部件网格不改变。

图 3-21 "单元尺寸" = 5.e-004m

5) 平滑：平滑网格是通过移动周围节点和单元的节点位置来改进网格质量的。下列三个选项是对不同分析领域进行了限值的默认设置。

- 低：主要应用于结构计算，即"机械"。
- 中等：主要应用于流体动力学和电磁场计算，即 CFD 和"电磁"。
- 高：主要应用于显式动力学计算，即"显式"。

6) 过渡：是控制邻近单元增长比的设置选项，有以下两种设置。

- 快速：在"机械"和"电磁"网格中产生网格过渡。
- 缓慢：在 CFD 和"显式"网格中产生网格过渡。

7) 跨度角中心：设定基于边的细化的曲度目标，网格在弯曲区域细分，直到单独单元跨越这个角。该选项有以下几种选择：

- 大尺度：角度范围为 -90°~60°。
- 中等：角度范围为 -75°~24°。
- 精细：角度范围为 -36°~12°。

注："跨度角中心"功能只能在"使用自适应尺寸调整"选项开启时可以使用。

图 3-22 和图 3-23 为当"跨度角中心"选项分别设置为"大尺度"和"精细"时的网格。从图中可以看出，当"跨度角中心"选项设置由"大尺度"到"精细"的过程中，中心圆孔的网格剖分数量增多，网格角度变小。

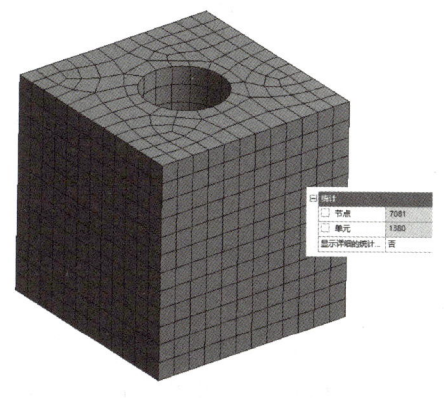

图 3-22 "跨度角中心"设置为"大尺度"时的网格

图 3-23 "跨度角中心"设置为"精细"时的网格

3.1.5 网格膨胀层设置

Meshing 网格设置可以在 Mesh 下进行操作，单击树轮廓中的 网格 图标，打开"'Mesh'的详细信息"参数设置面板，在"膨胀"中进行网格膨胀层的相关设置，图 3-24 为"膨胀"设置面板。

1) 使用自动膨胀：有三个可选择的选项，具体如下。
- 无（不使用自动控制膨胀层）：程序的默认选项，即不需要人工控制，程序自动进行膨胀层参数控制。
- 程序控制（程序控制膨胀层）：人工控制生成膨胀层的方法，通过设置总厚度、第一层厚度、平滑过渡等来控制膨胀层生成的方法。

图 3-24 "膨胀"设置面板

- 选定的命名选择中的所有面（以命名选择所有面）：通过选取已经被命名的面来生成膨胀层。

2) 膨胀选项：对于二维分析和四面体网格划分的默认设置为"平滑过渡"，此外还有以下几项可以选择。
- 总厚度：需要输入网格"最大厚度"值。
- 第一层厚度：需要输入"第一层高度"。
- 第一个纵横比：默认值为 5，读者可以根据需要对其进行修改。
- 最后的纵横比：需要输入"最后一个纵横比"。

3) 过渡比（平滑过渡比率）：默认值为 0.272，读者可以根据需要对其进行更改。

4) 最大层数：默认值为 5，读者可以根据需要对其进行更改。

5) 增长率：相邻两侧网格中内层与外层的比例，默认值为 1.2，读者可以根据需要对其进行更改。

6) 膨胀算法：包括"前"（前处理）和"后期"（后处理）两种算法。
- 前（前处理）：基于 Tgrid 算法，所有物理模型的默认设置。首先表面网格膨胀，然后生成体网格，可应用扫掠和二维网格的划分，但是不支持邻近面设置不同的层数。
- 后期（后处理）：基于 ICEM CFD 算法，使用一种在四面体网格生成后作用的后处理技术，后处理选项只对"补丁适形"和"补丁独立"四面体网格有效。

图 3-25 膨胀层高级选项

7) 查看高级选项：当此选项为"是"时，"膨胀"设置会增加图 3-25 所示的选项。

3.1.6 网格高级选项

单击树轮廓中的 网格 图标，打开"'网格'的详细信息"参数设置面板，在"高级"中进行网格高级选项的相关设置，图 3-26 所示为"高级"设置面板。

图 3-26 "高级"设置面板

3.1.7 网格质量设置

单击树轮廓中的 网格 图标，打开"'网格'的详细信息"参数设置面板，在"质量"设置面板进行网格质量设置，如图 3-27 所示。

图 3-27 "质量"设置面板

其中，"网格度量标准"默认为"无"，用户可以从中选择相应的网格质量检查工具来检查划分网格质量的好坏。

1. 单元质量

选择"单元质量"选项后，信息栏中会出现图 3-28 所示的"网格度量标准"窗口，窗口内显示了"单元质量"图表。

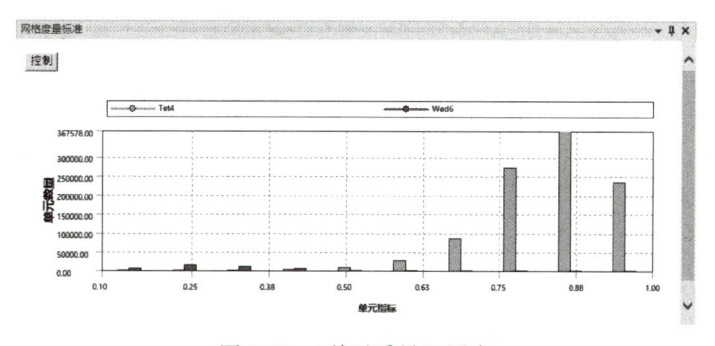

图 3-28 "单元质量"图表

图中横坐标由 0 到 1，网格质量由坏到好，衡量准则为网格的边长比；图中纵坐标显示的是网格数量，网格数量与矩形条成正比；"单元质量"图表中的值越接近 1，说明网格质量越好。

单击图表中的"控制"按钮，将弹出图 3-29 所示的单元质量控制图表，在图表中可以进行单元数量及最大/最小单元设置。

2. 纵横比

选择"纵横比"选项后，信息栏中会出现图 3-30 所示的"网格度量标准"窗口，窗口内显示了"纵横比"图表。

图 3-29 单元质量控制图表

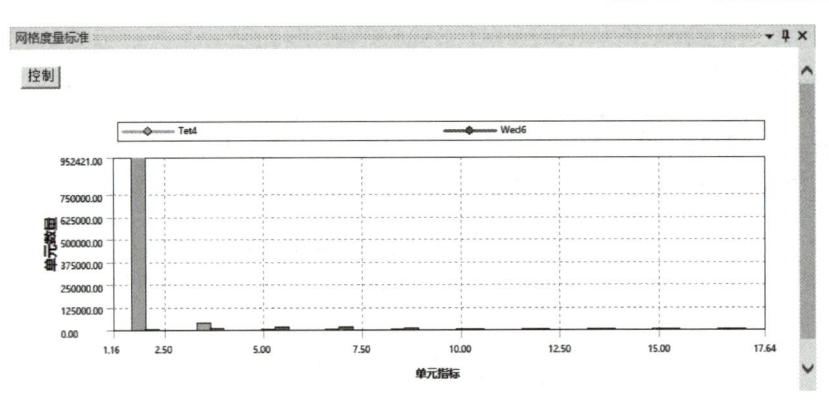

图 3-30 "纵横比"图表

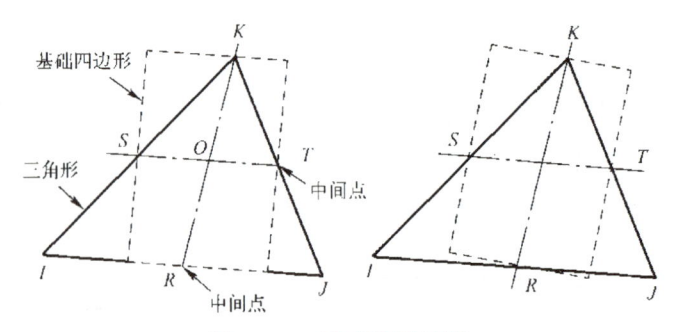

1) 对于三角形网格来说，按法则判断：图 3-31 从三角形的一个顶点引出对边的中线，另外两边中点相连，构成线段 KR 和 ST。分别绘制 2 个矩形：以中线 ST 为平行线，分别过点 R、K 构造矩形两条对边，另外两条对边分别过点 S、T；以中线 RK 为平行线，分别过点 S、T 构造矩形两条对边，另外两条对边分别过点 R、K。另外两个顶点也按照上述步骤绘制矩形，共 6 个矩形。找出各矩形长边与短边之比并开立方，数值最大者即为该三角形的"纵横比"值。

图 3-31 三角形判断法则

若"纵横比"值为 1，三角形 IJK 为等边三角形，说明划分的网格质量最好。

2) 对于四边形网格来说，按法则判断：如果单元不在一个平面上，各个节点将被投影到节点坐标平均值所在的平面上；画出两条矩形对边中点的连线，相交于一点 O；以交点 O 为中心，分别过 4 个中点构造两个矩形；找出两个矩形长边和短边之比的最大值，即为四边形的"纵横比"值，如图 3-32 所示。

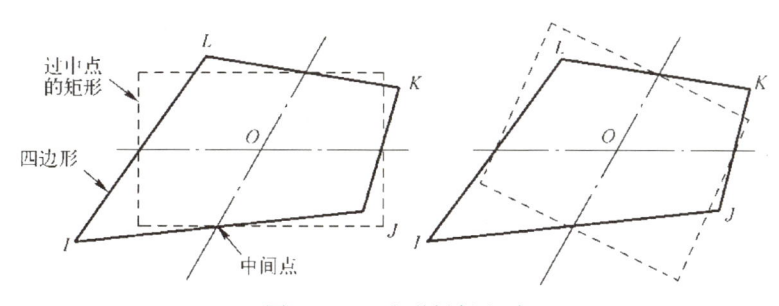

图 3-32　四边形判断法则

若"纵横比"值为 1，四边形 IJKL 为正方形，说明划分的网格质量最好。

3. 雅可比比率

雅可比比率适应性较广，一般用于处理带有中节点的单元。选择此选项后，信息栏中会出现图 3-33 所示的"网格度量标准"窗口，窗口内显示了"雅可比比率"图表。

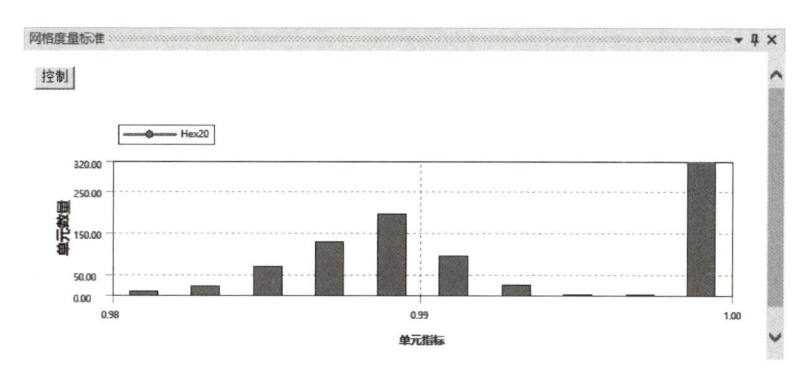

图 3-33　"雅可比比率"图表

"雅可比比率"计算法则如下。

计算单元内各样本点雅可比矩阵的行列式值 R_j；雅可比值是样本点中行列式最大值与最小值的比值；若两者正负号不同，雅可比值将为 -100，此时该单元不可接受。

1) 三角形单元的雅可比比率。如果三角形的每个中间节点都在三角形边的中点上，那么这个三角形的雅可比比率为 1。图 3-34 为雅可比比率分别为 1、30、100 时的三角形网格。

图 3-34　三角形网格"雅可比比率"

2) 四边形单元的雅可比比率。任何一个矩形单元或平行四边形单元，无论是否含有中间节点，其雅可比比率都为 1。如果垂直一条边的方向向内或者向外移动这一条边上的中间节点，可以增加雅可比比率。图 3-35 为雅可比比率分别为 1、30、100 时的四边形网格。

图 3-35 四边形网格"雅可比比率"

3）六面体单元的雅可比比率。满足以下两个条件的四边形单元和六面体单元的雅可比比率为 1：所有对边都相互平行；任何边上的中间节点都位于两个角点的中间位置。

图 3-36 为雅可比比率分别为 1、30、100 时的四边形网格，此四边形网格可以生成雅可比比率为 1 的六面体网格。

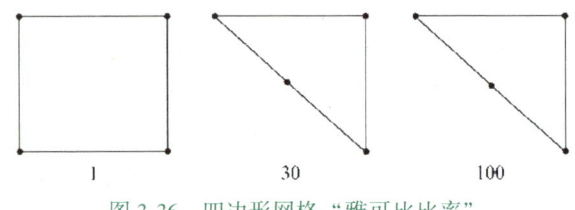

图 3-36 四边形网格"雅可比比率"

4. 翘曲角度

翘曲角度用于计算或者评估四边形壳单元、含有四边形面的块单元楔形单元及金字塔单元等，高扭曲系数表明单元控制方程不能很好地控制单元，需要重新划分。选择此选项后，信息栏中会出现图 3-37 所示的"网格度量标准"窗口，窗口内显示了"翘曲角度"图表。

图 3-37 "翘曲角度"图表

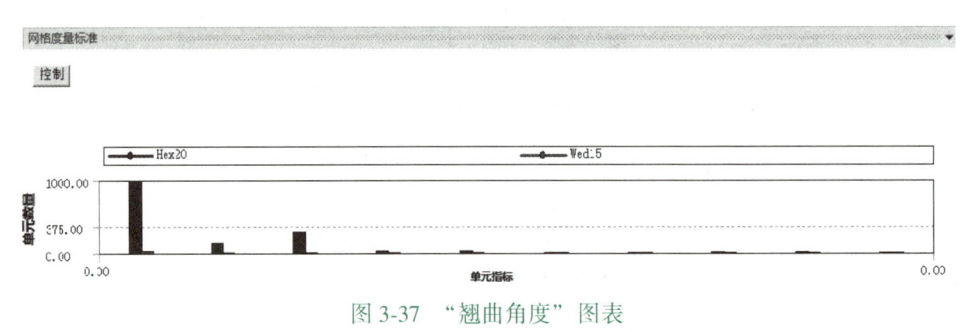

图 3-38 所示的是二维四边形壳单元的扭曲系数逐渐增加的二维网格变化图形。从图中可以看出，随着扭曲系数由 0.0 增大到 5.0，网格扭曲程度也在逐渐增加。

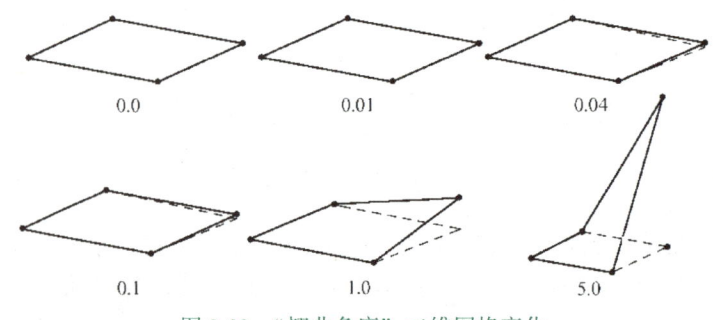

图 3-38 "翘曲角度"二维网格变化

对于三维网格的扭曲系数来说，分别比较六个面的扭曲系数，从中选择最大值作为扭曲系数，如图3-39所示。

5. 平行偏差检验

平行偏差检验计算对边矢量的点积，通过点积中的余弦值求出最大的夹角。平行偏差为0是最好的，此时两对边平行。选择此选项后，信息栏中会出现图3-40所示的"网格度量标准"窗口，窗口内显示了"平行偏差检验"图表。

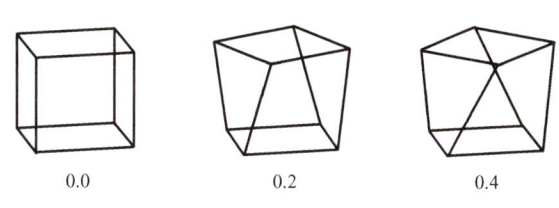

图3-39 "翘曲角度"三维块网格变化

图3-40 "平行偏差检验"图表

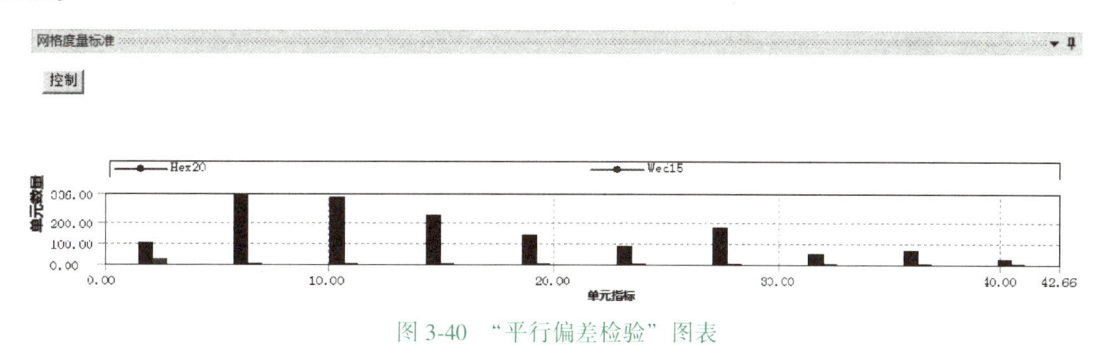

图3-41为当"平行偏差"值从0增加到170时的二维四边形单元图形变化。

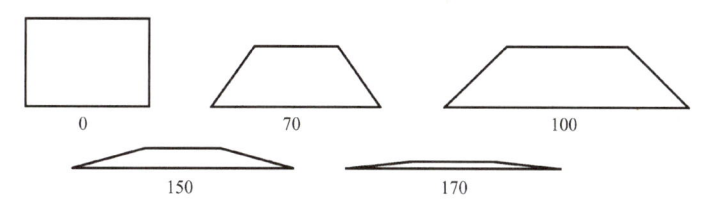

图3-41 "平行偏差"二维四边形图形变化

6. 最大拐角角度

最大拐角角度计算最大角度。对三角形而言，60°为等边三角形是最好的。对四边形而言，90°为矩形是最好的。选择此选项后，信息栏中会出现图3-42所示的"网格度量标准"窗口，窗口内显示了"最大拐角角度"图表。

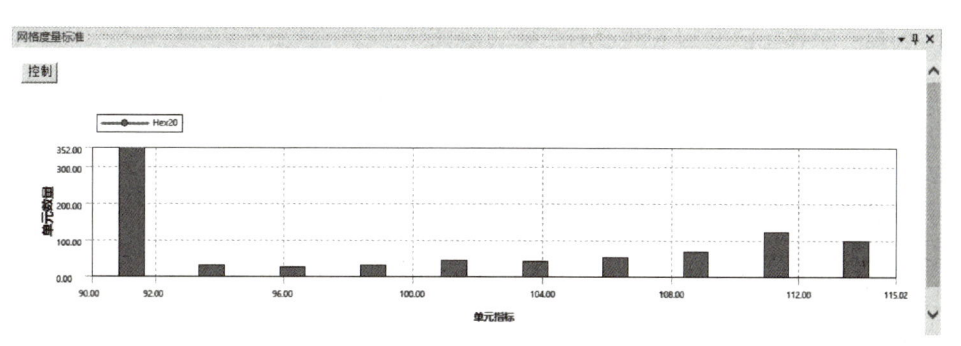

图3-42 "最大拐角角度"图表

7. 偏度

偏度是网格质量检查的主要方法之一，有 Equilateral-Volume-Based Skewness（基于等边体积的偏度）和 Normalized Equiangular Skewness（归一化等角偏度）两种算法。其值位于 0 和 1 之间，0 为最好，1 为最差。选择此选项后，信息栏中会出现图 3-43 所示的"网格度量标准"窗口，窗口内显示了"偏度"图表。

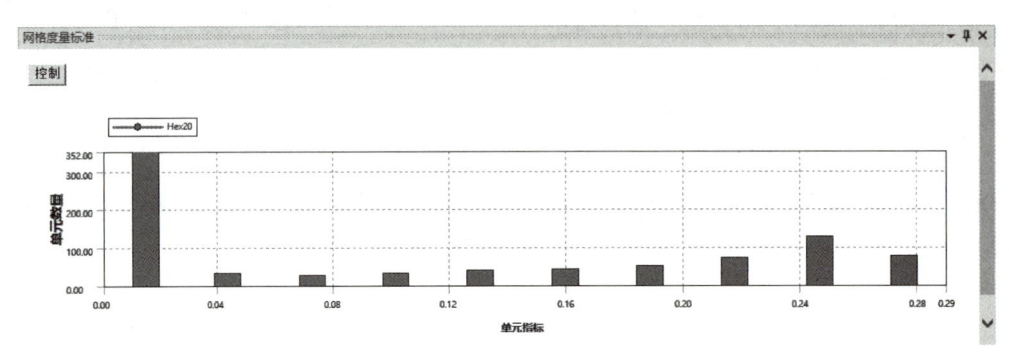

图 3-43 "偏度"图表

8. 正交质量

正交质量是网格质量检查的主要方法之一，其值位于 0 和 1 之间，0 为最差，1 为最好。选择此选项后，信息栏中会出现图 3-44 所示的"网格度量标准"窗口，窗口内显示了"正交质量"划分图表。

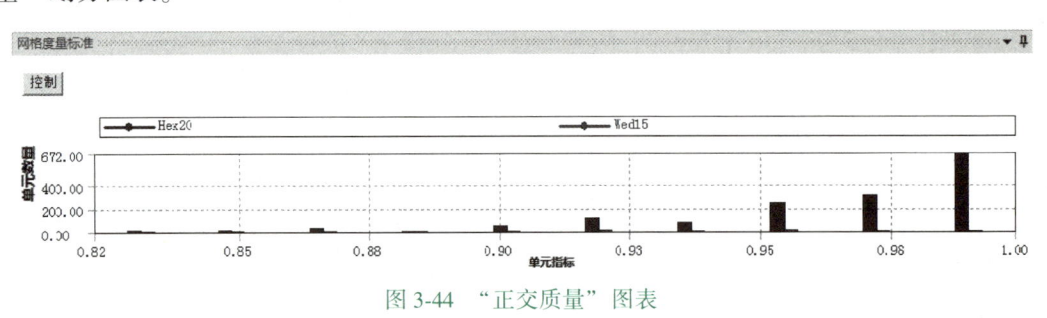

图 3-44 "正交质量"图表

除了上述的网格划分方法外，ANSYS Mechanical（机械）平台还有以下两种方法。
- Match Control（面匹配网格划分）：面匹配网格划分用于在对称面上划分一致的网格，尤其适用于旋转机械（也称为透平机械）的旋转对称分析。因为旋转对称所使用的约束方程，其连接的截面上节点的位置除偏移外需要一致。
- Virtual Topology（虚拟拓扑工具）：该工具允许为了更好地进行网格划分而合并面，Virtual Cell（虚拟单元）就是把多个相邻的面定义为一个面。

虚拟单元可以把小面缝合到一个大的平面中，属于虚拟单元原始面上的内部线，不再影响网格划分，所以划分这样的拓扑结构可能和原始几何体会有所不同，对于其他操作（如加载面）就不被承认，而用虚拟单元代替。

虚拟单元通常用于删除小特征，从而在特定的面上减小单元密度，或删除有问题的几何体，如长缝或是小面，从而避免网格划分失败。但是，要注意，虚拟单元改变了原有的拓扑模型，因此内部的特征如果有加载、支撑及求解等，将不再被考虑进去。

3.1.8 网格评估统计

单击模型树中的 网格 图标，打开 "'网格'的详细信息"参数设置面板，在"统计"中进行网格统计及质量评估的相关设置，图 3-45 为"统计"设置面板。

- 节点：当几何模型的网格划分完成，此处会显示节点数量。
- 单元：当几何模型的网格划分完成，此处会显示单元数量。

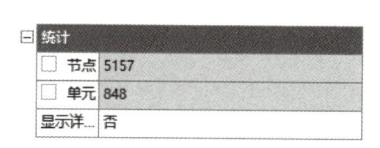

图 3-45 "统计"设置面板

3.2 网格划分实例

以上详细介绍了 ANSYS Meshing 网格划分的基本方法及一些常用的网格质量评估工具。下面通过几个实例展示 ANSYS Meshing 网格划分的操作步骤及常见的网格格式的导入方法。

3.2.1 网格尺寸控制

本实例主要讲解网格尺寸和质量的全局控制及局部控制，包括高级尺寸功能中曲率、邻近度和膨胀的使用。图 3-46 为模型（含流体模型）。

模型文件	Chapter03\char03-1\pipe_model.stp
结果文件	Chapter03\char03-1\pipe_model.wbpj

下面对其进行网格划分。

步骤 1：启动 ANSYS Workbench，进入主界面。双击"工具箱"中的"组件系统"→"网格"按钮。在"项目原理图"窗口创建分析项目 A，如图 3-47 所示。

步骤 2：右击项目 A 中 A2 的"几何结构"，在弹出的快捷菜单中选择"导入几何模型"→"浏览"命令，如图 3-48 所示。

图 3-46 模型

图 3-47 创建分析项目 A

步骤3：在弹出的"打开"对话框中选择 PIPE_model.stp 文件，然后单击"打开"按钮，如图 3-49 所示。

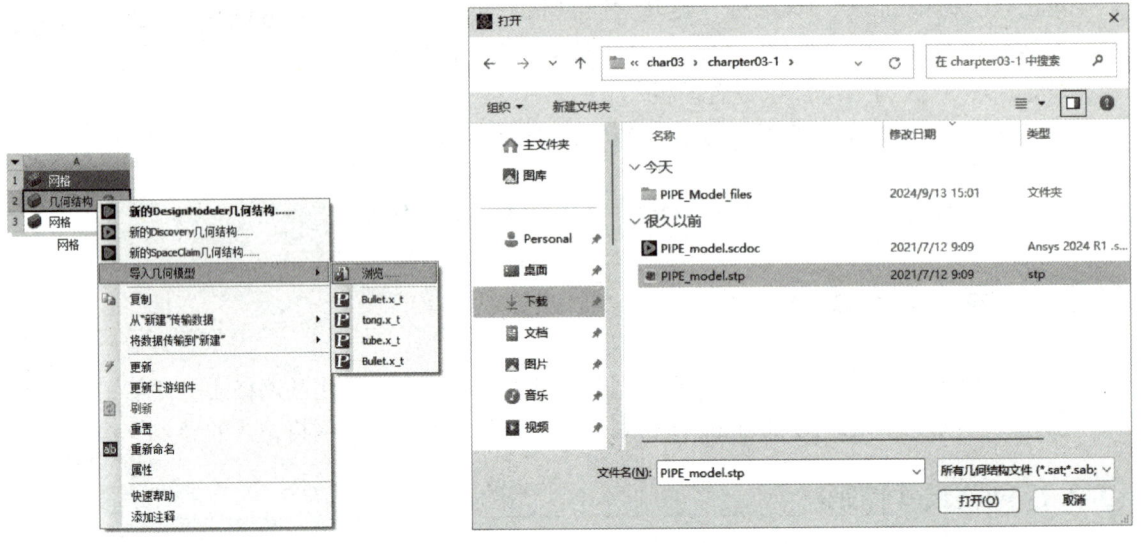

图 3-48　加载几何文件

图 3-49　选择文件并打开

步骤4：右击项目 A 中 A2 的"几何结构"，选择"在 DesignModeler 中编辑几何结构"命令，此时会弹出图 3-50 所示的"A：网格-DesignModeler"窗口。

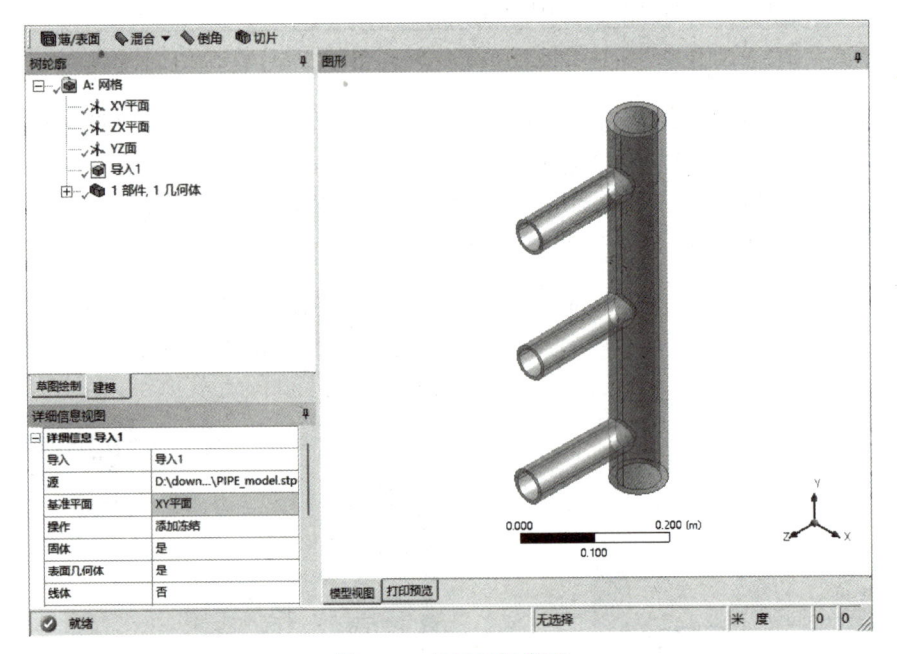

图 3-50　显示几何模型

步骤5：填充操作。依次选择菜单栏中的"工具"→"填充"命令，打开"详细信息视图"面板，在"面"栏中确保模型的所有内表面被选中，如图 3-51 所示。

步骤6：单击工具栏中的 生成 按钮生成实体，效果如图 3-52 所示。

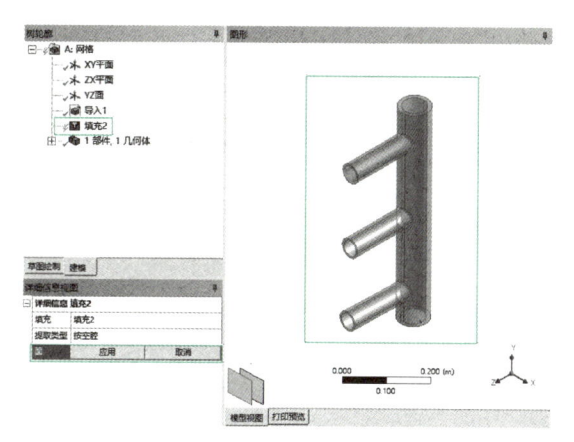

图 3-51 填充　　　　　　　　　图 3-52 生成实体

步骤 7：实体命名。右击树轮廓中的 solid（固体），在弹出的快捷菜单中选择"重新命名"命令，如图 3-53 所示。在命名区域中输入名称为 pipe。

步骤 8：以同样的操作，将另外一个实体命名为 water，如图 3-54 所示。

图 3-53 命名操作　　　　　　　图 3-54 完成实体命名

步骤 9：单击 DesignModeler 窗口右上角的 ✕ 按钮，关闭 DesignModeler 窗口。

步骤 10：返回 Workbench 主窗口，右击 A3 栏的"网格"，在弹出的快捷菜单中选择"编辑"命令，如图 3-55 所示。

步骤 11：网格划分平台被加载，如图 3-56 所示。

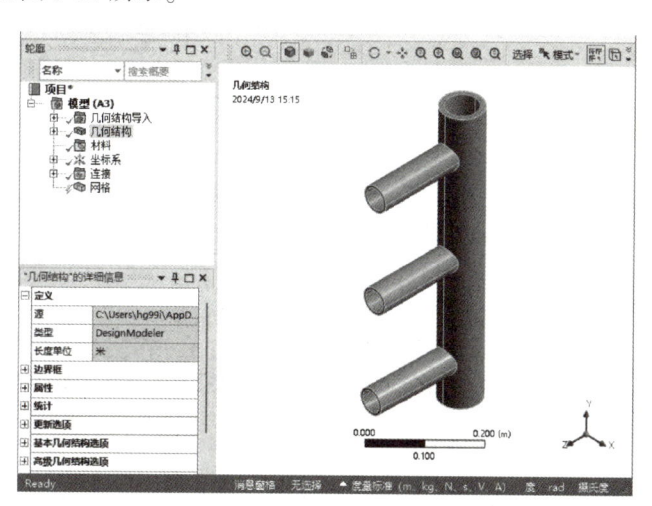

图 3-55 载入网格　　　　　　　图 3-56 网格平台中的几何模型

步骤 12：选择"轮廓"中的"项目"→"模型（A3）"→"几何结构"→pipe 选项，打开图 3-57 所示的"pipe 的详细信息"面板，然后在"材料"→"流体/固体"栏中将默认的"由复合材料定义"修改为"固体"。

步骤 13：以同样的操作，将 water 的"材料"属性从默认的"由复合材料定义"修改为"流体"，如图 3-58 所示。

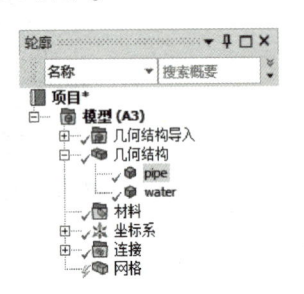

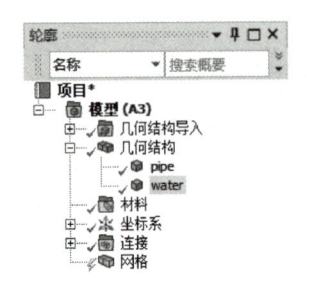

图 3-57　更改 pipe 的属性 　　　　图 3-58　更改 water 的属性

步骤 14：右击"轮廓"→"项目"→"网格"，在弹出的快捷菜单中选择"插入"→"方法"命令，如图 3-59 所示。此时在"网格"下面会出现"自动方法"选项。

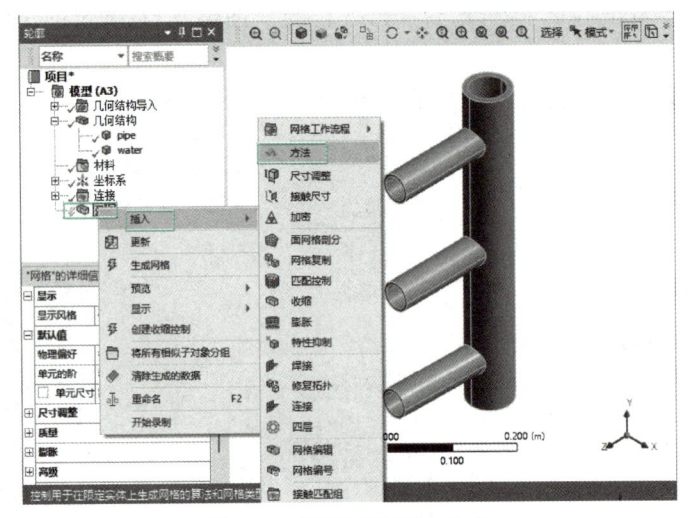

图 3-59　执行"方法"命令

步骤 15：打开"'自动方法'-方法的详细信息"面板，在绘图区选择 pipe 实体，然后单击"几何结构"栏中的"应用"确定选择。此时"几何结构"栏中显示"1 几何体"，表示一

个实体被选中。在"定义"→"方法"栏中选择"四面体"选项;在"算法"栏中选择"补丁适形法"选项,如图 3-60 所示。

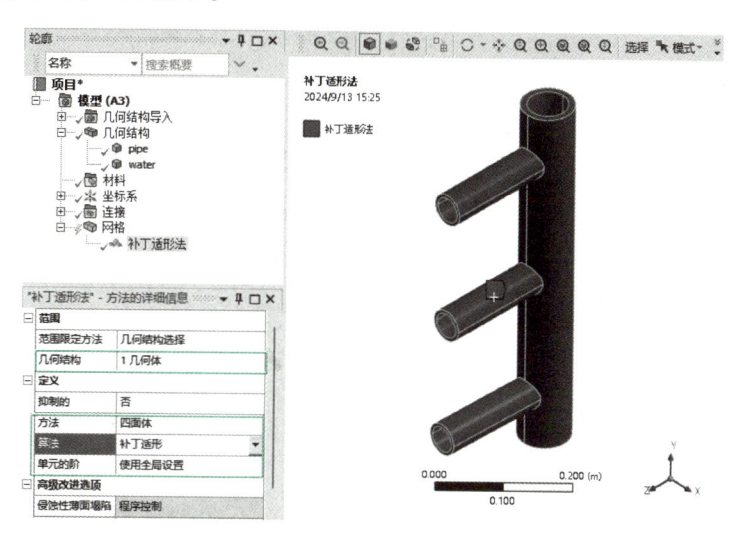

图 3-60　网格划分方法

注:选择以上选项后,"'自动方法'-方法的详细信息"面板会变成"'补丁适形法'-方法的详细信息"面板,以后操作都会出现类似情况。

步骤 16:右击"轮廓"→"项目"→"网格",在弹出的快捷菜单中选择"插入"→"膨胀"命令,如图 3-61 所示。此时在"网格"下面会出现"膨胀"命令。

步骤 17:右击"项目"→"模型(A3)"→"几何结构"→pipe,在弹出的图 3-62 所示的快捷菜单中选择"隐藏几何体"命令或者按 F9 功能键,隐藏 pipe 几何体。

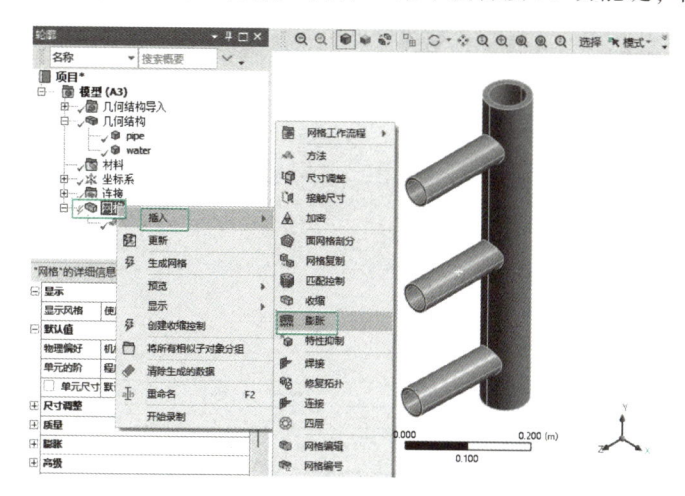

图 3-61　网格划分方法

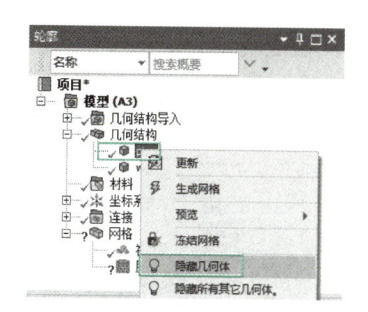

图 3-62　隐藏几何实体

步骤 18:选择"轮廓"中的 膨胀 选项,如图 3-63 所示。在下面出现的"'膨胀'-膨胀的详细信息"面板中进行如下设置:选择 water 几何实体,然后在"范围"→"几何结构"栏中单击"应用";选择三圆柱的外表面,然后在"定义"→"边界"栏中单击"应用";其余选项默认即可,完成"膨胀"面的设置。

步骤19：右击"项目"→"模型（A3）"→"网格"，在弹出的快捷菜单中选择"生成网格"命令，如图3-64所示。

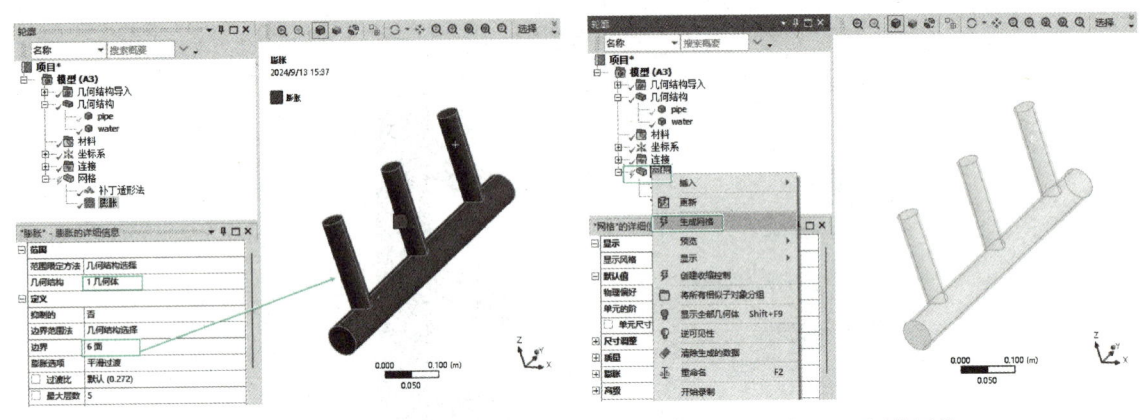

图3-63　膨胀层设置

图3-64　划分网格

步骤20：此时会弹出图3-65所示的网格划分进度条，进度栏中显示网格划分的进度条。

步骤21：划分完成的网格模型如图3-66所示。

图3-65　网格划分进度条

图3-66　网格模型

步骤22：在"'Mesh'的详细信息"面板的"统计"中，用户可以看到节点数、单元数以及扭曲程度，如图3-67所示。

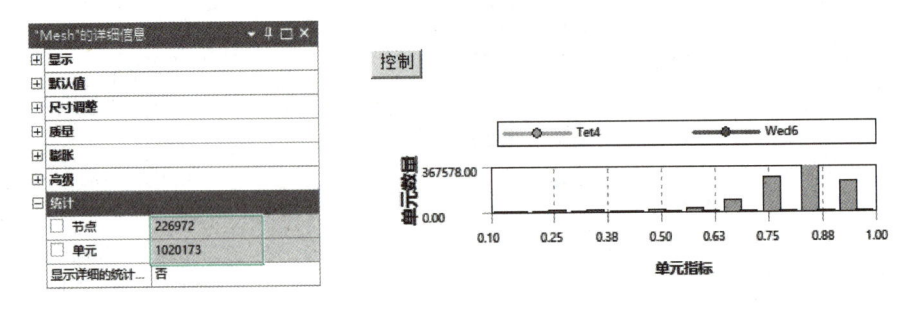

图3-67　网格数量统计

步骤23：将物理参照改为CFD，其余设置不变，划分网格，如图3-68所示。

步骤24：划分完成的网格及网格统计数据如图3-69所示。

图 3-68　修改物理参照　　　　　　　图 3-69　CFD 中的网格及数量

步骤 25：在几何绘图窗口单击 Z 坐标，使几何体正对用户。单击工具栏中的 截面 图标，然后单击几何模型上端并向下拉出一条直线，在下端确定，如图 3-70 所示。

步骤 26：旋转几何网格模型，此时可以看到截面网格，如图 3-71 所示。

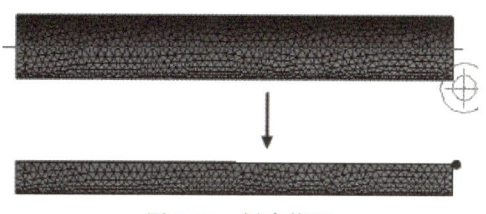

图 3-70　创建截面

步骤 27：单击右下角"截面"面板中的 图标，此时可以显示截面网格的完整网格，如图 3-72 所示。

图 3-71　截面网格　　　　　　　　　图 3-72　截面完整网格显示

步骤 28：打开"'Mesh'的详细信息"面板，在"尺寸调整"中将"捕获曲率"和"捕获邻近度"设置为"是"，划分完成后的网格，如图 3-73 所示。

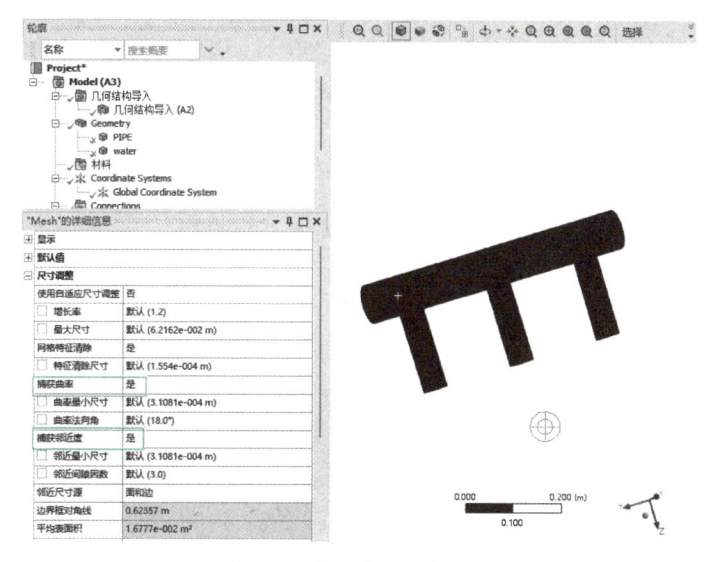

图 3-73　截面完整网格显示

步骤 29：单击网格平台上的"关闭"按钮，关闭网格平台。

步骤 30：返回 Workbench 平台，单击工具栏中的 [另存为......] 按钮，在弹出的"另存为"对话框中输入名称为 pipe_Model，单击"保存"按钮。

3.2.2 扫掠网格划分

本实例主要讲解扫掠网格映射面划分的使用，模型如图 3-74 所示。

模型文件	Chapter03\char03-2\pipe_SWEEP.stp
结果文件	Chapter03\char03-2\pipe_SWEEP.wbpj

下面介绍扫掠网格划分的操作方法。

步骤 1：启动 ANSYS Workbench，进入主界面。

步骤 2：选择主界面"工具箱"中的"组件系统"→"网格"选项，即可在"项目原理图"窗口创建分析项目 A，如图 3-75 所示。

图 3-74　模型　　　　　图 3-75　创建分析项目 A

步骤 3：右击项目 A 中 A2 的"几何结构"，在弹出的快捷菜单中选择"导入几何模型"→"浏览"命令，如图 3-76 所示。

步骤 4：在弹出的"打开"对话框中，选择 PIPE_SWEEP.stp 文件，然后单击"打开"按钮，如图 3-77 所示。

图 3-76　加载几何文件　　　　　图 3-77　选择文件名

步骤 5：双击项目 A 中 A2 的"几何结构"栏，弹出图 3-78 所示的 A：Mesh-DesignModeler 平台，单击 生成 按钮。

步骤 6：此时将生成图 3-79 所示的几何实体。

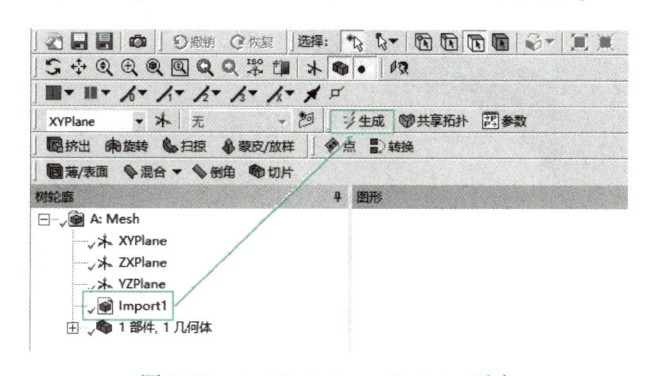

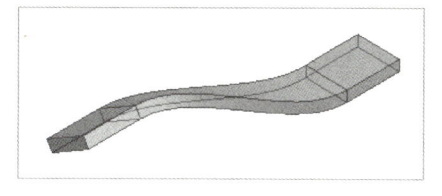

图 3-78　A：Mesh-DesignModeler 平台

图 3-79　几何实体

步骤 7：单击 DesignModeler 平台右上角的 ✕ 按钮，关闭 DesignModeler 平台。

步骤 8：返回 Workbench 主窗口，单击 A3 的"网格"栏，在弹出的快捷菜单中选择"编辑"命令，如图 3-80 所示。

步骤 9：网格划分平台被加载，如图 3-81 所示。

图 3-80　载入网格

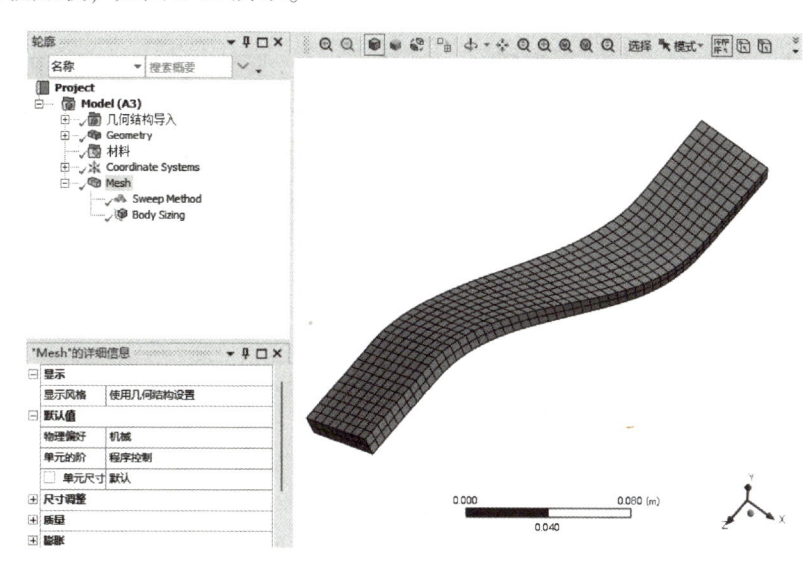

图 3-81　网格平台中的几何模型

步骤 10：右击"轮廓"→"项目"→"网格"命令，在弹出的图 3-82 所示的快捷菜单中选择"插入"→"方法"命令，此时在"网格"下面会出现"自动方法"命令。

步骤 11：打开"'自动方法'-方法的详细信息"面板，在绘图区选择 1 实体。然后单击"几何结构"右侧的"应用"确定选择，此时"几何结构"栏中显示"1 几何体"，表示一个实体被选中；在"定义"→"方法"栏中选择"扫掠"选项；在"Src/Trg 选择"栏中选择"手动源"选项；在"源"栏中确保一个端面被选中，如图 3-83 所示。然后单击 ⚡ 按钮，生成网格。

83

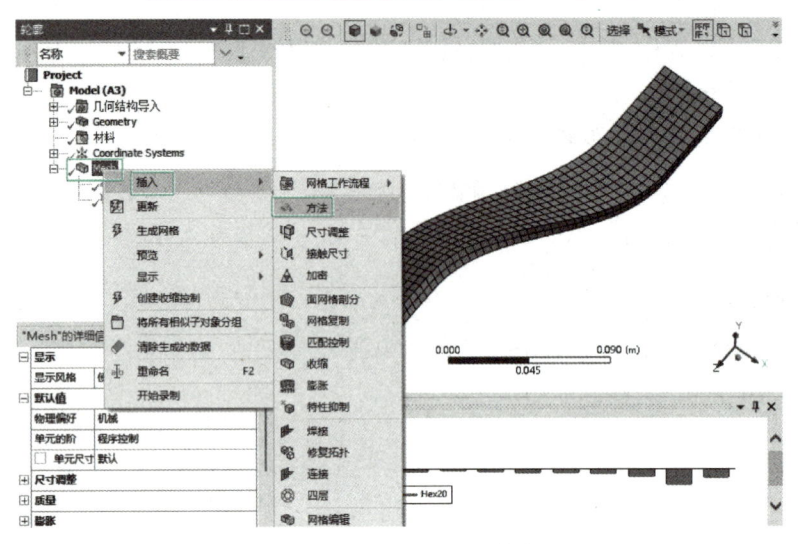

图 3-82 执行"方法"命令

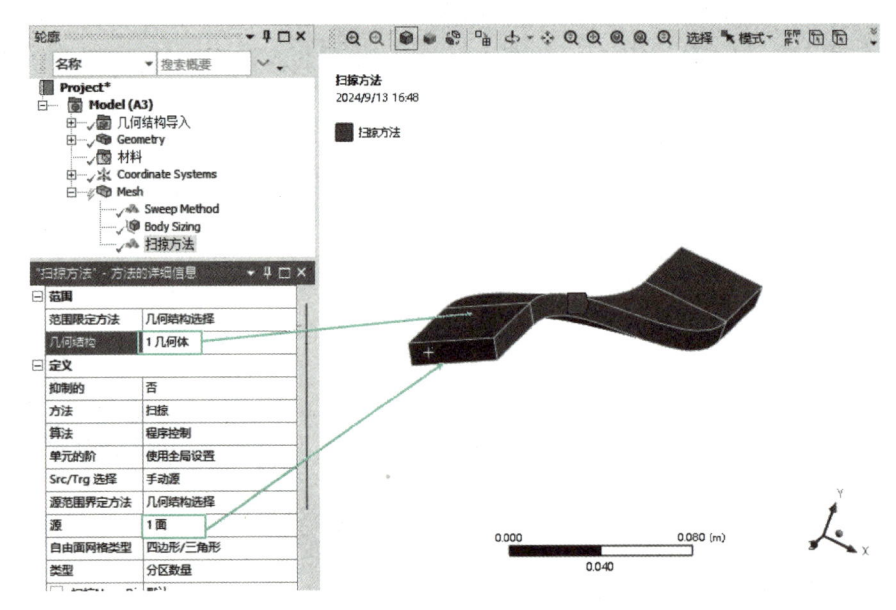

图 3-83 网格划分方法

注：选择以上选项后，"网格"下面的"自动方法"命令会变成"扫掠方法"，"'自动方法'-方法的详细信息"面板会变成"'扫掠方法'-方法的详细信息"面板，以后操作都会出现类似情况。

步骤 12：右击"项目"→"模型（A3）"→ Mesh，将弹出图 3-84 所示的快捷菜单，选择"生成网格"命令。

步骤 13：此时会弹出图 3-85 所示的网格划分进度栏，进度栏中显示网格划分的进度条。

步骤 14：划分完成的网格如图 3-86 所示。

图 3-84 划分网格

图 3-85　网格划分进度条 　　　　　　　图 3-86　网格模型

步骤 15：打开"'网格'的详细信息"面板，在"统计"中可以看到节点数、单元数以及扭曲程度，如图 3-87 所示。

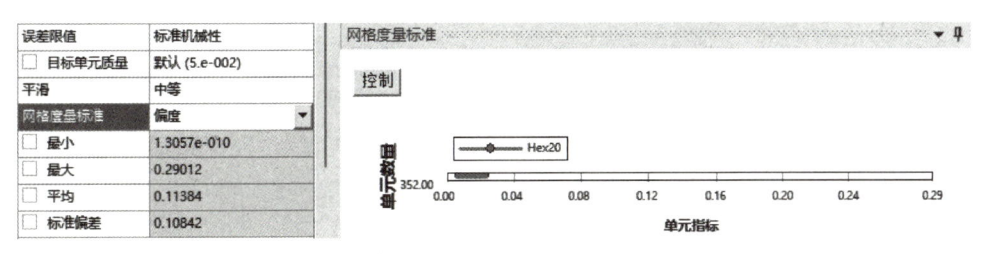

图 3-87　网格数量统计

步骤 16：右击 Mesh，在快捷菜单中选择"插入"→"尺寸调整"命令，如图 3-88 所示。然后将网格大小设置为 5.e-003m。

步骤 17：划分完成的网格及网格统计数据如图 3-89 所示。

步骤 18：单击网格平台上的关闭按钮，关闭网格平台。

步骤 19：返回 Workbench 平台，单击工具栏中的 另存为…… 按钮，在弹出的"另存为"对话框中设置名称为 pipe_SWEEP，单击"保存"按钮。

图 3-88　设置体网格大小

图 3-89　CFD 中的网格及数量

ANSYS Workbench 热力学分析实例演练（2024版）

3.2.3 多区域网格划分

本实例主要讲解多区域方法的基本使用，对于具有膨胀层的简单几何生成六面体网格，在生成网格的时候，多区扫掠网格划分器自动选择源面。某三通管道模型如图3-90所示。

模型文件	Chapter03\char03-3\MULTIZONE.x_t
结果文件	Chapter03\char03-3\MULTIZONE.wbpj

下面对三通管道模型进行网格剖分，步骤如下。

步骤1：启动 ANSYS Workbench，进入主界面。

步骤2：选择主界面"工具箱"中的"组件系统"→"网格"选项，即可在"项目原理图"窗口创建分析项目A，如图3-91所示。

图3-90　某三通管道模型　　　　　图3-91　创建分析项目A

步骤3：右击项目A中A2的"几何结构"，在弹出的快捷菜单中选择"导入几何模型"→"浏览"命令，如图3-92所示。

步骤4：在弹出的"打开"对话框中选择MULTIZONE.stp文件，然后单击"打开"按钮，如图3-93所示。

图3-92　加载几何文件　　　　　图3-93　选择文件

步骤 5：双击项目 A 中 A2 的"几何结构"栏，此时会弹出图 3-94 所示的 DesignModeler 平台。

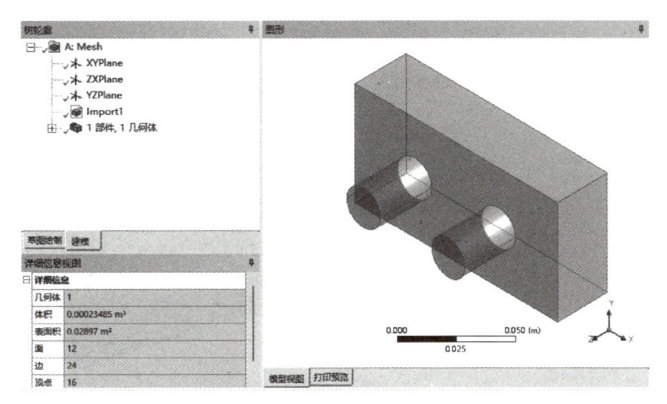

图 3-94 显示几何模型

步骤 6：单击 DesignModeler 平台右上角的 ✕ 按钮，关闭 DesignModeler 平台。

步骤 7：返回 Workbench 主窗口，单击 A3 的"网格"栏，在弹出的快捷菜单中选择"编辑"命令，如图 3-95 所示。

步骤 8：加载网格划分平台，如图 3-96 所示。

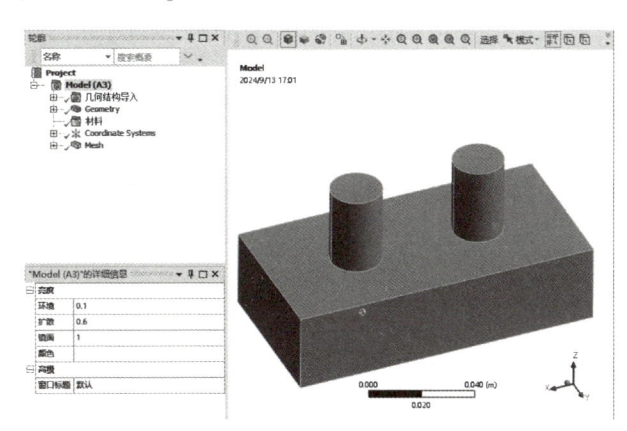

图 3-95 载入网格   图 3-96 网格平台中的几何模型

步骤 9：右击"轮廓"→"Project"→"Mesh（网格）"，在弹出的快捷菜单中选择"插入"→"方法"命令，如图 3-97 所示。此时在 Mesh 下面会出现"自动方法"命令。

步骤 10：在图 3-98 所示的"'MultiZone'-方法的详细信息"面板中进行如下操作：在绘图区选择 solid（固体）实体，然后单击"几何结构"栏中的"应用"确定选择，此时"几何结构"栏中显示"1 几何体"，表示一个实体被选中；在"定义"→"方法"栏中选择"多区域"选项；在"单元的阶"栏中选择"使用全局设置"选项；在"Src/Trg 选择"栏中选择"手动源和目标"选项；在"源和目标"栏中确保图示的四个面被

图 3-97 执行"方法"命令

选中；其余选项保持默认即可。

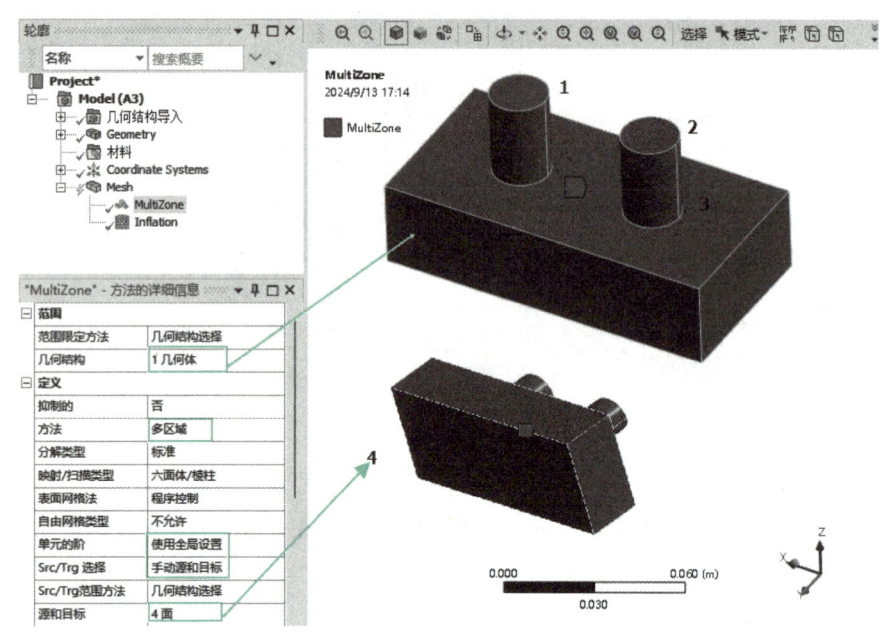

图 3-98 网格划分方法

步骤 11：右击"Project"→"模型（A3）"→Mesh，弹出图 3-99 所示的快捷菜单，选择"生成网格"命令。

步骤 12：划分完成的网格模型，如图 3-100 所示。

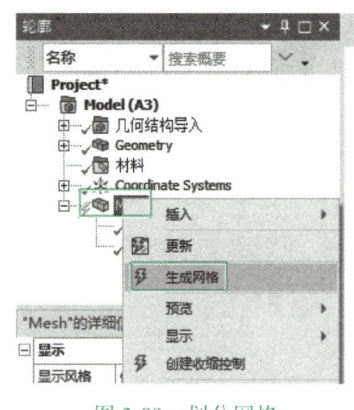

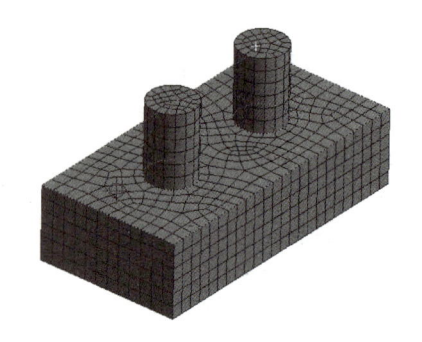

图 3-99 划分网格　　图 3-100 网格模型

步骤 13：右击"轮廓"→"Project"→Mesh→MultiZone，在弹出的图 3-101 所示的快捷菜单中选择"删除"命令，删除 MultiZone。

步骤 14：右击"轮廓"→"Project"→Mesh，在弹出的图 3-102 所示的快捷菜单中选择"插入"→"膨胀"命令，此时在 Mesh 下面会出现"膨胀"选项。

步骤 15：单击"轮廓"中的 Inflation 命令，在下面出现的"'膨胀'-膨胀的详细信息"面板中进行如下设置：选择 solid（固体）几何实体，然后设置"范围"→"几何结构"为

"1几何体"；选择圆柱和长方体的外表面，然后设置"定义"→"边界"为"8面"；其余选项默认即可，完成"膨胀"面的设置，如图3-103所示。

图3-101 删除MultiZone

图3-102 执行"膨胀"命令

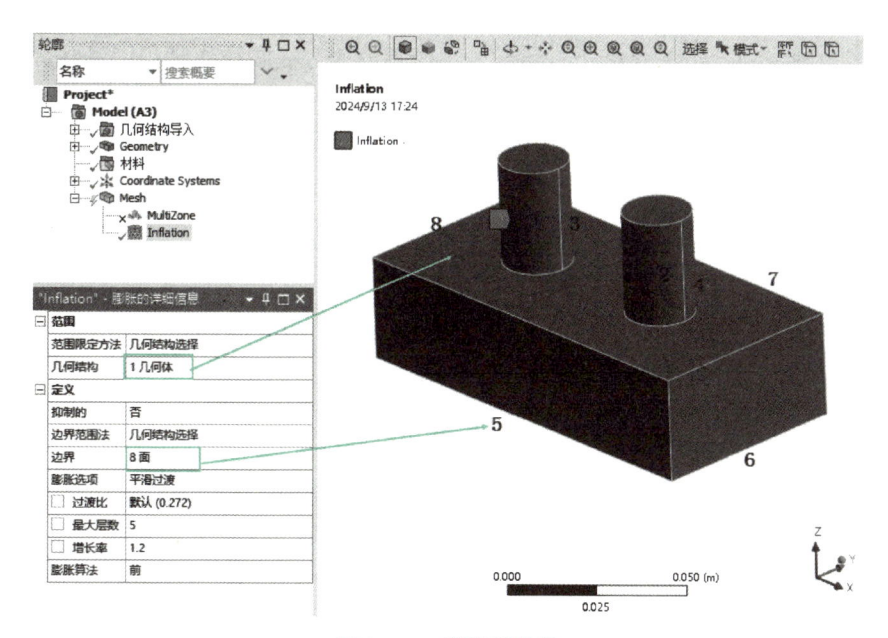

图3-103 膨胀面设置

步骤16：右击"项目"→"模型（A3）"→Mesh，在弹出的图3-104所示的快捷菜单中选择"生成网格"命令。

步骤17：划分完成的网格如图3-105所示。

图 3-104　执行"生成网格"命令　　　　图 3-105　膨胀层网格划分

步骤 18：单击网格平台上的"关闭"按钮，关闭网格平台。

步骤 19：返回 Workbench 平台，单击工具栏中的 [另存为......] 按钮，在弹出的"另存为"对话框中将文件命名为 MULTIZONE，单击"保存"按钮。

3.3　本章小结

本章详细介绍了 ANSYS Workbench 平台网格划分模块的相关参数设置和网格质量检测方法，并通过多个网格划分实例介绍了不同类型网格划分的方法和操作过程以及外部网格的导入方法。

第 4 章
边界条件与后处理

边界条件是指在几何模型边界上方程组的解应该满足的条件，在热分析中的边界条件指的是热对流、热辐射等。后处理技术以其优秀的数据处理能力，被众多有限元计算软件所应用。结果的输出为了方便对计算数据的处理而产生，减少了对大量数据的分析过程，可读性强，理解方便。

有限元计算的最后一个关键步骤是数据的后处理。通过后处理，使用者可以很方便地对结构的计算结果进行操作，以输出变形、应力、应变等结果。另外，对于一些高级用户，还可以通过简单的代码编写，输出一些特殊的结果。ANSYS Workbench 平台的后处理功能非常强大，可以完成众多类型的后处理。本章将详细介绍后处理的设置与操作方法。

4.1 边界条件设置

ANSYS Workbench 热分析中常用的符号及单位表达式，见表 4-1。

表 4-1 热分析符号及单位

名　　称	国 际 单 位	英 制 单 位	ANSYS
长度 L	m	ft	Length
时间 t	s	s	Time
质量 m	kg	lbm	Mass
温度 T	℃	°F	Temperature
力 F	N	lbf	Force
能量（热量）J	J	BTU	Joule
功率（热流率）Q	W	BTU/sec	Heat Flow
热流密度 q	W/m^2	BTU/sec-ft^2	Heat Flux
生热速率 $\dot{q}$	W/m^3	BTU/sec-ft^3	Internal Heat Generation
导热系数 λ	W/m-℃	BTU/sec-ft-°F	Thermal Conductivity
对流系数 h	W/m^2-℃	BTU/sec-ft^2-°F	Film Coefficient
密度 ρ	kg/m^3	lbm/ft^3	Density
比热 c	J/kg-℃	BTU/lbm-°F	Specific Heat
焓 H	J/m^3	BTU/ft^3	Enthalpy

在 ANSYS Workbench 平台热分析中，除了建立几何模型和网格划分外，作为一个完整的分析还需要有材料属性和接触设置（如果有）。

1. 材料属性

1）在稳态分析中，需要定义热传导系数。热传导系数可以是各向同性或各向异性，可以是常数或者与温度相关。

2）在瞬态热分析中，需要定义热传导系数、密度和比热。热传导系数可以各向同性或者各向异性，所有属性可以是常数或者与温度相关。

2. 接触设置（如果有）

导入实体零件组成的装配体时，实体间的接触区会被自动创建。面与面或面与边接触允许实体零件间的边界上有不匹配的网格。

每个接触区都能用到接触面和目标面的概念。接触区的一侧由接触面组成，另一侧由目标面组成。当一侧为接触面而另一侧为目标面时，称为反对称接触；如果两侧都被指定成接触面或者目标面，则称为对称接触。

在热分析中，指定哪一侧是接触面、哪一侧是目标面并不重要。在接触的法向上允许有接触面和目标面间的热流。接触实现了装配体中零件间的传热。

热量在接触区沿着接触法向流动，不管接触定义如何，只要接触法向上有接触单元，热量就会流动。在接触面与目标界面中，不考虑热量的扩散；而在壳单元或者实体单元内的接触面或者目标面上，由于傅里叶定律，需要考虑热量扩散的作用。

如果零件初始有接触，零件间就会发生传热；如果零件初始不接触，零件间不会互相传热。对于不同的接触类型，热量在接触面和目标面间的传递情况，见表 4-2。

表 4-2 接触区传热

接触类型	接触区是否传热		
	初始接触	弹球区内	弹球区外
绑定、不分离	是	是	否
粗糙、无摩擦、摩擦	是	否	否

接触的弹球（Pinball）区域自动设置为一个相对较小的值，以调和模型中可能出现的小间隙。对基于 MPC 算法的绑定接触，如果存在间隙，在搜索方向可以使用弹球区检测间隙外的接触，MPC 算法产生完全传热，如图 4-1 所示。

对包含壳面或者实体边的接触，只能设置为绑定或不分离类型。包含壳面接触，只允许使用 MPC 算法的绑定接触行为。电焊为连接的壳装配体在离散点处传热提供了一种方法，如图 4-2 所示。

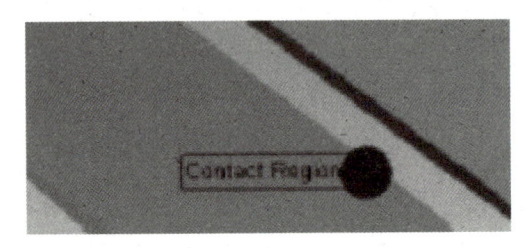

图 4-1 接触弹球区域　　　　　　　　　图 4-2 电焊接触

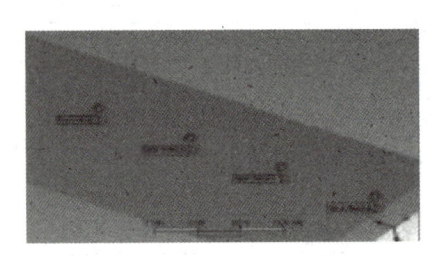

注：MPC 为 Multi Point Constraint 的缩写，是 ANSYS 接触设置中的多节点探测约束，这种约束可以减少两个几何体中接触约束探测点，但需要在接触部位进行网格局部细化。

3. 接触温差

默认情况下，在装配体的零件间会定义一个高的接触导热系数 T_{CC}，两个零件间的热流量由接触热通量 q 定义为

$$q = T_{CC}(T_t - T_c) \tag{4-1}$$

式中，T_c 是位于接触法向上某接触"节点"的温度，T_t 是相应的目标"节点"的温度。

默认情况下，T_{CC} 根据设定的接触模型中的最大热传导系数 λ_{max} 和装配体总体外边界对角线 Diag，被设为一个相对较"高"的值，即 $T_{CC} = \lambda_{max} \times 10000/\text{Diag}$，这最终提供了零件间完全的传热。

理想的零件间接触传热系数假定在接触界面上没有温度降低。接触热阻使接触的两个表面在穿过界面上有温度降低，如图 4-3 所示。这种温差是由两表面间的不良接触产生的，由此产生有限热传导，产生影响的因素包括表面的平面度、表面磨光、氧化物、残存流体、接触压力、表面温度、导热脂的使用等。

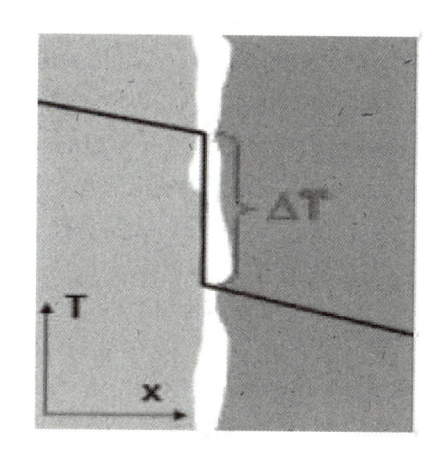

图 4-3 接触温差

4. 分析设置

对于简单线性行为，无须设置。但对于复杂分析，则需要设置一些控制选项，以达到加快或者满足收敛的要求，"分析设置"的详细信息如图 4-4 所示。

1) 步控制（Step Controls）：非线性热分析时，步长控制用于控制时间步长，也用于创建多个载荷步。

2) 求解器控制（Solver controls）：有直接（Direct）和迭代（Iterative）两种求解器可以使用，求解器是自动选取的。

在"求解器类型"下设置默认选项，直接求解器（Direct）在包含薄面和细长体的模型中是有用的，作为强有力的求解器，它可以处理任何情况。迭代求解器（Iterative）在处理体积大的模型时十分有效，但它对梁和壳不是很有效。

3) 非线性控制（Nonlinear Controls）：可以修改收敛准则和其他求解控制选项。只要运算满足收敛判断，程序就认为收敛。收敛判据可以基于温度，也可以基于热流率，或者二者都有。

在实际定义时，需要说明一个典型值（Value）和收敛容差（Tolerance），程序将二者的乘积视为收敛判据。例如，说明温度的典型值为 500，容差为 0.001，那么收

图 4-4 分析设置的详细信息

敛判据则为500×0.001=0.5℃。对于温度，ANSYS将连续两次平衡迭代之间节点上温度的变化量与收敛准则，通过比较来判断是否收敛。如果在某两次平衡迭代间，每个节点的温度变化都小于0.5℃，那么当前求解的问题就达到收敛效果。

对于热流率，ANSYS比较不平衡载荷矢量和收敛准则，不平衡载荷矢量表示所施加的热流与内部计算热流率之间的差值。ANSYS（Value）值由默认值确定，收敛容差为0.5%。

线性搜索（Line Search）选项可以使ANSYS用New-Raphson（牛顿-拉夫逊）方法进行线性搜索。

4）输出控制（Output Controls）：允许在结果后处理中得到需要的时间点结果，尤其是在非线性分析中，设置关键时刻的结果是很重要的。

5）分析数据管理（Analysis Data Management）：保存稳态热分析结果文件用于其他的分析系统，如稳态热分析的结果作为瞬态分析的初始条件，因此可以将稳态热分析结果随后的分析（Future Analysis）设置为瞬态热分析［"瞬态（C5）"Thermal］，用于后面的瞬态分析。

5. 载荷与边界条件

载荷与边界条件可以直接在实体模型（点、线、面、体）上施加，可以是单值，也可以用表格或函数的方式来定义复杂的热载荷，ANSYS Workbench平台热分析的载荷与边界条件，如图4-5所示。

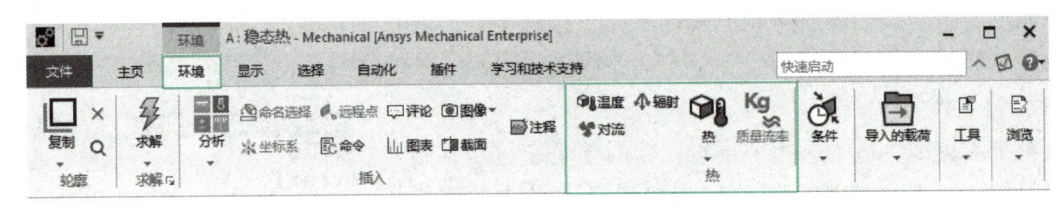

图4-5 热分析载荷

1）温度：通常作为自由度约束施加于温度已知的边界上。对于3D分析和2D平面应力及轴对称分析，如图4-6所示。

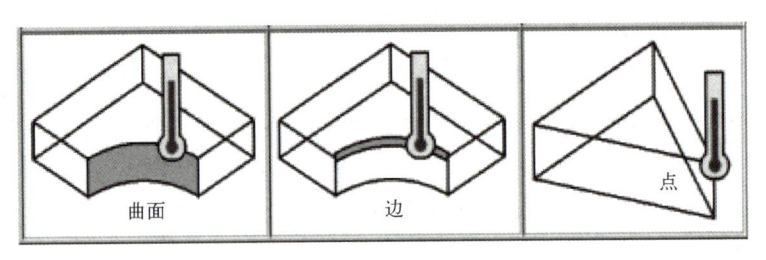

图4-6 恒定温度

2）对流（Convection）：用于3D分析和2D平面应力及轴对称分析，对流通过与流体接触面发生对流换热，只能施加到表面上，对流使"环境温度"与表面温度相关。即

$$q=\frac{Q}{A}=h(T_s-T_f) \tag{4-2}$$

式中，对流热通量q与对流换热系数h、表面积A、表面温度T_f有关，如图4-7所示。对流换热系数h可以是常量或温度的变量，即与温度相关的对流条件。

首先确定$h(T)$使用什么样的温度，温度可以是：

- 平均膜温度（Average Film Temperature）：$T = \frac{1}{2}(T_s + T_f)$。
- 表面温度（Surface Temperature）：$T = T_s$。
- 环境温度（Bulk Temperature）：$T = T_f$。
- 表面与环境温度差（Difference of Surface and Bulk Temperature）：$T = T_s - T_f$。

在"'对流'的详细信息"面板中设置"薄膜系数"和"环境温度"对流换热系数，如图 4-8 所示。

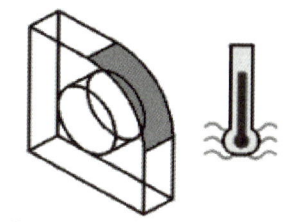

图 4-7 对流

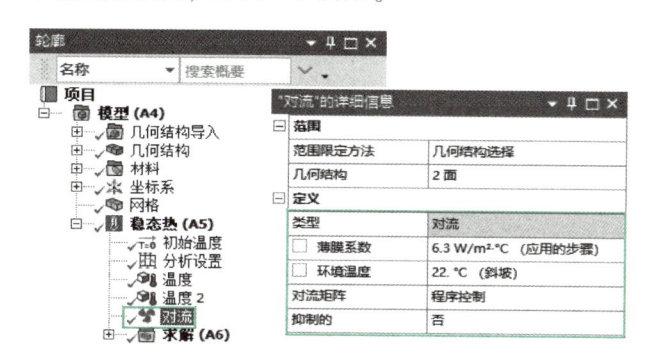

图 4-8 输入变量对流换热系数

3）辐射：施加到 3D 表面或者 2D 模型的边，仅提供向周围环境的辐射设置，不包括两个或者多个面之间的相互辐射（需要在 Workbench 下编程实现），形状系数假定为 $F_{12} = 1$，于是有

$$Q = \varepsilon_1 A_1 \sigma F_{12}(T_1^4 - T_2^4) \tag{4-3}$$

式中，σ 为斯蒂芬-玻尔兹曼常数，并且自动由采用的单位制决定，辐射属性中设置热辐射效率（黑度）ε_1 和环境温度 T_2。

4）热流率：指单位时间内通过传热面的热量。整个换热器的传热速率表征换热器的生产能力，单位为 W。

热流率作为节点集中载荷，可以施加点、边、面上，线体模型通常不能直接施加对流和热流的密度载荷。如果输入的数值为正，表示热流流入节点，即获得热量，如图 4-9 所示。

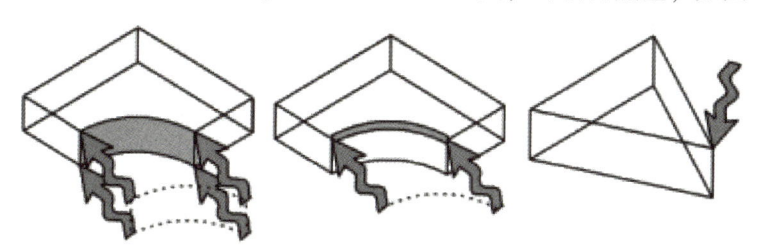

图 4-9 热流率

注：如果在实体单元的某一个节点上施加热流率，则此节点周围的单元应该密一些，特别是与该节点相连的单元的导热系数差别很大时，尤其要注意，不然可能会得到异常的温度值。因此，只要可能，都应该使用热生成或"总热通量"边界条件，这些载荷即使是在网格较为

粗糙的时候也能得到较好的结果。

5）完全绝热：用于3D分析和2D平面应力及轴对称分析，完全绝热条件施加到表面上，可认为是加载热流率，在热分析中，在不施加任何载荷时，它实际上就是自然产生的边界条件。

通常情况下，不需要给面上施加完全绝热条件，因为这是一个规则表面的默认状态。因此，这种加载通常用于删除某一个特定面上的载荷。例如，可以先在所有面上施加热通量或对流，然后用完全绝热条件有选择地"删除"某些面上的载荷（比如与其他零件接触的面等），此时要方便简单得多。

6）总热通量：指单位时间通过单位传热面积所传递的热量，即 $q=\dfrac{Q}{A}$。在一定的热流量下，q越大，所需的传热面积越小。因此，热通量是反映传热强度的指标，又称为热流密度，单位为W/m^2，如图4-10所示。

- 内部热生成：用于3D分析和2D平面应力及轴对称分析，内部热生成作为体载荷只能施加到体上，可以模拟单元内的热生成，比如化学反应生热或电流生热。它的单位是单位体积的热流率W/m^3。正的热负荷值将会向系统中添加能量，而且如果有多个载荷同时存在，其效果是累加的。

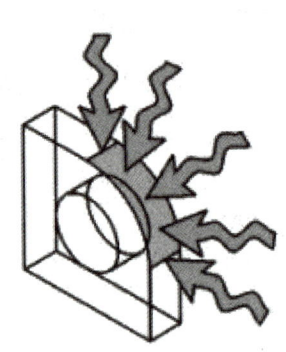

图4-10　热通量

- CFD导入温度：通过与流体耦合计算时将流体中壁面的温度作用到结构上。
- CFD导入对流：通过与流体耦合计算时将流体中壁面的对流换热系数作用到结构上。

4.2　后处理

Workbench平台的后处理包括以下几部分内容：查看结果、结果显示（Scope Results）、输出结果、坐标系和方向解、结果组合（Solution Combinations）、应力奇异（Stress Singularities）、误差估计和收敛状况等。

4.2.1　查看结果

切换至"求解"选项卡，在"结果"选项组中可以显示查看结果，如图4-11所示。当选择一个结果选项时，文本工具框会显示该结果所要表达的内容。

图4-11　"求解"选项卡

1. 显示方式

几何按钮控制云图显示方式，共有四种选项。
- 外部：默认的显示方式，并且是最常使用的方式，如图4-12所示。
- 等值面：对于显示相同的值域是非常有用的，如图4-13所示。

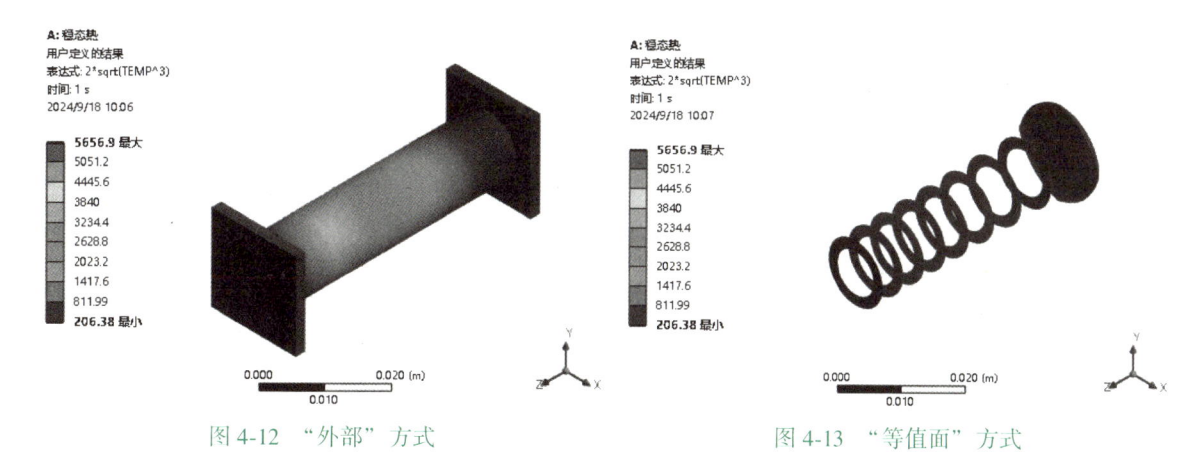

图 4-12 "外部"方式　　　　　　　　　图 4-13 "等值面"方式

- 封盖等值面：指删除了模型的一部分之后的显示结果。删除的部分是可变的，高于或者低于某个指定值的部分被删除，如图 4-14 所示。

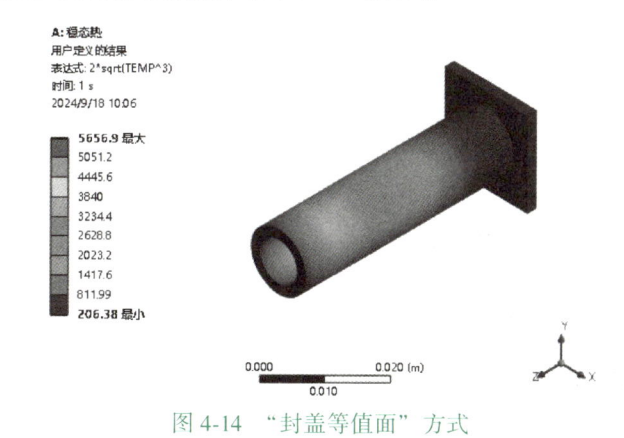

图 4-14 "封盖等值面"方式

- 截面：要允许用户真实地切模型，需要先创建一个界面，然后显示剩余部分的云图。

注：对于稳态热分析，该功能不可用。

2. 色条设置

"轮廓图"按钮可以控制模型的显示云图方式。

- 平滑的轮廓线：光滑显示云图，颜色变化过渡变焦光滑，如图 4-15 所示。
- 轮廓带：云图显示明显的色带区域，如图 4-16 所示。

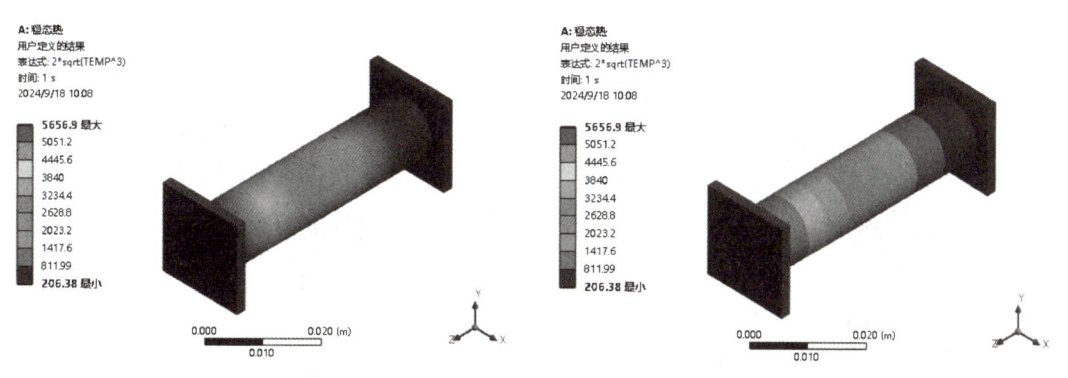

图 4-15 "平滑的轮廓线"方式　　　　　图 4-16 "轮廓带"方式

- 等值线：以模型等值线方式显示，如图 4-17 所示。
- 固体填充：不在模型上显示云图，如图 4-18 所示。

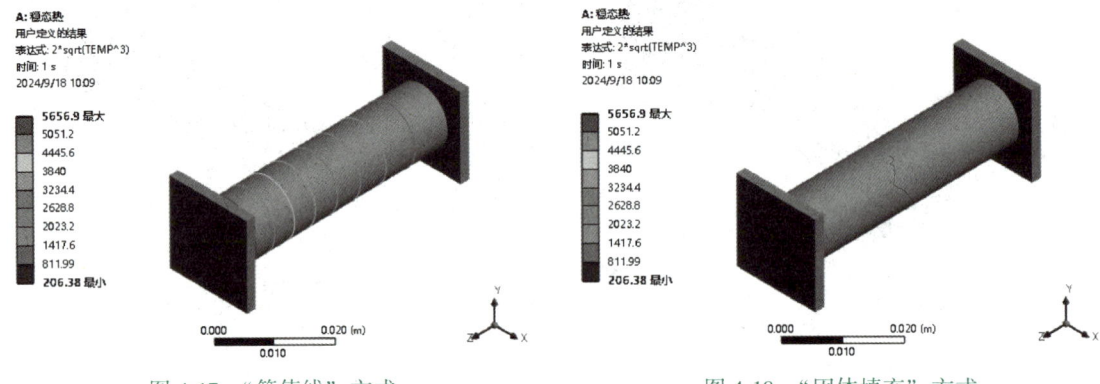

图 4-17 "等值线"方式

图 4-18 "固体填充"方式

3. 外形显示

"边"按钮允许用户显示未变形的模型或者划分网格的模型。

- 无线框：不显示几何轮廓线，如图 4-19 所示。
- 显示未变形的线框：显示未变形轮廓，如图 4-20 所示。

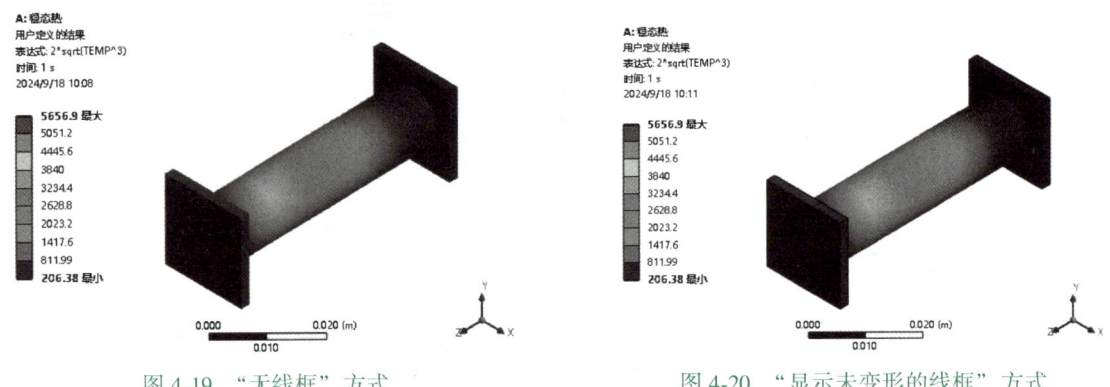

图 4-19 "无线框"方式

图 4-20 "显示未变形的线框"方式

- 显示未变形的模型：用于显示未变形的模型，如图 4-21 所示。
- 显示单元：用于显示单元，如图 4-22 所示。

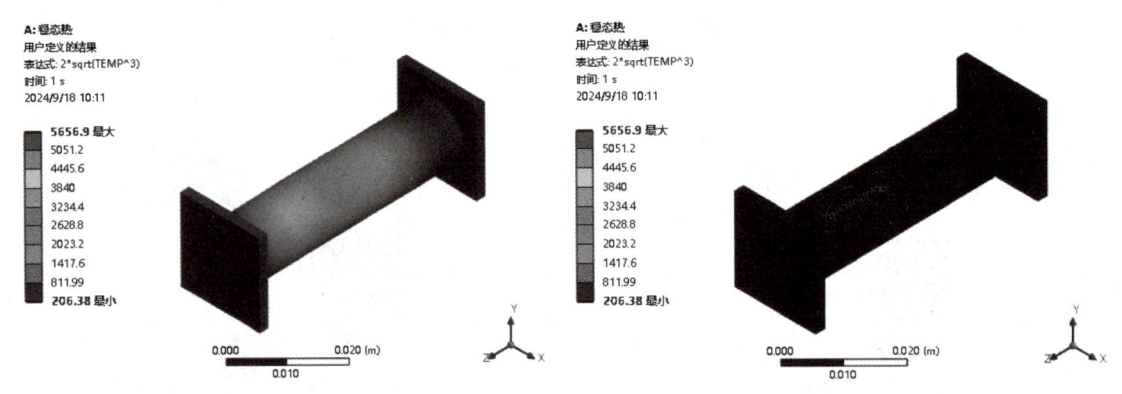

图 4-21 "显示未变形的模型"方式

图 4-22 "显示单元"方式

4. 最大值、最小值与探测工具

单击相应按钮后，在图形中将显示最大值、最小值和探针位置的数值。

- 最大值按钮：单击工具栏中的 ![最大] 图标，将在后处理显示最大值，图 4-23 显示当前分析的最大温度值及位置。
- 最小值按钮：单击工具栏中的 ![最小] 图标，将在后处理显示最小值，图 4-24 显示当前分析的最小温度值及位置。

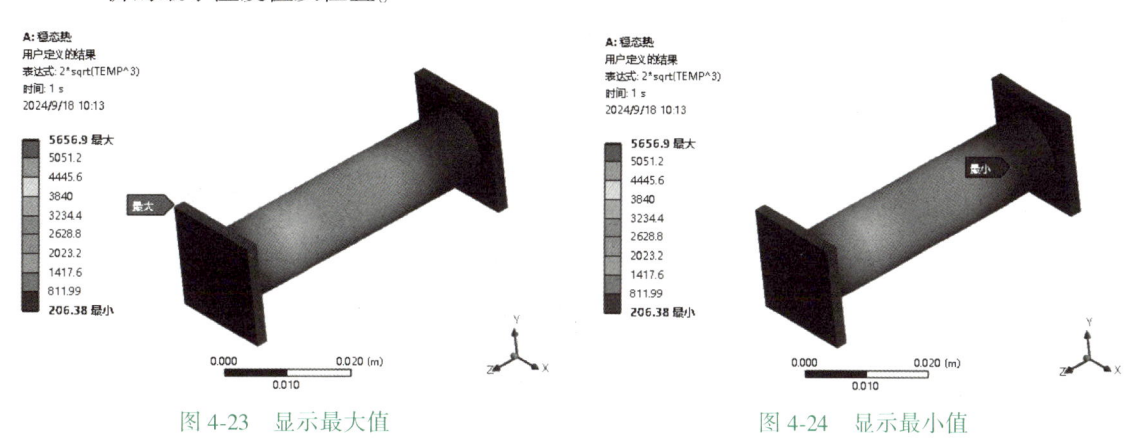

图 4-23　显示最大值　　　　　　　图 4-24　显示最小值

- 探针工具按钮：单击工具栏中的 ![探针] 图标，在后处理窗口中的几何体上单击任意一点，将显示当前位置的温度值，如图 4-25 和图 4-26 所示。

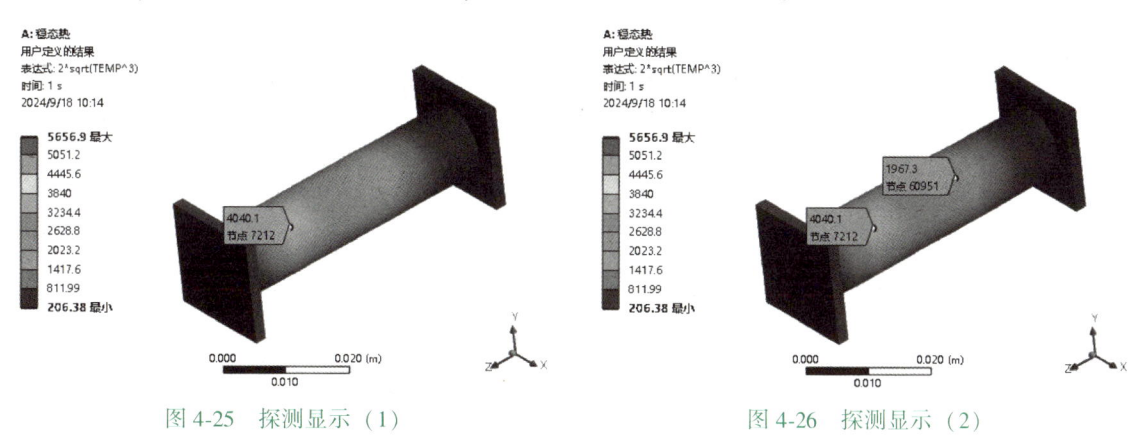

图 4-25　探测显示（1）　　　　　　图 4-26　探测显示（2）

注：以上三种类型的按钮可以组合使用，以达到不同的效果，请读者自己完成，这里不再赘述。

4.2.2 显示结果

在后处理中，读者可以指定输出的结果。以稳态热计算为例（见图 4-27），后处理能得到温度分布、总热通量、各个方向的总热通量、节点温度探测、节点热流探测等。

读者还可以选择"用户定义的结果"命令，然后在"用户定义的结果"设置对话框的"表达式"栏中输入需要关注结果的表达式，以输出自定义的结果。

单击工具栏最右侧的"工作表"，绘图窗口将弹出图 4-28 所示的列表，在绘图窗口中显示当前分析可用的、软件已经自定义好的后处理结果。

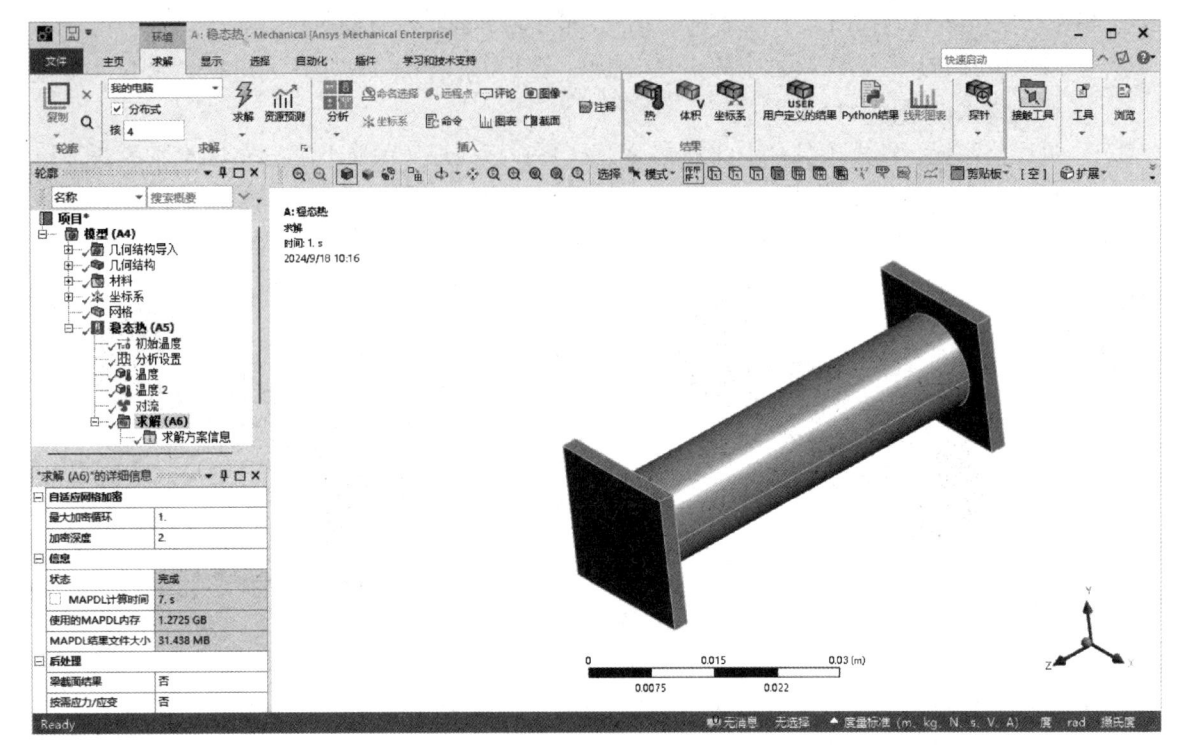

图 4-27 后处理（1）

图 4-28 后处理（2）

4.2.3 显示温度结果

在 Workbench Mechanical（机械）的温度仿真计算结果中，可以显示模型与温度相关的结果，主要包括 温度、总热通量、定向热通量 及 错误，如图 4-29 所示。

- 温度：温度分布是一个标量，它由下式决定：

$$T = \sqrt{T_x^2 + T_y^2 + T_y^2}$$

- 总热通量：结构中总的"总热通量"分布，如图 4-30 所示。
- 定向热通量：Workbench 可以给出各方向的"总热通量"矢量图，表明热流方向。

图 4-29 热分析选项

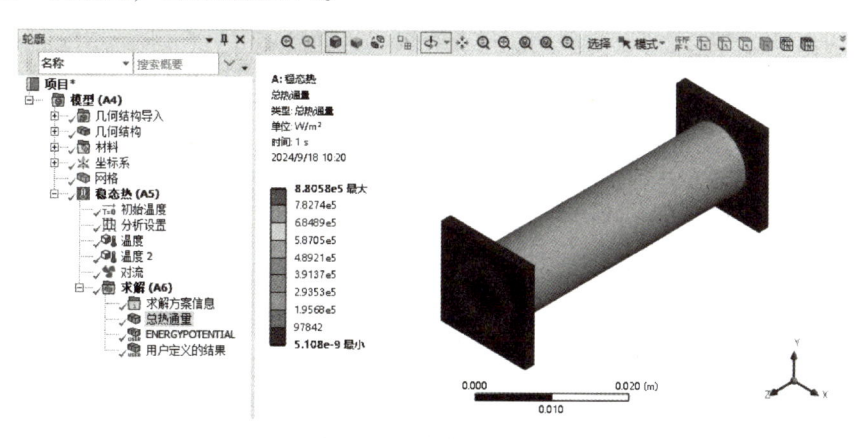

图 4-30 "总热通量"图

4.2.4 用户自定义输出结果

在 Workbench Mechanical（机械）平台的工具栏中单击"用户定义的结果"按钮，将出现图 4-31 所示的"用户定义的结果"设置面板，在这里可以根据用户所关注的结果进行公式编辑。在"表达式"右侧输入 =0.25*TEMP，其中 TEMP 是软件默认的关键字，如图 4-32 所示。

图 4-31 "用户定义的结果"设置面板

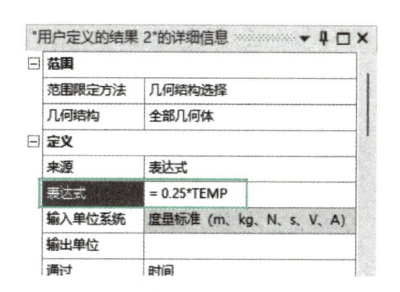

图 4-32 公式编辑

在后处理中，读者可以右击"求解"中的命令，在弹出的图 4-33 所示的快捷菜单中依次选择相关结果进行输出。

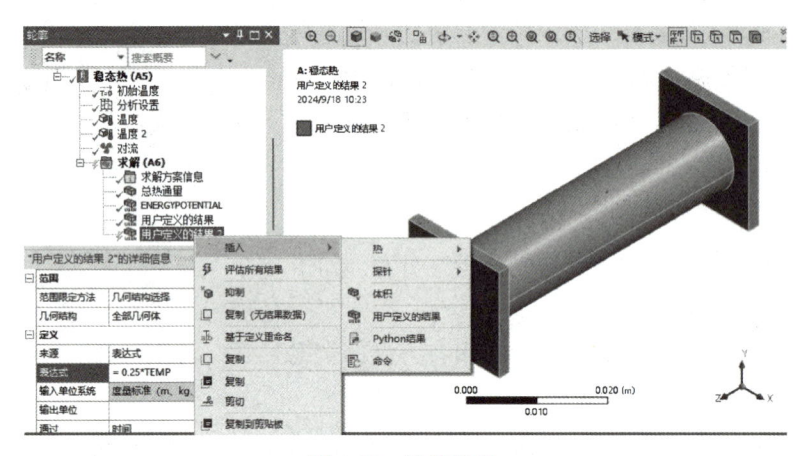

图 4-33　结果输出

4.2.5　后处理结果

在 Workbench Mechanical（机械）中单击最右侧的"工作表"，此时绘图窗口中弹出图 4-34 所示的后处理操作。下面简单介绍一下如何使用。

右键选中需要后处理的结果［如 Energy（能量）］，在弹出的快捷菜单中选择"用户定义的结果"命令，然后计算，此时将显示图 4-35 所示的结果。

图 4-34　显示后处理操作　　　图 4-35　显示结果

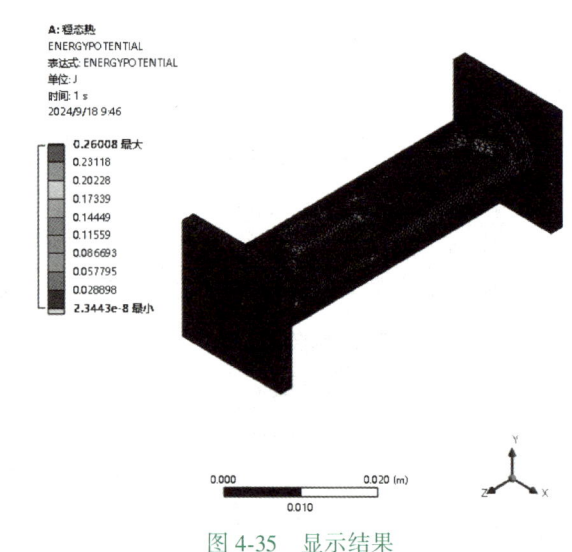

4.3　分析实例

前面介绍了一般后处理的常用方法及步骤，下面通过一个简单的案例讲解前后处理的操作方法，以加深读者对热分析流程的理解。

学习目标	熟练掌握热分析的建模方法及求解过程，同时掌握热分析方法
模型文件	Chapter4\part.stp
结果文件	Chapter4\part.wbpj

4.3.1 问题描述

图 4-36 为某铝合金模型，请用 ANSYS Workbench 分析工件一端为 200℃、另一端为常温 22℃时，其温度分布。所有表面的对流换热系数为 6.3。

图 4-36 某铝合金模型

4.3.2 创建分析项目

首先通过"工具箱"中的"稳态热"创建分析项目。

步骤 1：在 Windows 系统下启动 ANSYS Workbench，进入主界面。

步骤 2：选择主界面"工具箱"中的"分析系统"→"稳态热"选项，即可在"项目原理图"窗口创建分析项目 A，如图 4-37 所示。

图 4-37 创建分析项目 A

4.3.3 导入创建的几何体

下面介绍如何将 part.stp 几何文件导入，步骤如下。

步骤 1：在 A3 的"几何结构"上单击鼠标右键，在弹出的快捷菜单中选择"导入几何结构"→"浏览"命令，如图 4-38 所示。

步骤 2：在弹出的"打开"对话框中选择文件路径，导入 part.stp 几何体文件，如图 4-39

所示。此时 A3 的"几何结构"后的 ❓ 变为 ✅，表示实体模型已经存在。

图 4-38　导入几何体

图 4-39　"打开"对话框

步骤 3：右击项目 A 中 A3 的"几何结构"，进入 DesignModeler 界面。在菜单栏中设置"单位"为"毫米"。此时设计树中的"导入 1"前显示 ⚡，表示需要生成几何体，图形窗口中没有图形显示，如图 4-40 所示。

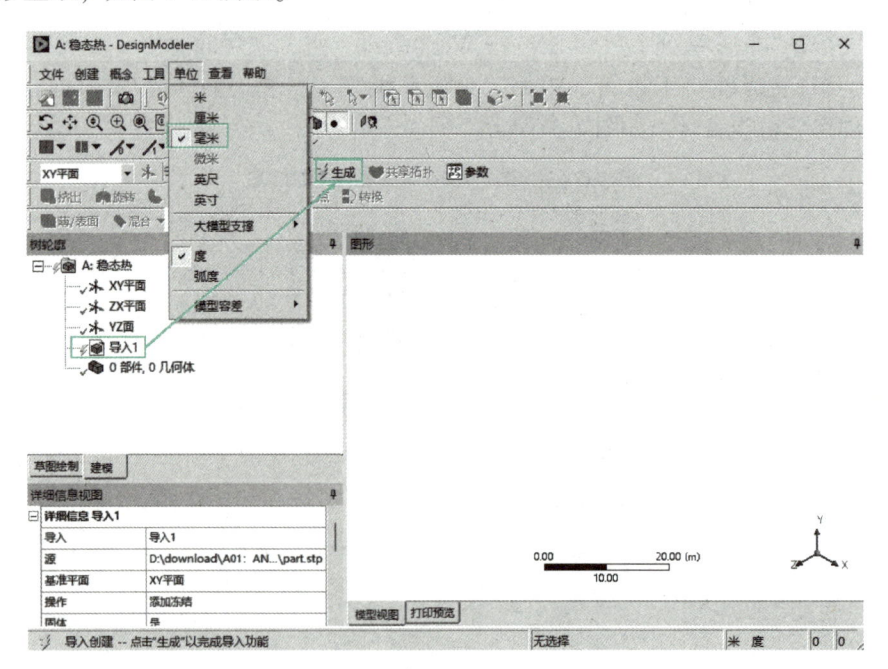

图 4-40　生成前的 DesignModeler 界面

步骤 4：单击 ⚡生成（生成）按钮，即可显示生成的几何体，如图 4-41 所示。此时可在几何体上进行其他的操作，本例不用进行操作。

步骤 5：单击 DesignModeler 界面右上角的 ❌（关闭）按钮，退出 DesignModeler，返回 Workbench 主界面。

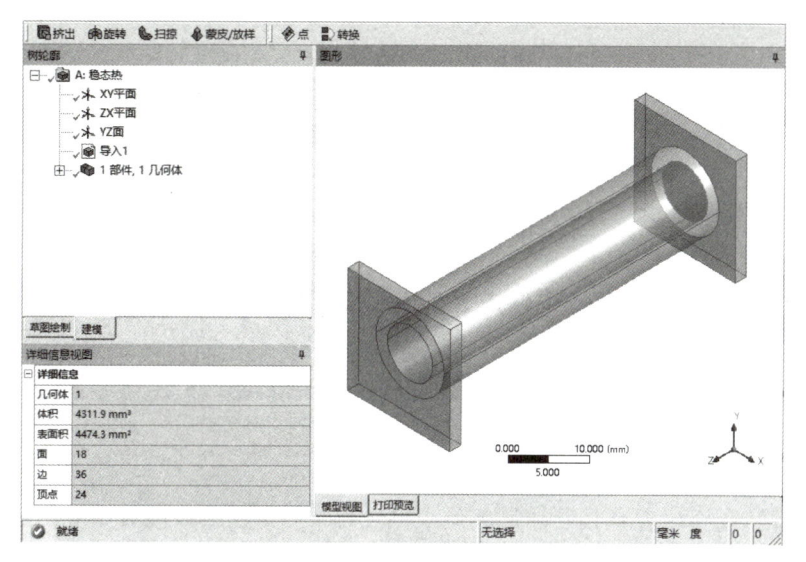

第 4 章
边界条件与后处理

图 4-41　生成后的 DesignModeler 界面

4.3.4　添加材料库

添加材料库的操作步骤如下。

步骤 1：双击项目 A 中 A2 的"工程数据"项，进入图 4-42 所示的材料参数设置界面，在该界面下可进行材料参数设置。

步骤 2：在界面的空白处单击鼠标右键，在弹出的快捷菜单中选择工程数据"工程数据源"命令，此时的界面如图 4-43 所示。原界面窗口中的"轮廓原理图 A2：工程数据"消失，代之以工程数据"工程数据源"及"轮廓偏好"。

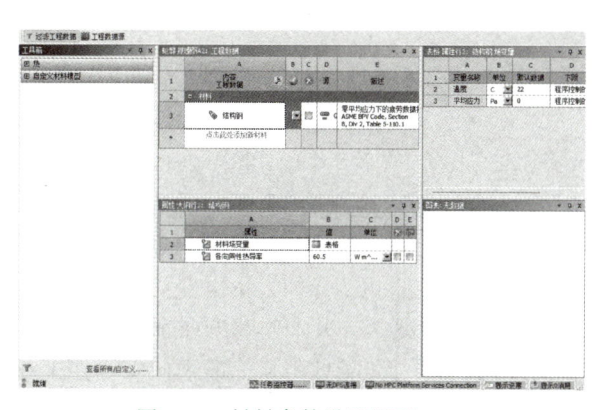

图 4-42　材料参数设置界面（1） 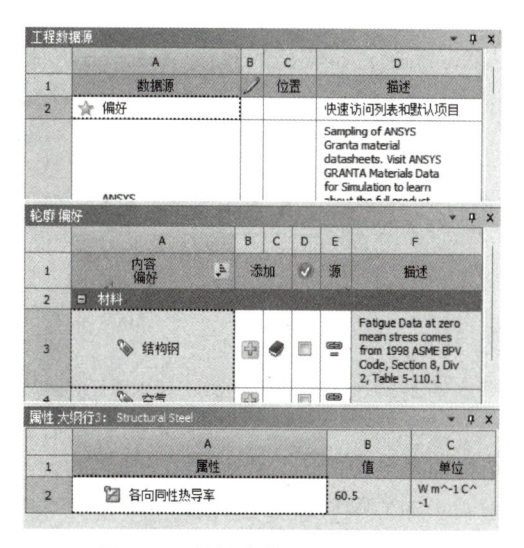　　　　　图 4-43　材料参数设置界面（2）

步骤 3：在"工程数据源"中选择 A4 栏的"一般材料"，然后单击"轮廓 General Materials"表中 A11 栏"铝合金"后 B11 栏的 ➕（添加）图标，此时在 C11 栏中会显示 📖（使用中的）

105

标识，标识材料添加成功，如图4-44所示。

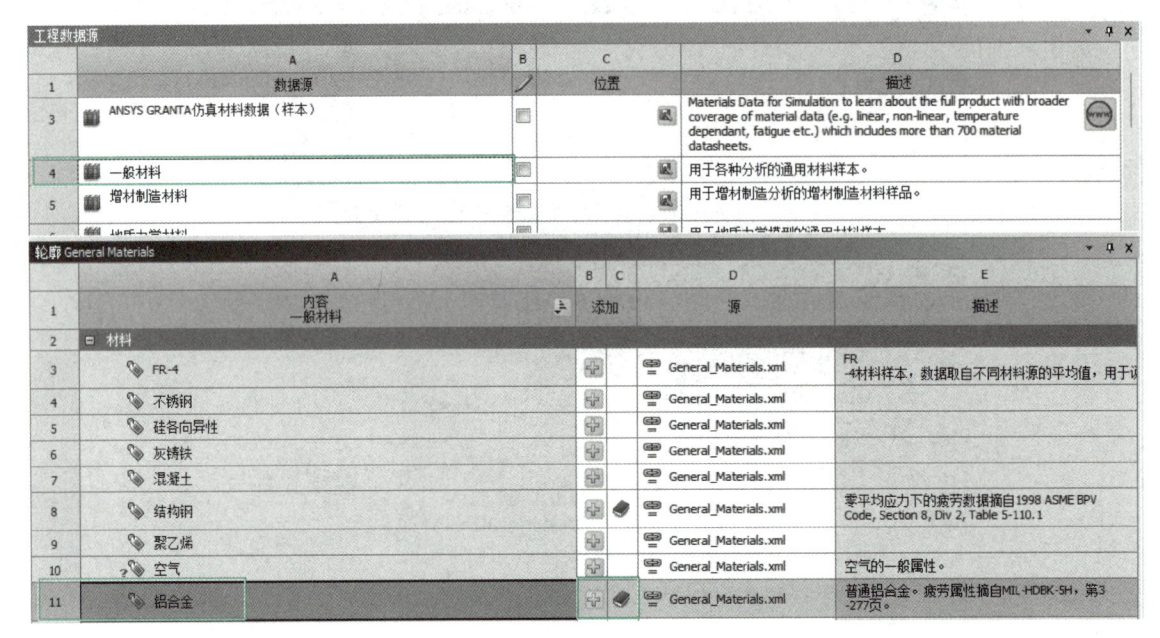

图 4-44 添加材料

步骤4：同步骤2，在界面的空白处单击鼠标右键，在弹出的快捷菜单中选择"工程数据源"命令，返回初始界面中。

步骤5：根据实际工程材料的特性，在"属性大纲行4：铝合金"表中可以修改材料的特性，本实例采用的是默认值，如图4-45所示。

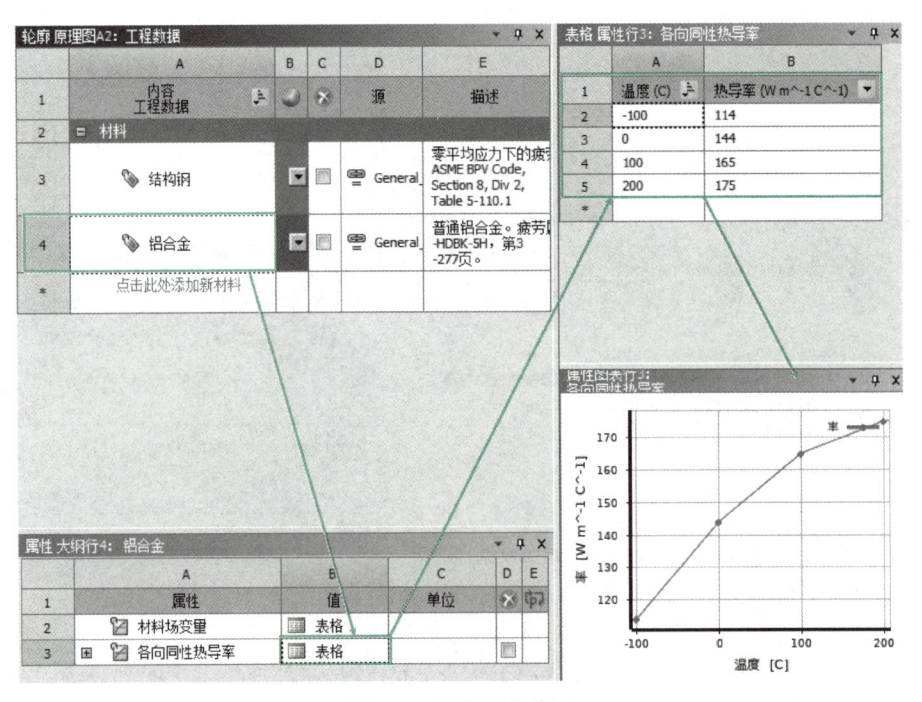

图 4-45 材料属性窗口

提示：用户也可以通过在工程数据窗口中自行创建新材料并添加到模型库中。

步骤6：返回 Workbench 主界面，材料库添加完毕。

4.3.5 添加模型材料属性

步骤1：在主界面项目管理区项目 A 中双击 A4 栏的"模型"，进入图 4-46 所示的 Mechanical（机械）界面，在该界面下进行网格的划分、分析设置、结果观察等操作。

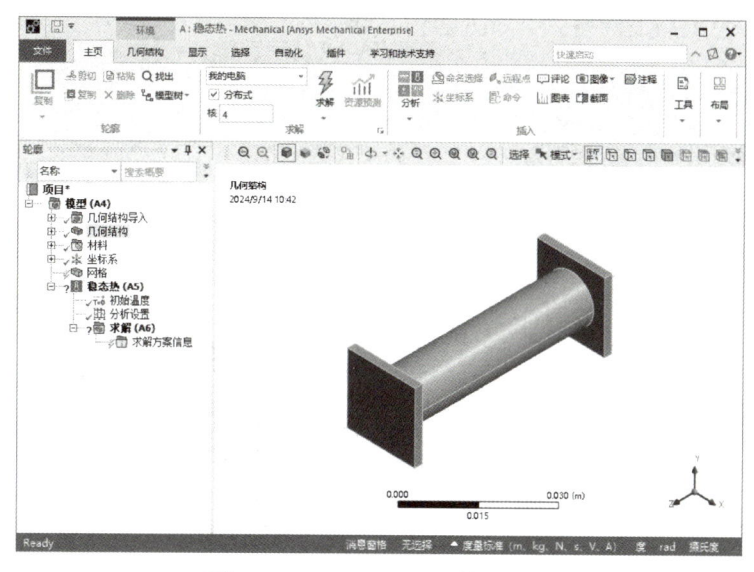

图 4-46　Mechanical（机械）界面

提示：ANSYS Workbench 程序默认的材料为"结构钢"。

步骤2：选择 Mechanical（机械）界面左侧"轮廓"的"几何结构"选项中的1，即可在"'1'的详细信息"面板中给模型添加材料，如图 4-47 所示。

步骤3：单击参数列表中"材料"下"任务"区域后的 ▶ 图标，选择刚刚设置的材料"铝合金"，即可将其添加到模型中，表示材料已经添加成功，如图 4-48 所示。

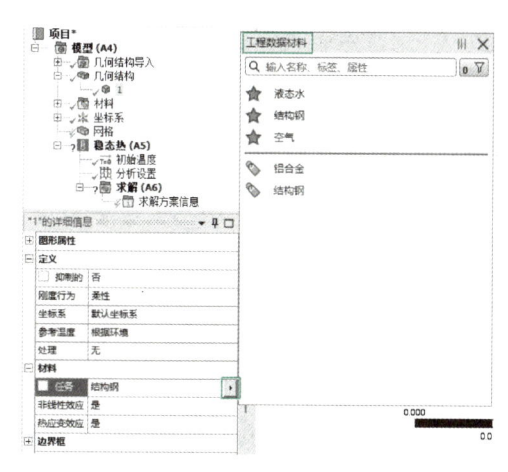

图 4-47　变更材料

图 4-48　修改材料后的分析树

107

4.3.6 划分网格

步骤1：选择Mechanical（机械）界面左侧"轮廓"中的"网格"选项，此时可在"'网格'的详细信息"面板中修改网格参数。在本例中，我们将"默认值"下的"单元尺寸"设置为5.e-004m，其余采用默认设置，如图4-49所示。

步骤2：在"轮廓"中的"网格"选项上单击鼠标右键，在弹出的快捷菜单中选择"生成网格"命令，最终的网格效果如图4-50所示。

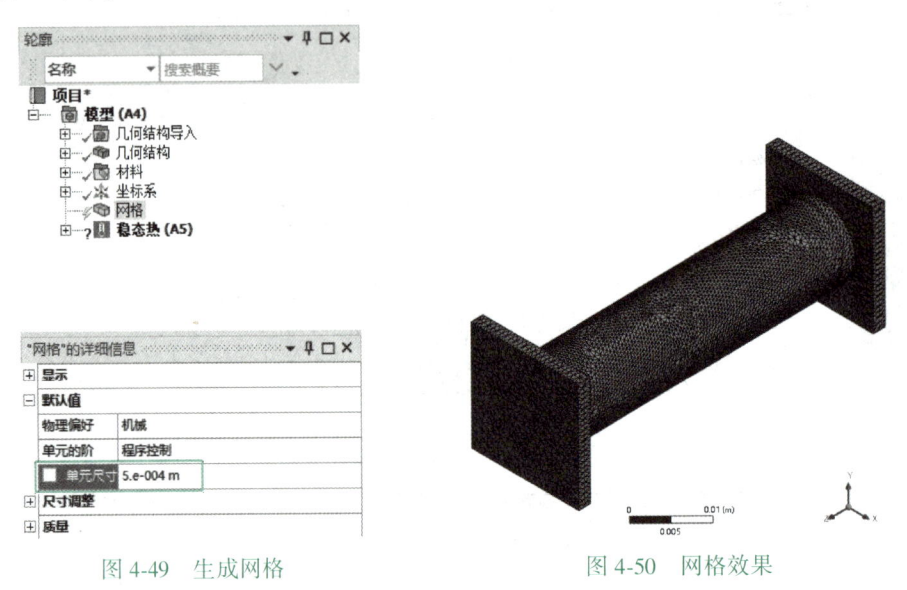

图4-49　生成网格　　　　　　　　　图4-50　网格效果

4.3.7 施加载荷与约束

步骤1：选择Mechanical（机械）界面左侧"轮廓"中的"稳态热（A5）"选项，在Mechanical（机械）界面上方将出现图4-51所示的"环境"工具栏。

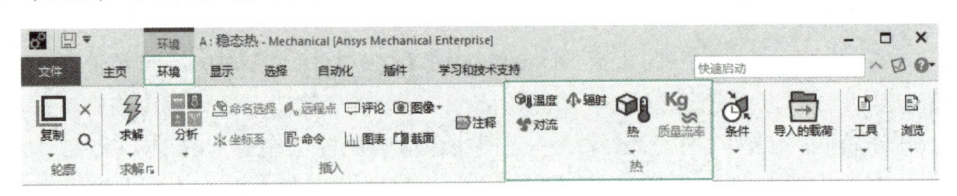

图4-51　"环境"工具栏

步骤2：选择"环境"工具栏中的"温度"命令，此时在分析树中会出现"温度"选项，如图4-52所示。

步骤3：选中"温度"选项，再选择需要施加固定约束的面，打开"'温度'的详细信息"面板，在"几何结构"中选择一个面，在"大小"栏中输入"200℃（斜坡）"，如图4-53所示。

步骤4：同步骤2，选择"环境"工具栏中的"温度"命令，此时在分析树中会出现"温度2"选项，选择另一面施加固定约束，将温度设置为"22℃（斜坡）"，如图4-54所示。

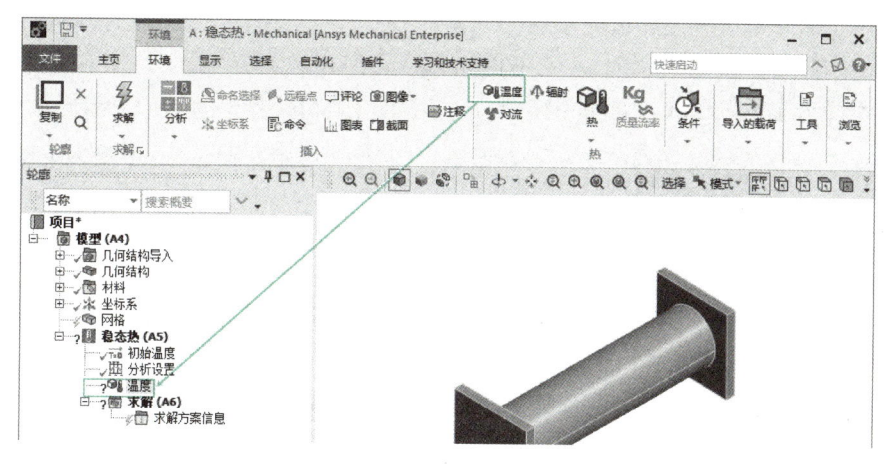

图 4-52　添加固定约束

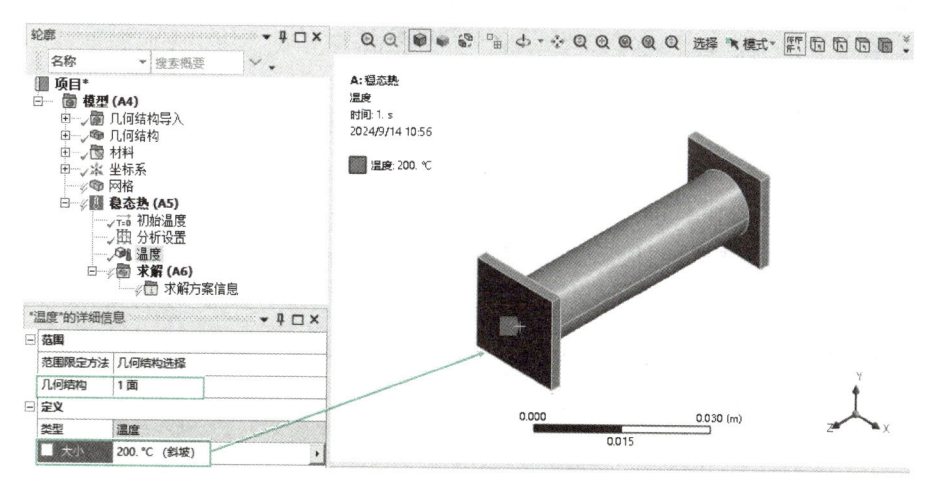

图 4-53　施加温度约束

图 4-54　添加温度

步骤 5：添加一个对流换热边界条件"对流"，在"几何结构"栏中选择圆柱面；在"薄膜系数"栏中输入"6.3W/m²℃（应用的步骤）"；在"环境温度"中输入"22℃（斜坡）"，保持其他选项为默认，如图 4-55 所示。

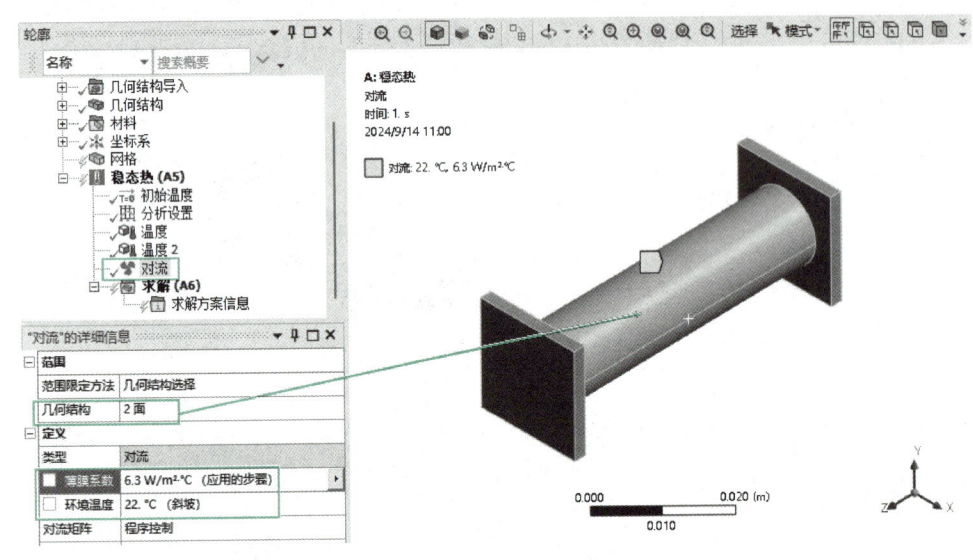

图 4-55　添加面载荷

步骤 6：在"轮廓"中的"稳态热（A5）"选项上单击鼠标右键，在弹出的快捷菜单中选择 求解 命令，如图 4-56 所示。

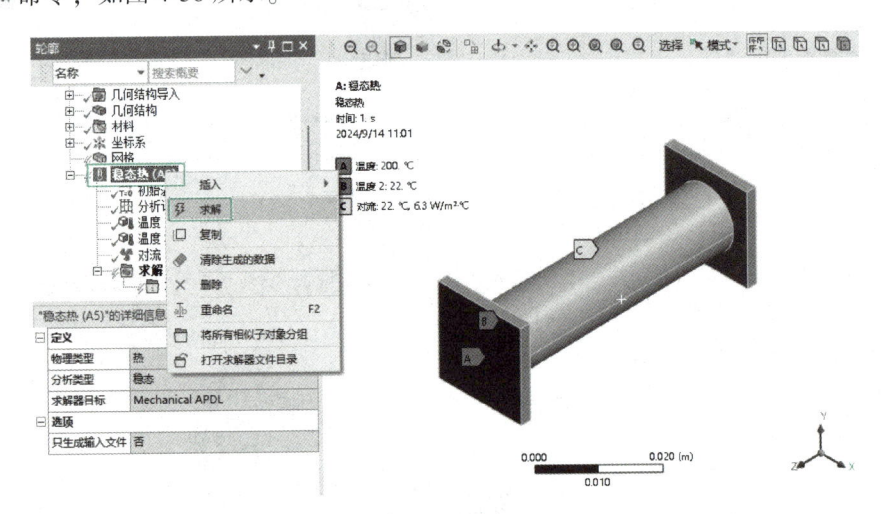

图 4-56　求解

4.3.8 结果后处理

步骤 1：选择 Mechanical（机械）界面左侧"轮廓"中的"求解（A6）"选项，将出现图 4-57 所示的"求解"工具栏。

步骤 2：选择"求解"工具栏中的"热"→"温度"命令，此时在分析树中会出现"温度"选项，如图 4-58 所示。

第 4 章
边界条件与后处理

图 4-57 "求解"工具栏

图 4-58 添加"温度"选项

步骤 3：同步骤 2，选择"求解"工具栏中的"热"→"总热通量"命令，此时在分析树中会出现"总热通量"选项，如图 4-59 所示。

步骤 4：在"轮廓"中的"求解（A6）"选项上单击鼠标右键，在弹出的快捷菜单中选择 评估所有结果 命令，如图 4-60 所示。

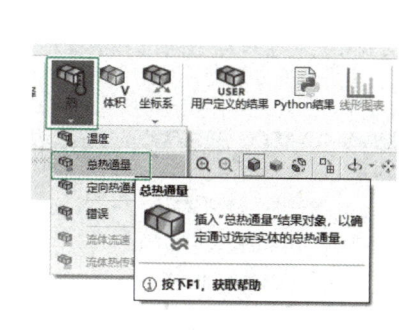

图 4-59 "总热通量"选项

图 4-60 快捷菜单

步骤 5：选择"轮廓"的"求解（A6）"中的"温度"选项，此时会出现图 4-61 所示的"温度"分布云图。

步骤 6：选择"轮廓"的"求解（A6）"中的"总热通量"选项，此时会出现图 4-62 所示的云图。

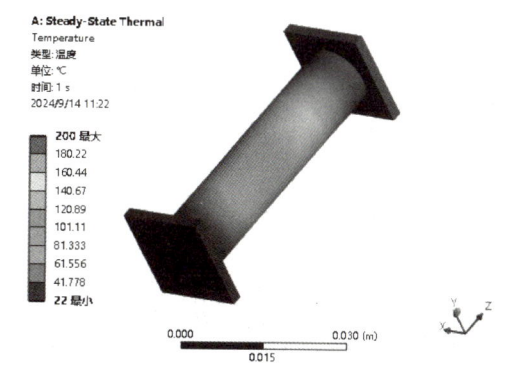

图 4-61 "温度"分布云图

图 4-62 "总热通量"云图

111

步骤 7：选择工具栏 ▦（轮廓图）列表中的 ▦ 平滑的轮廓线 选项，此时分别显示应力、应变及位移，如图 4-63 所示。

步骤 8：选择工具栏 ▦（轮廓图）列表中的 ▦ 等值线 选项，此时分别显示应力、应变及位移，如图 4-64 所示。

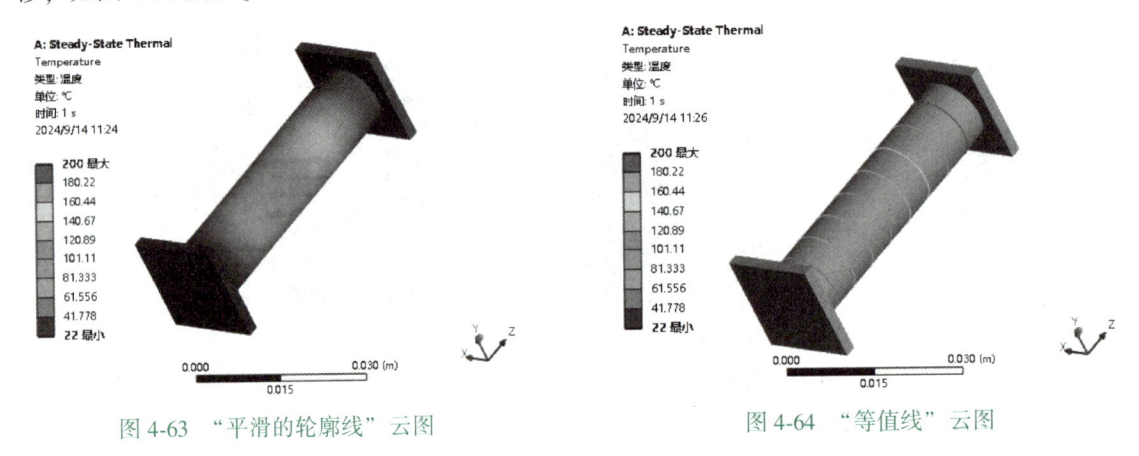

图 4-63 "平滑的轮廓线"云图

图 4-64 "等值线"云图

步骤 9：选择"求解（A6）"命令，选择工具栏中最右侧的"工作表"，此时绘图窗口将弹出图 4-65 所示的列表。

步骤 10：选择"可用的求解方案数量"单选按钮，此时绘图窗口将显示图 4-66 所示的列表。

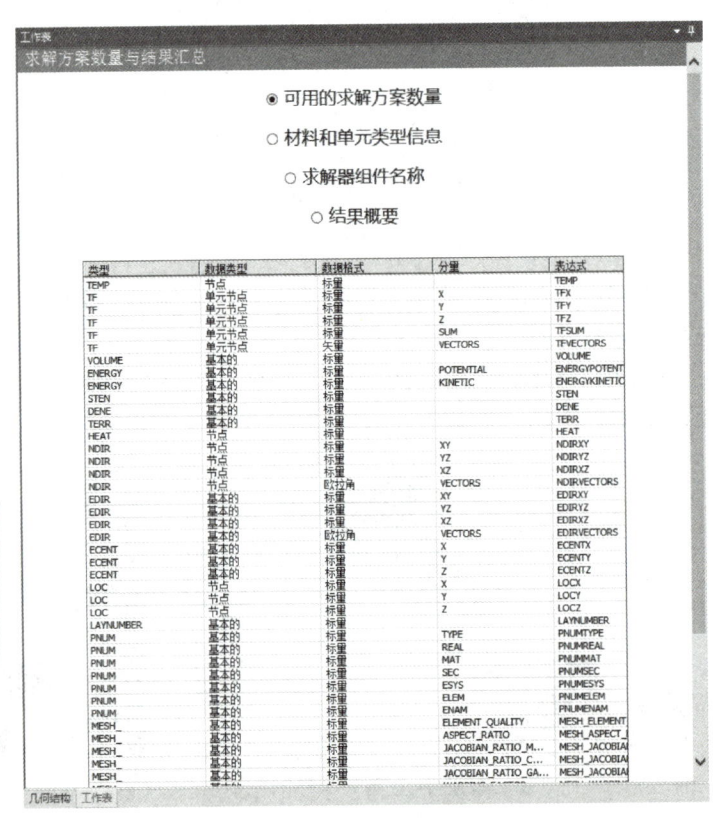

图 4-65 后处理列表

图 4-66 后处理选项

步骤 11：选择表达式为 ENERGYPOTENTIAL 的 ENERGY（能量）选项，并单击鼠标右键，在弹出的快捷菜单中选择"创建用户定义结果"命令，右击在"轮廓"列表框中出现的 ENERGYPOTENTIAL 选项，在弹出的快捷菜单中选择 "评估所有结果"命令，如图 4-67 所示。

步骤 12：此时绘图窗口显示图 4-68 所示的云图。

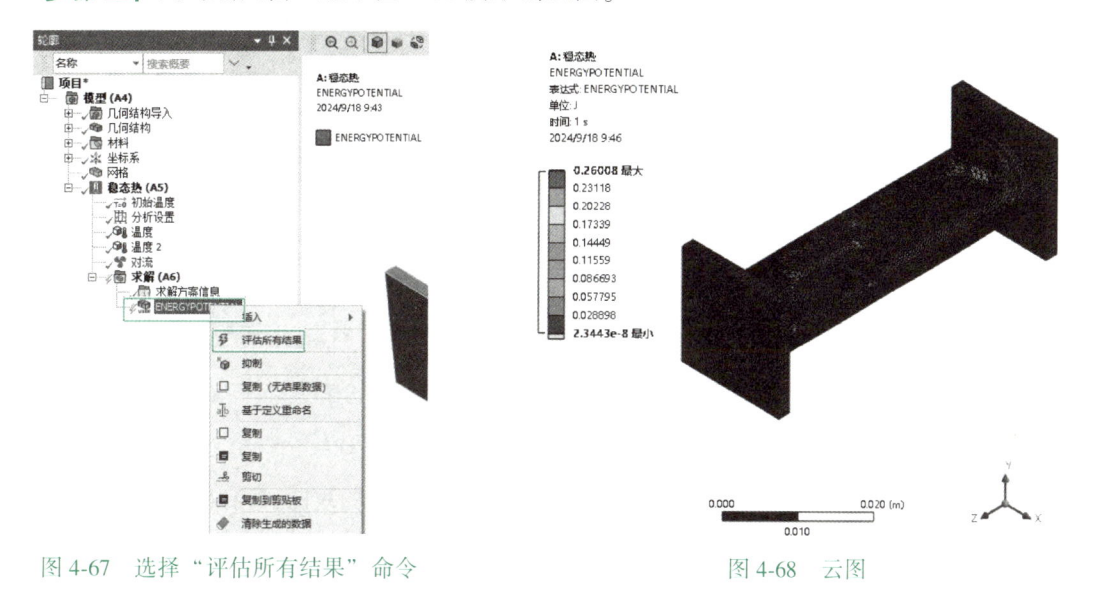

图 4-67 选择"评估所有结果"命令　　　　图 4-68 云图

步骤 13：选择"求解（A6）"命令，再选择工具栏中的 （用户定义的结果）命令，显示"'用户定义的结果'的详细信息"设置面板，在"表达式"栏中输入 = 2 * sqrt(TEMP^3)，并进行计算。此时将显示图 4-69 所示的云图。

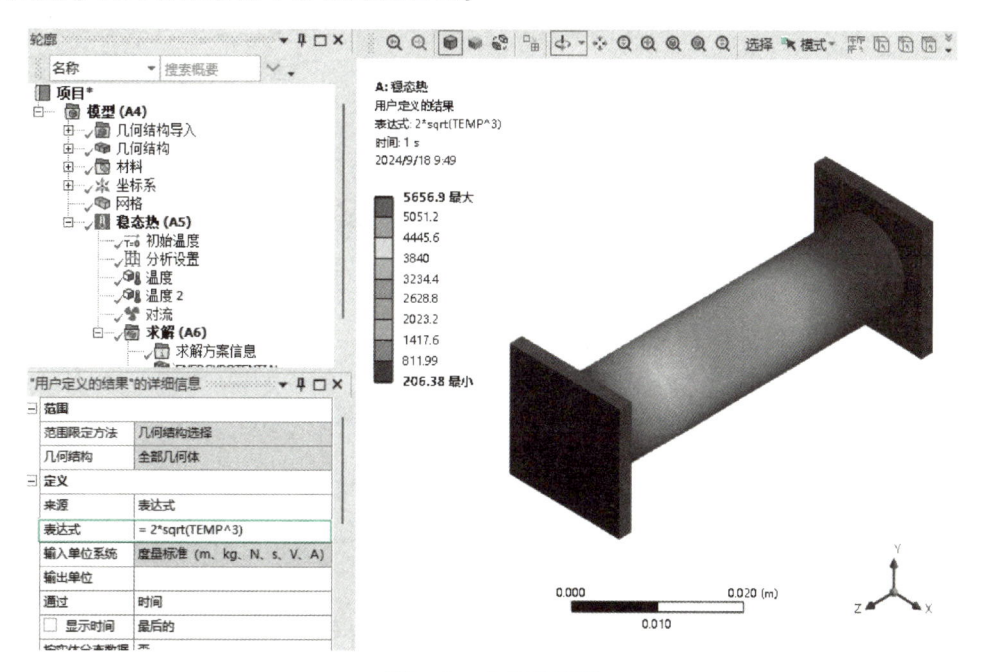

图 4-69 自定义云图

4.3.9 保存与退出

步骤 1：单击 Mechanical（机械）界面右上角的 ❌（关闭）按钮，退出 Mechanical（机械），返回 Workbench 主界面。

步骤 2：在 Workbench 主界面单击常用工具栏中的 💾（保存）按钮，输入文件名为 Part，保存包含分析结果的文件。

步骤 3：单击右上角的 ❌（关闭）按钮，退出 Workbench 主界面，完成项目分析。

4.4 本章小结

本章以有限元分析的一般过程为总线，分别介绍了 ANSYS Workbench 几何建模的方法及集成在 Workbench 平台上的 DesignModeler 几何建模工具的建模方法。另外，通过多个应用实例讲解了在 Workbench 平台中划分与导入网格的方法。最后，详细介绍了 Workbench 平台上 Mechanical（机械）的后处理功能。

第 5 章
稳态热分析

本章主要以对稳态热分析的基础理论公式的推导作为出发点，对稳态传热进行详细介绍。然后分别通过解析和仿真两种方法对同一个问题进行计算，并对比计算结果。希望读者通过对每一个步骤的操作，理解有限元分析的方法。

5.1 稳态导热

在稳态导热过程中，物体的温度不随时间发生变化，即 $\frac{\partial t}{\partial \tau}=0$。这时，若物体的热物性为常数，导热微分方程式具有下列形式

$$\nabla^2 t + \frac{q_v}{\lambda} = 0 \tag{5-1}$$

在没有热源的情况下，上式简化为

$$\nabla^2 t = 0 \tag{5-2}$$

工程上的许多导热现象，可以归结为温度仅沿着一个方向变化且与时间无关的一维稳态导热过程，例如通过房屋墙壁和长热力管道管壁的导热等。

5.1.1 平壁导热理论

下面介绍平壁导热的第一类边界条件。

设一厚度为 δ 的单层平壁，如图 5-1a 所示。该平壁无内热源，材料的导热系数 λ 为常数。平壁两侧表面分别维持均匀稳定的温度 t_{w1} 和 t_{w2}，如图 5-1b 所示。若平壁的高度与宽度远大于其厚度，则称为无限大平壁。

这时，可以认为沿高度与宽度两个方向的温度变化率很小，而只沿厚度方向发生变化，即一维稳态导热。通过实际计算证实，当高度和宽度是厚度的 10 倍以上时，可近似地作为一维导热问题处理。

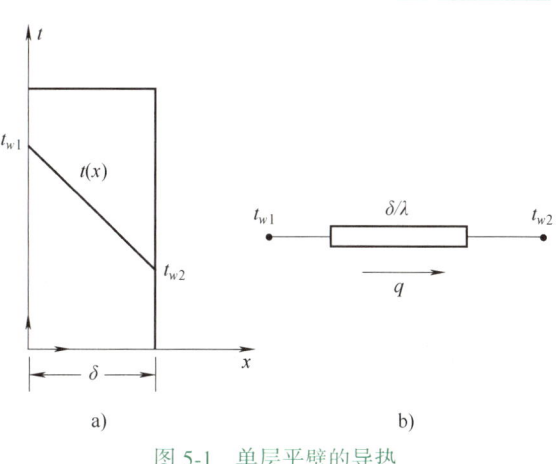

图 5-1 单层平壁的导热

对上述问题，式（5-2）可写成

$$\frac{\mathrm{d}^2 t}{\mathrm{d}x^2} = 0 \tag{5-3}$$

两个边界面都给出第一类边界条件，即已知

$$t\mid_{x=0} = t_{w1} \tag{5-4}$$
$$t\mid_{x=b} = t_{w2} \tag{5-5}$$

式（5-3）~式（5-5）给出了这一导热问题的完整数学描写。

对单层平壁，温度分布为

$$t = t_{w1} - \frac{t_{w1} - t_{w2}}{\delta} x \tag{5-6}$$

已知温度分布后，由傅里叶定律可得通过单层平壁的导热热流密度

$$q = -\lambda \frac{\mathrm{d}t}{\mathrm{d}x} = \lambda \frac{t_{w1} - t_{w2}}{\delta} \mathrm{W/m}^2 \tag{5-7}$$

利用热阻的概念，式（5-11）可以改写成类似于电学中的欧姆定律的形式

$$q = \frac{t_{w1} - t_{w2}}{\dfrac{\delta}{\lambda}} \mathrm{W/m}^2 \tag{5-8}$$

式中，$\dfrac{\delta}{\lambda}$ 就是单位面积平壁的导热热阻，图 5-1b 为单层平壁导热过程的模拟电路图。

在工程计算中，常常遇到多层平壁，即由多层不同材料组成的平壁。例如，房屋的墙壁，以红砖为主砌成，内有白灰层，外抹水泥砂浆；锅炉炉墙，内为耐热材料层，中为保温材料层，外为保温材料层，最外为钢板。这些都是多层平壁的实例。

图 5-2a 表示一个由三层不同材料组成的无限大平壁，各层的厚度分别为 δ_1、δ_2 和 δ_3，导热系数分别为 λ_1、λ_2 和 λ_3，且均为常数。已知多层平壁的两侧表面分别维持均匀稳定的温度 t_{w1} 和 t_{w4}，要求确定三层平壁中的温度分布和通过平壁的导热量。

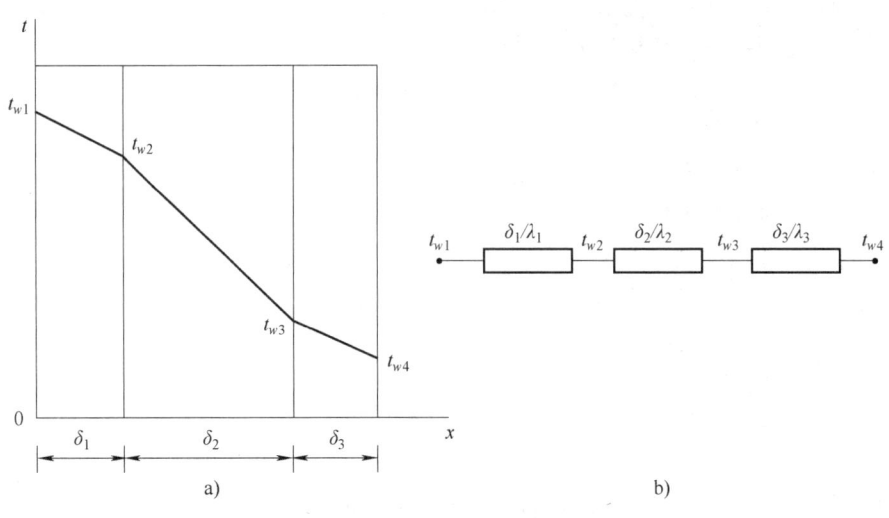

图 5-2 多层平壁的导热

若各层之间紧密地结合，则彼此解出的两表面具有相同的温度。设两个接触面的温度分别为 t_{w2} 和 t_{w3}，如图 5-2a 所示。在稳态情况下，通过各层的热流密度是相等的，对于三层平壁的每一层可以分别写出

$$q = \frac{t_{w1}-t_{w2}}{\dfrac{\delta_1}{\lambda_1}} = \frac{1}{R_{\lambda 1}}(t_{w1}-t_{w2}) \tag{5-9}$$

$$q = \frac{t_{w2}-t_{w3}}{\dfrac{\delta_1}{\lambda_2}} = \frac{1}{R_{\lambda 2}}(t_{w2}-t_{w3}) \tag{5-10}$$

$$q = \frac{t_{w3}-t_{w4}}{\dfrac{\delta_1}{\lambda_3}} = \frac{1}{R_{\lambda 3}}(t_{w3}-t_{w4}) \tag{5-11}$$

式中，$R_{\lambda i} = \dfrac{\delta_i}{\lambda_i}$ 是第 i 层平壁单位面积导热热阻。

由式（5-10）可得

$$\begin{aligned} t_{w1}-t_{w2} &= qR_{\lambda 1} \\ t_{w2}-t_{w3} &= qR_{\lambda 2} \\ t_{w3}-t_{w4} &= qR_{\lambda 3} \end{aligned} \tag{5-12}$$

将式（5-12）中各式相加并整理，得

$$q = \frac{t_{w1}-t_{w4}}{R_{\lambda 1}+R_{\lambda 2}+R_{\lambda 3}} = \frac{t_{w1}-t_{w4}}{\sum_{1}^{3} R_{\lambda i}} \tag{5-13}$$

式（5-13）与串联电路的情形类似。多层平壁的模拟电路图如图 5-2b 所示。它表明多层平壁单位面积的总热阻等与各层热阻之和。于是，对于 n 层平壁导热，可以直接写出

$$q = \frac{t_{w1}-t_{wn+1}}{\sum_{1}^{n} R_{\lambda i}} \tag{5-14}$$

式中，$t_{w1}-t_{wn+1}$ 是 n 层平壁的总温差，$\sum_{1}^{n} R_{\lambda i}$ 是平壁单位面积的总热阻。

因为在每一层中温度分布分别都是直线规律，所以在整个多层平壁中，温度分布将是一折线。层与层之间接触面的温度，可以通过式（5-14）求得，对于 n 层多层平壁，第 i 层与第 $i+1$ 层之间接触面的温度 t_{i+1} 为

$$t_{wi+1} = t_{w1} - q(R_{\lambda 1}+R_{\lambda 2}+\cdots+R_{\lambda i}) \tag{5-15}$$

5.1.2 通过圆筒壁的导热

1. 第一类边界条件

图 5-3a 表示一内径为 r_1、外径为 r_2、长度为 l 的圆筒壁，无内热源，圆筒壁材料的导热系数 λ 为常数。圆筒壁内、外两表面分别维持均匀稳定的温度 t_{w1} 和 t_{w2}，而且 $t_{w1}>t_{w2}$。试确定通过该圆筒壁的导热量及壁内的温度分布。

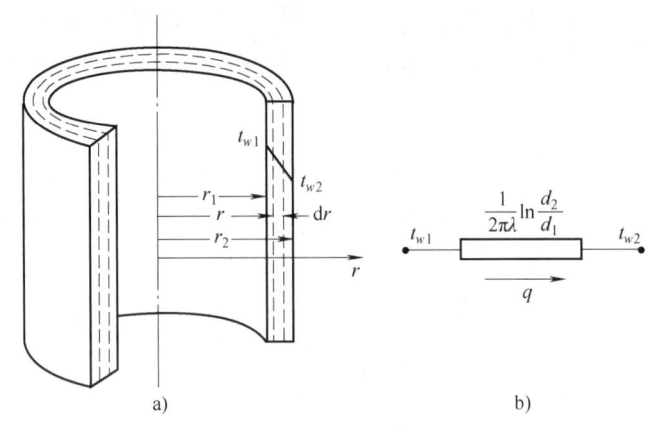

图 5-3 圆筒壁导热

在工程上遇到的圆筒壁，例如热力管道，其长度通常远大于壁厚，沿着轴向的温度变化可以忽略不计。内、外壁面温度是均匀的，温度场是轴对称的。所以采用圆柱坐标系更为方便，而壁内温度仅沿着坐标 r 方向发生变化，即一维稳态温度场。于是，描写上述问题的导热微分方程式可以简化为

$$\frac{\mathrm{d}}{\mathrm{d}r}\left(r\frac{\mathrm{d}t}{\mathrm{d}r}\right)=0 \tag{5-16}$$

圆筒壁内、外表面都给出第一类边界条件，即已知

$$r=r_1, t=t_{w1} \tag{5-17}$$

$$r=r_2, t=t_{w2} \tag{5-18}$$

式 (5-16) ~ 式 (5-18) 给出了这一导热问题的描述。求解这一组方程式，就可以得到圆筒壁沿着半径方向的温度分布 $t=f(r)$ 的具体函数形式。

圆筒壁中的温度分布

$$t=t_{w1}-(t_{w1}-t_{w2})\frac{\ln\dfrac{r}{r_1}}{\ln\dfrac{r_2}{r_1}}$$

已知温度分布后，可以根据傅里叶定律求得通过圆筒壁的导热热流量：

$$\Phi=2\pi\lambda l\frac{t_{w1}-t_{w2}}{\ln\dfrac{d_2}{d_1}} \tag{5-19}$$

式 (5-19) 可以改写为欧姆定律的形式

$$\Phi=\frac{t_{w1}-t_{w2}}{\dfrac{1}{2\pi\lambda l}\ln\dfrac{d_2}{d_1}} \tag{5-20}$$

式中，$\dfrac{1}{2\pi\lambda l}\ln\dfrac{d_2}{d_1}$ 就是长度为 l 的圆筒壁的导热热阻，单位是 ℃/W。

为了工程上计算的方便，按单位管长来计算热流量，记为 q_l

$$q_l = \frac{\Phi}{l} = \frac{t_{w1}-t_{w2}}{\frac{1}{2\pi\lambda}\ln\frac{d_2}{d_1}} \tag{5-21}$$

上式中分母就是单位长度圆筒壁的导热热阻，记为 $R_{\lambda l}$，单位是 mK/W，图 5-3b 显示了单位长度圆筒壁导热过程的模拟电路图。

与多层平壁一样，对于不同材料构成的多层圆筒壁，其导热热流量也可按总温差和总热阻来计算。以图 5-3a 所示的三层圆筒壁为例，已知各层相应的半径分别为 r_1、r_2、r_3 和 r_4，各层材料的导热系数 λ_1、λ_2、λ_3 和 λ_4 均为常数，圆筒壁内、外表面的温度分别为 t_{w1} 和 t_{w4}，而且 $t_{w1}>t_{w4}$。

在稳态情况下，通过单位长度圆筒壁的热流量 q_l 是相等的。仿照式（5-21）可以写出三层圆筒壁的导热热流量式为

$$q_l = \frac{t_{w1}-t_{w4}}{R_{\lambda 1}+R_{\lambda 2}+R_{\lambda 3}} = \frac{t_{w1}-t_{w4}}{\frac{1}{2\pi\lambda_1}\ln\frac{d_2}{d_1}+\frac{1}{2\pi\lambda_2}\ln\frac{d_3}{d_2}+\frac{1}{2\pi\lambda_3}\ln\frac{d_4}{d_3}}$$

同理，对于 n 层圆筒壁

$$q_l = \frac{t_{w1}-t_{wn+1}}{\sum_{i=1}^{m} R_{\lambda i}} = \frac{t_{w1}-t_{w4}}{\sum \frac{1}{2\pi\lambda_i}\ln\frac{d_{i+1}}{d_i}} \tag{5-22}$$

多层圆筒壁各层之间接触的温度 $t_{w2},t_{w3}\cdots,t_{wn}$，也可用类似多层平壁的方法计算。

2. 第三类边界条件

设一内、外径分别为 r_1 和 r_2 的单层圆筒壁，无内热源，圆筒壁的导热系数 λ 为常数。圆筒壁内、外表面均给出第三类边界条件，即已知 $r=r_1$，一侧流体温度为 t_{f1}，对流换热的表面传热系数为 h_1；$r=r_2$，一侧流体温度为 t_{f2}，对流换热的表面传热系数为 h_2，如图 5-4a 所示。根据式前文可知圆筒壁两侧的第三类边界条件为

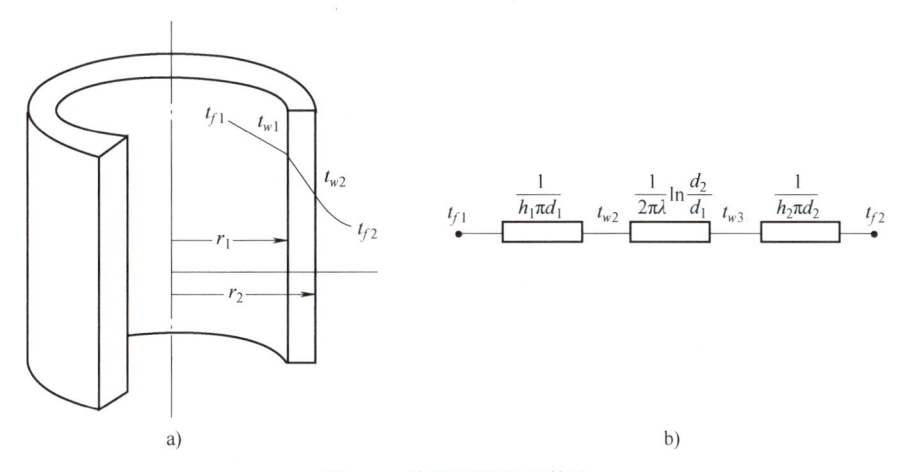

图 5-4 单层圆筒壁的传热

$$-\lambda \frac{dt}{dr}\bigg|_{r=r_1} = h_1 2\pi r_1(t_{f1}-t|_{r=r_1}) \tag{5-23}$$

$$-\lambda \frac{dt}{dr}\bigg|_{r=r_2} = h_2 2\pi r_2(t|_{r=r_2}-t_{f2}) \tag{5-24}$$

这种两侧面均为第三类边界条件的导热过程，实际上就是热流体通过圆筒壁传热给冷却体的传热过程。对于常稳性的稳态圆筒壁导热问题，求解得到圆筒壁内的温度变化率为

$$\frac{\mathrm{d}t}{\mathrm{d}r} = -\frac{t_{w1}-t_{w2}}{\ln\frac{r_2}{r_1}}\frac{1}{r} \tag{5-25}$$

很明显，式（5-23）中的 $t|_{r=r_1}$ 就是 t_{w1}，式（5-24）中的 $t|_{r=r_2}$ 就是 t_{w2}，应用傅里叶定律表达式 $q_l = -\lambda \frac{\mathrm{d}t}{\mathrm{d}r} 2\pi r$，改写上述式（5-23）~式（5-25）并按传热过程的顺序排列它们，则得

$$q_l|_{r=r_1} = h_1 2\pi r_1 (t_{f1}-t_{w1})$$

$$q_l = \frac{t_{w1}-t_{w2}}{\frac{1}{2\pi\lambda}\ln\frac{r_2}{r_1}} \tag{5-26}$$

$$q_l|_{r=r_2} = h_2 2\pi r_2 (t_{w2}-t_{f2})$$

在稳态传热过程中，$q_l|_{r=r_1} = q_l|_{r=r_2} = q_l$。因此，联解式（5-26），消去未知的 t_{w1} 和 t_{w2}，就可以得到热流体通过单位管长圆筒壁传给冷流体的热流量

$$q_l = \frac{t_{f1}-t_{f2}}{\frac{1}{h_1 2\pi r_1}+\frac{1}{2\pi\lambda}\ln\frac{d_2}{d_1}+\frac{1}{h_2 2\pi r_2}}$$

或

$$q_l = \frac{t_{f1}-t_{f2}}{\frac{1}{h_1 \pi d_1}+\frac{1}{2\pi\lambda}\ln\frac{d_2}{d_1}+\frac{1}{h_2 \pi d_2}} \tag{5-27}$$

类似于通过平壁传热过程，单位长管的热流量也可以用传热系数 k_l 来表示

$$q_l = k_l (t_{f1}-t_{f2}) \tag{5-28}$$

k_l 表示热、冷流体之间温度相差 1℃ 时，单位时间通过单位长度圆筒壁的传热量，单位是 W/(m·K)。对比式（5-27）和式（5-28），得到通过单位长度圆筒壁传热过程的热阻为

$$R_l = \frac{1}{k_l} = \frac{1}{h_1 \pi d_1}+\frac{1}{2\pi\lambda}\ln\frac{d_2}{d_1}+\frac{1}{h_2 \pi d_2} \tag{5-29}$$

由此可见，通过圆筒壁传热过程的热阻等于热流体、冷流体与壁面之间对流换热的热阻与圆筒壁导热热阻之和，它与串联电阻的计算方法类似，图 5-4b）给出了热流体通过圆筒壁传热给冷流体传热过程的模拟电路图。

热流量已经求得，利用式（5-26）很容易求得 t_{w1} 和 t_{w2}，于是圆筒壁中的温度分布也就可以求得。

若圆筒壁是由 n 层不同材料组成的多层圆筒壁，因为多层圆筒壁的总热阻等于各层热阻之和，所以热流体经多层圆筒壁传热给冷流体传热过程的热流量可以直接写为

$$q_l = \frac{t_{f1}-t_{f2}}{\frac{1}{h_1 \pi d_1}+\sum_{i=1}^{n}\frac{1}{2\pi\lambda_i}\ln\frac{d_{i+1}}{d_i}+\frac{1}{h_2 \pi d_{n+1}}} \tag{5-30}$$

5.2 复合层平壁导热分析

本节将通过一个典型的案例,介绍复合层平壁结构稳态导热过程的解析计算方法及数值仿真计算的操作过程。

学习目标	熟练掌握复合层平壁结构的建模方法及求解过程,同时掌握复合层平壁导热的解析计算方法
模型文件	无
结果文件	Chapter5\char05-2\ex2.wbpj

5.2.1 问题描述

有一个锅炉,炉内墙由三层组成,如图 5-5 所示。内层是厚度 $\delta_1 = 230\text{mm}$ 的耐火砖层,导热系数 $\lambda_1 = 1.10\text{W}/(\text{m}\cdot\text{K})$;外层是厚 $\delta_3 = 240\text{mm}$ 的红砖层,$\lambda_3 = 0.58\text{W}/(\text{m}\cdot\text{K})$;两层中间填以 $\delta_2 = 50\text{mm}$、$\lambda_2 = 0.10\text{W}/(\text{m}\cdot\text{K})$ 的石棉保温层。已知炉墙内、外两表面温度 $t_{w1} = 500℃$ 和 $t_{w2} = 50℃$,试求通过炉墙的导热热流密度及红砖层的最高温度。

图 5-5 模型

5.2.2 解析方法计算

【解】 1) 求热流密度,先计算各层单位面积的导热热阻。

$$R_{\lambda 1} = \frac{\delta_1}{\lambda_1} = \frac{0.23}{1.10} = 0.2091 \ (\text{m}^2\cdot\text{K})/\text{W}$$

$$R_{\lambda 2} = \frac{\delta_2}{\lambda_2} = \frac{0.05}{0.10} = 0.5 \ (\text{m}^2\cdot\text{K})/\text{W}$$

$$R_{\lambda 3} = \frac{\delta_3}{\lambda_3} = \frac{0.24}{0.58} = 0.4137 \ (\text{m}^2\cdot\text{K})/\text{W}$$

得出

$$q = \frac{\Delta t}{\sum_1^3 R_{\lambda i}} = \frac{500-50}{0.2091+0.50+0.4137} = \frac{450}{1.1228} = 400.78 \ \text{W/m}^2$$

2) 求红砖层的最高温度:红砖层的最高温度是红砖层与石棉层之间的接触面温度 t_{w3}。根据公式得

$$t_{w3} = t_{w1} - q(R_{\lambda 1} + R_{\lambda 2}) = 500 - 400.78(0.2091+0.50) = 215.8069℃$$

【讨论】 根据多层平壁导热的模拟电路可知,多层平壁的总温度差是按各层热阻占总热阻的比例大小分配到每一层的,所以红砖层中的温度差为

$$\Delta t = 450/(0.4137/1.1228) = 165.8042℃$$

$$t_{w3} = 165.8042 + 50 = 215.8042℃$$

5.2.3 创建分析项目

步骤 1：在 Windows 系统下启动 ANSYS Workbench，进入主界面。

步骤 2：双击主界面"工具箱"中的"分析系统"→"稳态热"选项，即可在"项目原理图"窗口创建分析项目 A，如图 5-6 所示。

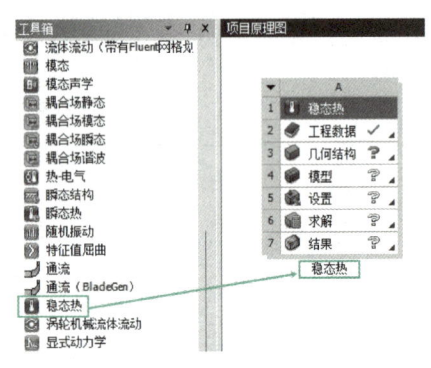

图 5-6 创建分析项目 A

5.2.4 创建几何体模型

步骤 1：在 A3 的"几何结构"上单击鼠标右键，在弹出的快捷菜单中选择"新的 DesignModeler 几何结构"命令，如图 5-7 所示。

步骤 2：在启动的 DesignModeler 几何建模窗口中进行几何体创建。设置长度单位为毫米，单击 DesignModeler 窗口中的"树轮廓"→"XY 平面"选项，再切换至"草图绘制"选项卡，选择"绘制"→"矩形"，从坐标原点开始绘制一个矩形。

步骤 3：选择"维度"→"通用"选项，标注矩形的长和宽：H1 为 1000mm、V1 为 1000mm，如图 5-8 所示。

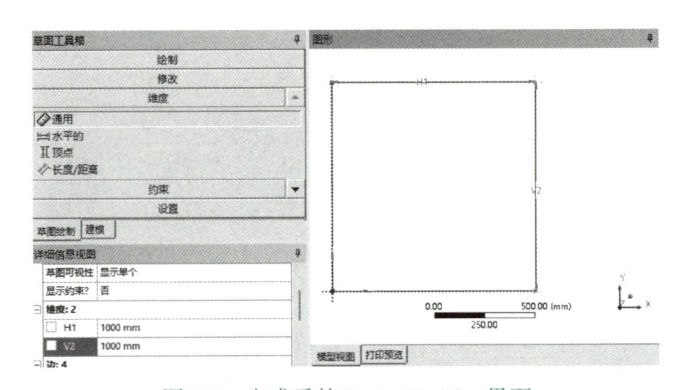

图 5-7 创建几何体　　　　　图 5-8 生成后的 DesignModeler 界面

步骤 4：切换到"建模"选项卡，单击工具栏中的 挤出 按钮，在"详细信息视图"设置面板中进行如下操作：在"几何结构"栏中选择刚刚建立的"草图 1"，在"操作"栏中选择

"添加冻结"选项，在"FD1,深度(>0)"栏输入拉伸长度为230mm，其余选项保持默认，如图5-9所示。创建的几何模型如图5-10所示。

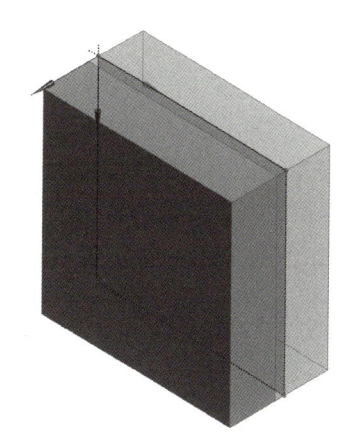

图5-9　设置挤出的参数　　　　图5-10　创建的几何模型

注："冻结"为冻结后的几何体，显示的几何图形处于半透明状态。

步骤5：单击工具栏中的■按钮，在弹出的"另存为"对话框中设置名称为ex2.wbpj，单击"保存"按钮。

步骤6：返回DesignModeler界面，单击右上角的✖（关闭）按钮，退出DesignModeler，返回Workbench主界面。

5.2.5　创建分析项目

步骤1：在Workbench主界面双击A2的"工程数据"，进入Mechanical（机械）热分析的材料设置界面，如图5-11所示。

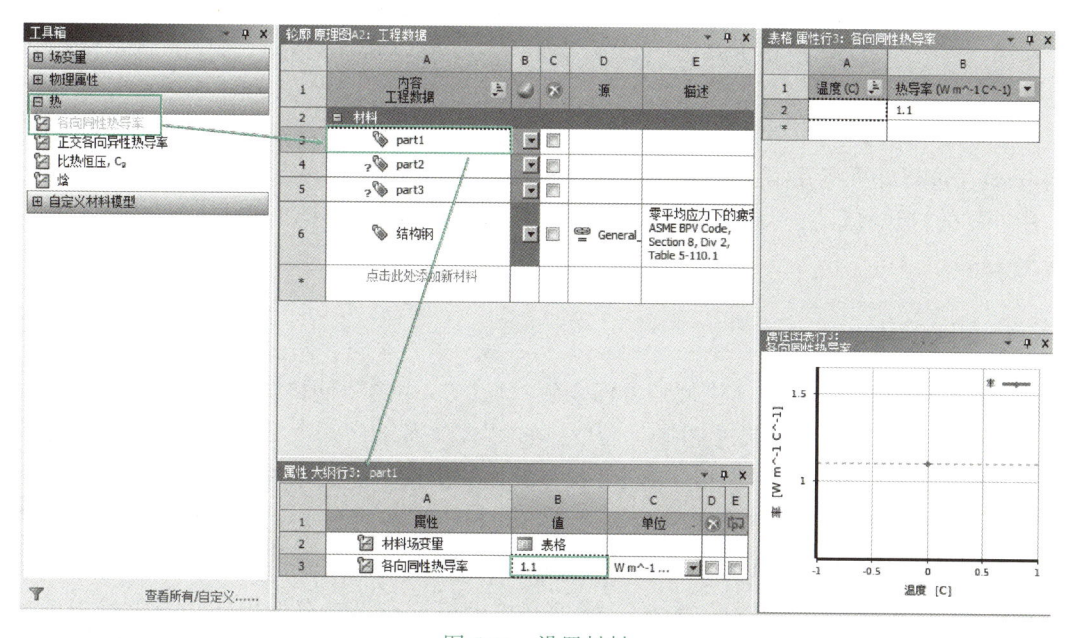

图5-11　设置材料

步骤 2：在"轮廓原理图 A2：工程数据"的"材料"中输入三种材料的名称分别为 part1、part2 及 part3。然后从左侧"工具箱"栏的"热"区域中选择"各向同性热导率"并直接拖拽到 part1 中。此时在"属性大纲行 3：part1"下面的"各向同性热导率"中输入 1.1，part2 的导热系数为 0.1，part3 的导热系数为 0.58，在工具栏的 A2:工程数据 中单击 按钮，关闭材料设置窗口。

步骤 3：在主界面项目管理区项目 A 中双击 A4 栏的"模型"，进入图 5-12 所示的 Mechanical（机械）界面，在该界面下即可进行网格的划分、分析设置、结果观察等操作。

步骤 4：选择 Mechanical（机械）界面左侧"轮廓"的"几何结构"选项中的"Solid"选项，此时可在"'Solid'的详细信息"面板中给模型添加材料，如图 5-13 所示。

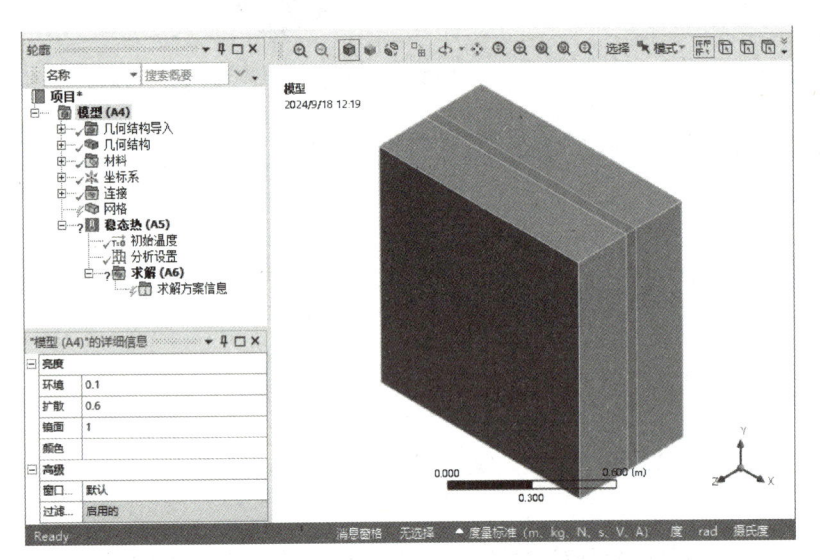

图 5-12　Mechanical（机械）界面　　　　图 5-13　修改材料属性

步骤 5：在参数列表中的"材料"下单击"任务"后的 按钮，此时会出现刚刚设置的材料 part1，选择即可将其添加到模型中。

用同样的方法将第二个 solid（固体）的材料设置为 part2，将第三个 solid（固体）的材料设置为 part3。

5.2.6　划分网格

步骤 1：右击 Mechanical（机械）界面左侧"轮廓"中的"网格"选项，在弹出的快捷菜单中依次选择"插入"→"尺寸调整"命令，如图 5-14 所示。

步骤 2：在"'边缘尺寸调整'-尺寸调整的详细信息"面板中进行如下操作：在"几何结构"栏中选中几何体的所有边，并单击"应用"按钮；在"单元尺寸"栏中输入网格大小为 5.e-002m，其余选项保持默认即可，如图 5-15 所示。

步骤 3：在"轮廓"中选择"网格"选项并单击鼠标右键，在弹出的快捷菜单中选择"生成网格"命令，最终的网格效果如图 5-16 所示。

图 5-14　选择"尺寸调整"命令 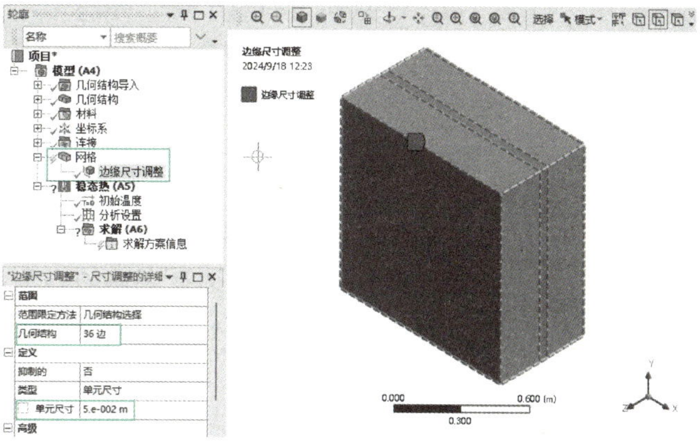　　　　图 5-15　网格设置

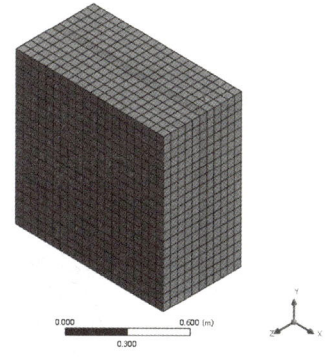

图 5-16　网格效果

5.2.7　施加载荷与约束

步骤 1：选择 Mechanical（机械）界面左侧"轮廓"中的"稳态热（A5）"选项，此时会出现图 5-17 所示的"环境"选项卡。

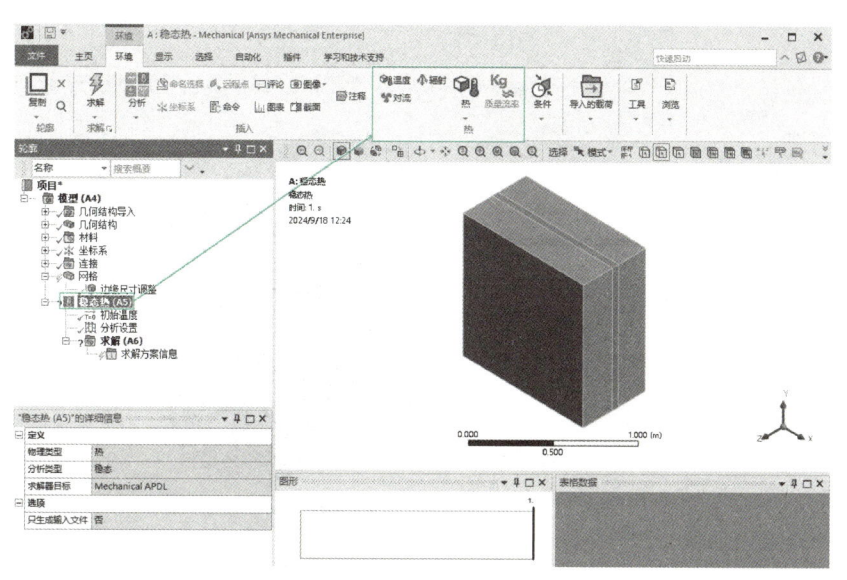

图 5-17　"环境"选项卡

步骤 2：选择"环境"选项卡中的"温度"命令，此时在分析树中会出现"温度"选项，如图 5-18 所示。

步骤 3：选中"温度"，在"'温度'的详细信息"面板中进行如下操作：在"几何结构"中选择实体的一个面（此面为 Z 轴最小位置的面）；在"定义"→"大小"栏中输入 500；完成一个温度的添加，如图 5-19 所示。

步骤 4：选中"温度 2"，在"'温度 2'的详细信息"面板中进行如下操作：在"几何结构"中选择实体的一个面（此面为 Z 轴最大位置的面）；在"定义"→"大小"栏中输入 50；完成另一个温度的添加，如图 5-20 所示。

图 5-18 选择"温度"选项

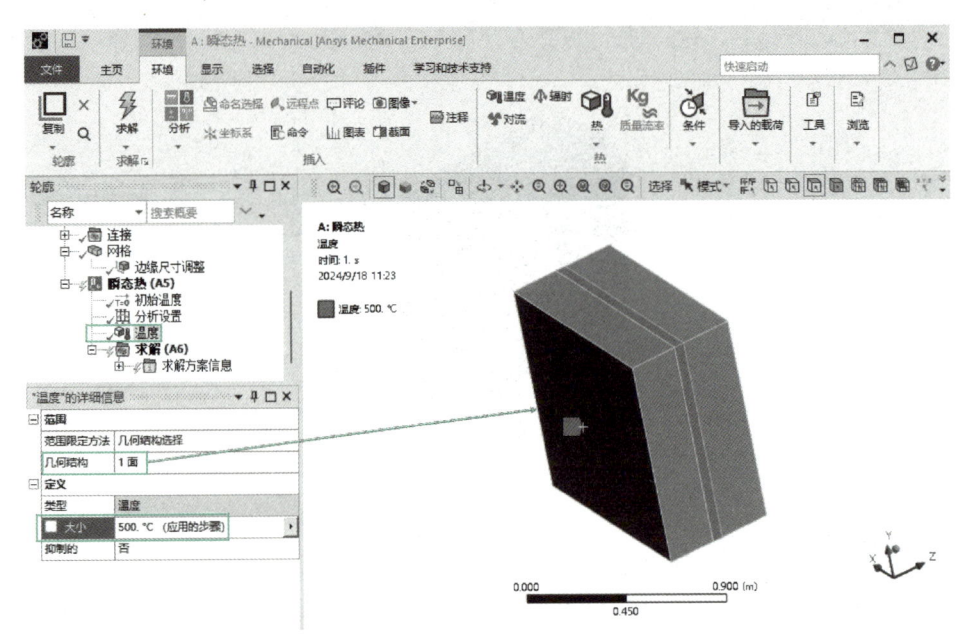

图 5-19 设置"温度"的详细信息

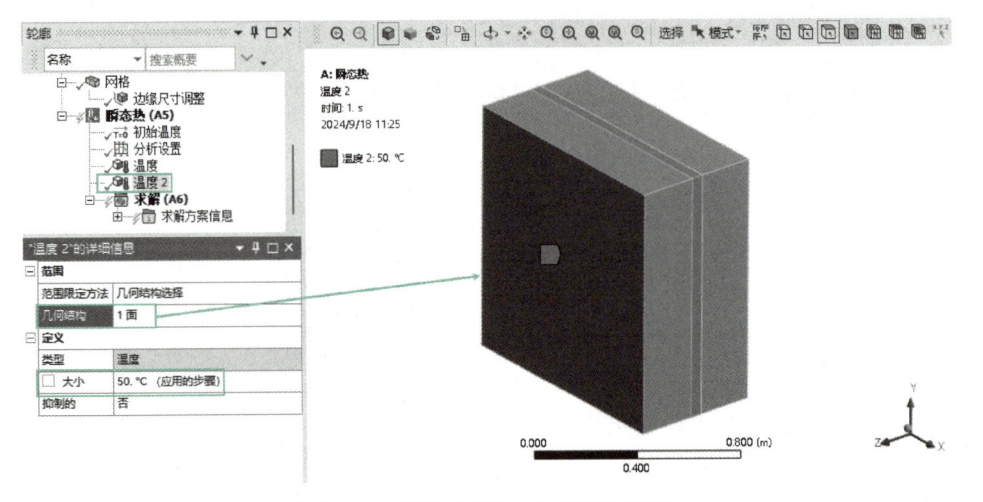

图 5-20 设置"温度 2"的详细信息

步骤 5：在"轮廓"中选择"稳态热（A5）"选项，单击鼠标右键，在弹出的快捷菜单中选择"求解"命令，如图 5-21 所示。

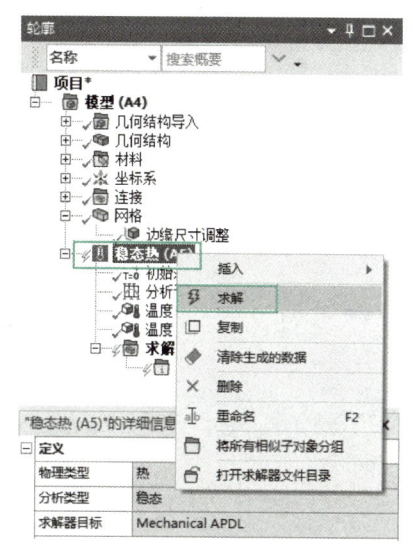

图 5-21 选择"求解"命令

5.2.8 结果后处理

步骤 1：选择 Mechanical（机械）界面左侧"轮廓"中的"求解（A6）"选项，此时会出现图 5-22 所示的"求解"选项卡。

图 5-22 "求解"选项卡

步骤 2：选择"求解"选项卡中的"热"→"温度"命令，如图 5-23 所示。此时在分析树中会出现"温度"选项。

步骤 3：在"轮廓"中选择"求解（A6）"选项，单击鼠标右键，在弹出的快捷菜单中选择"评估所有结果"命令，如图 5-24 所示。此时会弹出进度显示条，表示正在求解，求解完成后进度条会自动消失。

步骤 4：选择"轮廓"的"求解（A6）"中的"温度"选项，模型的温度分布如图 5-25 所示。

步骤 5：单击"几何结构"选项，然后选择 part3 材料的几何体并单击鼠标右键，在弹出的快捷菜单中选择"隐藏几何体"命令，如图 5-26 所示。几何体将被隐藏，如图 5-27 所示。

图 5-23 添加温度选项

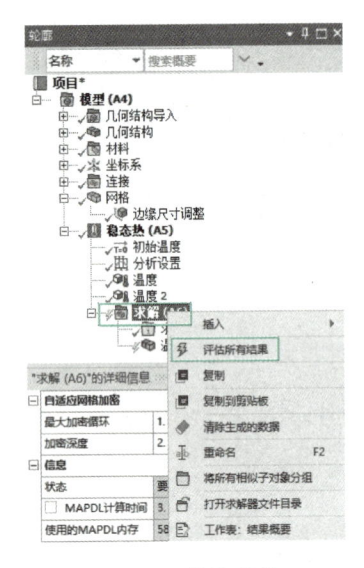

图 5-24 快捷菜单

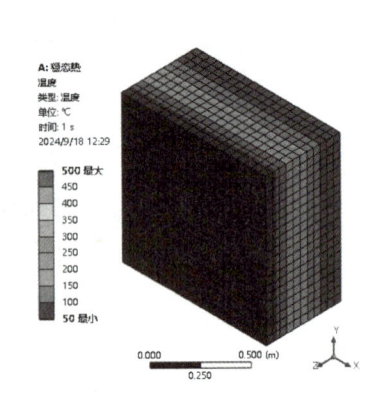

图 5-25 温度分布

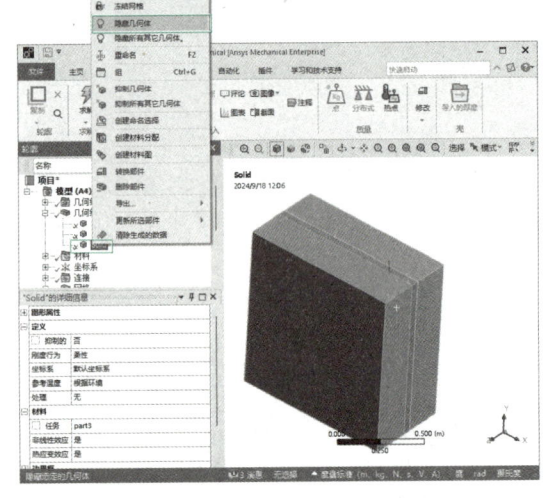

图 5-26 在快捷菜单中选择命令

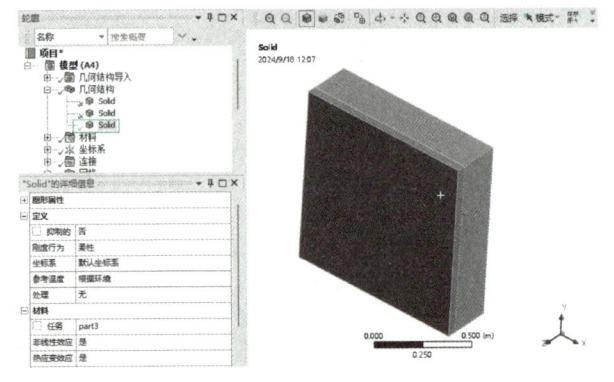

图 5-27 几何体被隐藏

步骤6：单击工具栏中的面选择工具，选择当前状态下 Z 轴坐标最大位置处的面，如图 5-28 所示。然后选择"热"→"温度"命令。

步骤7：经过计算可以看出此面的温度为 215.84℃，如图 5-29 所示。

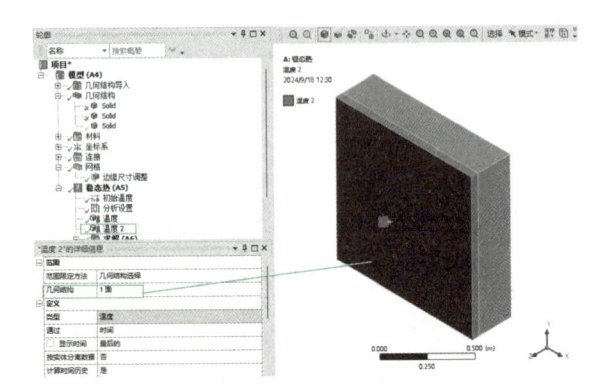

图 5-28 选择面

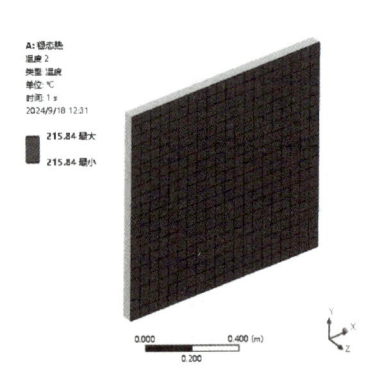

图 5-29 温度显示

步骤8：以同样的操作方法查看几何体表面的"总热通量"，如图 5-30 所示。

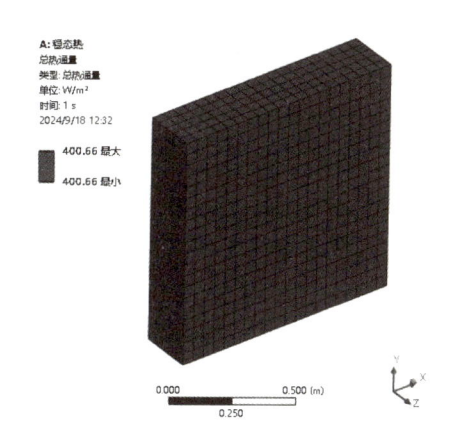

图 5-30　热流量云图

5.2.9 保存与退出

单击 Mechanical（机械）右上角的 ✕（关闭）按钮，返回 Workbench 主界面。单击 💾（保存）按钮保存文件，然后单击 ✕（关闭）按钮，退出 Workbench 主界面。

【分析】　解析解的温度为 215.8069℃，热流量为 400.78；仿真解的温度为 215.84℃，热流量为 400.66。从上述分析可以看出，仿真结果与解析方法算出的结果一致。

5.3　复合层圆筒壁导热分析

本节将通过一个典型的案例，介绍复合层圆筒壁结构稳态导热过程的解析计算方法及数值仿真计算的操作过程。

学习目标	熟练掌握复合层圆筒壁结构的建模方法及求解过程，同时掌握复合层圆筒壁导热的解析计算方法
模型文件	无
结果文件	Chapter5\char05-3\ex3.wbpj

5.3.1 问题描述

本实例模型为蒸汽管道，如图 5-31 所示。内、外直径分别为 150mm 和 159mm。为了减少热损失，在管外包三层隔热保温材料：内层为 $\lambda_2 = 0.07\text{W}/(\text{m}\cdot\text{K})$、厚度 $\delta_2 = 5\text{mm}$ 的矿渣棉；中间层为 $\lambda_3 = 0.10\text{W}/(\text{m}\cdot\text{K})$、厚度 $\delta_3 = 80\text{mm}$ 的石棉白云石瓦状预制瓦；外层为 $\lambda_4 = 0.14\text{W}/(\text{m}\cdot\text{K})$、$\delta_4 = 5\text{mm}$ 的石棉硅藻土灰泥。已知蒸汽管道钢材的导热系数 $\lambda_1 = 52\text{W}/(\text{m}\cdot\text{K})$、管道内表面和隔热保温层外表面温度分别为 175℃ 和 50℃，试求该蒸汽管道的散热量。

图 5-31　模型

5.3.2 解析方法计算

【解】 由已知条件得到

$$d_1 = 0.150\text{m}, d_2 = 0.159\text{m}, d_3 = 0.169\text{m}, d_4 = 0.329\text{m}, d_5 = 0.339\text{m}$$

下面分别计算各层单位管长圆筒壁的导热热阻。

蒸汽管壁

$$R_{\lambda 1} = \frac{1}{2\pi\lambda_1}\ln\frac{d_2}{d_1} = \frac{1}{2\pi \times 52}\ln\frac{0.159}{0.15} = 1.7834 \times 10^{-4} (\text{m}\cdot\text{K})/\text{W}$$

矿渣棉内层

$$R_{\lambda 2} = \frac{1}{2\pi\lambda_2}\ln\frac{d_3}{d_2} = \frac{1}{2\pi \times 0.07}\ln\frac{0.169}{0.159} = 1.387 \times 10^{-1} (\text{m}\cdot\text{K})/\text{W}$$

石棉预制瓦

$$R_{\lambda 3} = \frac{1}{2\pi\lambda_3}\ln\frac{d_4}{d_3} = \frac{1}{2\pi \times 0.10}\ln\frac{0.329}{0.169} = 1.0602 (\text{m}\cdot\text{K})/\text{W}$$

灰泥外层

$$R_{\lambda 4} = \frac{1}{2\pi\lambda_4}\ln\frac{d_5}{d_4} = \frac{1}{2\pi \times 0.14}\ln\frac{0.339}{0.329} = 3.404 \times 10^{-2} (\text{m}\cdot\text{K})/\text{W}$$

根据公式,单位管长蒸汽管道的热损失为

$$q_l = \frac{t_{w1} - t_{wn+1}}{\sum\limits_1^4 R_{\lambda n}} = \frac{170 - 50}{1.7834 \times 10^{-4} + 1.387 \times 10^{-1} + 1.0602 + 3.404 \times 10^{-2}}$$

$$= \frac{175 - 50}{1.233} = 101.3788\text{W/m}$$

【讨论】 分析对比上述各层热阻的数值可以看出,蒸汽管壁的热阻远小于其他各保温层热阻,故在计算中可以忽略不计。在总温差一定的条件下,从材料利用的经济性出发,导热系数小的材料应设置在内侧。读者可改变保温材料设置的顺序,重新计算,进行对比分析。

5.3.3 创建分析项目

步骤1: 在 Windows 系统下启动 ANSYS Workbench,进入主界面。

步骤2: 双击主界面"工具箱"中的"分析系统"→"稳态热"选项,即可在"项目原理图"窗口创建分析项目 A,如图 5-32 所示。

图 5-32 创建分析项目 A

5.3.4 创建几何体模型

步骤 1：在 A3 的"几何结构"上单击鼠标右键，在弹出的快捷菜单中选择"新的 DesignModeler 几何结构"命令，如图 5-33 所示。

步骤 2：在启动的 DesignModeler 几何建模窗口中进行几何体创建。设置长度单位为毫米，单击 DesignModeler 窗口中"树轮廓"→"XY 平面"，再切换至"草图绘制"选项卡，选择"绘制"→"矩形"，从 X 轴上开始绘制一个矩形，然后依次再绘制三个矩形。

步骤 3：选择"维度"→"通用"选项，标注矩形的宽度和高度，宽度 H1 = 150/2 = 75mm、H2 = 159/2 = 79.5mm、H3 = 5mm、H4 = 80mm、H5 = 5mm，高度 V6 = 1000mm，如图 5-34 所示。

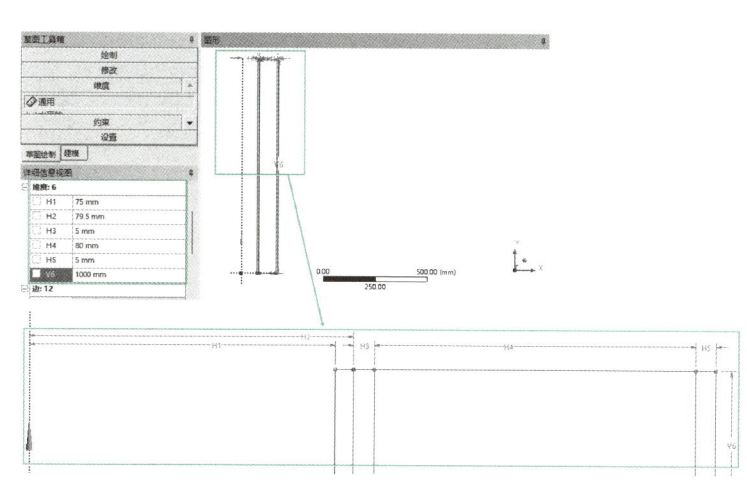

图 5-33　创建几何体　　　　图 5-34　生成后的 DesignModeler 界面

步骤 4：切换到"建模"选项卡，单击工具栏中的 旋转 命令，在"详细信息视图"设置面板中进行如下操作：在"几何结构"栏中选中刚刚建立的"草图 1"，在"轴"栏中选中图 5-35 所示的坐标轴，在"操作"栏中选择"添加冻结"选项，在"FD1，角度（>0）"栏中输入旋转角度为 360°，其余选项保持默认。创建的几何模型如图 5-36 所示。

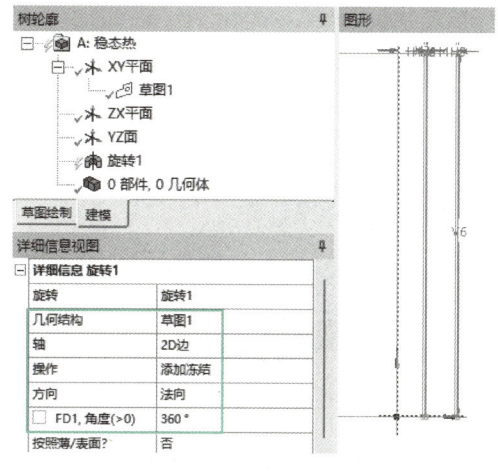

图 5-35　设置"旋转"参数　　　　图 5-36　模型

注："冻结"为冻结后的几何体，显示的几何图形处于半透明状态。

步骤 5：单击工具栏中的■按钮，在弹出的"另存为"对话框中设置名称为 ex3.wbpj，然后单击"保存"按钮。

步骤 6：返回 DesignModeler 界面中，单击右上角的▣（关闭）按钮，退出 DesignModeler，返回 Workbench 主界面。

5.3.5 创建分析项目

步骤 1：在 Workbench 主界面双击 A2 的"工程数据"，进入 Mechanical（机械）热分析的材料设置界面，如图 5-37 所示。

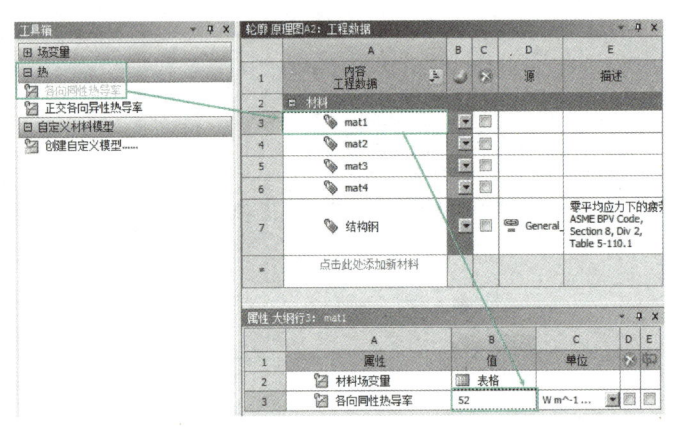

图 5-37 设置材料

步骤 2：在"轮廓 原理图 A2：工程数据"栏的"材料"中输入 4 种材料的名称分别为 mat1、mat2、mat3 和 mat4，然后从左侧"工具箱"的"热"中选择"各向同性热导率"并直接拖拽到 mat1 中，此时在"属性大纲行 3：mat1"下面的"各向同性热导率"中输入 52。mat2 的导热系数为 0.07，mat3 的导热系数为 0.1，mat4 的导热系数为 0.14。在工具栏中单击 A2:工程数据 × 中的▣按钮，关闭材料设置窗口。

步骤 3：在主界面项目管理区项目 A 中双击 A4 栏"模型"项，进入图 5-38 所示的 Mechanical（机械）界面，进行网格的划分、分析设置、结果观察等操作。

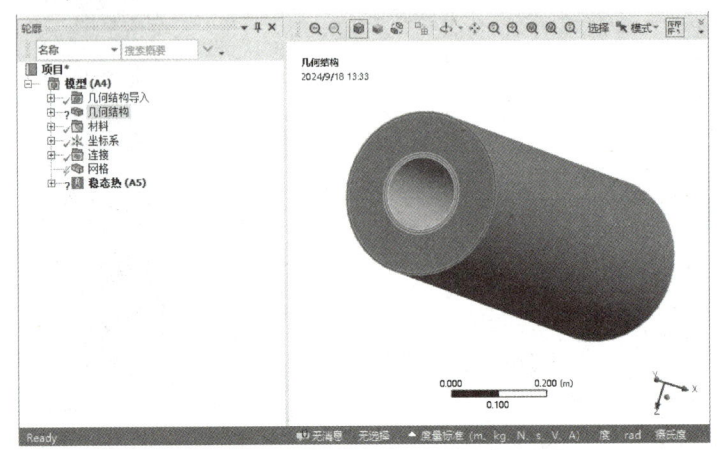

图 5-38 Mechanical（机械）界面

第 5 章 稳态热分析

步骤 4：选择 Mechanical（机械）界面左侧"轮廓"的"几何结构"选项中的"固体"选项，即可在"'固体'的详细信息"面板中为模型添加材料。

步骤 5：在参数列表的"材料"中单击"任务"后的 按钮，选择刚刚设置的材料 mat1，即可将其添加到模型中。

用同样的方法将第二个"固体"的材料设置为 mat2、第三个"固体"的材料设置为 mat3、第四个"固体"的材料设置为 mat4，如图 5-39 所示。

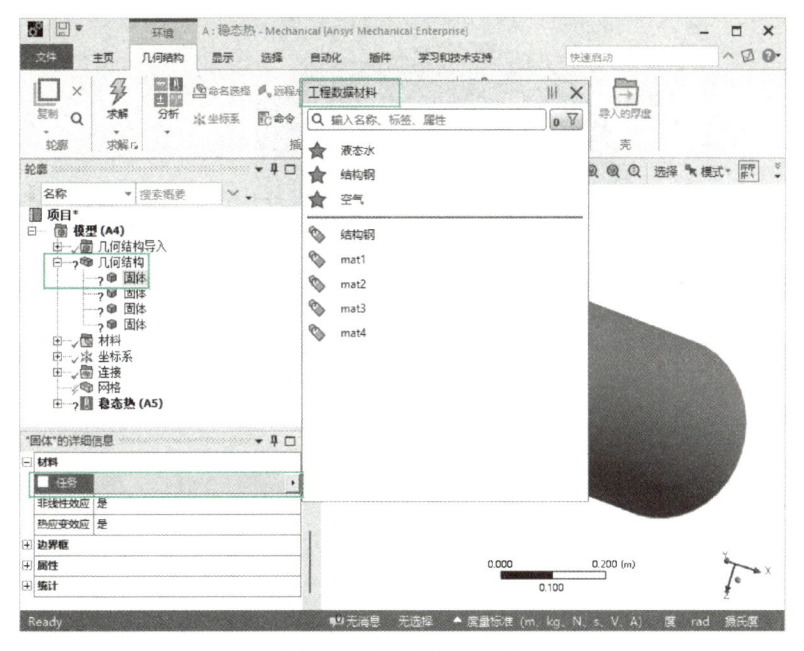

图 5-39　修改材料属性

5.3.6 划分网格

步骤 1：右击 Mechanical（机械）界面左侧"轮廓"中的"网格"选项，在弹出的快捷菜单中依次选择"插入"→"面网格剖分"命令，如图 5-40 所示。

图 5-40　选择"面网格剖分"命令

步骤 2：在"'面网格剖分'-映射的面网格剖分的详细信息"设置面板中进行如下操作：在"几何结构"栏中选中图示的三个小圆面，并单击"应用"按钮；在"分区的内部数量"栏中输入 3，如图 5-41 所示。

进行与步骤 2 相同的操作，在大圆面的"分区的内部数量"栏中输入 6。

步骤 3：在"轮廓"中选择"网格"选项并单击鼠标右键，在弹出的快捷菜单中选择"生成网格"命令，最终的网格效果如图 5-42 所示。

图 5-41　网格设置　　　　　　　　　　图 5-42　网格效果

5.3.7　施加载荷与约束

步骤 1：选择 Mechanical（机械）界面左侧"轮廓"中的"稳态热（A5）"选项，此时会出现图 5-43 所示的"环境"选项卡。选择"环境"选项卡中的"温度"命令。

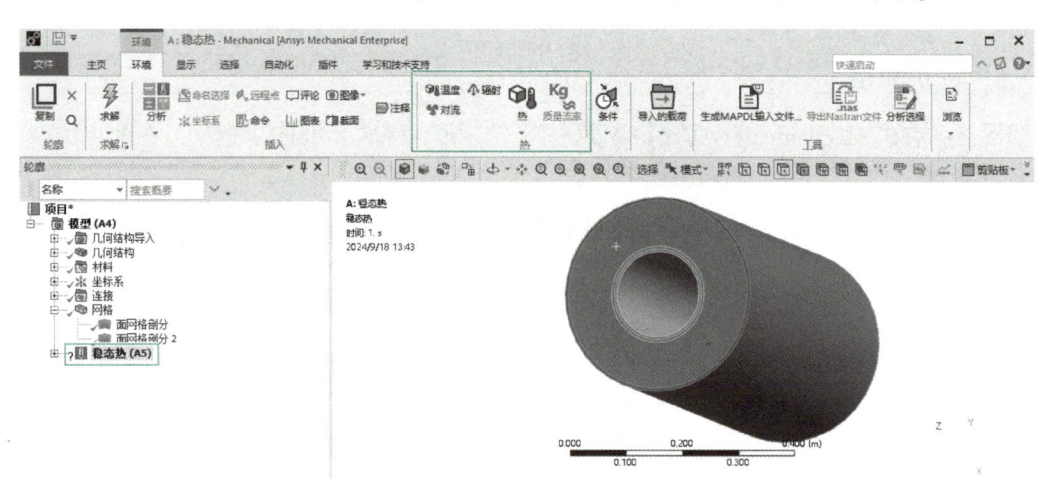

图 5-43　"环境"选项卡

步骤 2：此时在分析树中会出现温度选项，如图 5-44 所示。

步骤 3：选中"温度"，在"'温度'的详细信息"中进行如下操作：在"几何结构"中选择圆筒壁内表面，在"定义"→"大小"栏中输入 175，其余选项保持默认。即可完成一个温度的添加，如图 5-45 所示。

图 5-44　添加温度选项

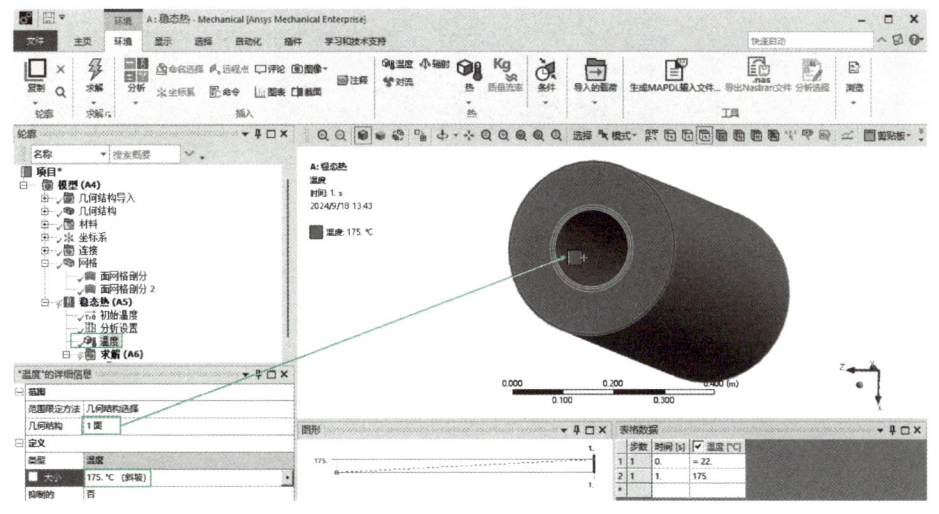

图 5-45　施加载荷（1）

步骤 4：选中"温度 2"，在"'温度 2'的详细信息"中进行如下操作：在"几何结构"中选择圆筒壁最外表面，在"定义"→"大小"栏中输入 50，其余选项保持默认。即可完成另一个温度的添加，如图 5-46 所示。

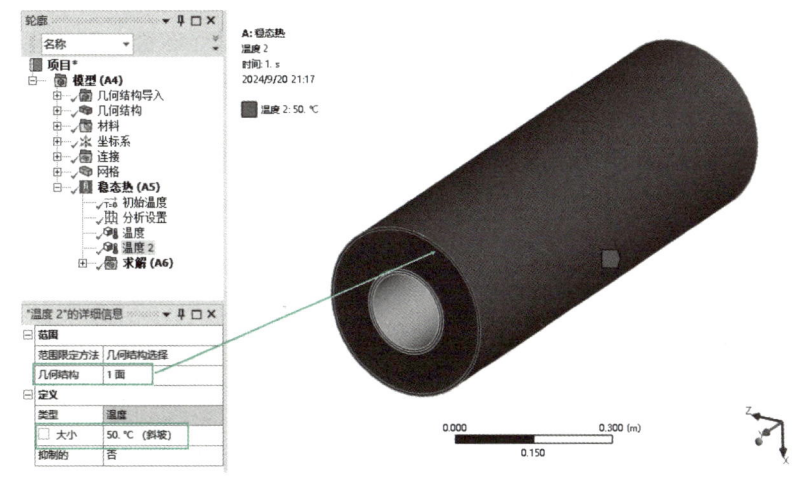

图 5-46　施加载荷（2）

步骤 5：在"轮廓"中选择"稳态热（A5）"选项并单击鼠标右键，在弹出的快捷菜单中选择"求解"命令，如图 5-47 所示。

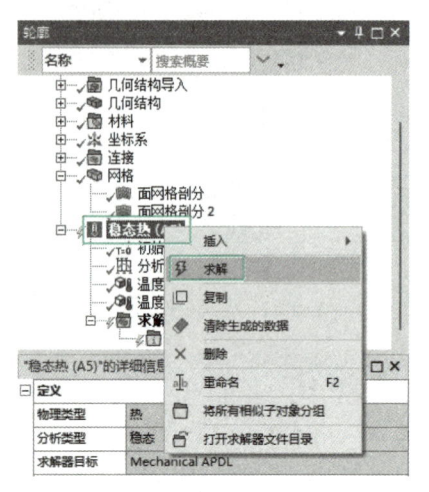

图 5-47 选择"求解"命令

5.3.8 结果后处理

步骤 1：选择 Mechanical（机械）界面左侧"轮廓"中的"求解（A6）"选项，此时会出现图 5-48 所示的"求解"选项卡。

图 5-48 "求解"选项卡

步骤 2：选择"求解"选项卡中的"热"→"温度"命令，如图 5-49 所示。此时在分析树中会出现"温度"选项。

步骤 3：在"轮廓"中选择"求解（A6）"选项并单击鼠标右键，在弹出的快捷菜单中选择"评估所有结果"命令，如图 5-50 所示。此时会弹出进度显示条，表示正在求解。求解完成后进度条自动消失。

图 5-49 添加温度选项   图 5-50 快捷菜单

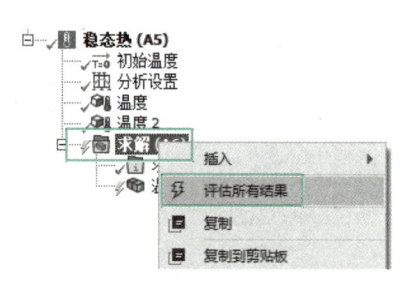

步骤 4：选择"轮廓"的"求解（A6）"中的"温度"选项，温度分布如图 5-51 所示。

步骤 5：单击"几何结构"选项，然后选择 mat2、mat3、mat4 材料的几何体，并单击鼠标右键，在弹出的快捷菜单中选择"隐藏几何体"命令，如图 5-52 所示。则 mat2、mat3、mat4 几何体将被隐藏，如图 5-53 所示。

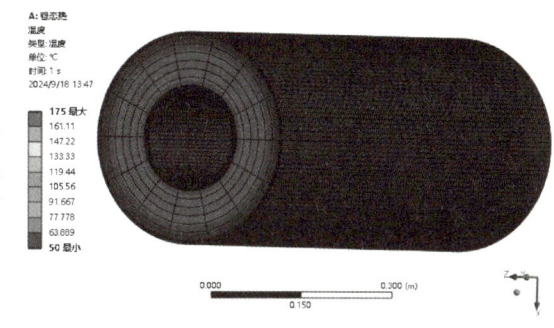

图 5-51　温度分布

图 5-52　快捷菜单

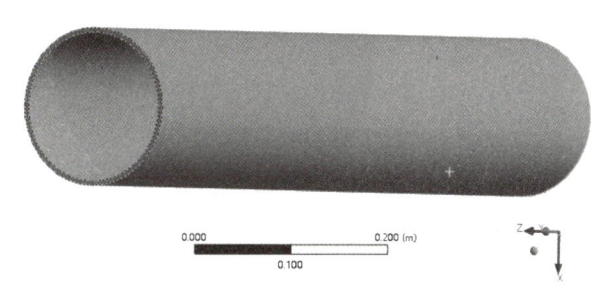

图 5-53　几何体被隐藏

步骤 6：单击工具栏中的面选择工具，选择当前状态下 X 轴坐标最大位置处的面，然后选择"热"→"总热通量"选项，如图 5-54 所示。

步骤 7：管道的"总热通量"如图 5-55 所示。

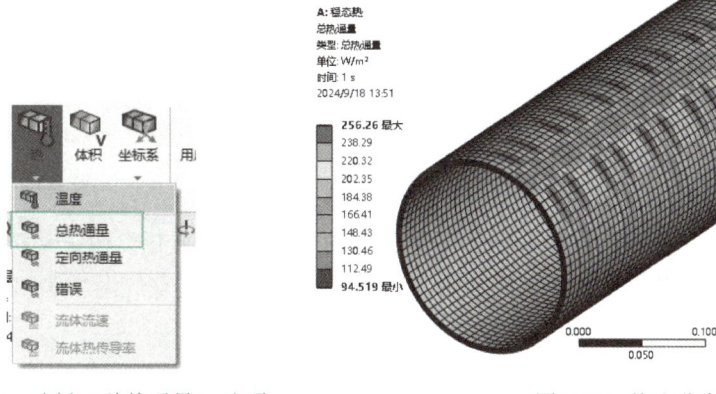

图 5-54　选择"总热通量"选项

图 5-55　热流分布

5.3.9　保存与退出

单击 Mechanical（机械）右上角的 ✕（关闭）按钮，返回 Workbench 主界面。单击 🖫（保存）按钮保存文件，然后单击 ✕（关闭）按钮，退出 Workbench 主界面。

5.4　本章小结

在本章中，我们首先对稳态传热理论及基本公式进行了介绍。然后分别以板和圆柱为例，介绍了不同情况的传热解析计算方法与仿真计算方法，并对比了两种计算方法的计算结果。

第 6 章
非稳态热分析

在自然界和工程中，很多导热过程是非稳态的，即温度场是随时间而变化的。例如，室外空气温度和太阳辐射的周期变化引起房屋维护结构（墙壁、屋顶等）温度场的变化，采暖设备间歇供暖时引起墙内外温度变化等，都是非稳态导热过程。

按照过程进行的特点，非稳态导热过程可以分为周期性非稳态导热过程和瞬态非稳态导热过程两大类。在周期性非稳态导热过程中，物体的温度按照一定的周期发生变化。例如，以 24 小时为周期，或以 8760 小时（即一年）为周期。温度的周期性变化使物体传递的"总热通量"也表现出周期性变化的特点。

在瞬态导热过程中，物体的温度随时间不断地升高（加热过程）或降低（冷却过程），在经历相当长的时间之后，物体的温度逐渐趋近于周围介质的温度，最终达到热平衡。本章将分别对两类非稳态导热过程进行分析和阐述。

6.1 非稳态导热的基本概念

首先分析瞬态导热过程。以采暖房屋外墙为例来分析墙内温度场的变化。假定采暖设备开始供热前，墙内温度场是稳态的，温度分布的情形如图 6-1a 所示。室内空气温度为 t'_{f1}，墙内表面温度为 t'_{w1}，墙外表面温度为 t'_{w2}，室外空气温度为 t_{f2}。

当采暖设备开始供热时，室内空气很快上升到 t''_{f1} 并保持稳定。由于室内空气温度的升高，它和墙内表面之间的对流换热热流密度增大，墙壁温度也随之升高，如图 6-1b 所示。

开始时 t_{w1} 升高的幅度较大，依次地 t_a、t_b、t_c 和 t_{w2} 升高的幅度较小，而在短时间内 t_{w2} 几乎不发生变化。随着时间的推移，各层温度逐渐按不同幅度升高。t_{f2} 是室外空气温度，假定在此过程中保持不变。

关于热流密度的变化，一开始由于墙内表面温度不断地升高，室内空气与它之间的对流换热系数密度 q_1 会不断减小；而墙外表面与室外空气之间的对流换热密度 q_2 却因墙外表面温度随时间不断升高而逐渐增大，如图 6-1c 所示。与此同时，通过墙内各层的热流密度 q_a、q_b 和 q_c 也将随时间发生变化，并且彼此各不相等。

在经历一段相当长时间之后，墙内温度分布趋于稳定，建立新的稳态温度分布，即图 6-1a 中的 t''_{f1}-t''_{w1}-t''_{w2}-t_{f2}。当室内尚未开始供热时，墙内和室内外空气温度是稳态的，所以 q_1 等于

q_2,而且等于通过墙的传热量 q'。

在两个稳态之间的变化过程中,热流密度 q_1 和 q_2 是不相等的,它们的差值(即图 6-1c 中的阴影面积)为墙本身温度的升高提供了热量。所以,瞬态导热过程必定伴随着物体的加热或冷却过程。

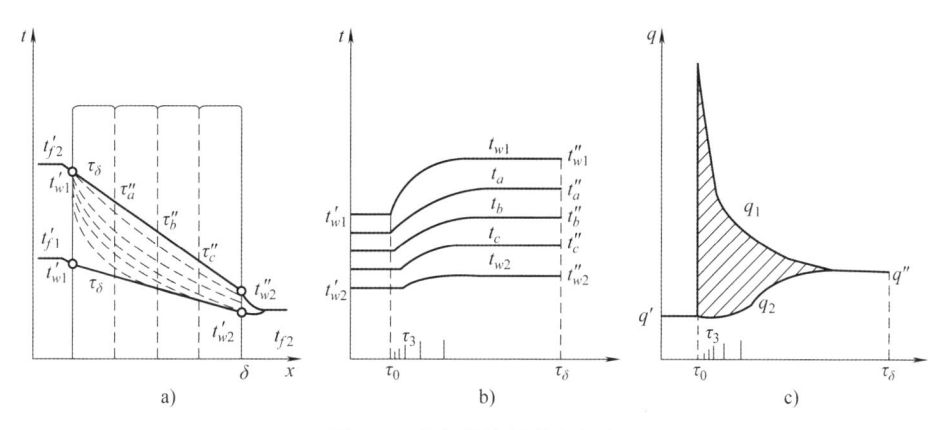

图 6-1 瞬态导热的基本概念

综上所述,在物体的加热或冷却过程中,温度分布的变化可以划分为三个基本阶段。第一阶段是过程开始的一段时间,它的特点是温度变化从边界面(如上述案例中墙内表面 t'_{w1}),逐渐深入物体内部,此时物体各处温度随时间的变化率是不一样的,温度分布受初始温度分布的影响很大,这一阶段称为不规则情况阶段。

随着时间的推移,初始温度分布的影响逐渐消失,进入第二阶段,此时物体内各处温度随时间的变化率具有一定的规律,称为正常情况阶段。物体加热和冷却的第三阶段就是建立新的稳态阶段,在理论上需要经过无限长的时间才能达到。事实上经过一段较长的时间后,物体各处的温度可近似地认为已达到新的稳态。

周期性的非稳态导热也是供热和空调工程中常遇到的一种情况。例如,夏季室外空气温度 t_f 以一天 24 小时为周期进行周而复始的变化,相应地室外墙面温度 $t|_{x=0}$ 也以 24 小时为周期进行变化,但是它比室外空气温度变化滞后一个相位,如图 6-2a 所示。

这时尽管空调房间室内温度维持稳定,但墙内各处的温度受室外温度周期变化的影响,也会以同样的周期进行变化,如图 6-2b 所示。图中两条虚线分别表示墙内各处温度变化的最高值与最低值,图中的斜线表示墙内各处温度周期性波动的平均值。如果将某一时刻 τ_x 墙内各处的温度连接起来,就得到 τ_x 时刻墙内的温度分布。

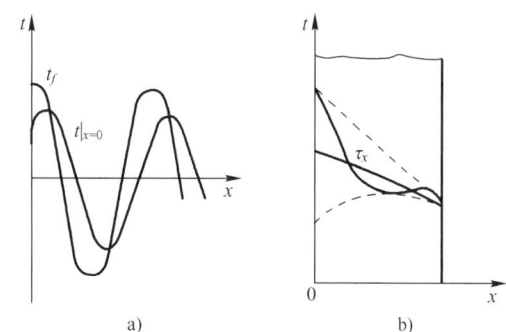

图 6-2 周期性导热的基本概念

上述分析表明,在周期性非稳态导热问题中,一方面物体内各处的温度按一定的振幅随时间进行周期性波动;另一方面,同一时刻物体内的温度分布也呈周期性波动。例如,τ_x 时刻墙内的温度分布,如图 6-2b 所示。这就是周期性非稳态导热现象的特点。

在建筑环境与设备工程专业的热工计算中,这两类非稳态导热问题都会遇到,而热工计算的目的,归根到底就是要找出温度分布和"总热通量"随时间和空间的变化规律。

6.2 无限大平壁导热分析

本节将主要介绍一个二维的无限大平壁的导热过程的解析计算方法与仿真操作流程。

学习目标	熟练掌握无限大平壁瞬态热的建模方法及求解过程，同时掌握无限大平壁瞬态导热的解析计算方法
模型文件	无
结果文件	Chapter6\char06-1\ex5.wbpj

6.2.1 问题描述

本实例为一个无限大平壁，厚度为 0.5m。已知平壁的热物性参数 $\lambda = 0.815\text{W}/(\text{m}\cdot\text{K})$，$c = 0.839\text{kJ}/(\text{kg}\cdot\text{K})$，$\rho = 1500\text{kg}/\text{m}^3$。壁内温度初始时均匀一致为 18℃，给定第三类边界条件：壁两侧面流体温度为 8℃，流体与壁面之间的表面传热系数 $h = 8.15\text{ W}/(\text{m}^2\cdot\text{K})$，试求 6h（小时）后平壁中心及表面的温度。

6.2.2 解析方法计算

【解】 根据平壁的热物性参数，求平壁的热扩散率

$$a = \frac{\lambda}{\rho c} = \frac{0.815}{1500 \times 0.839 \times 1000} = 0.65 \times 10^{-6} \text{m}^2/\text{s}$$

确定 F_O 和 Bi 准则

$$F_O = \frac{a\tau}{\delta^2} = \frac{0.65 \times 10^{-6} \times 6 \times 3600}{0.25^2} = 0.22$$

$$Bi = \frac{h\delta}{\lambda} = \frac{8.15 \times 0.25}{0.815} = 2.5$$

因为 $F_O > 0.2$，可知当 $Bi = 2.5$ 时，$\beta_1 = 1.1347$。于是

$$\sin\beta_1 = \sin\left(1.1347 \times \frac{180°}{\pi}\right) = 0.9064$$

$$\cos\beta_1 = \cos\left(1.1347 \times \frac{180°}{\pi}\right) = 0.4224$$

对于平壁中心，即 $x = 0$ 处，无量纲温度为

$$\frac{\theta_m}{\theta_0} = \frac{2\sin\beta_1}{\beta_1 + \sin\beta_1\cos\beta_1}\exp(-\beta_1^2 F_O) = \frac{2 \times 0.9064}{1.1347 + 0.9064 \times 0.4224}\exp(-0.283) = 0.9$$

而

$$\theta_m = 0.9\theta_0 = 0.9 \times (18-8) = 9℃$$

$$t_w = \theta_w + t_f = 9 + 8 = 17℃$$

对于平壁表面，即 $x = \delta$ 处，无量纲温度为

$$\frac{\theta_m}{\theta_0} = \frac{2\sin\beta_1}{\beta_1 + \sin\beta_1\cos\beta_1}\cos(\beta_1)\exp(-\beta_1^2 F_O)$$

$$= \frac{2 \times 0.9064}{1.1347 + 0.9064 \times 0.4224} \times 0.4224 \times \exp(-0.283) = 0.38$$

而
$$\theta_w = 0.38\theta_0 = 0.38 \times (18-8) = 3.8℃$$
$$t_w = \theta_w + t_f = 3.8 + 8 = 11.8℃$$

6.2.3 创建分析项目

步骤 1：在 Windows 系统下启动 ANSYS Workbench，进入主界面。

步骤 2：在 Workbench 平台中依次选择"工具"→"选项"命令，如图 6-3 所示。

步骤 3：在弹出的"选项"对话框中选择"几何结构导入"选项，在"分析类型"列表中选择分析类型为 2D，其余选择保持默认，单击 OK 按钮，如图 6-4 所示。

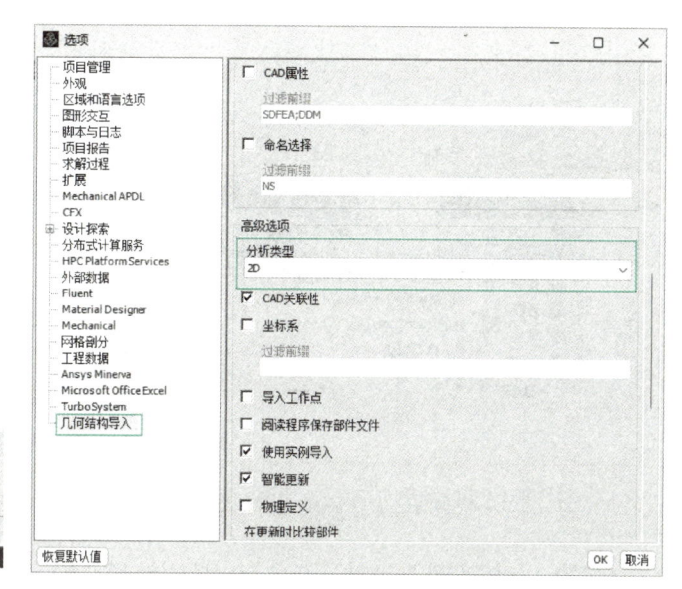

图 6-3 选择"选项"命令　　　　图 6-4 选择分析类型

步骤 4：双击主界面"工具箱"中的"分析系统"→"稳态热"选项，即可在"项目原理图"窗口创建分析项目 A，然后以同样的操作方式拖拽一个"瞬态热"到 A6 的"求解"中，如图 6-5 所示。

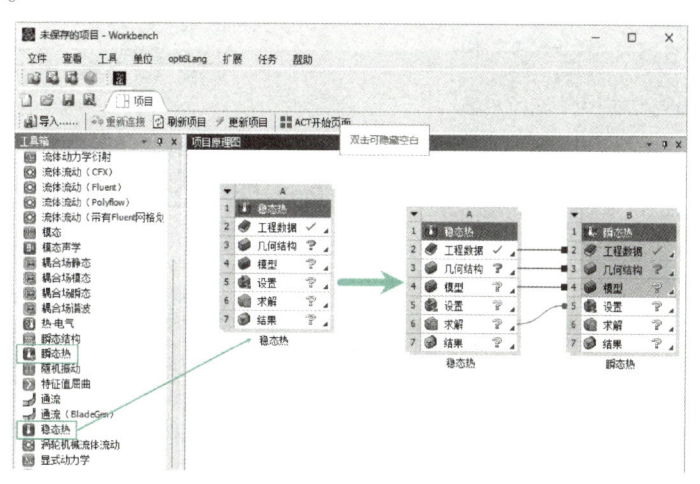

图 6-5 创建分析项目 A

6.2.4 创建几何体模型

步骤 1：在 A3 的"几何结构"上单击鼠标右键，在弹出的快捷菜单中选择"新的 DesignModeler 几何结构"命令，如图 6-6 所示。

步骤 2：在启动的 DesignModeler 几何建模窗口中进行几何体创建。设置长度单位为毫米，单击 DesignModeler 窗口中的"树轮廓"→"XY 平面"，再切换至"草图绘制"选项卡，选择"绘制"→"矩形"命令，从坐标原点开始绘制一个矩形。

步骤 3：选择"维度"→"通用"选项，标注矩形的长和宽，设置 V2 = 2000mm，H1 = 500mm，如图 6-7 所示。

图 6-6　导入几何体

图 6-7　标注

步骤 4：切换到"建模"选项卡，依次选择"概念"→"草图表面"命令，如图 6-8 所示。

步骤 5：在"详细信息视图"设置面板的"基对象"栏中选择刚才建立的"1 草图"，并单击工具栏中的"生成"按钮，如图 6-9 所示。

图 6-8　选择"草图表面"命令

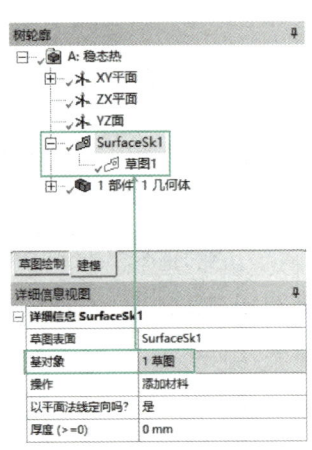

图 6-9　模型

步骤 6：几何体生成完成后，单击工具栏中的 按钮，在弹出的"另存为"对话框中设置名称为 ex5.wbpj，并单击"保存"按钮。

步骤 7：返回 DesignModeler 界面中，单击右上角的 ✖（关闭）按钮，退出 DesignModeler，返回 Workbench 主界面。

6.2.5 创建分析项目

步骤 1：在 Workbench 主界面右击 A2 的"工程数据"项，在弹出的图 6-10 所示的快捷菜单中选择"编辑"命令。

步骤 2：在"轮廓原理图 A2，B2：工程数据"栏的"材料"中输入材料名称为 mat，然后在左侧"工具箱"的"热"中选择"各向同性热导率"并直接拖拽到 mat 中。在"属性大纲行 3：mat"下面的"各向同性热导率"中输入 0.815、"密度"为 1500、"比热恒压"为 839，输入完成后，在工具栏中单击 A2,B2:工程数据 ✖ 中的"关闭"按钮，关闭材料设置窗口，如图 6-11 所示。

图 6-10 选择"编辑"命令

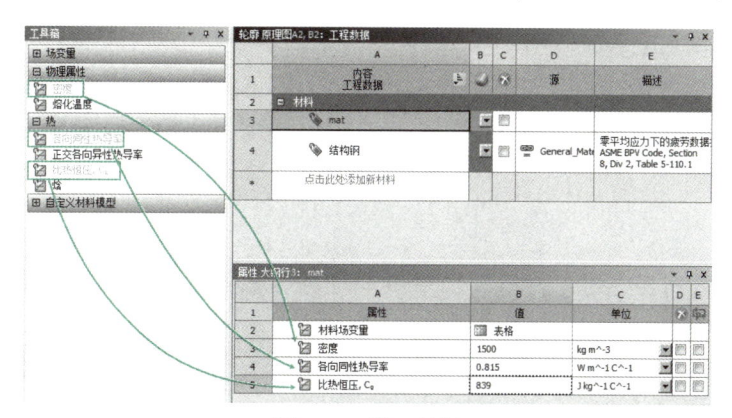

图 6-11 设置材料

步骤 3：在主界面项目管理区项目 A 中双击 A4 的"模型"项，进入图 6-12 所示的 Mechanical

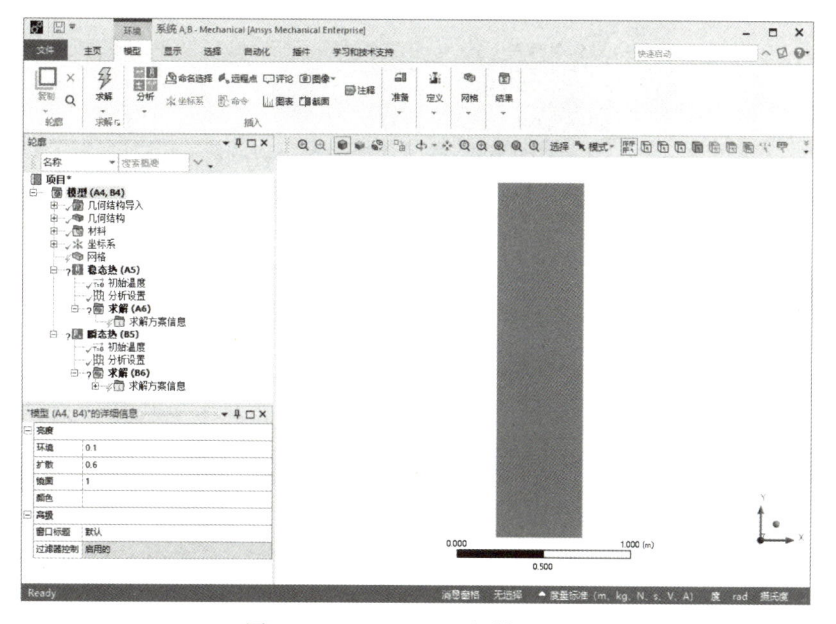

图 6-12 Mechanical（机械）界面

（机械）界面，在该界面下可进行网格的划分、分析设置、结果观察等操作。

步骤 4：在 Mechanical（机械）界面左侧"轮廓"中选择"几何结构"选项下的"表面几何体"选项，即可在"'表面几何体'的详细信息"中给模型添加材料，如图 6-13 所示。

图 6-13 修改材料属性

步骤 5：在参数列表中的"材料"下单击"任务"右侧的 ▶ 按钮，选择刚刚设置的材料 mat，将其添加到模型中。

6.2.6 划分网格

步骤 1：右击 Mechanical（机械）界面左侧"轮廓"中的"网格"选项，在弹出的快捷菜单中依次选择"插入"→"尺寸调整"命令，如图 6-14 所示。

图 6-14 选择"尺寸调整"命令

步骤 2：在"'边缘尺寸调整'-尺寸调整的详细信息"设置面板中进行如下操作：在"几何结构"栏中选中图示的四条边，并单击"应用"按钮；在"单元尺寸"栏中输入 5.e-002m，其余选项保持默认，如图 6-15 所示。

步骤 3：在"轮廓"中的"网格"选项上单击鼠标右键，在弹出的快捷菜单中选择"生成网格"命令，最终的网格效果如图 6-16 所示。

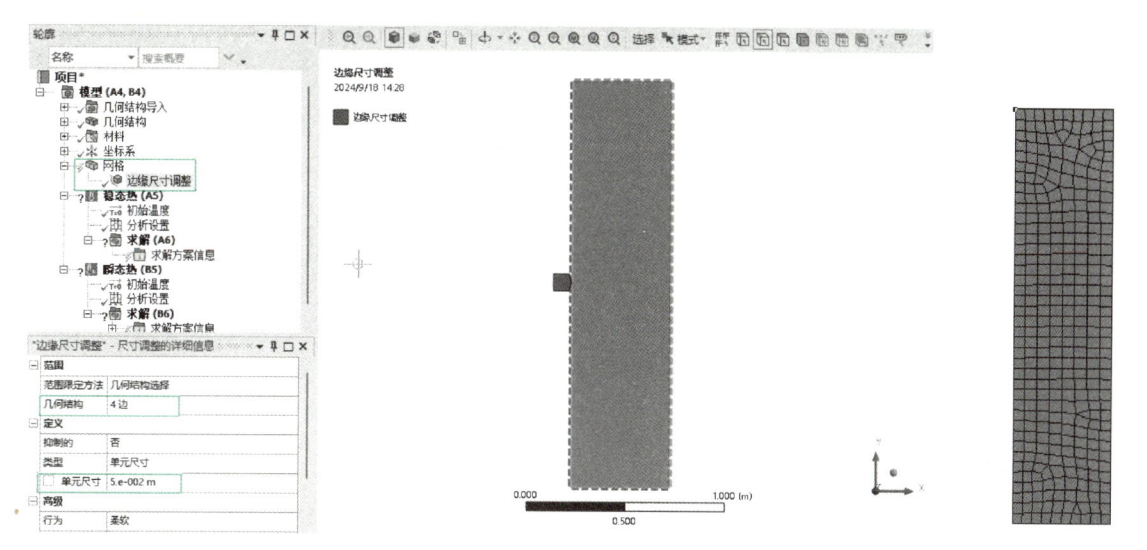

图 6-15　网格设置

图 6-16　网格效果

6.2.7 施加载荷与约束

步骤 1：选择 Mechanical（机械）界面左侧"轮廓"中的"稳态热（A5）"选项，此时会出现"环境"选项卡，单击"环境"选项卡中的"温度"按钮，如图 6-17 所示。

步骤 2：此时在分析树中会出现"温度"选项，如图 6-18 所示。

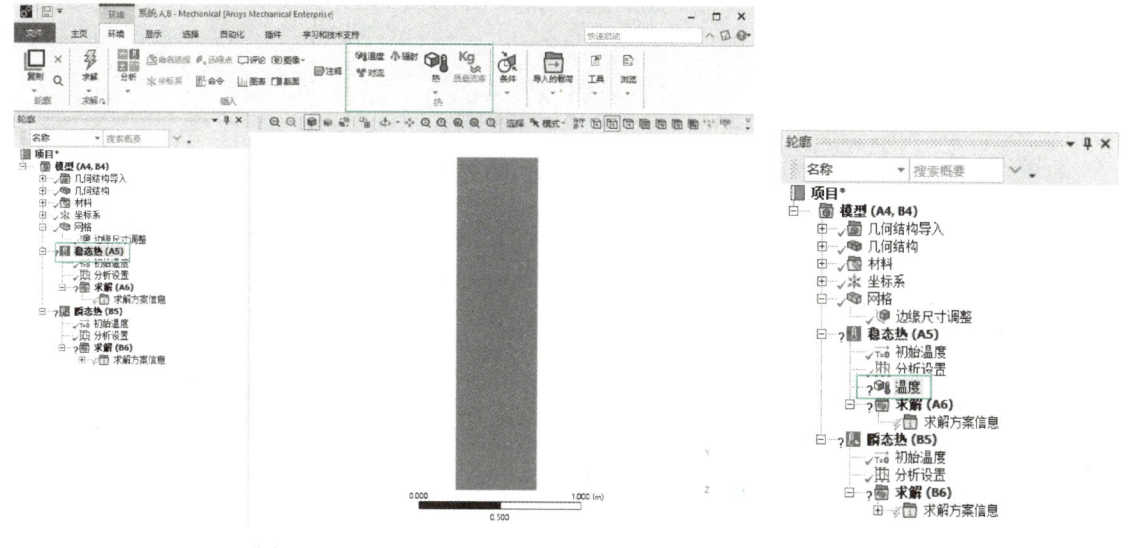

图 6-17　"环境"选项卡

图 6-18　添加载荷

步骤 3：选中"温度"选项，在"'温度'的详细信息"面板中进行如下操作：在"几何结构"中选择几何表面，在"定义"→"大小"栏中输入 18，其余选项保持默认，完成一个温度的添加，如图 6-19 所示。

步骤 4：在"轮廓"中选择"稳态热（A5）"选项并单击鼠标右键，在弹出的快捷菜单中选择"求解"命令，如图 6-20 所示。

145

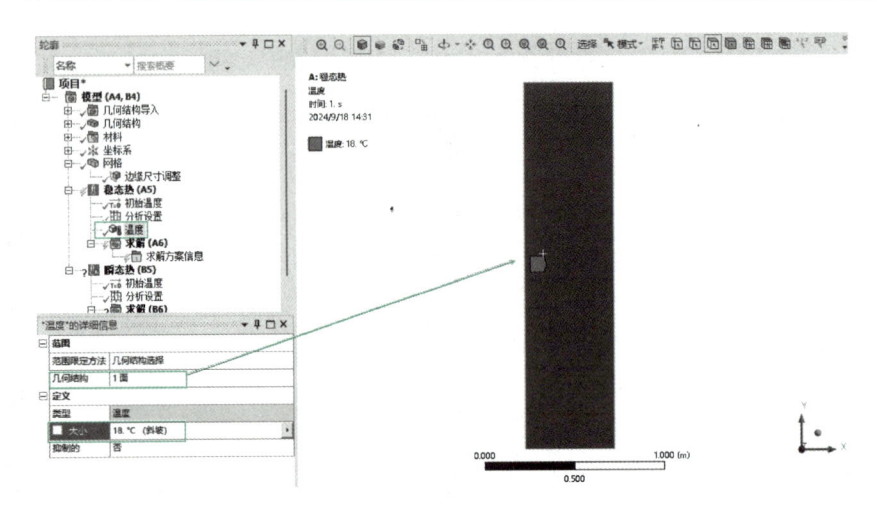

图 6-19 施加载荷

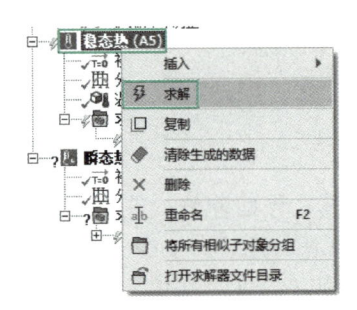

图 6-20 选择"求解"命令

6.2.8 瞬态计算

步骤 1：选择 Mechanical（机械）界面左侧"轮廓"中的"瞬态热（B5）"选项，如图 6-21 所示。此时会出现"环境"选项卡。

步骤 2：单击"环境"选项卡中的"对流"按钮，此时在分析树中会出现"对流"选项，如图 6-22 所示。

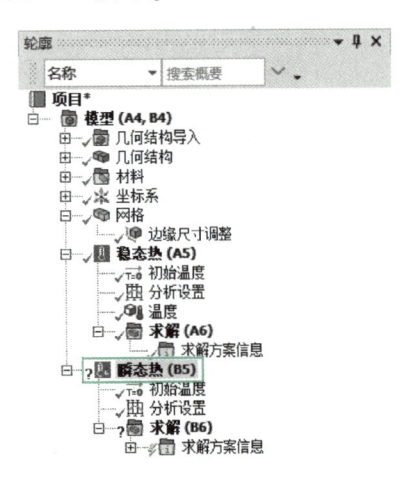

图 6-21 "求解"选项卡

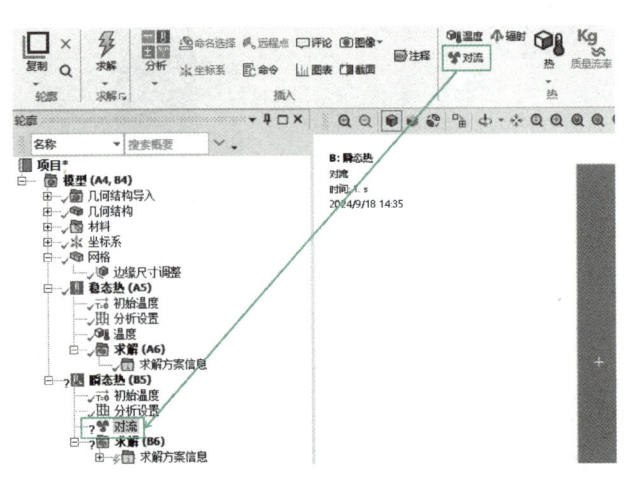

图 6-22 添加对流选项

步骤 3：选择"对流"选项，在出现的"'对流'的详细信息"设置面板中进行如下设置：在"几何结构"栏中选中两侧的边线；在"薄膜系数"栏中输入对流系数为 8.15；在"环境温度"栏中输入环境温度为 8℃，如图 6-23 所示。

步骤 4：设置分析选项。选择"瞬态热（B5）"下面的"分析设置"选项，在图 6-24 所示的分析选项设置面板中进行如下设置：在"步骤结束时间"栏中输入 21600s；在"自动时步"栏中选择"关闭"选项；在"定义依据"栏中选择"子步"选项；在"子步数量"栏中输入 100，其余选项保持默认即可。

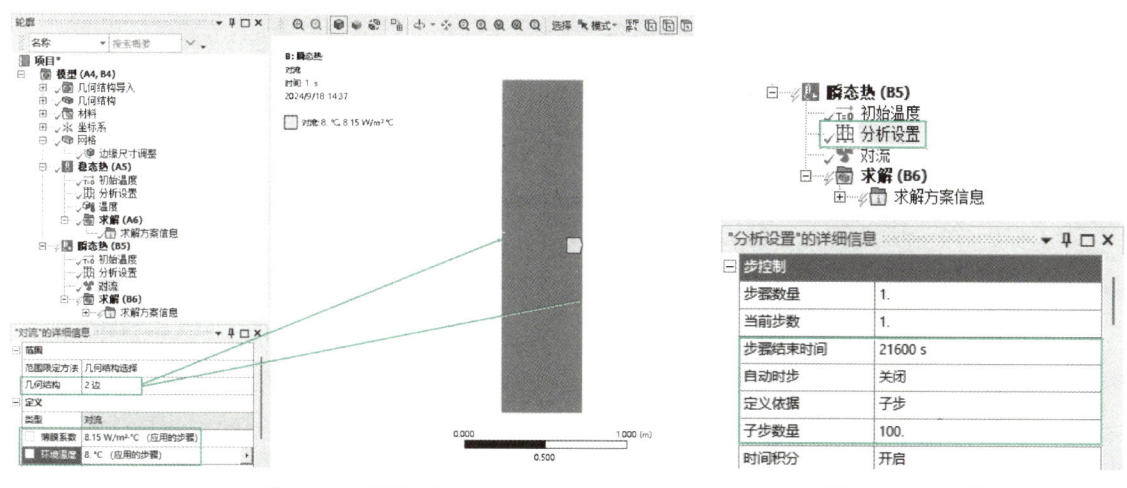

图 6-23 对流选项

图 6-24 分析设置

步骤 5：在"轮廓"中选择"瞬态热（B5）"选项并单击鼠标右键，在弹出的快捷菜单中选择"求解"命令，如图 6-25 所示。此时会弹出进度显示条，表示正在求解，当求解完成后进度条自动消失。

步骤 6：选择"轮廓"的"求解（B6）"中的"温度"选项，得出温度分布图，如图 6-26 所示。

步骤 7：选择"求解"→"求解方案信息"→"温度-全局最大值"选项，将显示图 6-27 所示的温度曲线图。

图 6-25 选择"求解"命令

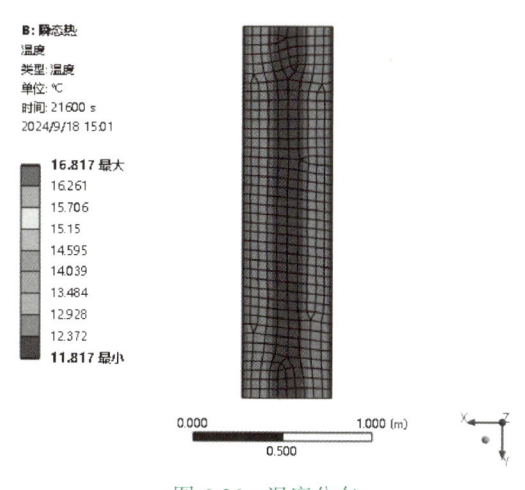

图 6-26 温度分布

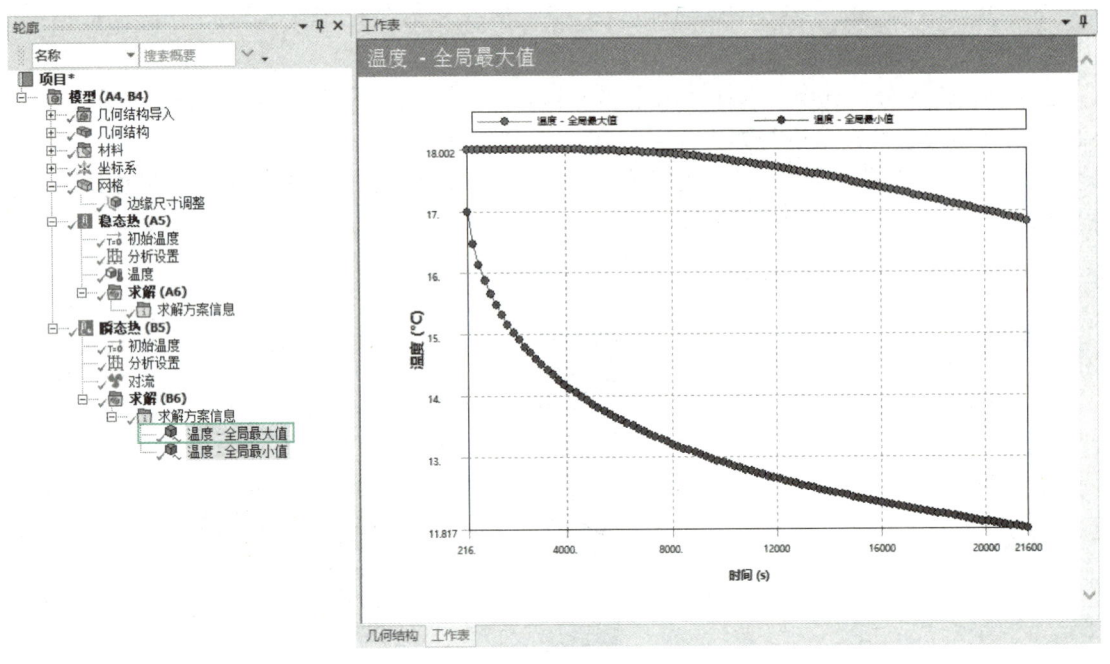

图 6-27 温度曲线

6.2.9 保存与退出

单击 Mechanical（机械）右上角的 ✕（关闭）按钮，返回 Workbench 主界面，单击 📳（保存）按钮保存文件，然后单击 ✕（关闭）按钮，退出 Workbench 主界面。

【分析】 解析解与仿真解见表 6-1。

表 6-1 解析解与仿真解

结 果	解 析 解	仿 真 解
中心温度	17	16.817
侧面温度	11.8	11.817

从上述分析可以看出，仿真结果与解析方法算出的结果一致。

6.3 热电偶接点散热仿真

本节主要对一个热电偶的接点（近似为一个球体）的温度与散热过程进行解析计算，同时给出了仿真计算的操作方法。

学习目标	熟练掌握热电偶的接点瞬态热的建模方法及求解过程，掌握热电偶的接点瞬态导热的解析计算方法
模型文件	无
结果文件	Chapter6\char06-2\ex6.wbpj

6.3.1 问题描述

用一个热电偶测量气流的温度，其接点可近似为一个球体，如图 6-28 所示。接点表面与气流之间的对流换热系数为 $h=400\ \text{W}/(\text{m}^2\cdot\text{K})$、接点的热物性为 $k=20\text{W}/(\text{m}\cdot\text{K})$、$c=400\text{J}/(\text{kg}\cdot\text{K})$、$\rho=8500\ \text{kg}/\text{m}^3$。确定使时间常数为 1s 的热电偶接点的直径，以及若将温度为 25℃ 的接点放在 200℃ 的气流中，热电偶接点达到 199℃ 需要多少时间。

图 6-28　模型

6.3.2 解析解法介绍

【解】 我们需要确定接点的直径大小，由热时间常数公式 $\tau_t=\left(\dfrac{1}{hA_s}\right)(\rho V c)=R_t C_t$ 及 $A_s=\pi D^2$ 和 $V=\pi^3/6$ 可得

$$\tau_t=\frac{1}{h\pi D^2}\times\frac{\rho\pi D^3}{6}c$$

重新整理后代入数值得

$$D=\frac{6h\tau_t}{\rho c}=\frac{6\times 400\times 1}{8500\times 400}=7.06\times 10^{-4}\text{m}$$

利用 $L_c=r_0/3$，由式 $Bi=\dfrac{hL_c}{k}=\dfrac{400\times\dfrac{7.06\times 10^{-4}}{2\times 3}}{20}=0.0024<0.1$ 可知，可以采用集总参数法进行近似计算。即

$$t=\frac{\rho(\pi D^3/6)c}{h(\pi D^2)}\ln\frac{T_i-T_\infty}{T-T_\infty}=\frac{\rho D c}{6h}\ln\frac{T_i-T_\infty}{T-T_\infty}$$

$$=\frac{8500\times 7.06\times 10^{-4}\times 400}{6\times 400}\ln\frac{25-200}{199-200}=5.2\text{s}$$

6.3.3 创建分析项目

步骤1：在 Windows 系统下启动 ANSYS Workbench，进入主界面。

步骤2：双击主界面"工具箱"中的"分析系统"→"稳态热"选项，右击 A6，创建一个瞬态热分析，即可在"项目原理图"窗口创建分析项目，如图 6-29 所示。

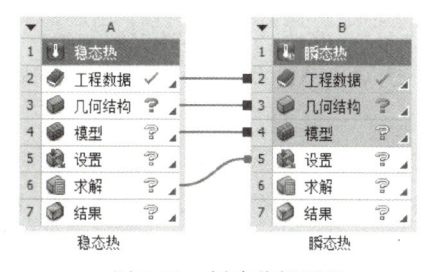

图 6-29　创建分析项目

6.3.4 创建几何体模型

步骤1：在A3的"几何结构"上单击鼠标右键，在弹出的快捷菜单中选择"新的DesignModeler几何结构"命令，如图6-30所示。

步骤2：在启动的DesignModeler几何建模窗口中进行几何体创建。设置长度单位为毫米，依次选择菜单栏中的"创建"→"原语"→"球体"命令，将出现"详细信息视图"设置面板，在"FD6,半径(>0)"栏中输入半径为0.353mm，如图6-31所示。

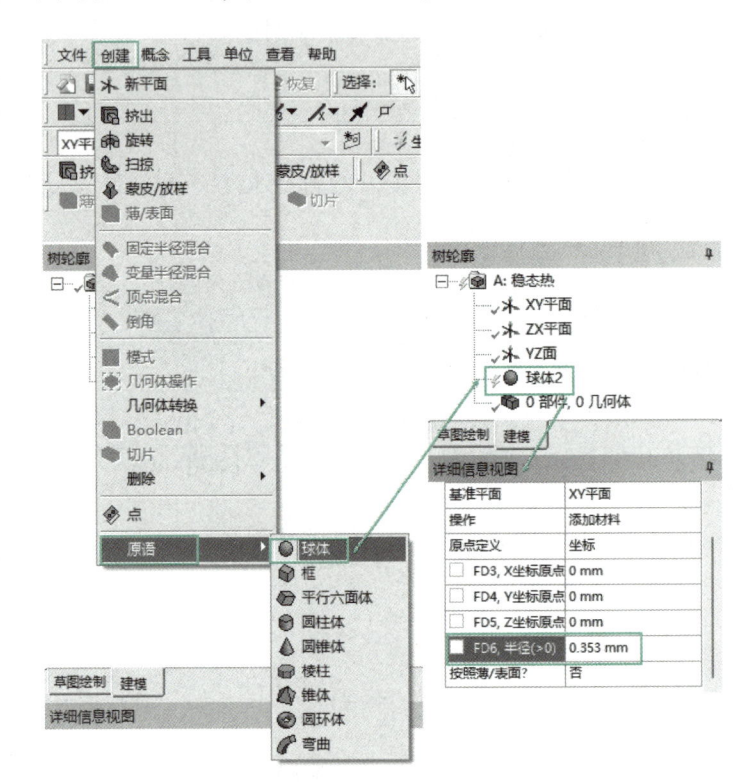

图6-30 创建几何体

图6-31 生成后的DesignModeler界面

步骤3：单击工具栏中的 按钮，在弹出的"另存为"对话框中设置名称为ex6.wbpj，并单击"保存"按钮。

步骤4：返回DesignModeler界面中，单击右上角的 （关闭）按钮，退出DesignModeler，返回Workbench主界面。

6.3.5 创建分析项目

步骤1：在Workbench主界面双击A2的"工程数据"，进入Mechanical（机械）热分析的材料设置界面，如图6-32所示。

步骤2：在"轮廓原理图A2，B2：工程数据"栏的"材料"中输入材料的名称为mat，然后在左侧"工具箱"的"热"下选择"各向同性热导率"并直接拖拽到mat中，此时在"属性大纲行3：mat"中，设置"各向同性热导率"为20、"密度"为8500、"比热恒压"为400，在工具栏中单击 按钮关闭材料设置窗口。

150

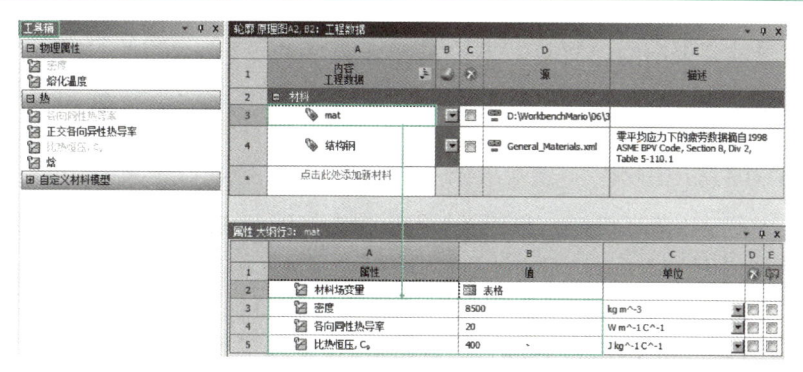

图 6-32 设置材料

步骤 3：在主界面项目管理区项目 A 中双击 A4 的"模型"项，进入图 6-33 所示的"系统 A，B-Mechanical（机械）[Ansys Mechanical（机械）Enterprise]"界面，在该界面下进行网格的划分、分析设置、结果观察等操作。

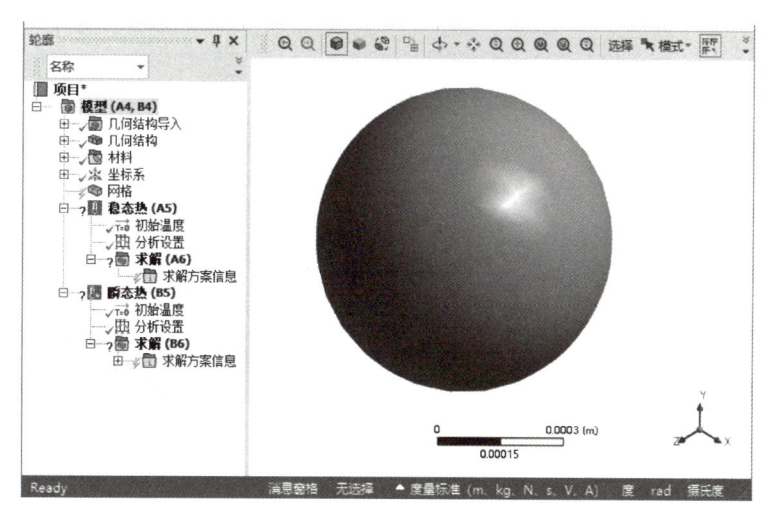

图 6-33 Mechanical（机械）界面

步骤 4：在 Mechanical（机械）界面左侧"轮廓"面板中，选择"几何结构"下的"固体"选项。即可在"'固体'的详细信息"面板中为模型添加材料，如图 6-34 所示。

图 6-34 修改材料属性

步骤 5：在参数列表中的"材料"下单击"任务"右侧的 ▶ 按钮，选择刚刚设置的材料 mat，将其添加到模型中。

6.3.6 划分网格

步骤 1：在 Mechanical（机械）界面左侧"轮廓"面板中选择"网格"选项，在设置面板的"单元尺寸"栏中输入 1.e-004m，如图 6-35 所示。

步骤 2：选择"轮廓"面板中的"网格"选项并单击鼠标右键，在弹出的快捷菜单中选择"生成网格"命令，最终的网格效果如图 6-36 所示。

图 6-35　网格设置　　　　图 6-36　网格效果

6.3.7 施加载荷与约束

步骤 1：在 Mechanical（机械）界面左侧的"轮廓"面板中选择"稳态热（A5）"选项，此时会出现图 6-37 所示的"环境"选项卡，单击"温度"按钮。

步骤 2：此时在分析树中会出现"温度"选项，如图 6-38 所示。

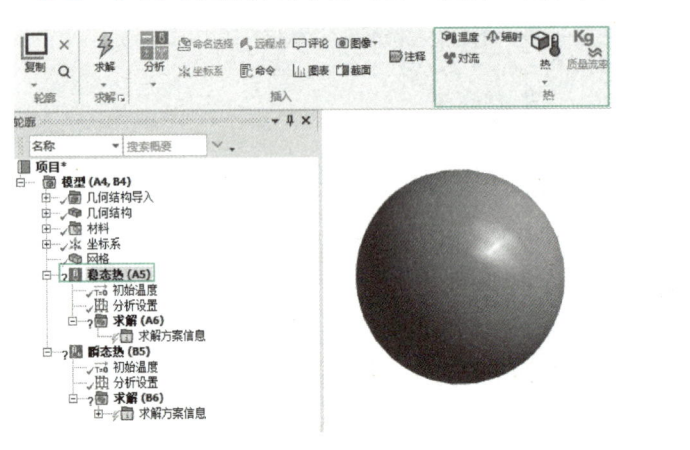

图 6-37　"环境"选项卡　　　　图 6-38　添加载荷

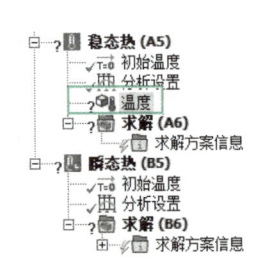

第 6 章
非稳态热分析

步骤 3：选中"温度"选项，在"'温度'的详细信息"设置面板中进行如下操作：在"几何结构"中选择球体，在"定义"的"大小"栏中输入 25，其余选项保持默认，即可完成一个温度的添加，如图 6-39 所示。

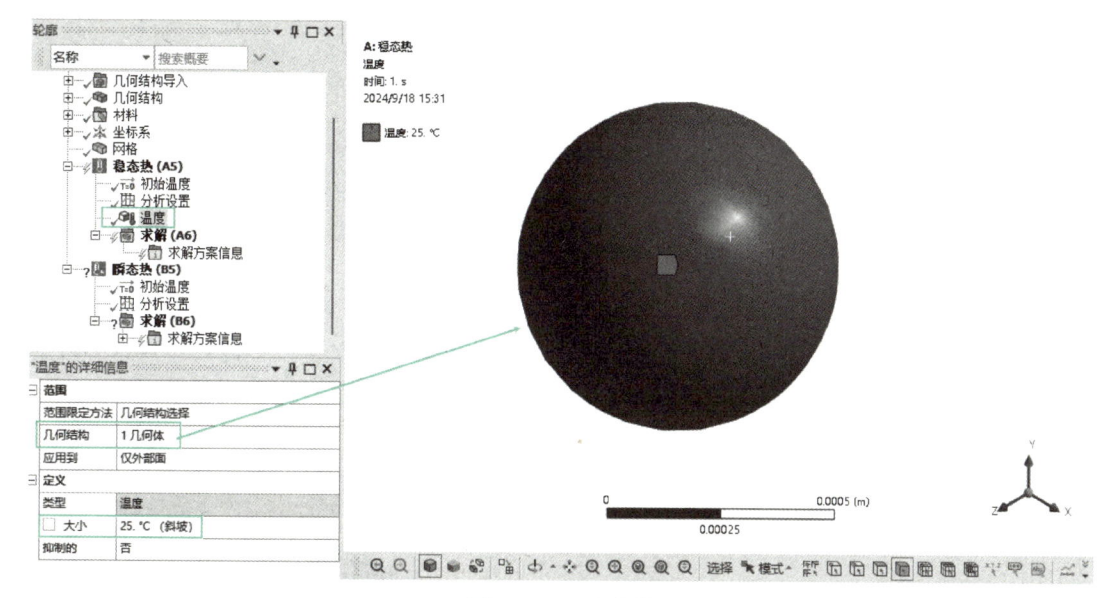

图 6-39 温度载荷

步骤 4：在"轮廓"面板中右击"稳态热（A5）"选项，在弹出的快捷菜单中选择"求解"命令，如图 6-40 所示。

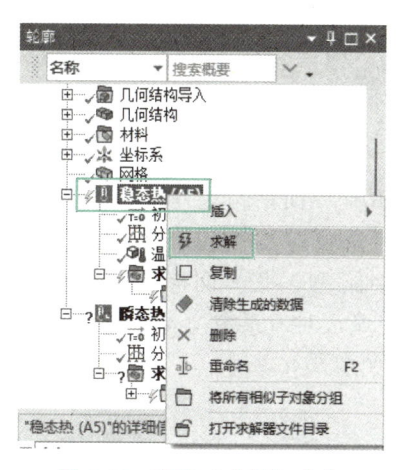

图 6-40 选择"求解"命令

6.3.8 结果后处理

步骤 1：在 Mechanical（机械）界面左侧的"轮廓"面板中选择"求解（A6）"选项，如图 6-41 所示。此时会出现"求解"选项卡。

步骤 2：选择"求解"选项卡中的"热"→"温度"选项，如图 6-42 所示。此时在分析树中会出现"温度"选项。

153

图 6-41 "求解"选项卡　　　　　图 6-42 添加温度选项

步骤 3：在"轮廓"面板中选择"求解（A6）"选项并单击鼠标右键，在弹出的快捷菜单中选择"评估所有结果"命令，如图 6-43 所示。此时会弹出进度显示条，表示正在求解，当求解完成后进度条自动消失。

步骤 4：在"轮廓"面板中选择"求解（A6）"下的"温度"选项，查看温度分布，如图 6-44 所示。

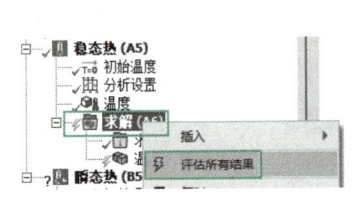

图 6-43 快捷菜单　　　　　图 6-44 温度分布

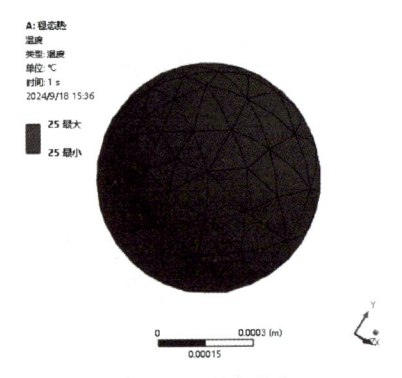

步骤 5：在 Mechanical（机械）界面左侧的"轮廓"面板中选择"瞬态热（B5）"选项，在出现的图 6-45 所示的"环境"选项列表中选择"对流"选项。

步骤 6：在"'对流'的详细信息"设置面板中进行如下设置：在"几何结构"栏中确定球面被选中；在"薄膜系数"栏输入对流系数为 400；在"环境温度"栏输入此时的环境温度为 200℃，其余设置保持默认，如图 6-46 所示。

图 6-45 选择"对流"选项　　　　　图 6-46 温度分布

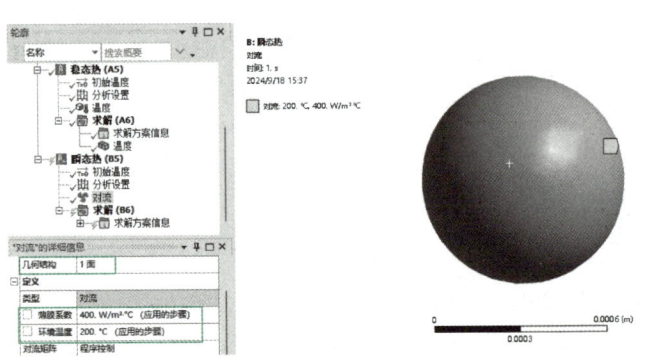

步骤7：设置分析选项。选择"瞬态热（B5）"下面的"分析设置"，在图6-47所示的分析选项设置面板中进行如下设置：在"步骤结束时间"栏中输入10s；在"自动时步"栏中选择"关闭"选项；在"定义依据"栏中选择"子步"选项；在"子步数量"栏中输入200，其余选项保持默认。

步骤8：选择"轮廓"中的"瞬态热（B5）"选项并单击鼠标右键，在弹出的快捷菜单中选择"求解"命令，如图6-48所示。

图6-47 分析设置

图6-48 选择"求解"命令

步骤9：选择"求解"→"求解方案信息"→"温度-全局最大值"选项，将显示图6-49所示的温度曲线图。

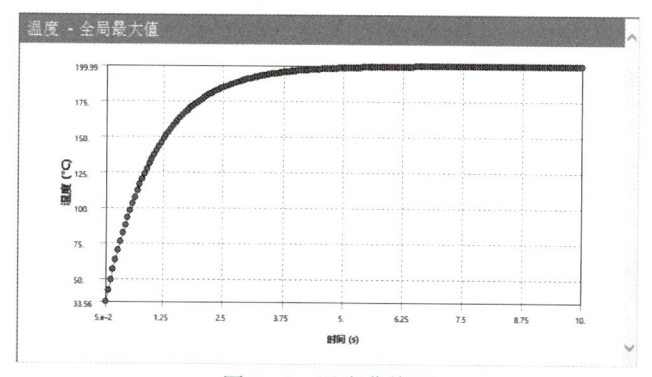

图6-49 温度曲线图

步骤10：添加一个"温度"后处理命令，通过后处理查看各个时刻的温度值，可以看出5.3s时的温度为199.00℃，如图6-50所示。

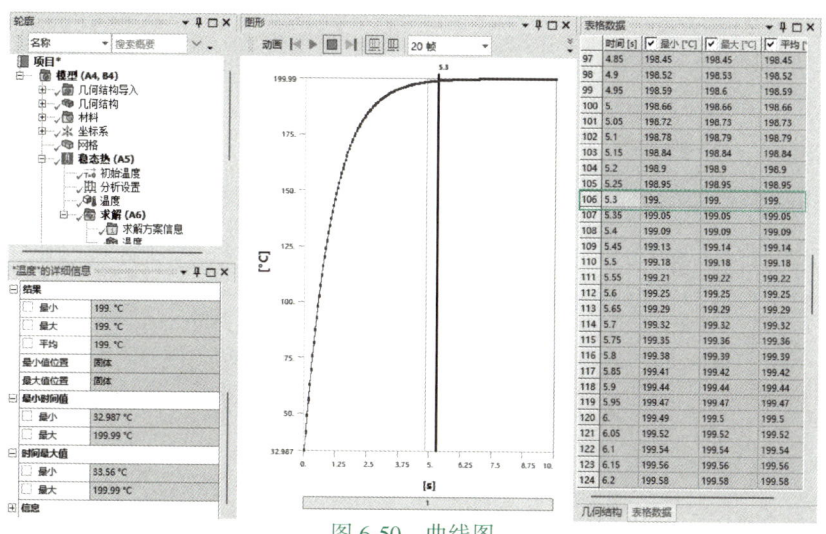

图6-50 曲线图

6.3.9 保存与退出

单击 Mechanical（机械）右上角的 ✕（关闭）按钮，返回 Workbench 主界面，单击 🖫（保存）按钮保存文件，然后单击 ✕（关闭）按钮，退出 Workbench 主界面。

【分析】 解析解与仿真解见表 6-2。

表 6-2 解析解与仿真解

结　果	解　析　解	仿　真　解
时间	5.2s	5.3s

从上述分析可以看出，仿真结果与解析方法算出的结果一致。

6.4 本章小结

本章首先对非稳态导热的基本概念介绍，分析了瞬态导热过程和周期性的非稳态导热。然后分别以板、圆柱及球体为例，对不同情况的传热解析计算方法与仿真计算方法进行了详细介绍，并对比了两种计算方法的计算结果。

第 7 章
非线性热分析

材料的热物性参数时时刻刻都在变化，非线性传热分析就是对此进行分析。本章主要通过一个金属平板结构非线性分析的实例，对非线性传热的分析方法进行介绍。读者可以通过对每一个步骤的操作练习，学习非线性热学分析的有限元分析方法。

7.1 非线性热分析概述

从前面章节可以看出，线性系统热分析的控制方程可以写成以下形式的矩阵方程

$$[C]\{\dot{T}\}+[K]\{T\}=\{Q\} \tag{7-1}$$

式中，$[C]$ 为比热矩阵；$[K]$ 为传导矩阵；$\{T\}$ 为温度向量；$\{\dot{T}\}$ 为温度向量；$\{Q\}$ 为节点热流率向量。

如果式（7-1）中的一些数值是随着温度变化而变化的，那么系统就变成了非线性系统，此时需要用迭代法进行求解，而上述方程式变成

$$[C(T)]\{\dot{T}\}+[K(T)]\{T\}=\{Q(T)\} \tag{7-2}$$

如果式（7-2）中的载荷同样随着时间变化而变化，那么式（7-2）就变成了瞬态非线性分析。本章将通过一个典型的案例对非线性热分析的基本过程进行详细介绍。

7.2 平板非线性热分析

本案例主要通过仿真的方法，讲解平板结构非线性热分析的一般操作过程。

学习目标	熟练掌握非线性热分析的建模方法及求解过程
模型文件	无
结果文件	Chapter7\char07-1\non_linear.wbpj

7.2.1 问题描述

某金属平板尺寸为 120mm×80mm×4mm，如图 7-1 所示。金属平板的密度为 2500kg/m³、上下表面的对流换热系数为 180W/(m²·K)、4 个侧面边界为 90W/(m²·K)，其他参数（如比

热、导热率）均随温度变化。现将此金属板加热到 600℃ 并突然放置到 20℃ 的空气中进行淬冷，忽略热传导和热辐射，将传热过程简化为对流传热，求其淬冷过程中的热分布变化情况。其材料参数见表 7-1。

图 7-1　模型

表 7-1　材料属性表

温度/℃	20	100	200	300	400	500	600
比热/J·(kg·℃)$^{-1}$	720	838	946	1036	1084	1108	1146
导热率/W·(m·K)$^{-1}$	1.38	1.47	1.55	1.67	1.84	2.04	2.46

7.2.2　创建分析项目

步骤 1：在 Windows 系统下启动 ANSYS Workbench，进入主界面。

步骤 2：双击主界面"工具箱"中的"分析系统"→"稳态热"选项，右击 A6 选项，创建一个"瞬态热"，即可在"项目原理图"窗口创建分析项目，如图 7-2 所示。

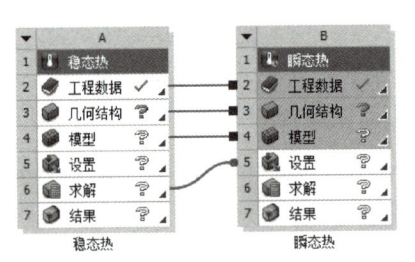

图 7-2　创建分析项目

7.2.3　创建几何体模型

步骤 1：在 A3 的"几何结构"上单击鼠标右键，在弹出的快捷菜单中选择"新的 DesignModeler 几何结构"命令，如图 7-3 所示。

图 7-3　创建几何体

第 7 章
非线性热分析

步骤 2：在启动的 DesignModeler 几何建模窗口中进行几何体创建。设置长度单位为毫米，在坐标原点创建一个矩形，并将矩形的两条边分别设置为 120mm 和 80mm，如图 7-4 所示。

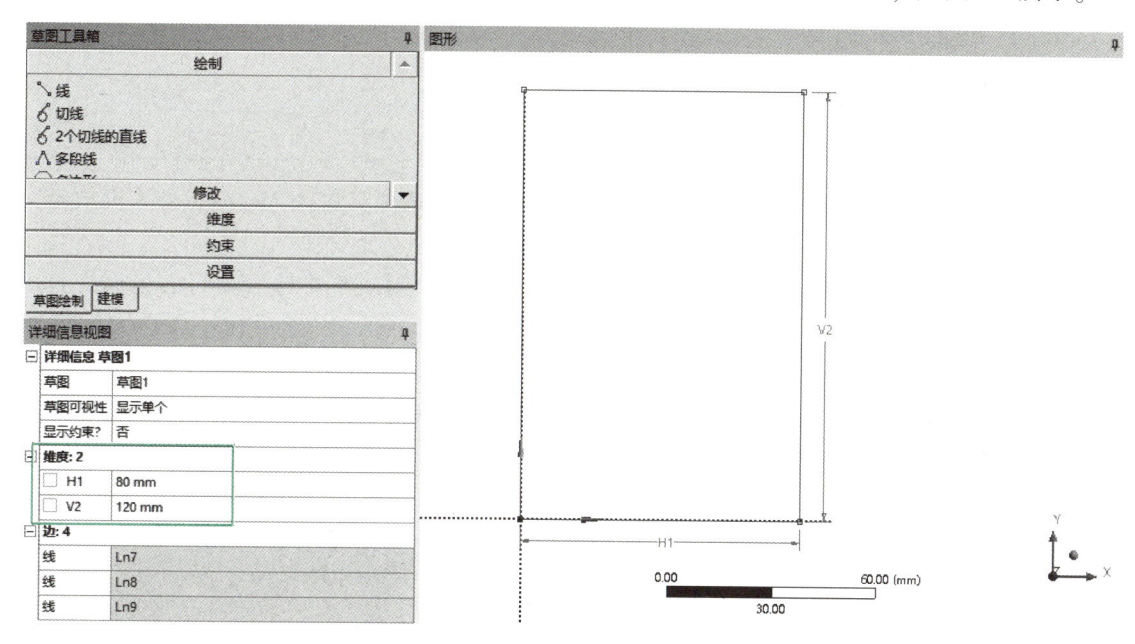

图 7-4　绘制矩形

步骤 3：选择工具栏中的 ![挤出] 命令，在弹出的图 7-5 所示的 "详细信息视图" 详细设置面板中进行如下操作：在 "几何结构" 栏中选择刚才建立的草绘 "草图 1"；在 "FD1, 深度(>0)" 栏中输入厚度为 4mm，其余选项保持默认即可，然后单击工具栏中的 ![生成] 按钮生成几何体。

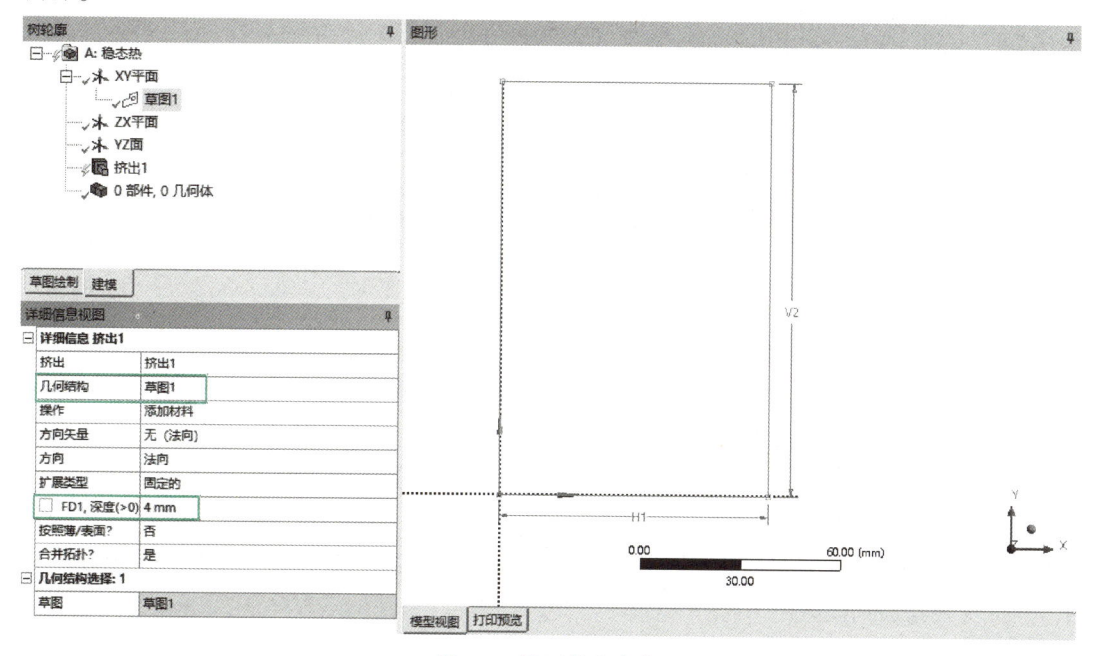

图 7-5　设置挤出参数

159

步骤 4：单击工具栏中的 ■（保存）按钮，在弹出的"另存为"对话框的"名称"栏中输入 non_linear.wbpj，并单击"保存"按钮。

步骤 5：返回 DesignModeler 界面中，单击右上角的 ■（关闭）按钮，退出 DesignModeler，返回 Workbench 主界面。

7.2.4 创建分析项目

步骤 1：在 Workbench 主界面双击 A2 的"工程数据"选项，进入 Mechanical（机械）热分析的材料设置界面。

步骤 2：在"轮廓原理图 A2，B2：工程数据"面板的"材料"中输入材料的名称为 mat，从左侧"工具箱"面板中选择"密度"选项并直接拖拽到 mat 中，然后在"属性大纲行 4：mat"下面的"密度"中输入 2500。

由于"各向同性热导率"和"比热恒压"两个属性是随温度变化的，所以需要通过表格进行设置，如图 7-6 所示。

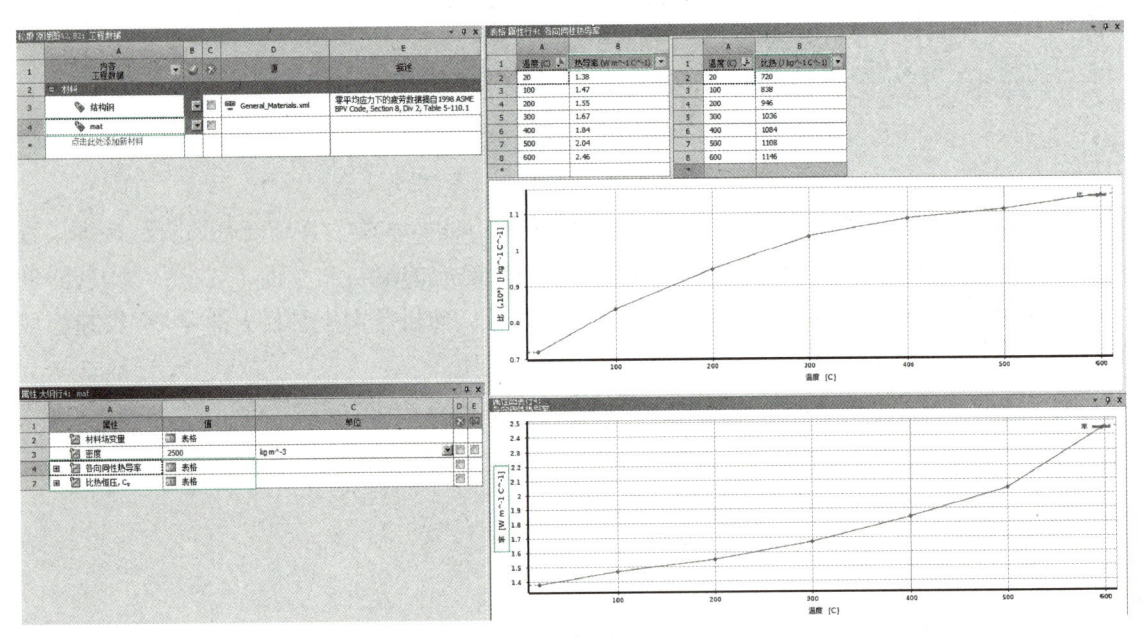

图 7-6 设置材料热属性

步骤 3：在主界面项目管理区项目 A 中双击 A4 的"模型"选项，进入图 7-7 所示的 Mechanical（机械）界面，在该界面下可进行网格的划分、分析设置、结果观察等操作。

步骤 4：在 Mechanical（机械）界面左侧的"轮廓"面板中，选择"几何结构"选项列表中的"固体"选项，即可在"'固体'的详细信息"面板中为模型添加材料，如图 7-8 所示。

步骤 5：在参数列表中的"材料"下单击"任务"右侧的 ▸ 按钮，选择刚刚设置的材料 mat，即可将其添加到模型中。

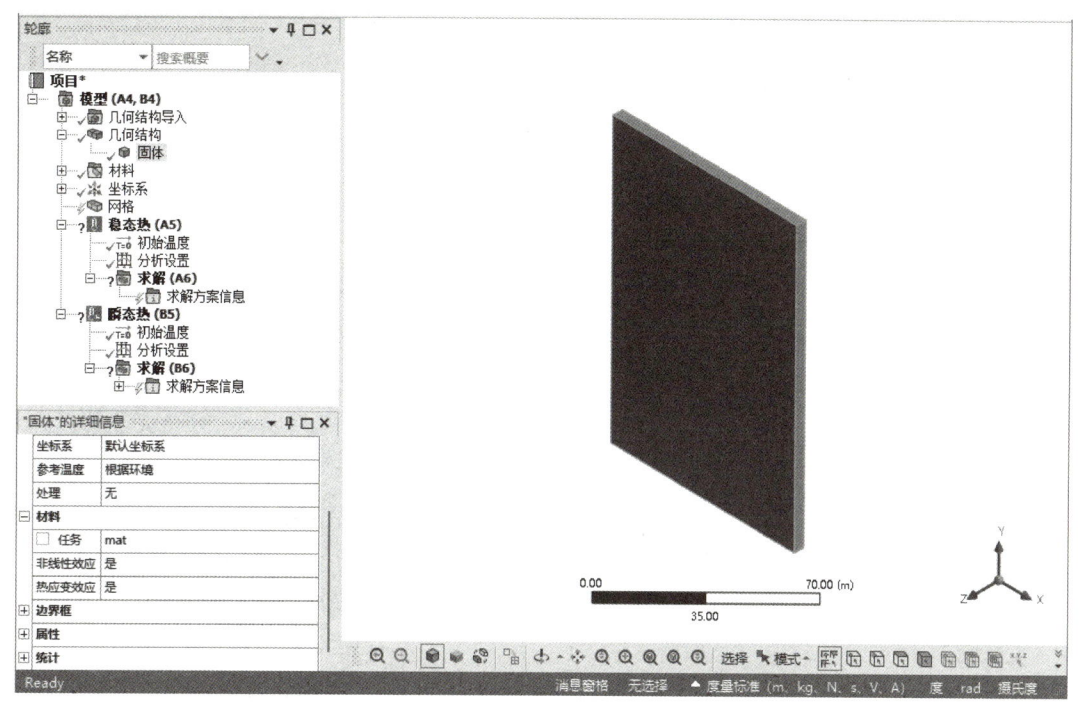

图 7-7　Mechanical（机械）界面

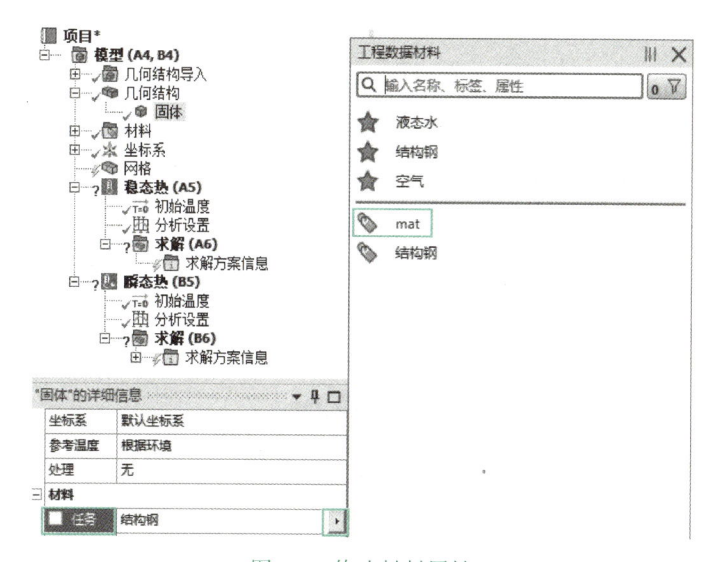

图 7-8　修改材料属性

7.2.5 划分网格

步骤 1：在 Mechanical（机械）界面左侧的"轮廓"面板中右击"网格"选项，在设置面板的"单元尺寸"栏中输入 1.e-003m，如图 7-9 所示。

步骤 2：在"轮廓"面板的"网格"选项上单击鼠标右键，在弹出的快捷菜单中选择"生成网格"命令，最终的网格效果如图 7-10 所示。

图 7-9 网格设置

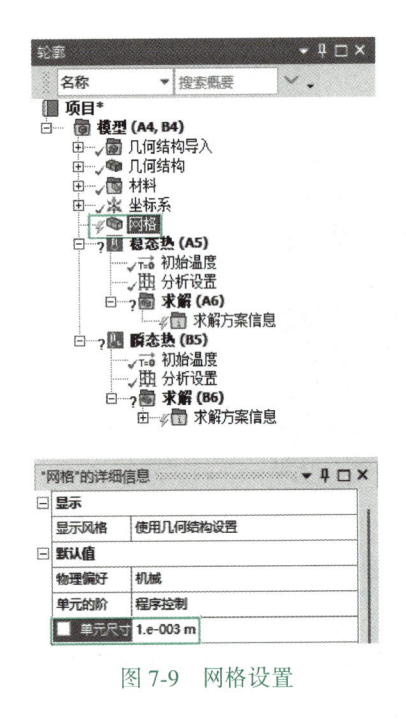

图 7-10 网格效果

7.2.6 施加载荷与约束

步骤 1：在 Mechanical（机械）界面左侧的"轮廓"面板中选择"稳态热（A5）"选项，会出现图 7-11 所示的"环境"选项卡，单击"温度"按钮。

步骤 2：此时在分析树中会出现"温度"选项，如图 7-12 所示。

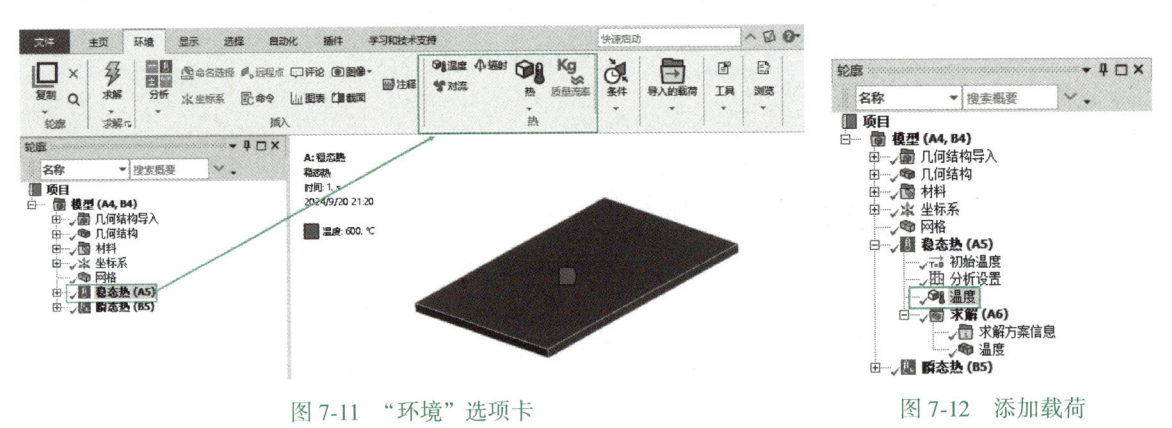

图 7-11 "环境"选项卡

图 7-12 添加载荷

步骤 3：选中"温度"选项，在"'温度'的详细信息"面板中进行如下操作：在"几何结构"中选择几何体；在"定义"→"大小"栏中输入 600；其余选项保持默认，即可完成一个温度的添加，如图 7-13 所示。

步骤 4：在"轮廓"面板中选择"稳态热（A5）"选项并单击鼠标右键，在弹出的快捷菜单中选择"求解"命令，如图 7-14 所示。

第 7 章
非线性热分析

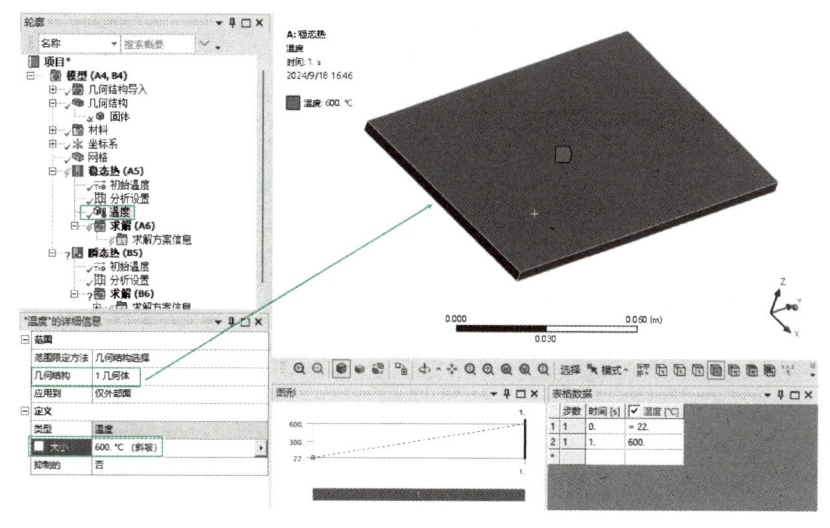

图 7-13 设置温度参数

图 7-14 选择"求解"命令

7.2.7 结果后处理

步骤 1：在 Mechanical（机械）界面左侧的"轮廓"面板中选择"求解（A6）"选项，此时会出现图 7-15 所示的"求解"选项卡。

步骤 2：选择"求解"选项卡中的"热"→"温度"命令，如图 7-16 所。此时在分析树中会出现"温度"选项。

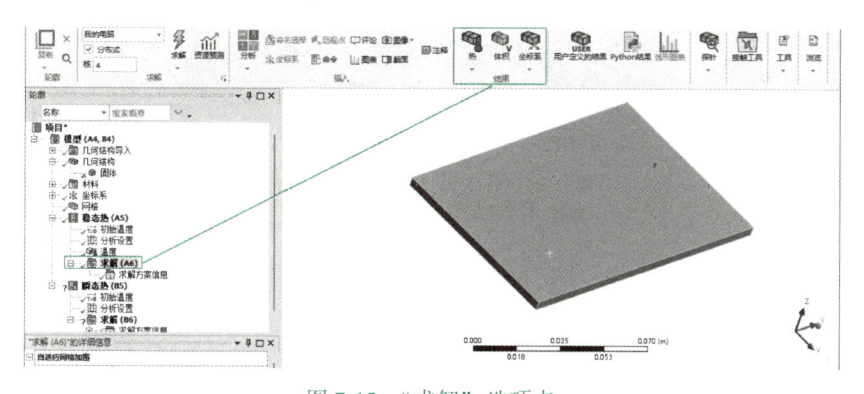

图 7-15 "求解"选项卡 　　　　　　　　图 7-16 添加温度选项

步骤 3：在"轮廓"面板的"求解（A6）"选项上单击鼠标右键，在弹出的快捷菜单中选择"求解"命令，如图 7-17 所示。此时会弹出进度显示条，表示正在求解，当求解完成后进度条自动消失。

步骤 4：在"轮廓"面板中的"求解（A6）"列表中选择"温度"选项，结果如图 7-18 所示。

163

图7-17 快捷菜单　　　　　　　　图7-18 温度分布

步骤5：在 Mechanical（机械）界面左侧的"轮廓"面板中选择"瞬态热（B5）"选项，在出现的"环境"选项卡中单击两次"对流"按钮。

步骤6：选择"对流"选项，在"'对流'的详细信息"面板中进行如下设置：在"几何结构"栏中确定上下两个表面被选中；在"薄膜系数"栏中输入对流系数为180；在"环境温度"栏中输入此时的环境温度为20℃，其余选项保持默认，如图7-19所示。

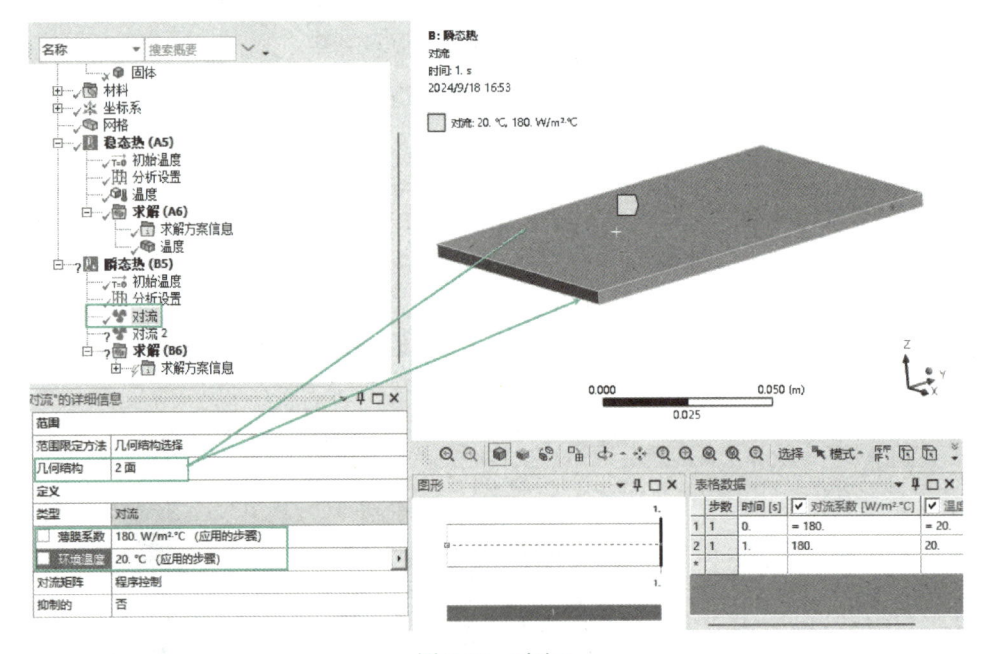

图7-19 对流1

步骤7：选择"对流2"选项，然后在"'对流2'的详细信息"面板中进行如下设置：在"几何结构"栏中确定四个表面被选中；在"薄膜系数"栏中输入对流系数为90；在"环境温度"栏中输入此时的环境温度为20℃，其余选项保持默认，如图7-20所示。

步骤8：设置分析选项。选择"瞬态热（B5）"下面的"分析设置"选项，在图7-21所示的"'分析设置'的详细信息"面板中进行如下设置：在"步骤结束时间"栏中输入10s；在"自动时步"栏中选择"关闭"选项；在"定义依据"栏中选择"子步"选项；在"子步数量"栏中输入200，其余选项保持默认即可。

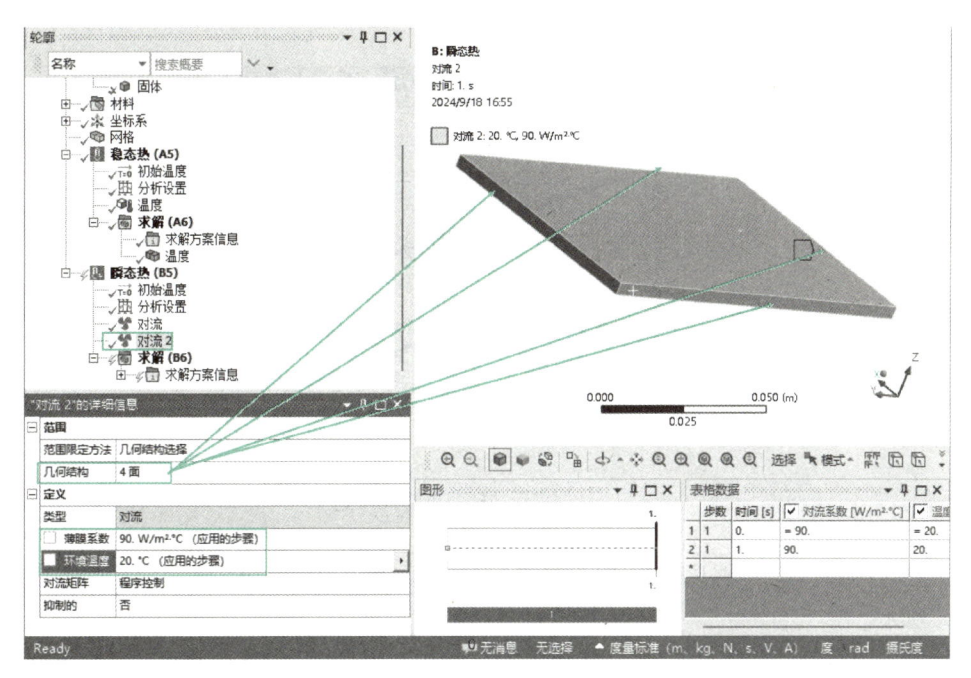

图 7-20 对流 2

步骤 9：选择"轮廓"面板中的"瞬态热（B5）"选项并单击鼠标右键，在弹出的快捷菜单中选择"求解"命令，如图 7-22 所示。

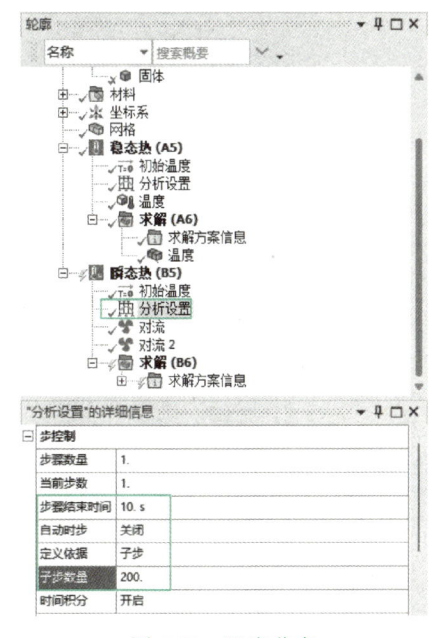

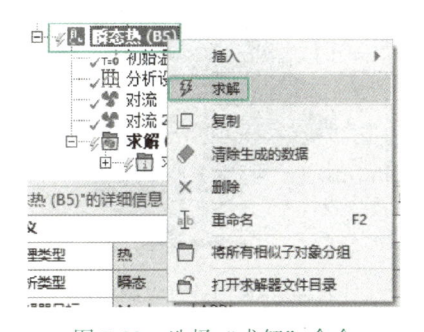

图 7-21 温度分布　　　　　　　　　图 7-22 选择"求解"命令

步骤 10：选择"求解"→"求解方案信息"→"温度-全局最大值"和"温度-全局最小值"选项，将显示图 7-23 所示的降温曲线图。从图 7-23 可以看出，在 10s 内，板的最大温度降到了 460.2℃，最小温度降到了 324.69℃。如果想将温度降到环境温度（即 20℃），还需要一段时间。

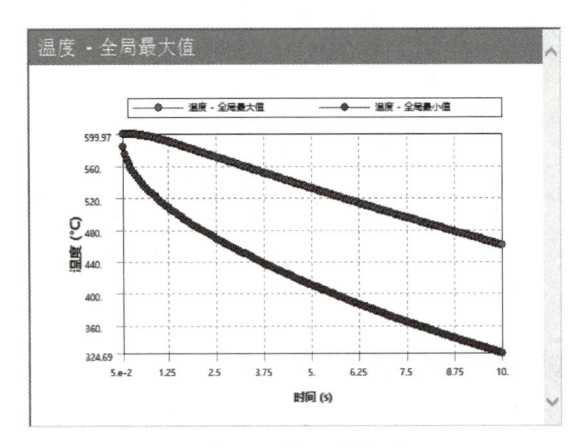

图 7-23 降温曲线图

步骤 11：添加一个"温度"后处理命令，通过后处理查看时间为 10s 的温度分布云图，如图 7-24 所示。

步骤 12：通过云图右下角的"表格数据"（见图 7-25），能精确地查到每个时间点上的温度变化值。

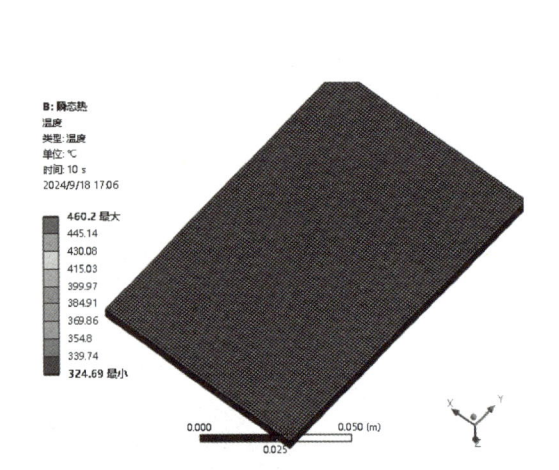

图 7-24　10s 内各个时刻的温度分布云图　　图 7-25　不同时刻温度图标

7.2.8　保存与退出

单击 Mechanical（机械）界面右上角的 ✕（关闭）按钮，返回 Workbench 主界面，单击 🖫（保存）按钮保存文件。然后单击 ✕（关闭）按钮，退出 Workbench 主界面。

7.3　本章小结

本章通过一个典型的金属平板结构非线性分板的案例，以在 ANSYS Workbench 平台中的操作流程为主线，对非线性传热进行了详细的分析与介绍。希望读者通过对本章内容的深入学习和对操作流程的练习，能对非线性热分析理论有深入的理解。

第 8 章
热辐射分析

在供热、燃气与空调工程中存在着大量热辐射和辐射换热的问题，如辐射采暖、辐射干燥、利用辐射原理测量温度、炉内辐射换热的分析和计算等。当前在新能源开发方面，对太阳能的利用也涉及热辐射。在本章中，将首先介绍热辐射的基本概念，然后讨论热辐射的几个基本定律，最后通过具体案例介绍如何在 Workbench 平台中实现辐射仿真计算。

8.1 基本概念

本节将介绍热辐射的基本概念，包括热辐射的本质、特点，以及热射线的吸收、反射和投射。

8.1.1 热辐射的本质和特点

热辐射能是各类物质的固有特性。物质是由分子、原子、电子等基本粒子组成的，当原子内部的电子受激发和振动时，会产生交替变化的电场和磁场，发出电磁波向空间传播，这就是辐射。由于激发的方法不同，所产生的电磁波波长不同，它们投射到物体上产生的效应也不同。由于自身温度或热运动的原因而激发产生的电磁波传播，就是热辐射。电磁波的波长范围可从几万分之一微米到数千米。它们的名称和分类如图 8-1 所示。

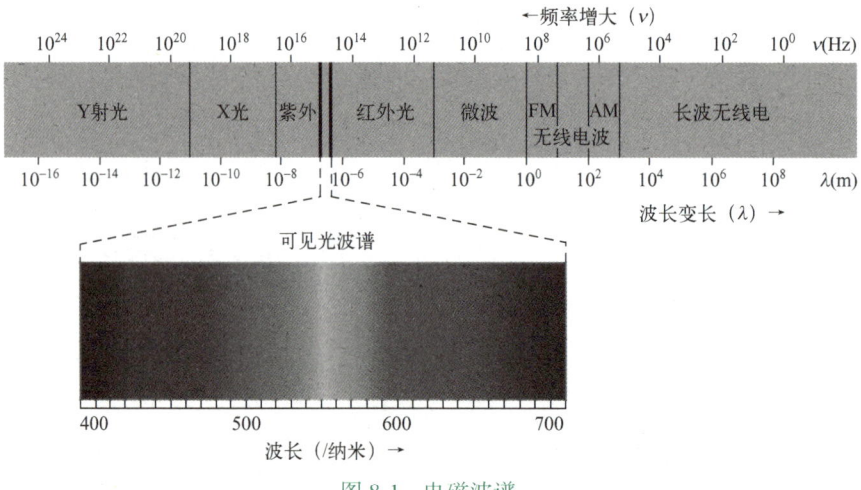

图 8-1　电磁波谱

凡是波长 λ 在 0.38μm～0.76μm 范围内的电磁波均属于可见光线；波长 λ<0.38μm 的电磁波是紫外线、伦琴射线等；λ 在 0.76μm～1000μm 范围的电磁波称为红外线，红外线又分近红外和远红外，大体上以 25μm 为界限，波长在 25μm 以下的红外线称为近红外线，波长在 25mm 以上的红外线称为远红外线；λ>1000μm 的电磁波是无线电波。

我们通常把 λ 在 0.1μm～100μm 范围的电磁波称为热射线，其中包括可见光线、部分紫外线和红外线，它们投射到物体上能产生热效应。当然，波长与各种效应是不能截然划分的。

工程上遇到的温度一般在 2000K 以下，热辐射的大部分能量位于红外线区段的 0.76μm～20μm 波长范围内，在可见光区段内热辐射能所占的比重不大。显然，当热辐射的波长大于 0.76μm 时，将无法被人眼睛看见。太阳辐射的主要能量集中在 0.2μm～2μm 波长范围，其中可见光区段占有很大比重。

辐射的本质及其传播过程中的波动性可用经典的电磁波理论说明，其粒子性又可用量子理论来解释。各种电磁波在介质中的传播速度等于光速，即

$$c = \lambda v \tag{8-1}$$

式中，c 为介质中的光速，λ 为波长，v 为频率。量子理论认为辐射是离散的量子化能量束，即光子传播能量的过程。光子的能量 e 与频率 v 的关系可用普朗克公式表示

$$e = hv \tag{8-2}$$

式中，h 为普朗克常数，$h = 6.63 \times 10^{-34} \text{J} \cdot \text{s}$。

热辐射的本质决定了热辐射过程有如下三个特点。

1）辐射换热与导热、对流换热不同，它不依赖物体的接触面进行热量传递，如阳光能够穿越辽阔的低温太空向地面辐射；而导热和对流换热都需要由冷、热物体直接接触或通过中间介质相接触才能进行。

2）辐射换热过程伴随着能量形式的两次转化，即物体的部分内能转化为电磁波能发射出去，当此波能射及另一物体表面而被吸收时，电磁波能又转化为内能。

3）一切物体只要温度大于绝对 0K，都会不断地发射热射线。当物体间有温差时，高温物体辐射给低温物体的能量大于低温物体辐射给高温物体的能量，因此总的结果是高温物体把能量传给低温物体。即使各个物体的温度相同，辐射换热仍在不断进行，只是每一物体辐射出去的能量等于吸收的能量，因此处于动平衡状态。

8.1.2 吸收、反射和投射

当热射线投射到物体上时，遵循着可见光的规律，其中一部分被物体吸收，一部分被反射，其余则透过物体 τ，如图 8-2 所示。设投射到物体上全波长范围的总能量为 G，被吸收能量为 G_α，反射能量为 G_ρ，透射能量为 G_τ，根据能量守恒定律可知

$$G = G_\alpha + G_\rho + G_\tau$$

若等式两边同除以 G，则

$$\alpha + \rho + \tau = 1 \tag{8-3}$$

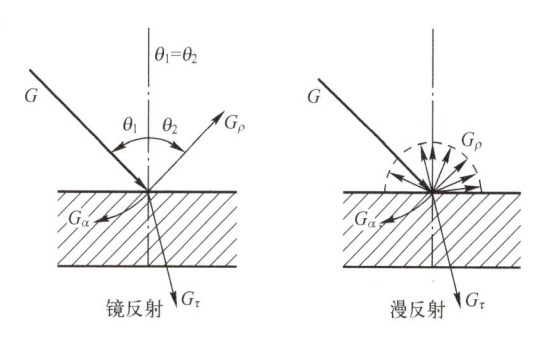

图 8-2 热射线的吸收、反射和透射

式中 $\alpha = \dfrac{G_\alpha}{G}$，称为物体的吸收率，表示投射的总能量中被吸收的能量所占份额；$\rho = \dfrac{G_\rho}{G}$，称为物体的反射率，表示投射的总能量中被反射的能量所占份额；$\tau = \dfrac{G_\tau}{G}$，称为物体的透射率，表示投射的总能量中透射的能量所占份额。

如果投射能量是某一波长下的单色辐射，上述关系也同样适用，即

$$\alpha_\lambda + \rho_\lambda + \tau_\lambda = 1 \tag{8-4}$$

式中，α_λ、ρ_λ、τ_λ 分别为单色吸收率、单色反射率和单色透射率。

α、ρ、τ 和 α_λ、ρ_λ、τ_λ 是物体表面的辐射特性，它们和物体的性质、温度及表面状况有关。对全波长的特性 α、ρ、τ 还和投射能量的波长分布情况有关。

热射线进入固体或液体表面后，在一个极短的距离内就被完全吸收。对于金属导体，这个距离仅有 1μm 的数量级；对于大多数非导电体材料，这个距离也小于 1mm。所以，可认为热射线不能穿透固体、液体，即 $\tau = 0$。于是，对于固体和液体，式（8-3）可简化为

$$\alpha + \rho = 1 \tag{8-5}$$

因而，吸收率越大的固体和液体，其反射率就越小；而吸收率越小的固体和液体，其反射率就越大。固体和液体对热射线的吸收和反射几乎都在表面进行，因此物体表面情况对其吸收和反射特性的影响至关重要。

热射线投射到物体表面后的反射现象和可见光一样，有反射和漫反射之分。当表面的不平整尺寸小于投射辐射的波长时，形成镜面反射，反射角等于入射角。高度磨光的金属表面是镜面反射的实例。当表面的不平整尺寸大于投射辐射的波长时，形成漫反射，此时反射能均匀分布在各个方向。一般工程材料的表面较粗糙，故接近漫反射。

热射线投射到气体界面上时，可被吸收和透射，而几乎不反射，即 $\rho = 0$。于是，对于气体，式（8-3）可简化为

$$\alpha + \tau = 1 \tag{8-6}$$

显然，透射性好的气体吸收率小，而透射性差的气体吸收率大。气体的辐射和吸收是在整个气体容积中进行的，气体的吸收和穿透特性与气体内部特征有关，与其表面状况无关。

如物体能全部吸收外来射线，即 $\alpha = 1$，则这种物体被定义为黑体。如果物体能全部反射外来射线，即 $\rho = 1$，不论是镜面反射或漫反射，均称为白体。如果物体能被外来射线全部透射，即 $\tau = 1$，则称为透明体。

自然界中并不存在黑体、白体与透明体，它们只是实际物体热辐射性能的理想模型。例如烟煤的 $\alpha \approx 0.96$，高度磨光的纯金 $\rho \approx 0.98$。需要指出，这里的黑体、白体、透明体是对全波长射线而言。

在一般温度条件下，由于可见光在全波长射线中只占一小部分，所以物体对外来射线吸收能力的高低，不能凭借物体的颜色来判断，白颜色的物体不一定是白体。

例如，雪对可见光是良好的反射体，它对肉眼来说是白色的，但对红外线却几乎能全部吸收，非常接近黑体；白布和黑布对可见光的吸收率不同，对于红外线的吸收率却基本相同；普通玻璃对波长小于 2μm 射线的吸收率很小，从而可以把照射到它上面的大部分太阳能投射过去，但玻璃对 2μm 以上的红外线几乎是不透明的。

8.2 空心半球与平板的热辐射分析

下面通过一个具体的案例，讲解如何使用 ANSYS Workbench 热分析模块进行热辐射分析，重点学习在 Workbench 平台中进行热辐射分析的一般步骤。

学习目标	熟练掌握热辐射分析的建模方法及求解过程
模型文件	无
结果文件	Chapter8\char08-1\refushe.wbpj

8.2.1 问题描述

图 8-3 所示的几何结构是两个直径为 2m 的半圆盘，两个半圆盘之间的净距离为 50mm，上面是一个内半径为 1m、壁厚为 200mm 的空心半球体。半球体与两个半圆盘的净距离也是 50mm，三个几何模型的导热系数均为 1.7367E-07W/(m·K)。试分析当其中一个半圆盘上表面温度为 200℃、另一个半圆盘上表面温度为 40℃时，通过辐射传热整体结构的热分布情况。

注：本算例采用 ANSYS SpaceClaim 平台建模，这里对建模过程进行详细介绍，请读者参考前面章节的内容学习建模方法。

图 8-3 几何模型

8.2.2 创建分析项目

首先打开 ANSYS Workbench 程序。在项目工程管理窗口中建立图 8-4 所示的稳态热分析项目流程表。

图 8-4 项目管理

8.2.3 定义材料参数

步骤 1：双击 A2 的"工程数据"，首先对模型的材料属性进行定义。

步骤 2：在 A2 栏中输入材料名称为 MINE，在下面的"属性大纲行 4：MINE"中添加"各向同性热导率"选项，并输入数值为 1.7367E-07，单位保持默认即可，如图 8-5 所示。

步骤 3：材料选择完成后返回项目管理区。

171

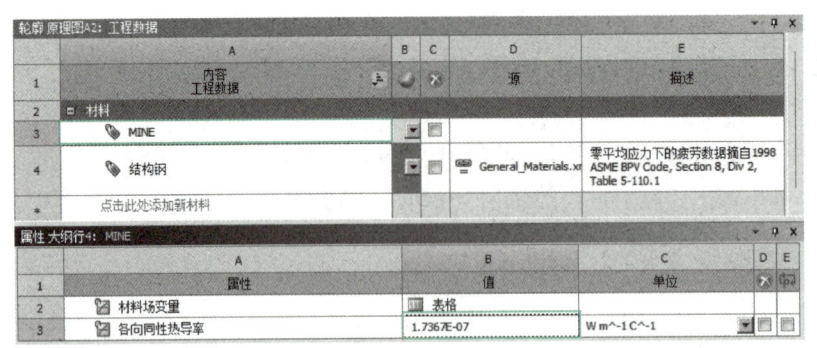

图 8-5 选择材料

8.2.4 导入模型

步骤 1：右击 A3 的"几何结构"（模型），在弹出的快捷菜单中选择"导入几何结构"→"浏览"命令，选择名称为 fushe.stp 的几何结构。

步骤 2：双击进入 DesignModeler 几何建模平台，在工具栏中选择 生成 命令，此时在 DesignModeler 平台将显示图 8-6 所示的几何模型。

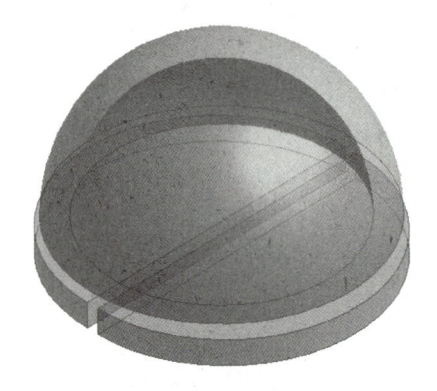

图 8-6 模型

8.2.5 划分网格

步骤 1：双击项目文件 A4 的"模型"，由于 Workbench 平台中导入的几何模型的默认格式为冻结状态，所以显示的几何模型为半透明状态，如果导入的几何模型为解冻状态（一般状态），所显示的几何模型应该是不透明状态。

步骤 2：依次选择"模型（A4）"→"几何结构"下面的三个几何模型（三个几何体同时选中），单击"任务"栏右侧的 ▶ 按钮，在弹出的快捷菜单中选择 MINE 选项，即可将 MINE 材料属性赋予几何模型，如图 8-7 所示。当几何材料属性被选中，在"任务"栏中将显示 MINE。

图 8-7 材料属性

步骤 3：在"轮廓"面板中选择"网格"选项，下方将出现图 8-8 所示的"'网格'的详细信息"设置面板，在窗口中"默认值"下面的"单元尺寸"栏中输入 5.e-002m，表示设置几何体网格的尺寸大小为 50mm，软件会根据设置的网格大小划分网格。

步骤 4：右击"网格"，在弹出的快捷菜单中选择"生成网格"命令，经过一段时间后，划分完的网格如图 8-9 所示。从网格图中可以看出，下面的两个半圆盘网格以六面体网格为主，空心半球体的网格以四面体网格为主。

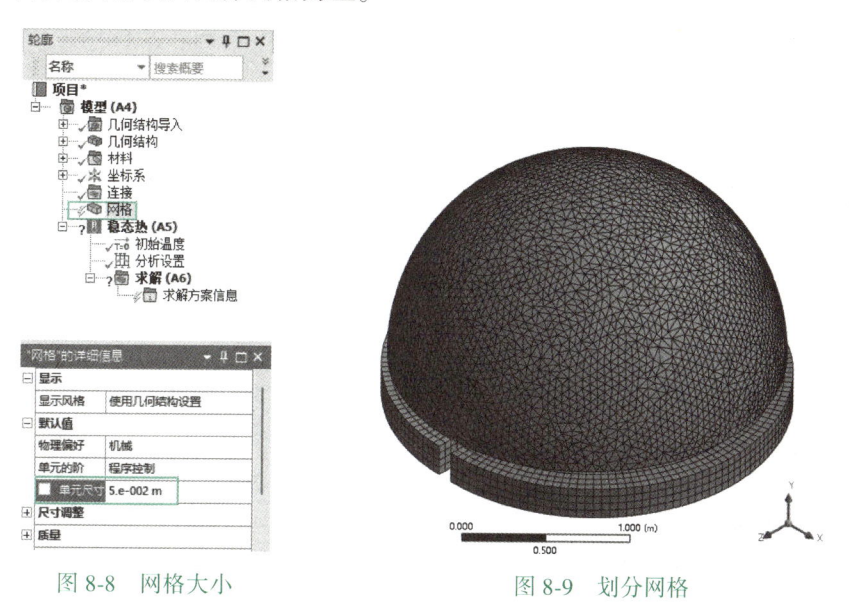

图 8-8 网格大小　　　　　　　　图 8-9 划分网格

步骤 5：移动"'网格'的详细信息"窗口中右侧的滚动条到最下方，此时可以看到"统计"属性，其中显示当前几何体的总节点数为 98546 个，总单元数为 40289 个，在"网格度量标准"栏中选择"偏度"选项，此时在右侧的"网格度量标准"窗口中显示当前几何模型剖分网格的质量，如图 8-10 所示。

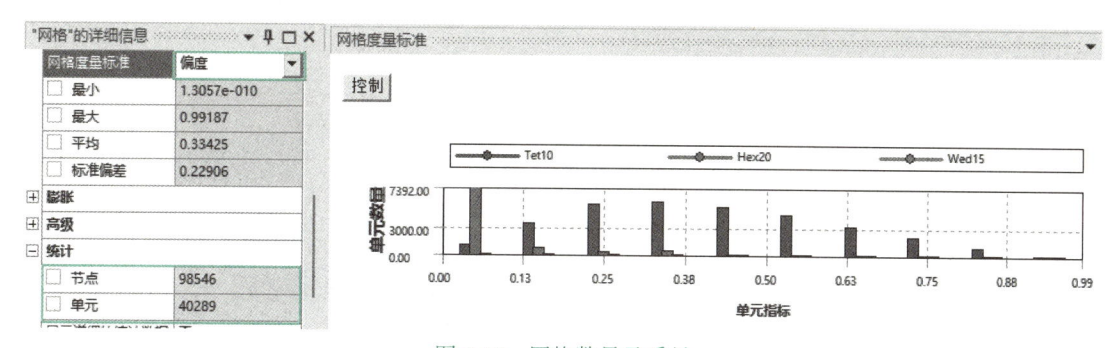

图 8-10 网格数量及质量

同时，在"'网格'的详细信息"面板最下面的四行中分别显示最小单元质量、最大单元质量、平均单元质量及标准等信息。关于网格质量的判断，请读者阅读本书的前面章节，这里不再赘述。

步骤 6：对几何体表面进行命名。在 Workbench 平台的 Mechanical（机械）中进行热辐射计算时，通过单击工具栏中的相关命令仅能完成几何体对空气的辐射设置，但不能进行两个或者多个几何体之间的热辐射设置,所以这里需要通过插入 APDL 命令行进行设置。而插入命令行进行操作时,需要选择相关几何模型上的节点(或者面),最简单的办法就是先给需要考虑热辐射的面进行命名,然后通过 APDL 命令输入该面的名称。

首先选择名称为 High_tem 的几何体的上表面,此时上表面处于加亮状态,然后右击绘图窗口,在弹出的快捷菜单中选择"创建命名选择"命令,在对话框中输入 High(注意:此位置不能通过复制和粘贴完成),并单击 OK 按钮,如图 8-11 所示。

步骤 7:以同样的操作选择名称为 low_tem 的几何体的上表面,并将其命名为 low,单击 OK 按钮,如图 8-12 所示。

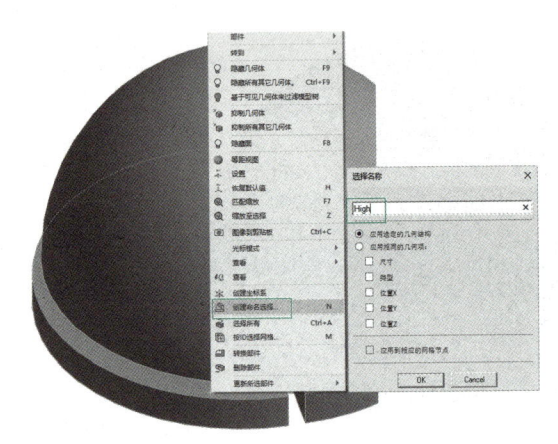

图 8-11 命名 High

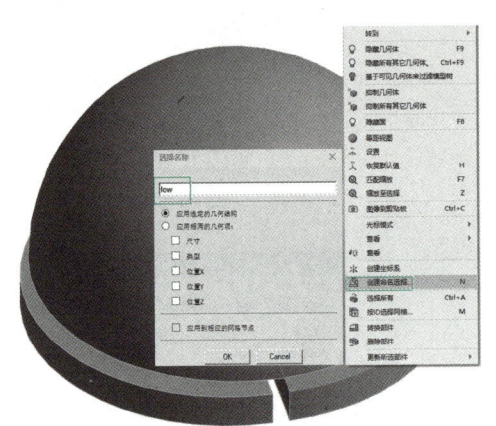

图 8-12 命名 low

步骤 8:在"轮廓"窗口中选中 low_tem 几何体并单击鼠标右键,在弹出的快捷菜单中选择"隐藏几何体"命令,将 low_tem 几何体隐藏,如图 8-13 所示。

注:通过分析三个几何体的相对位置可知,上面的空心半球体的内表面不容易选中,所以最好的办法是先将其中一个下面的半圆盘几何体隐藏。

步骤 9:选择名称为 Sphere 的空心半球体的内表面,并命名为 sph,单击 OK 按钮,如图 8-14 所示。

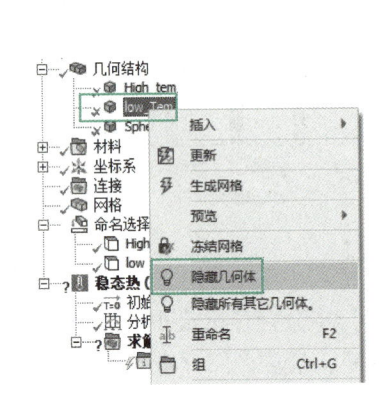

图 8-13 选择"隐藏几何体"命令

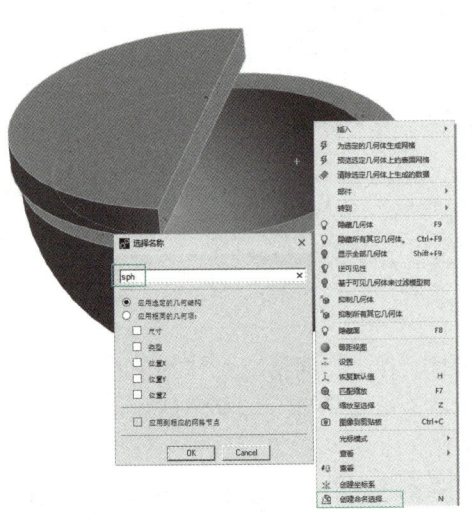

图 8-14 命名

步骤 10：命名完成后，在左侧的"轮廓"窗口的分析树中，将出现图 8-15 所示的"命名选择"选项，在选项列表中出现了刚才命名的三个名称，表示命名操作成功建立。

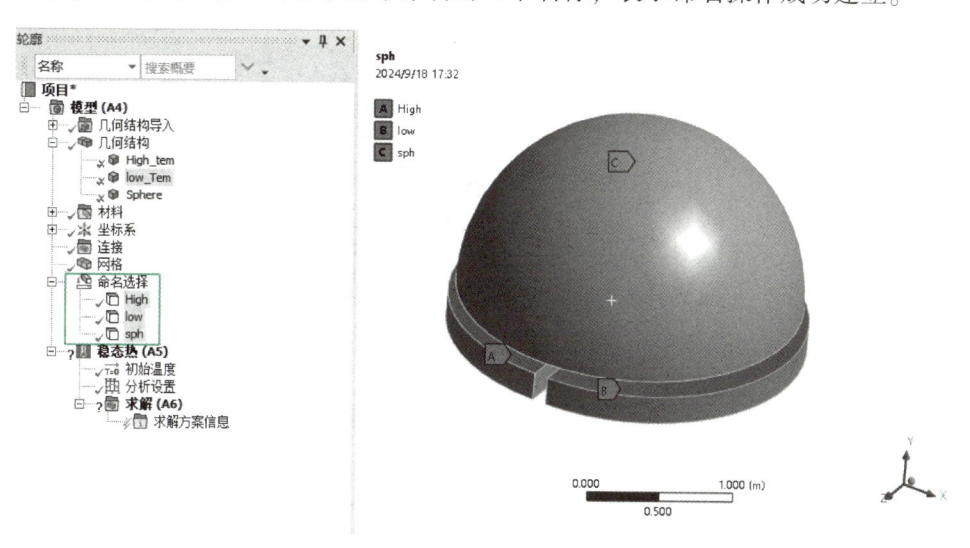

图 8-15 命名选择

注：命名的目的是为了在后面插入命令时，方便选取面。请读者在完成后面分析后，体会一下本操作的用处。

8.2.6 定义荷载

步骤 1：选择"稳态热（A5）"选项，在工具栏的"热"选项中选择"理想绝热"选项，此时在分析树中出现了"热流"选项。选择此选项，并在"几何结构"栏中保证空心半球体外表面被选中，如图 8-16 所示。

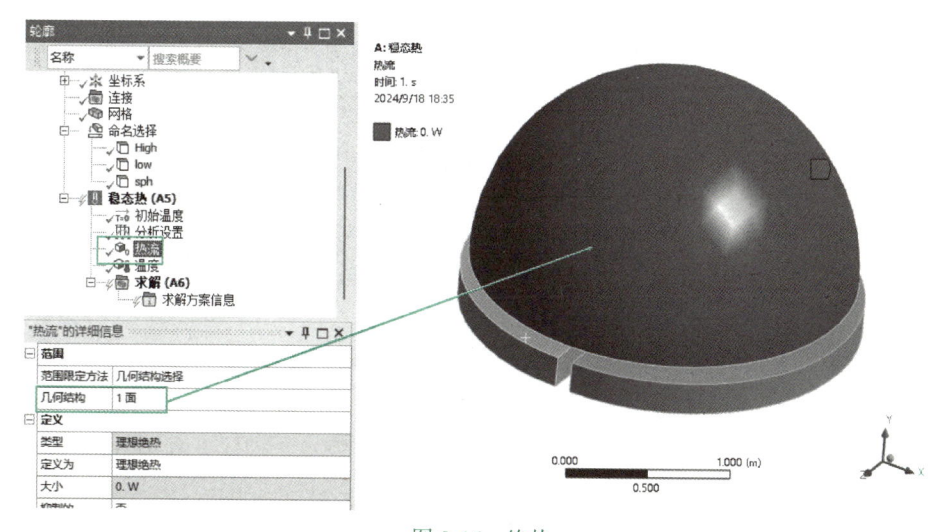

图 8-16 绝热

步骤 2：选择"稳态热（A5）"选项，在工具栏的"热"中选择"温度"选项，此时在模型树中出现了"温度"选项，选中该选项，在"几何结构"栏中保证 High 表面被选中，在

"定义"→"大小"栏中输入温度为200℃，如图8-17所示。

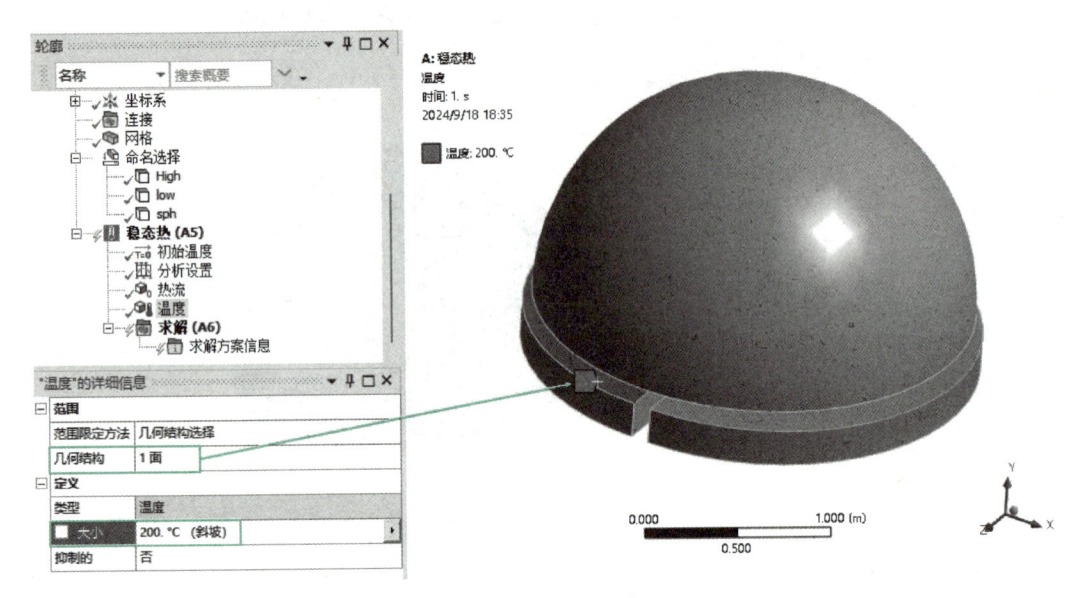

图8-17 设置温度参数（1）

步骤3：再次选择"稳态热（A5）"选项，在工具栏的"热"中选择"温度"选项，此时在分析树中出现了"温度2"选项。选中该选项，在"几何结构"栏中保证low表面被选中，在"定义"→"大小"栏中输入温度为40℃，如图8-18所示。

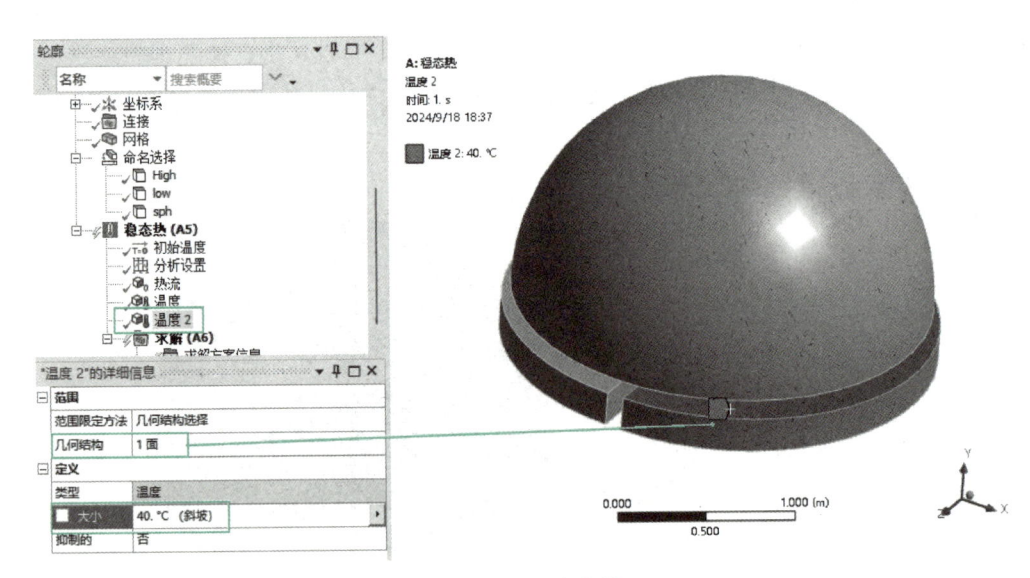

图8-18 设置温度参数（2）

步骤4：右击"稳态热（A5）"选项，在弹出的快捷菜单中依次选择"插入"→"命令"命令，如图8-19所示。此时在"稳态热（A5）"下面出现了"命令"选项。

步骤5：选择"命令"选项，此时将弹出APDL的命令输入窗口。在命令窗口中输入以下命令行。

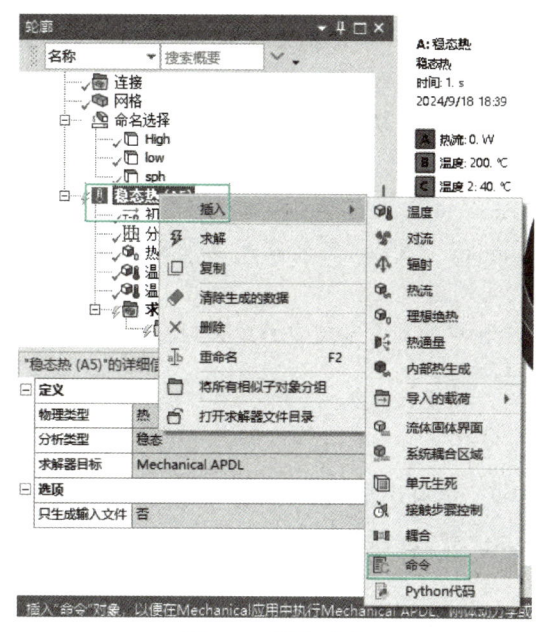

图 8-19 插入命令

sf,High,rdsf,1,1
sf,low,rdsf,1,1
sf,sph,rdsf,1,1
spctemp,1,100
stef,5.67e-8
radopt,0.9,1.E-5,0,1000,0.1,0.9
toff,273

步骤 6：输入完成的效果，如图 8-20 所示。

图 8-20 命令

注：在输入 APDL 命令之前，要确保本次分析采用的是国际单位制。如果不是，需要读者进行进制转化，以免产生错误结果。

下面对在 Workbench 平台的 Mechanical（机械）热分析中插入的 APDL 命令行进行说明。

1. sf 命令行

在 Workbench 中同样使用 ANSYS Classic 中的 sf 命令来施加表面边界条件，sf 命令的一般形式如下。

Sf,nlist,label,value,value2

在上述命令行中，nlist 是节点列表，也可以是命名选择，如本例中的 high、low 和 sph；

rdsf 是 ANSYS 中的辐射标签，即辐射中的关键字；Value 是表面发射率；Value2 是封闭体数量。

2. spctemp 命令行

因为所计算的空间不是完全封闭的计算空间（系统），所以需要定义空间温度，spctemp 命令的一般形式如下。

```
spctemp,number,Temperature
```

在上述命令行中，spctemp 是 ANSYS 定义空间温度的关键字；Number 是非封闭空间的数量；Temperature 是非封闭空间的温度。

stef 命令行：stef 是 ANSYS 中的斯蒂芬玻尔兹曼常数，使用国际单位制时，stef=5.67×10^{-8}。stef 命令行的一般形式如下。

```
Stef,5.67e-8
```

3. toff 命令行

由前面的热辐射理论可知，辐射计算是在绝对温度下进行的，所以在热辐射分析中需要定义绝对温度与摄氏度之间的关系，即 $K=273+℃$，其中的 273 就是 toff，value 命令行中的 value 值。

4. radopt 命令行

这个命令是 ANSYS 用来控制辐射求解器的。在热辐射计算中，这个命令很重要，其一般形式如下。

```
radopt,FLUXRELX,FLUXTOL,SOLVER,MAXITER,TOLER,OVERRLEX
```

其中，FLUXRELX 为松弛因子；FLUXTOL 为辐射热通量收敛容差，默认为 0.001；SOLVER 为选择用于计算的辐射求解器，其值为 0 时代表 Gauss-Seidel 求解器，为 1 时代表直接求解器（对于大问题将耗费很多时间）；MAXITER 指使用 Gauss-Seidel 求解器时的最大迭代次数，默认为 1000；TOLER 指使用 Gauss-Seidel 求解器时的收敛容差，默认为 0.1；OVERRLEX 指使用 Gauss-Seidel 求解器时的松弛因子，默认为 0.1。

8.2.7 求解及后处理

步骤1：确认输入参数都正确后单击工具栏中的 ⚡（求解）按钮，开始执行此次稳态热分析的求解。

步骤2：结果后处理。选择"热"选项，然后分别选择"温度"以及"总热通量"选项，如图 8-21 所示。然后选择计算后处理结果，图 8-22 为几何体的温度分布云图。从图中可以看出空心半球体的温度由左侧向右侧呈现出逐渐降低的分布趋势，其主要原因是左侧的底盘温度较高而右侧底盘温度较低。

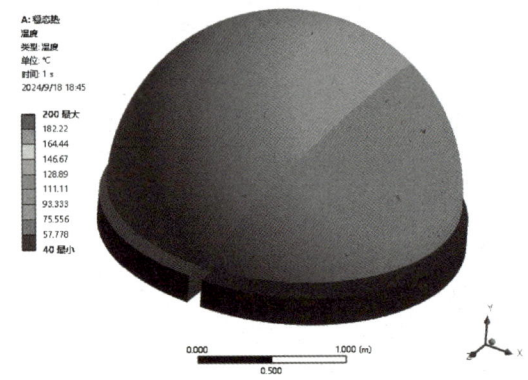

图 8-21 选择后处理项目　　　　　图 8-22 所有实体温度云图

步骤 3：图 8-23 显示了整体几何的热流云图，从云图中可以看出空心半球体在两个底盘中间位置处的"总热通量"比较大，而底盘最左侧及最右侧的"总热通量"较小。

步骤 4：图 8-24 显示了空心半球体的温度分布，从图中可以看出靠近 200℃ 底盘位置的温度较高，而靠近 40℃ 底盘位置的温度较低。

图 8-23　热流云图　　　　　图 8-24　温度云图

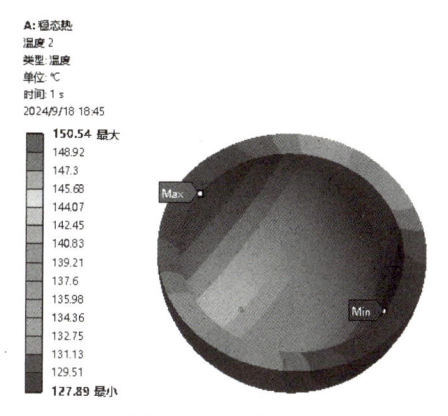

8.2.8　保存并退出

单击 Mechanical（机械）界面右上角的 ✕（关闭）按钮，返回 Workbench 主界面，单击 🖫（保存）按钮保存文件，然后单击 ✕（关闭）按钮，退出 Workbench 主界面。

8.3　本章小结

本章通过一个典型实例，介绍了热辐射的操作过程。在分析过程中考虑了与周围空气的对流换热边界，在后处理工程中得到了"温度"分布云图及"总热通量"分布云图。通过本章内容的学习，读者应该对 ANSYS Workbench 平台的简单热力学分析过程有了一定的了解。

第 9 章
相 变 分 析

相变分析是沸腾与蒸发领域中的一个应用,其主要分析内容是通过对被分析结构的基本相的变化来确定相变时间、相变温度分布等。本章将通过一个飞轮铸造相变模拟分析的案例,对铸造过程中的相变过程进行分析。

9.1　相变分析简介

本节将对相变分析进行介绍。首先介绍相与相变的概念,接着介绍潜热与焓,以及相变分析的基本思路。

9.1.1　相与相变

1) 相:物质的一种确定原子形态,均匀同性称为相。自然界中有三种基本的相,即气体、液体及固体。

2) 相变:系统能量的变化可能导致物质原子结构发生的改变,称为相变。通常的相变包括凝固、融化和汽化三种类型。

9.1.2　潜热与焓

1) 潜热:当物质发生相变时,温度保持不变,在物质相变过程中所需要的热量称为潜热。例如,冰融化为水的过程中温度保持不变,但是需要吸收热量,此热量即为潜热。

2) 焓:在工程热力学中,焓可由以下式子确定

$$H = U+PV \tag{9-1}$$

式中,H 为焓;U 为热力学能;P 为压力;V 为体积。

焓在工程热力学中是一个重要的物理量,我们可以从以下几个方面理解它的物理意义和性质。

① 焓是状态函数,具有能量的量纲。

② 焓的量值与物质的量有关,具有可加性。

③ 和热力学能一样,无法确定焓的绝对值,但是可以确定两个不同状态下的焓值的变化量 ΔH。

④ 对于定量的某种物质而言，若不考虑其他因素，则吸热时焓值增加，放热时焓值减小。

⑤ 焓的变化量 ΔH 有正负之分，当某一过程逆向进行时，其值 ΔH 要改变符号，即 $\Delta H_{正} = -\Delta H_{逆}$。

相变分析需要考虑材料的潜热，即在相变过程中吸收或放出的热量，在 ANSYS Workbench 平台中，我们可以通过定义材料的焓特性来计入潜热。焓值的单位和能量的单位一样，一般用 kJ 表示。比焓的单位为能量/质量，一般为 kJ/kg。在 ANSYS Workbench 平台中，焓材料特性为比焓，它可以用密度、比热容通过积分算出。计算公式为

$$H = \int \rho c(T) dT \tag{9-2}$$

式中，H 为焓值；ρ 为材料的密度；$c(T)$ 为随温度变化的比热容。

9.1.3 相变分析基本思路

相变分析需要考虑材料的潜热，将材料的潜热定义到材料的焓中，其中焓的数值随温度变化。在相变过程中，焓的变化相对于温度而言十分迅速。

对于纯材料，液体温度与固体温度的差值应该为 0，在计算时，通常取很小的温度差。由此可见热分析是非线性的。

在 ANSYS Workbench 平台中将焓作为材料属性的定义，通常用温度来区分相。通过相变分析可以获得物质在各个时刻的温度分布，以及典型位置处节点随时间变化的曲线。通过温度云图，可以得到完全相变所需的时间，并对物质任何时间间隔的相变情况进行预测。

1) 相变分析的控制方程：在相变分析过程中，控制方程为

$$[C]\{\dot{T}_t\} + [K]\{T_t\} = \{Q_f\} \tag{9-3}$$

其中，C 为材料的热容矩阵；T_t 为单元节点温度；K 为热导矩阵；Q 为热源（外部热输入）。

$$[C] = \int \rho c [N]^T [N] dV \tag{9-4}$$

式中，ρ 为物质的密度；c 为物质的比热；dV 为体积元表。

2) 计算焓值的方法：焓曲线根据温度可以分成 3 个区域，在固体温度（T_s）以下，物质为纯固体；在固体温度（T_s）与液体温度（T_l）之间，物质处于相变区；在液体温度（T_l）以上，物质为纯液体，如图 9-1 所示。

焓值计算方程如下。

① 在固体温度以下（$T<T_s$）时

$$H = \rho c_s (T - T_l) \tag{9-5}$$

式中，c_s 为固体比热容。

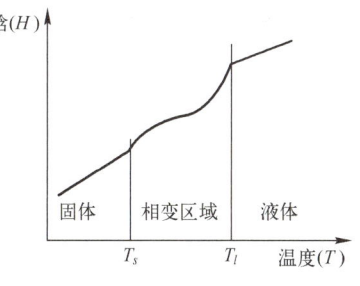

图 9-1 焓值计算示意图

② 在固体温度（$T = T_s$）时

$$H_s = \rho c_s (T_s - T_l) \tag{9-6}$$

③ 在固体温度（$T_s < T < T_l$）时

$$H = H_s + \rho c^* (T - T_s) \tag{9-7}$$

式中，$c^* = c_{avg} + \dfrac{L}{(T_l - T_s)}$，$c_{avg} = \dfrac{c_s + c_l}{2}$，其中 c_l 为液体比热容；L 为融化热。

④ 在液体温度（$T=T_l$）时

$$H=H_s+\rho c^*(T_l-T_s) \tag{9-8}$$

⑤ 在温度高于液体温度（$T>T_l$）时

$$H=H_l+\rho c_l(T-T_l) \tag{9-9}$$

9.2 飞轮铸造相变模拟分析

本节以 ANSYS 官方案例中的飞轮铸造分析为对象，详细讲解飞轮铸造过程中进行的相变分析的操作过程。

学习目标	熟练掌握铸造仿真分析的建模方法及求解过程
模型文件	Chapter9\char09-1\wheel.agdb
结果文件	Chapter9\char09-1\zhuzaofenxi.wbpj

9.2.1 问题描述

本节将对图 9-2 所示的铝制飞轮铸造过程进行相变分析。飞轮是将溶解的铝液体注入砂模中制造而成的，试分析飞轮的凝固过程。

参数及假设：部件在圆柱形砂模（高 20cm，半径 25cm）的中心；铝在 800℃时注入砂模；砂模初始温度为 25℃；模型顶面和侧面与环境通过自由对流交换热量；假设砂模和铝均为轴对称结构；假设砂的热材料属性为常数，铝的热材料属性随时间变化，比热和密度将用来计算铝的热焓。

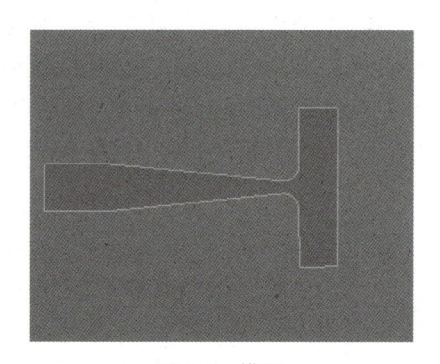

图 9-2 模型

9.2.2 创建分析项目

步骤 1：在 Windows 系统下启动 ANSYS Workbench，进入主界面。

步骤 2：在 Workbench 平台中依次选择"工具"→"选项"命令，如图 9-3 所示。

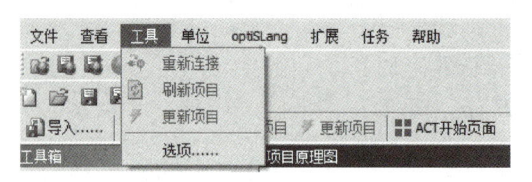

图 9-3 选择"选项"命令

步骤 3：在图 9-4 所示的对话框中选择左侧的"几何结构导入"选项，在"分析类型"栏中设置"分析类型"为 2D，其余设置保持默认，单击 OK 按钮。

步骤 4：双击主界面"工具箱"中的"分析系统"→"瞬态热"选项，即可在"项目原理图"窗口创建分析项目 A，如图 9-5 所示。

第 9 章
相变分析

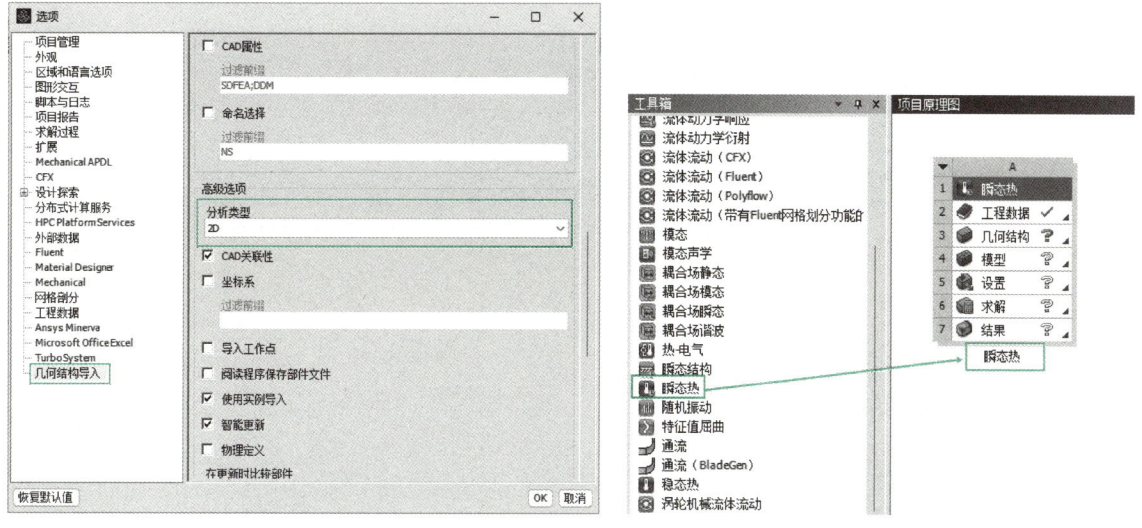

图 9-4　分析类型

图 9-5　创建分析项目 A

9.2.3　导入几何体模型

步骤 1：在 A3 的"几何结构"上单击鼠标右键，在弹出的快捷菜单中选择"导入几何模型"→"浏览"命令，如图 9-6 所示。

步骤 2：在弹出的图 9-7 所示的对话框中选择几何文件路径，选择名称为 wheel.agdb 格式的几何文件并单击"打开"按钮。

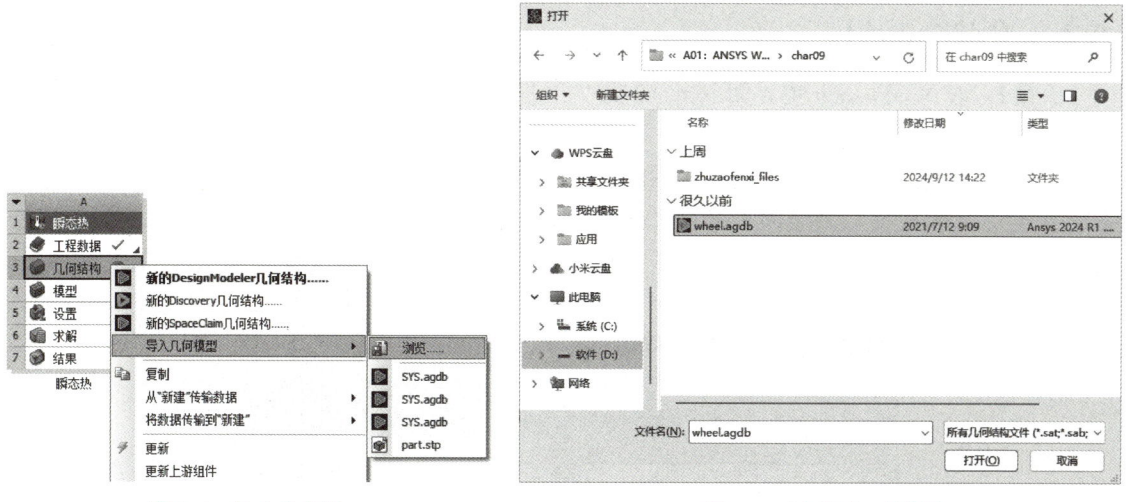

图 9-6　导入几何体

图 9-7　"打开"对话框

步骤 3：此时导入到 DesignModeler 平台中的几何模型如图 9-8 所示。从图中左侧可以看出，所有的建模命令都出现了闪电图标，即表示需要对当前几何进行数据更新。在工具栏中单击 生成 按钮，经过一段时间的计算，将几何体参数中的所有数据更新到最新状态。

步骤 4：单击工具栏中的 ■（保存）按钮，在弹出的"另存为"对话框中设置名称为 xiangbianfenxi.wbpj，单击"保存"按钮。

183

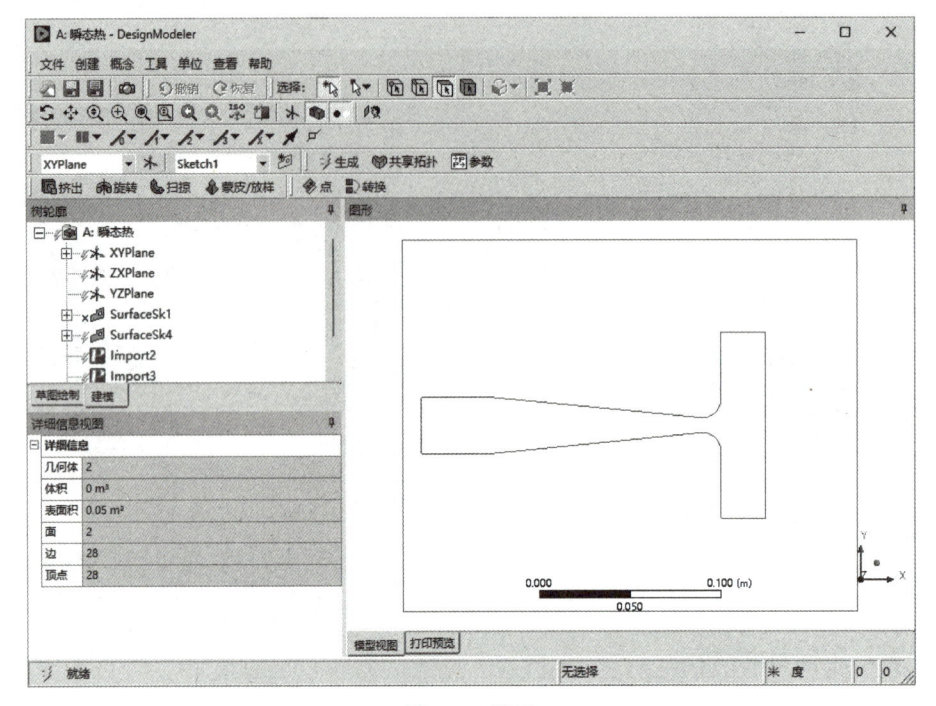

图 9-8　模型

步骤 5：返回 DesignModeler 界面中，单击右上角的 ✕（关闭）按钮，退出 DesignModeler，返回 Workbench 主界面。

9.2.4 创建分析项目

步骤 1：在 Workbench 主界面双击 A2 的"工程数据"，进入 Mechanical（机械）热分析的材料设置界面。

步骤 2：双击 A2 的"工程数据"，此时进入图 9-9 所示的材料选择窗口，在出现的"轮廓原理图 A2：工程数据"栏中输入材料名称为 shamo，在"属性 大纲行 4：shamo"窗口分别添加"密度""各向同性热导率"及"比热恒压"三个属性，分别设置三个属性的值为 1520、0.346 及 816。

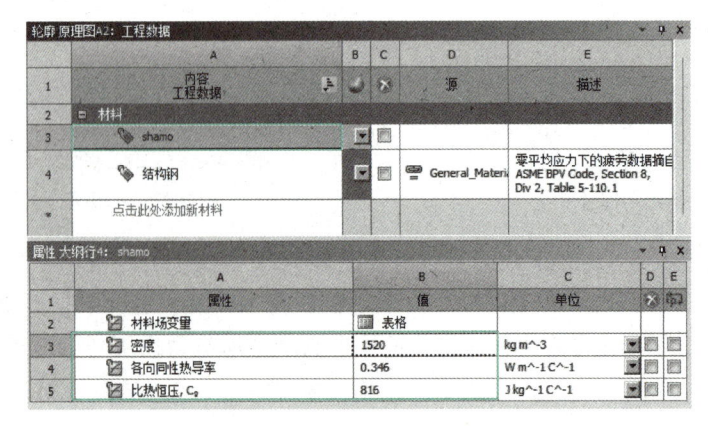

图 9-9　材料选择窗口

步骤 3：在"轮廓 原理图 A2：工程数据"栏中输入材料名称 feilun，在"属性 大纲行 5：feilun"窗口添加"各向同性热导率"属性，设置属性中的数值随温度变化（见表 9-1），如图 9-10 所示。在工具栏中单击 A2：工程数据 × 中的 × 按钮，关闭材料设置窗口。

表 9-1 输入的温度数值

温度	0	100	200	300	400	530	800
导热系数	206	206	215	228	249	268	290

图 9-10 添加"各向同性热导率"属性

步骤 4：在主界面项目管理区项目 A 双击 A4 的"模型"项，进入图 9-11 所示的 Mechanical（机械）界面，在该界面下可进行网格的划分、分析设置、结果观察等操作。

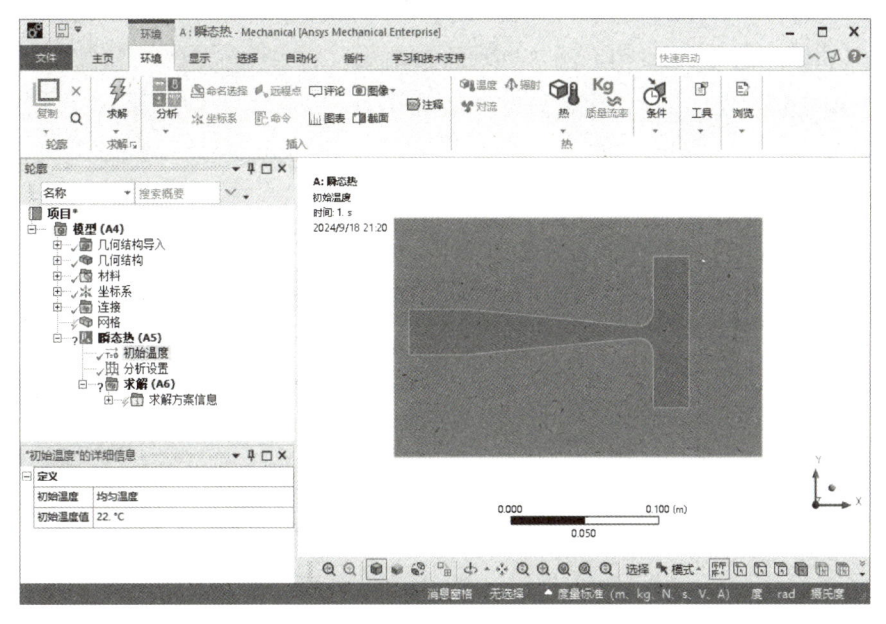

图 9-11 Mechanical（机械）界面

步骤 5：选择 Mechanical（机械）界面左侧"轮廓"中的"几何结构"选项，在"'几何结构'的详细信息"面板中进行图 9-12 所示的设置：在"定义"→"2D 行为"栏中选择"轴对称"选项，此选项表示将当前二维几何模型设置为二维轴对称样式。

步骤 6：返回"轮廓"面板，选择"模型（A4）"→"几何结构"→sand 选项，在下面出现的"'sand'的详细信息"设置面板中，在参数列表"材料"下单击"任务"后的按钮，选择刚刚设置的材料 shamo，即可将其添加到模型中，如图 9-13 所示。

图 9-12　轴对称设置

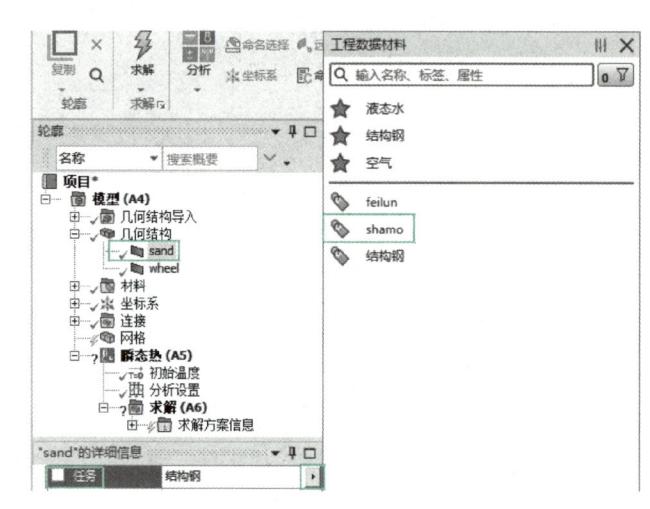

图 9-13　材料

步骤 7：选择"模型（A4）"→"几何结构"→wheel 选项，出现图 9-14 所示的"'wheel'的详细信息"设置面板，在参数列表"材料"下单击"任务"右侧的按钮，选择刚刚设置的材料 feilun，即可将其添加到模型中。

步骤 8：右击"模型（A4）"→"几何结构"→wheel 选项，在弹出的图 9-15 所示的快捷菜单中依次选择"插入"→"命令"命令。

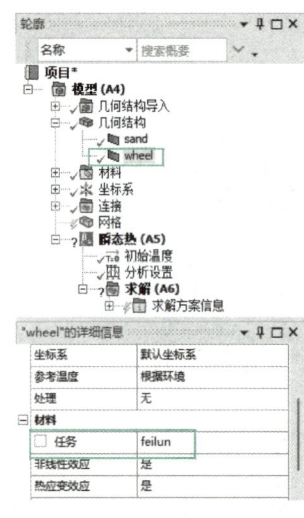

图 9-14　材料

图 9-15　插入命令

步骤 9：选择 wheel 下面的"命令（APDL）"选项，此时右侧的绘图区域将变成图 9-16 所示的命令窗口，在这里就可以进行编程了。

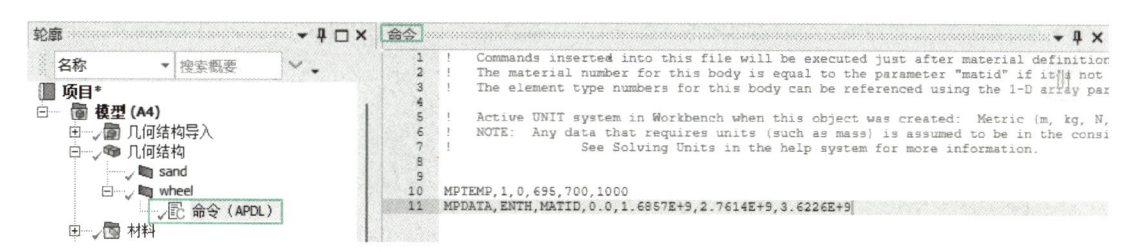

图 9-16　命令窗口

步骤 10：在右侧命令行窗口中输入如下命令。

MPTEMP,1,0,695,700,1000

MPDATA,ENTH,MATID,0.0,1.6857E+9,2.7614E+9,3.6226E+9

注：这里通过插入命令行对材料在不同温度下的焓值进行输入。

步骤 11：输入命令后的窗口如图 9-17 所示。在"轮廓"面板中选择"瞬态热（A5）"，并单击"环境"选项卡中的"对流"按钮，如图 9-18 所示。

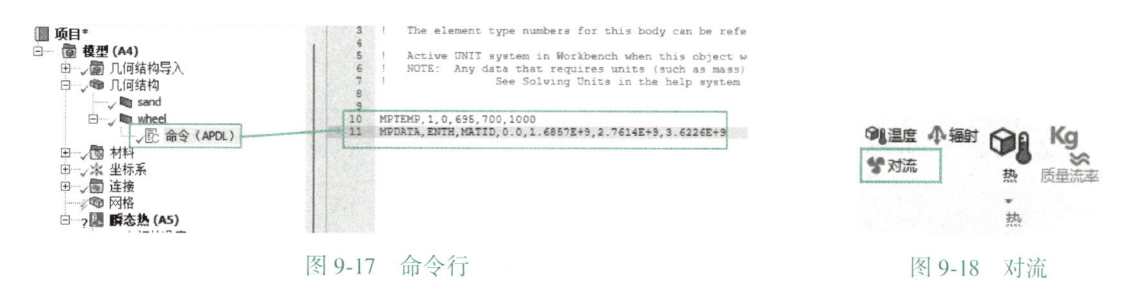

图 9-17　命令行　　　　　　　　图 9-18　对流

步骤 12：在"轮廓"面板中选择"对流"选项，在图 9-19 所示的"'对流'的详细信息"设置面板中进行如下操作：在"几何结构"栏中确保几何体右侧的边线被选中；在"薄膜系数"栏中输入对流系数为 7.5；在"环境温度"栏中输入温度为 30，其余选项保持默认。

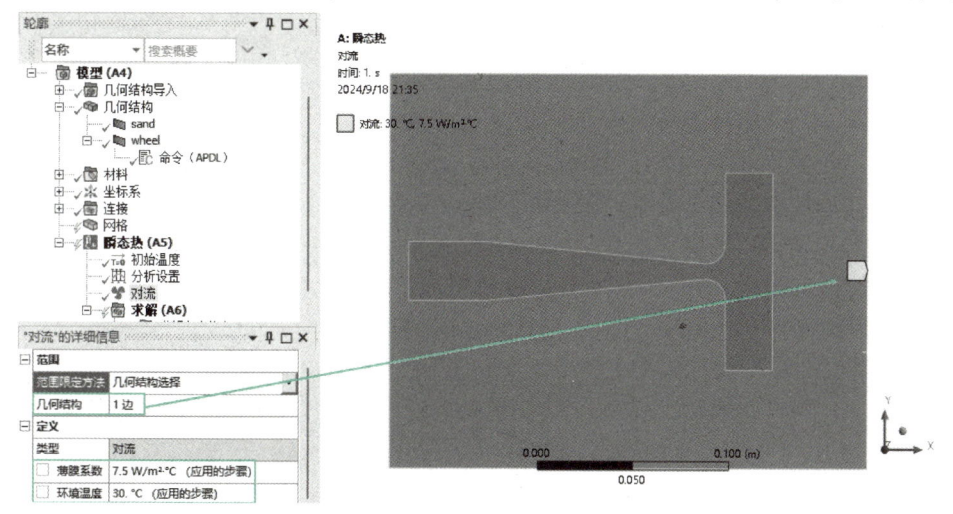

图 9-19　对流参数 1

步骤 13：在"轮廓"面板中选择"瞬态热（A5）"，再次单击"环境"选项卡中的"对流"按钮，创建"对流 2"选项。

步骤 14：在"轮廓"面板中选择"对流 2"选项，在图 9-20 所示的"'对流 2'的详细信息"设置面板中进行如下操作：在"几何结构"栏中确保几何体上下边线被选中；在"薄膜系数"栏中输入对流系数为 5.75；在"环境温度"栏中输入温度为 30，其余选项保持默认即可。

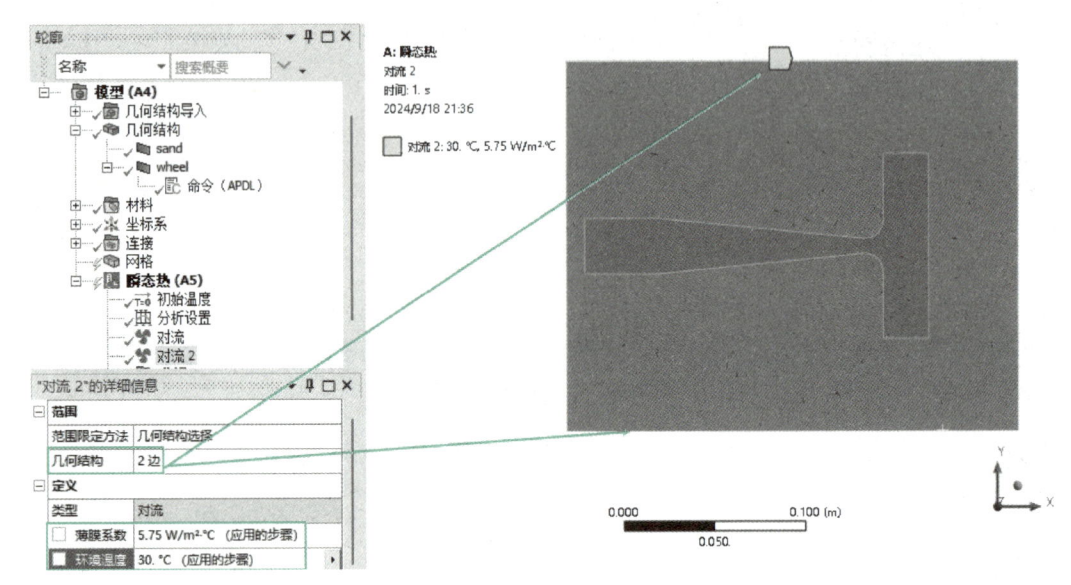

图 9-20　对流参数 2

步骤 15：在"轮廓"面板中选择"瞬态热（A5）"下面的"分析设置"选项，在图 9-21 所示的"'分析设置'的详细信息"设置面板中进行如下设置：在"步骤结束时间"栏中输入 2.4e+005s；在"自动时步"栏中选择"开启"选项；在"定义依据"栏中选择"时间"选项；在"初始时步"栏中输入 1.e-002s；在"最小时步"栏中输入 1.e-002s；在"最大时步"栏中输入 20s；在"求解器类型"栏中选择"迭代的"选项；在"线搜索"栏中选择"开启"选项；在"非线性公式"栏中选择"完全"选项，其余选项保持默认即可。

步骤 16：在"轮廓"窗口中右击"模型（A4）"→sand 选项，在弹出的快捷菜单中选择"创建命名选择"命令，弹出图 9-22 所示的"选择名称"对话框，在其中输入 thesand，单击 OK 按钮完成命名。

步骤 17：在"轮廓"窗口中右击"模型（A4）"→wheel 节点，在弹出的快捷菜单中选择"创建命名选择"命令，弹出图 9-23 所示的"选择名称"对话框，在其中输入 thewheel，单击 OK 按钮完成命名。

图 9-21　分析设置

图 9-22　命名 1　　　　　　　　　　　图 9-23　命名 2

步骤 18：在"轮廓"窗口中右击"命名选择"选项，绘图窗口中的几何体被选中，如图 9-24 所示。

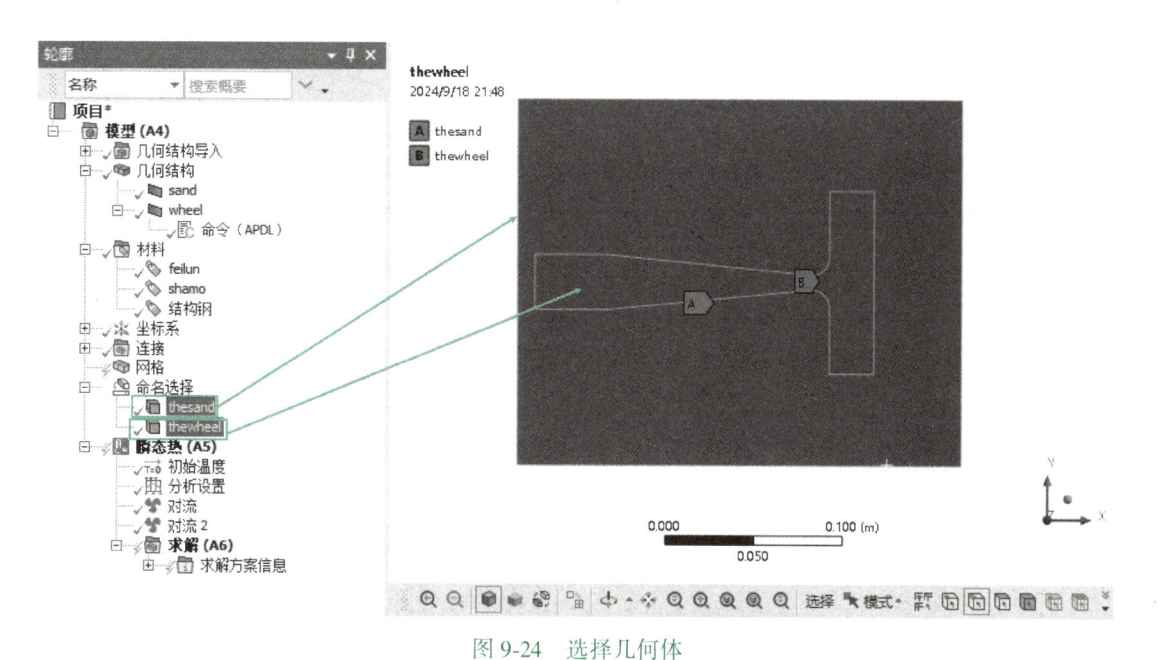

图 9-24　选择几何体

步骤 19：右击"瞬态热（A5）"选项，弹出图 9-25 所示的快捷菜单，依次选择"插入"→"命令"命令。

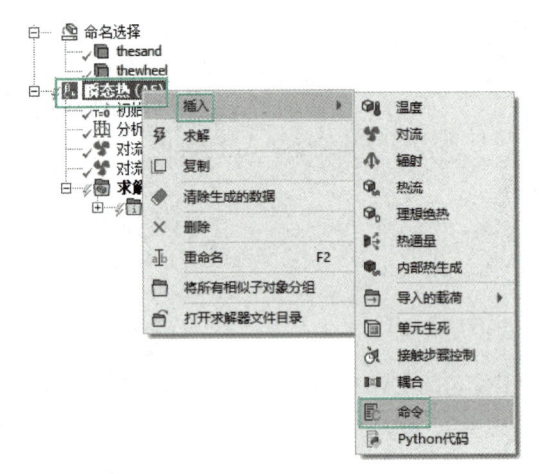

图 9-25 插入命令

步骤 20：选择 wheel 下面的"命令（APDL）"选项，在右侧命令行窗口中输入如下命令。

cmsel,s,thesand
nsle
ic,all,temp,25
cmsel,s,thewheel
nsle
ic,all,temp,800
Alls

对应的窗口界面如图 9-26 所示。

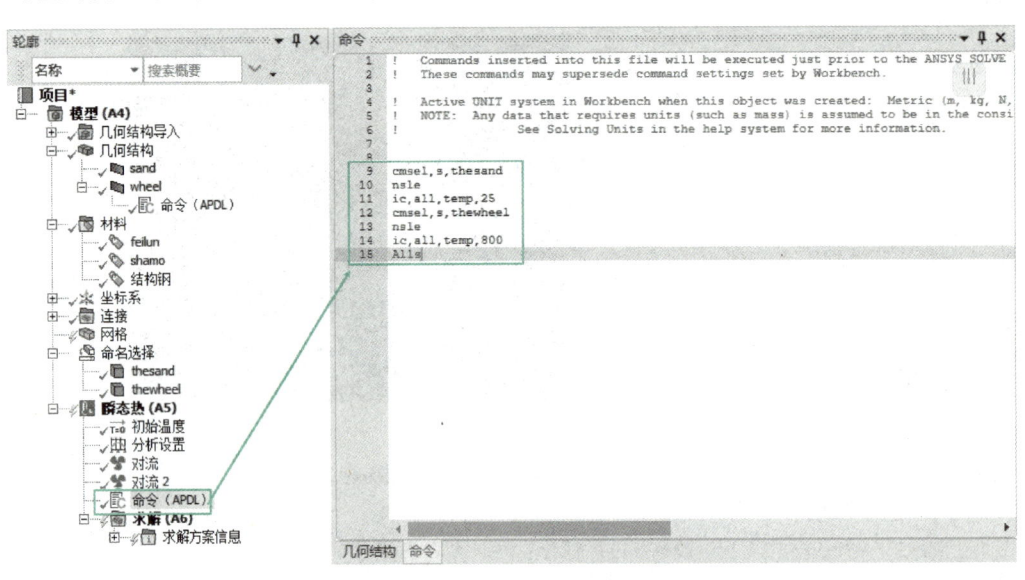

图 9-26 输入命令行

步骤 21：在"轮廓"窗口中依次选择"连接"→"接触"→"接触区域"选项，在图 9-27 所示的"'接触区域'的详细信息"设置面板中设置"热传导值"为 10000，单位保持默认。

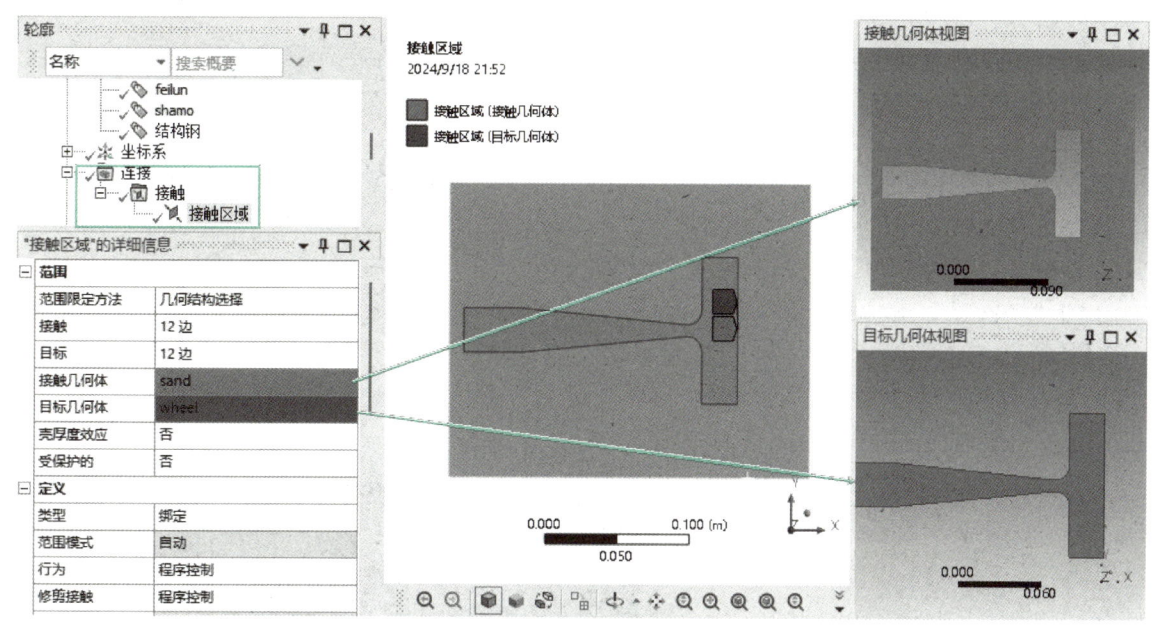

图 9-27　设置参数

步骤 22：返回"瞬态热（A5）"→"命令（APDL）"选项中，在后面添加以下两行命令。

neqit,100

lnsrch,on

对应的界面如图 9-28 所示。

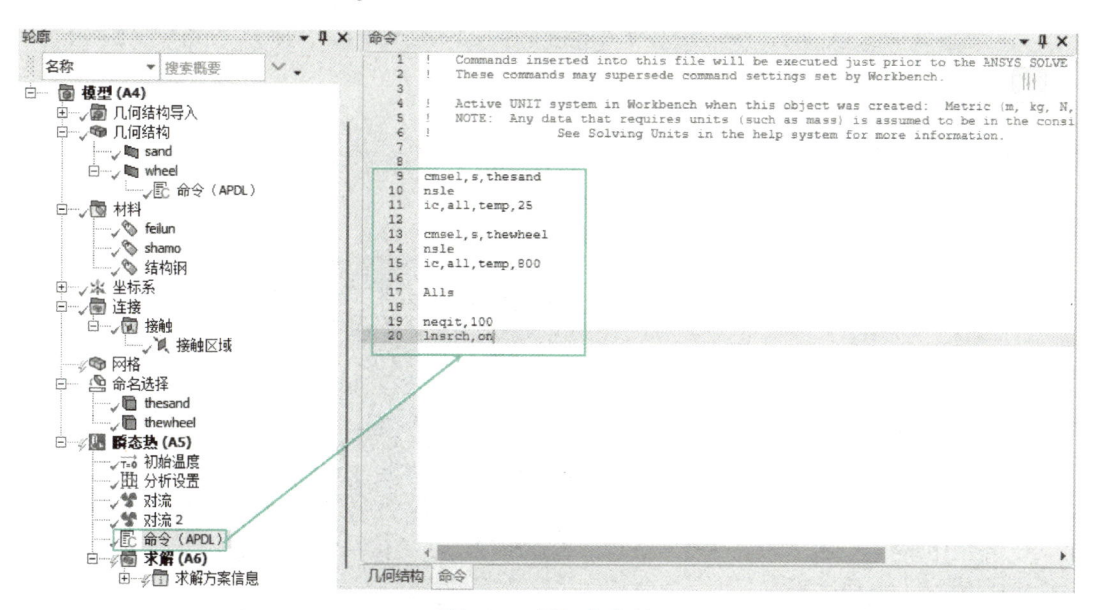

图 9-28　添加命令行

步骤 23：在"轮廓"面板中右击"网格"选项，弹出图 9-29 所示的快捷菜单，从中依次选择"插入"→"尺寸调整"命令，进行网格大小设置。

步骤24：在"轮廓"面板中选择"网格"下面的"面尺寸调整"选项，在"'面尺寸调整'-尺寸调整的详细信息"设置面板中进行如下操作：在"几何结构"栏中选中sand几何体；在"单元尺寸"栏中设置网格大小为2.e-003m，其余参数保持默认即可，如图9-30所示。

步骤25：选择"网格"选项，弹出图9-31所示的"'网格'的详细信息"设置面板，在"物理偏好"栏中选择CFD选项，"单元尺寸"设置为3.8001e-003m，其余参数保持默认即可。

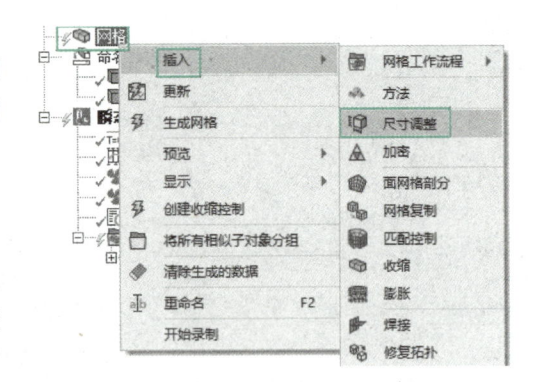

图9-29 快捷菜单

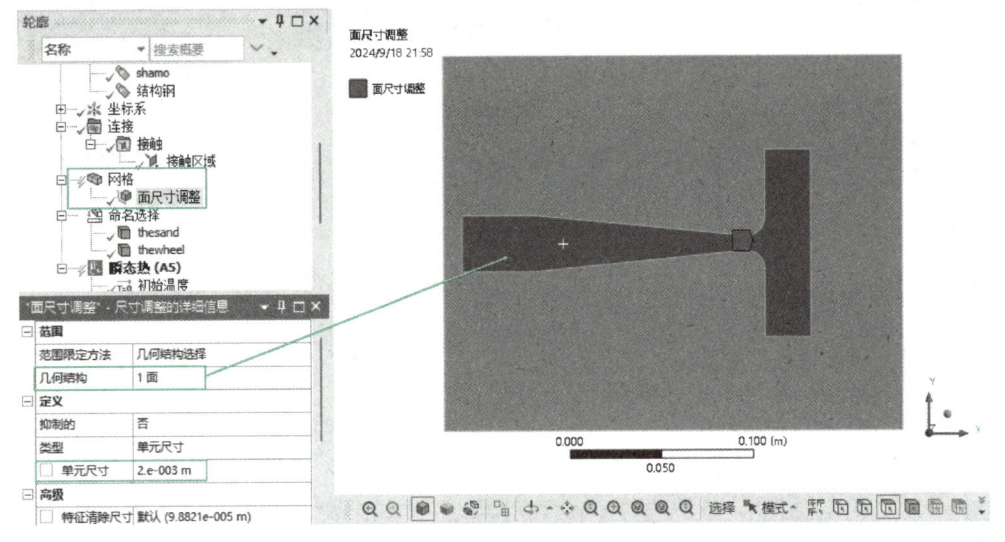

图9-30 网格设置

步骤26：右击"网格"选项，在弹出的快捷菜单中选择"生成网格"命令。经过一段时间的网格划分，划分完的网格如图9-32所示。

图9-31 网格设置

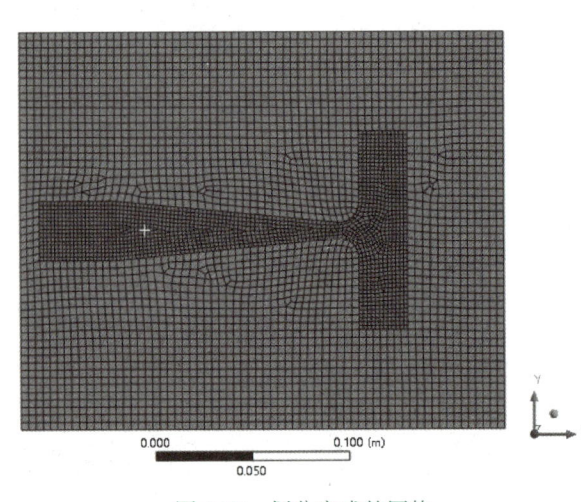

图9-32 划分完成的网格

步骤 27：选择"轮廓"窗口中的"坐标系"选项，然后单击工具栏中的 ※坐标系 按钮，创建用户坐标系。在下面出现的图 9-33 所示的"'坐标系'的详细信息"设置面板中进行如下设置：在"定义依据"栏中选择"全局坐标"选项；在"原点 X"栏中输入 1.5e-002m；在"原点 Y"栏中输入 0m，其余参数保持默认，即可创建第一个用户坐标系。

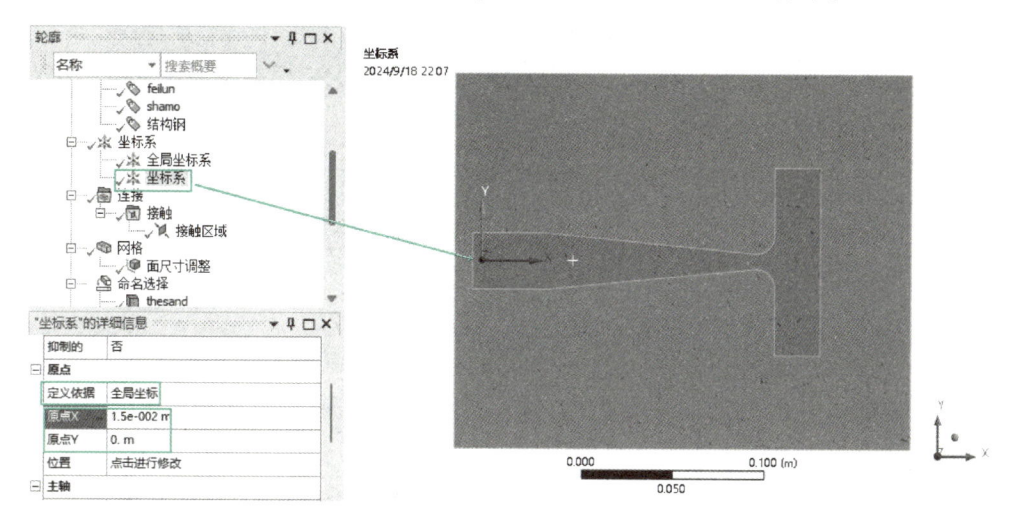

图 9-33　创建坐标系

步骤 28：选择"轮廓"窗口中的"坐标系 2"选项，然后单击工具栏中的 ※ 按钮，创建用户坐标系。在下面出现的图 9-34 所示的"'坐标系 2'的详细信息"设置面板中进行如下设置：在"定义依据"栏中选择"全局坐标"选项；在"原点 X"栏中输入 0.105m；在"原点 Y"栏中输入 0m，其余参数保持默认，即可创建第二个用户坐标系。

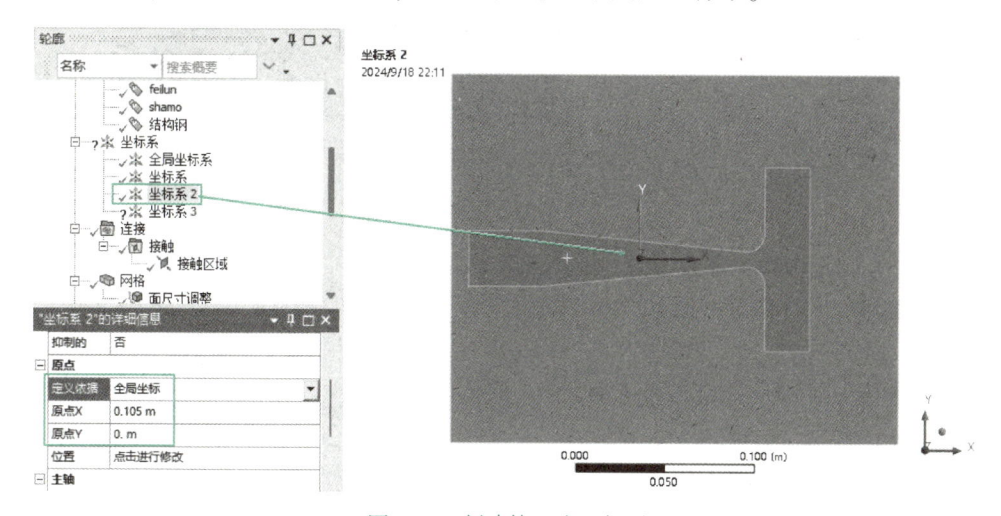

图 9-34　创建第二个坐标系

步骤 29：选择"轮廓"窗口中的"坐标系 3"选项，然后单击工具栏中的 ※ 按钮，创建用户坐标系。下面将出现图 9-35 所示的"'坐标系 3'的详细信息"设置面板，在"定义依据"栏中选择"全局坐标"选项；在"原点 X"栏中输入 0.195m；在"原点 Y"栏中输入 0m，其余参数保持默认，即可创建第三个用户坐标系。

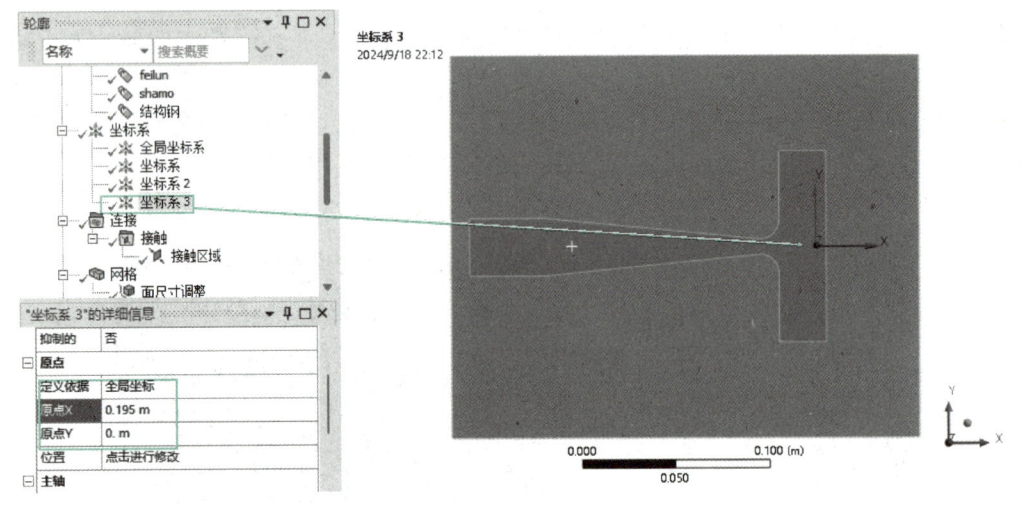

图 9-35 创建第三个坐标系

步骤 30：选择"轮廓"窗口中的"坐标系"选项，将出现三个坐标系，如图 9-36 所示。

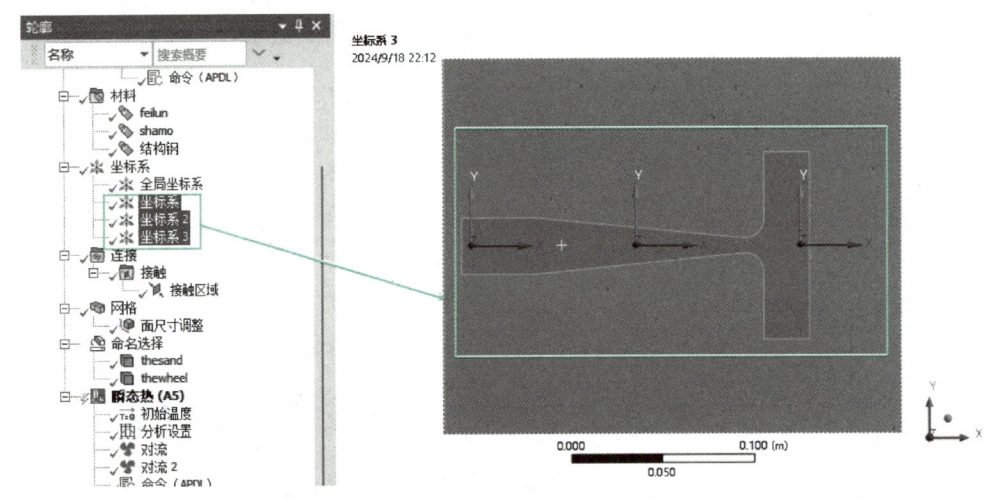

图 9-36 三个用户定义坐标系

步骤 31：在"轮廓"窗口中右击"求解（A6）"选项，在弹出的图 9-37 所示的快捷菜单中依次选择"插入"→"探针"→"温度"命令，创建温度探测工具。

步骤 32：此时在"求解（A6）"下面出现了"温度探针"选项，选择该选项，下面出现图 9-38 所示的"'温度探针'的详细信息"设置面板，在其"位置"栏中选择用户自定义的"坐标系"选项。

图 9-37 探测工具

步骤 33：重复上一步的操作，插入第二个温度探测工具，程序自动命名为"温度探针 2"，单击该选项，下面出现图 9-39 所示的"'温度探针 2'的详细信息"设置面板，在其"位置"

栏中选择用户自定义的"坐标系 2"选项。

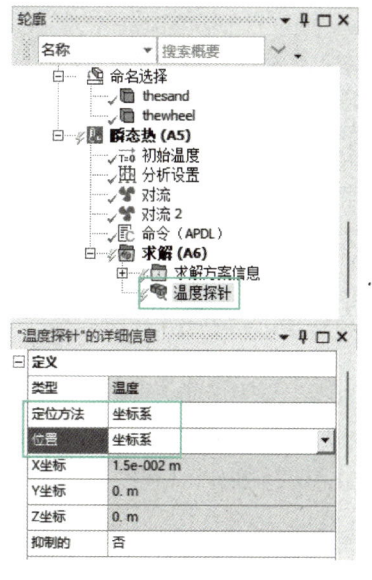

图 9-38 设置"温度探针"

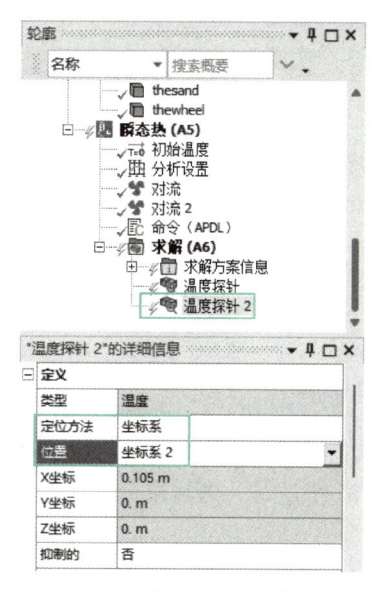

图 9-39 设置"温度探针 2"

步骤 34：重复上一步操作，插入第三个温度探测工具，程序自动命名为"温度探针 3"。选择该选项，下面出现图 9-40 所示的"'温度探针 3'的详细信息"设置面板，在其"位置"栏中选择用户自定义的"坐标系 3"选项。

步骤 35：在工具栏中单击图表按钮，下面出现图 9-41 所示的"'Chart'的详细信息"设置面板。在"轮廓选择"栏中确保上面的三个温度探测选项被选中，此时"轮廓选择"后面的栏中显示"3 对象"，同时右侧显示不同时刻三个探测工具探测到的温度曲线。

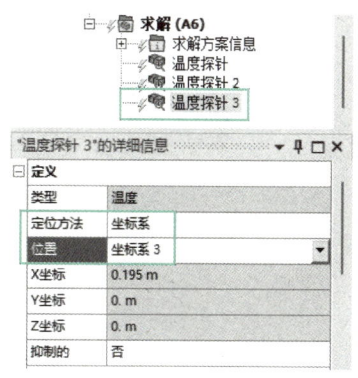

图 9-40 设置"温度探针 3"

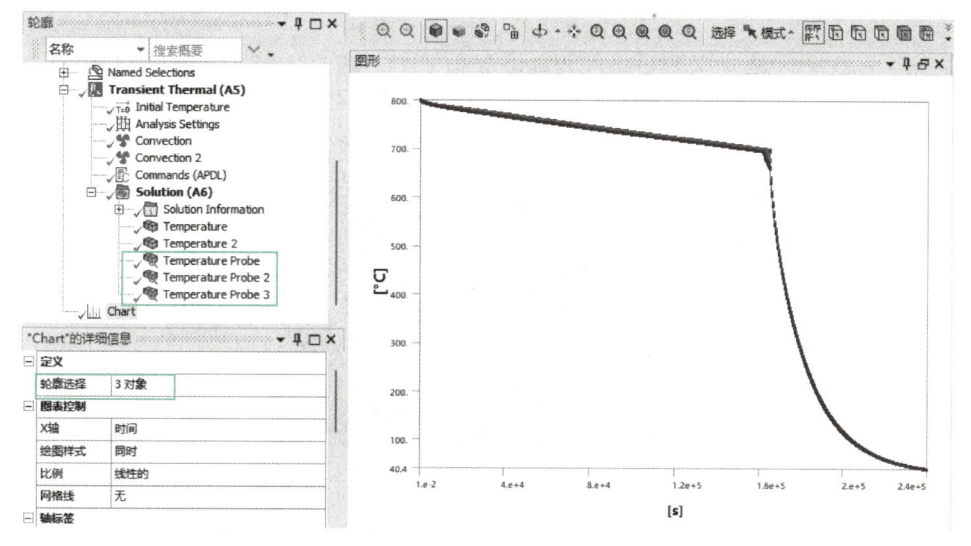

图 9-41 温度曲线

195

步骤36：右击"求解（A6）"，在弹出的图9-42所示的快捷菜单中依次选择"插入"→"热"→"温度"命令。

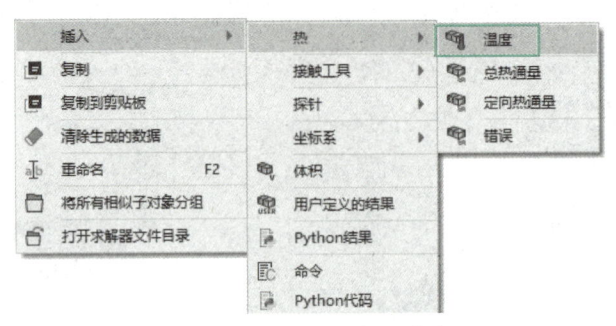

图9-42 选择"温度"命令

步骤37：在"求解（A6）"下面选择"温度"选项，此时窗口右侧出现整个几何体随温度变化的热点温度分布云图与最低温度分布云图，如图9-43所示。

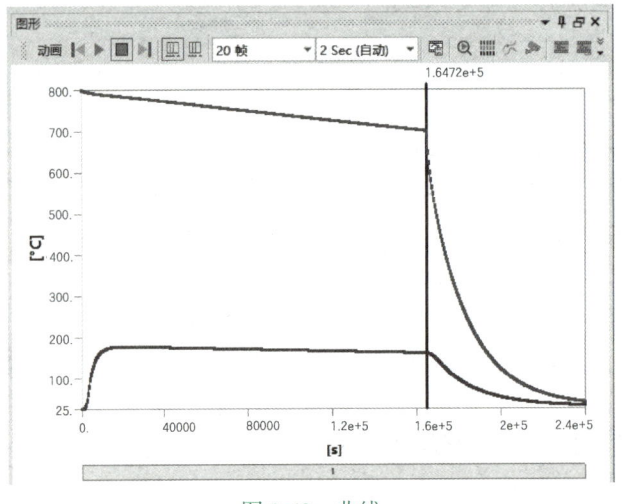

图9-43 曲线

步骤38：在绘图区域显示最后时刻的温度分布云图，如图9-44所示。

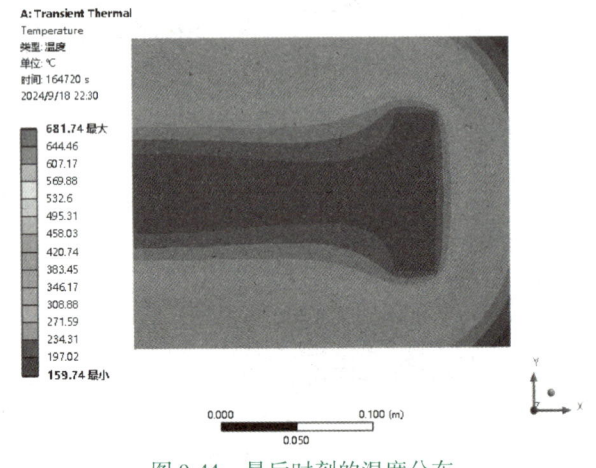

图9-44 最后时刻的温度分布

9.2.5 保存与退出

单击 Mechanical（机械）右上角的 ✕（关闭）按钮，返回 Workbench 主界面，单击 🖫（保存）按钮保存文件。然后单击 ✕（关闭）按钮，退出 Workbench 主界面。

9.3 本章小结

本章通过一个典型的飞轮铸造相变模拟分析的实例，介绍了相变分析的操作过程。在分析过程中考虑了与周围空气的对流换热边界，在后处理过程中得到了温度分布云图。通过本章内容的学习，读者应该对 ANSYS Workbench 平台的相变分析过程有了相当程度的了解。

第 10 章
优 化 分 析

结构优化是指从众多方案中选择最佳方案的技术。一般而言，设计主要有两种形式，即功能设计和优化设计。功能设计强调的是该设计能达到预定的设计要求，但仍能在某些方面进行改进。优化设计则是一种寻找确定最优化方案的技术。

10.1 优化分析简介

所谓"优化"是指"最大化"或者"最小化"，"优化设计"则指的是一种方案可以满足所有的设计要求，而需要的支出最小。

10.1.1 优化设计概述

优化设计有两种分析方法：第一种为解析法，通过求解微分与极值，进而求出最小值；第二种为数值法，借助于计算机和有限元，通过反复迭代逼近，求解出最小值。由于解析法需要列方程并求解微分方程，对于复杂的问题而言比较困难，所以解析法常用于理论研究，很少在工程上使用。

随着计算机技术的发展，结构优化算法取得了更大的发展，并且根据设计变量的类型不同，已由较低层次的尺寸优化，发展到了较高层次的结构形状优化，现如今已达到了更高层次——拓扑优化。优化算法也由简单的准则法发展到数学规划法，再到遗传算法等。

传统的结构优化设计是由设计者提供几个不同的设计方案，在比较后挑选出最优化的方案。这种方法往往建立在设计者经验的基础上，再加上资源时间的限制，提供的可选方案数量有限，往往不一定是最优方案。

如果想获得最佳方案，就要提供更多的设计方案进行比较，这就需要大量的资源，单靠人力往往难以做到，只能靠计算机来完成。到目前为止，能够进行结构优化的软件并不多，而 ANSYS 软件作为通用的有限元分析工具，除了拥有强大的前后处理器外，还有很强大的优化设计功能，既可以进行结构尺寸优化，亦可以进行拓扑优化，其本身提供的算法就能够满足工程需要。

10.1.2 Workbench 结构优化分析简介

ANSYS Workbench Environment（AWE）是 ANSYS 公司开发的新一代前后处理环境，并且定为一个 CAE 协同平台。该环境实现了与 CAD 软件及设计流程的高度集成性，并且新版本增加了很多 ANSYS 软件模块，实现了很多常用功能，使产品开发中能快速应用 CAE 技术进行分析，从而缩短了产品设计周期，提高产品附加价值。

优化作为一种数学方法，通常通过对解析函数求极值的方法来达到寻求最优值的目的。基于数值分析技术的 CAE 方法，其计算所求得的结果只是一个数值，显然不可能针对我们的目标得到一个解析函数。

然而，样条插值技术又使 CAE 中的优化成为可能，多个数值点可以利用插值技术形成一条连续的、可用函数表达的曲线或曲面，如此便回到了数学意义上的极值优化技术上来。

样条插值方法是种近似方法，通常不可能得到目标函数的准确曲面。但利用上次计算的结果再次插值得到一个新的曲面，相邻两次得到的曲面距离会越来越近，当它们的距离小到一定程度时，就可以认为此时的曲面代表了目标曲面。那么，该曲面的最小值，便可以认为是目标最优值。以上就是 CAE 方法中的优化处理过程。一个典型的 CAD 与 CAE 联合优化过程通常需要经过以下步骤。

1) 参数化建模：利用 CAD 软件的参数化建模功能把将要参与优化的数据（设计变量）定义为模型参数，为以后软件修正模型提供可能。

2) CAE 求解：对参数化 CAD 模型进行加载与求解。

3) 后处理：将约束条件和目标函数（优化目标）提取出来供优化处理器进行优化参数评价。

4) 优化参数评价：优化处理器将本次循环提供的优化参数（设计变量、约束条件、状态变量及目标函数）与上次循环提供的优化参数比较之后，确定该次循环目标函数是否达到了最小，或者说结构是否达到了最优。如果达到最优，完成迭代，退出优化循环圈，否则，进行下一步。

5) 根据已完成的优化循环和当前优化变量的状态修正设计变量，重新投入循环。

10.1.3 Workbench 结构优化分析

ANSYS Workbench 平台有如下五种优化分析工具。

- Direct Optimization（Beta）（直接优化工具）：设置优化目标，利用默认参数进行优化分析，从中得到期望的组合方案。
- Goal Driven Optimization（多目标驱动优化分析工具）：从给定的一组样本中得到最佳的设计点。
- Parameters Correlation（参数相关性优化分析工具）：可以得出某一输入参数对应响应曲面影响的大小。
- Response Surface（响应曲面优化分析工具）：通过图表来动态显示输入与输出参数之间的关系。
- Six Sigma Analysis（六西格玛优化分析工具）：基于 6 个标准误差理论来评估产品的可靠性概率，以及判断产品是否满足六西格玛准则。

10.2 散热肋片优化分析

本节将详细介绍通过 ANSYS Workbench 平台进行散热片的肋片热优化分析的操作过程。

学习目标	熟练掌握热优化分析的建模方法及求解过程
模型文件	无
结果文件	Chapter10\char10-1\youhua.wbpj

10.2.1 问题描述

图10-1为带散热肋片的基座，基座的底面温度为50℃，基座与肋片的材质均为铝，试通过优化分析方式对不同类型的肋片及肋片间的距离进行调整，并计算温度变化特性。

10.2.2 创建分析项目

下面介绍创建分析项目的具体操作步骤。

步骤1：在Windows系统下启动ANSYS Workbench，进入主界面。

步骤2：双击主界面"工具箱"中的"分析系统"→"稳态热"选项，即可在"项目原理图"窗口创建分析项目A，如图10-2所示。

图10-1 基座模型

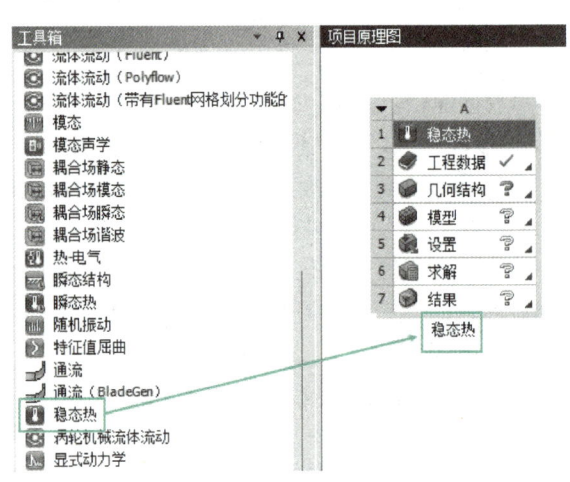

图10-2 创建分析项目A

10.2.3 创建几何体模型

下面介绍创建几何体模型的具体操作步骤。

步骤1：在A3的"几何结构"上单击鼠标右键，在弹出的快捷菜单中选择"新的DesignModeler几何结构"命令，如图10-3所示。

步骤2：在启动的DesignModeler几何建模窗口中进行几何体创建。在菜单栏中选择"单位"→"毫米"命令，设置长度单位为毫米。然后在DesignModeler窗口中选择"树轮廓"→"XY平面"命令，再切换至"草图绘制"选项卡，选择"绘制"→"矩形"命令，以坐标原点为矩形的正中心开始绘制一个矩形。

步骤3：切换至"维度"选项卡，然后选择"通用"选项。标注矩形的长和宽，设置H1为100mm、H3为50mm、V2为100mm、V4为50mm，如图10-4所示。

步骤4：切换到"建模"选项卡，选择工具栏中的

图10-3 创建几何体

命令，在"详细信息视图"设置面板中进行如下操作：

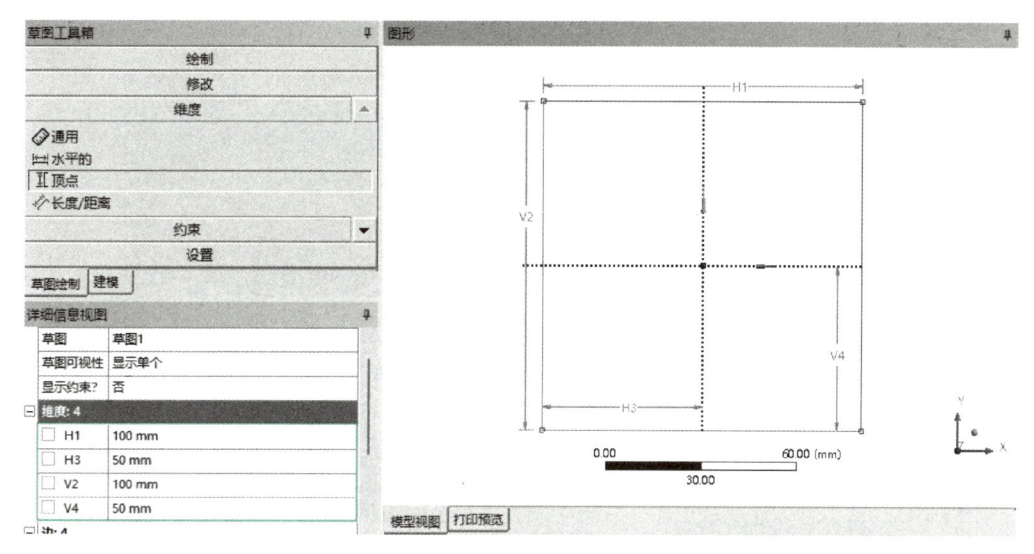

图 10-4 生成后的 DesignModeler 界面

在"几何结构"栏中选中刚刚建立的"草图 1"；在"操作"栏中选择"添加冻结"；在"FD1,深度(>0)"栏中输入拉伸长度为 10mm；其余参数保持默认设置即可，如图 10-5 所示。创建的几何体如图 10-6 所示。

图 10-5 设置挤出参数（1）　　　　图 10-6 创建的几何体

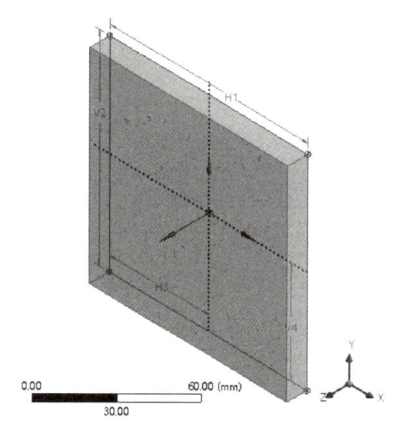

注："冻结"为冻结后的几何体，在几何图形上显示为半透明状态。

步骤 5：单击 Z 轴最大位置处的几何平面，然后单击工具栏中的按钮，再切换至"草图绘制"选项卡，然后绘制图 10-7 所示的矩形。

步骤 6：切换至"维度"选项卡，然后选择"通用"选项。标注矩形的长和宽，设置 H1 为 5mm、H3 为 10mm。

步骤 7：切换到"建模"选项卡，选择工具栏中的 命令，在"详细信息视图"设置面板中进行如下操作：

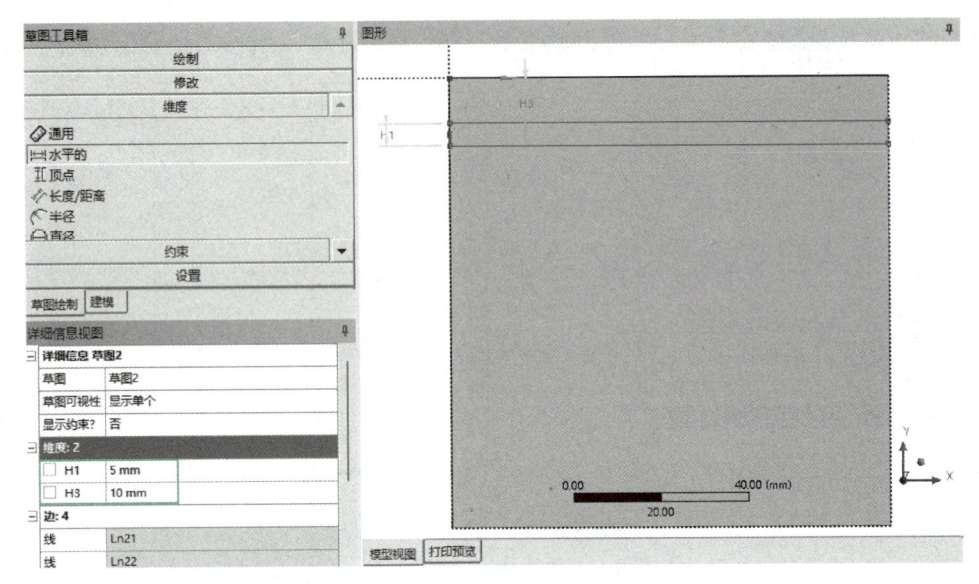

图 10-7 绘制矩形

在"几何结构"栏中选择刚刚建立的"草图 2"；在"FD1,深度(>0)"栏中输入拉伸长度为 50mm，其余参数保持默认设置即可，如图 10-8 所示。

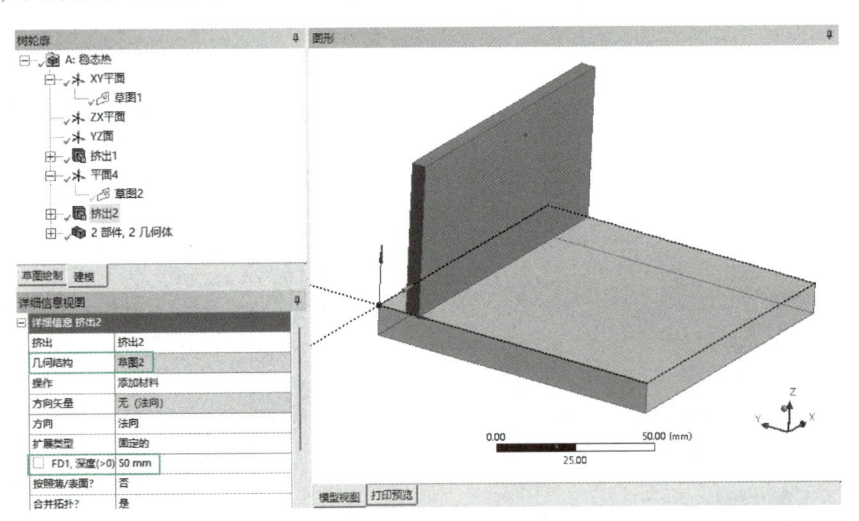

图 10-8 设置挤出参数（2）

步骤 8：选择"创建"菜单下面的"模式"命令，如图 10-9 所示。

步骤 9：选择"树轮廓"窗口中的"模式 1"选项，然后在下面出现图 5-37 所示的"详细信息视图"设置面板中进行如下设置：

在"方向图类型"栏中选择"线性的"选项；在"几何结构"栏中选择挤出的几何实体；在"方向"栏中确保被冻结几何实体的一条边被选中，并确定好阵列方向，可以通过单击绘图窗口中左下角出现的箭头来调整方向；在"FD1,偏移(>0)"栏中输入偏移长度为 10mm；在"FD3,复制(>=0)"栏中输入数量为 8，其余参数保持默认设置即可，如图 10-10 所示。

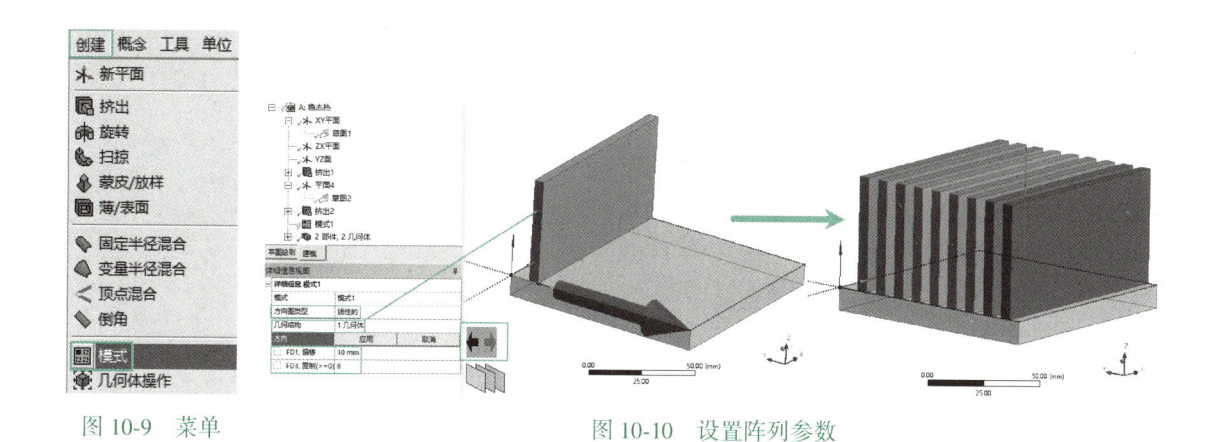

图 10-9 菜单　　　　　　　　　　图 10-10 设置阵列参数

步骤 10：单击"FD1，偏移（>0）"栏前面的□图标，此时弹出"A：稳态热–DesignModeler"对话框。在对话框中的"参数名称"栏中输入 DIS，并单击 OK 按钮，此时"FD1，偏移（>0）"栏前面的□图标中将出现 P 的字样，表示已被设置为参数化。

步骤 11：单击"FD3，复制（>=0）"栏前面的□图标，此时弹出"A：稳态热–DesignModeler"对话框。在对话框中的"参数名称"栏中输入 No，并单击 OK 按钮，此时"FD3，复制（>=0）"栏前面的□图标中将出现 P 字样，表示已被设置为参数化，如图 10-11 所示。

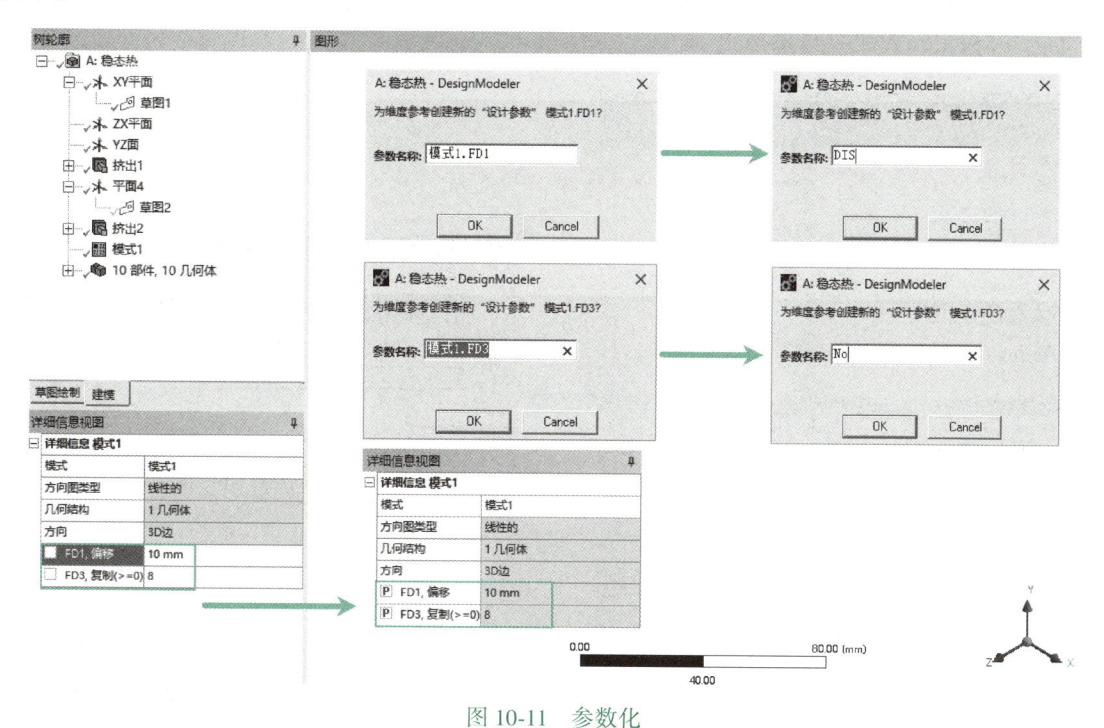

图 10-11 参数化

步骤 12：单击工具栏中的 ■（保存）按钮，在弹出的"另存为"对话框的名称栏中输入 ex2.wbpj，单击"保存"按钮。

步骤13：返回 DesignModeler 界面中，单击右上角的 ✕（关闭）按钮，退出 DesignModeler，返回 Workbench 主界面。此时流程图变成图 10-12 所示的参数化流程图。

注：从流程图中可以看出，此时虽然已对几何体中的两个参数进行了参数化设置，但是没有对输出进行参数化设置，所以流程图的"参数集"栏中仅有一个箭头指向流程图的 A8 的"参数"栏，还需要一个输出。

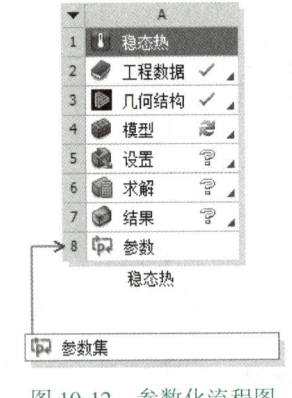

图 10-12　参数化流程图

10.2.4 创建分析项目

下面介绍创建分析项目的具体操作步骤。

步骤1：在 Workbench 主界面双击 A2 的"工程数据"，进入 Mechanical（机械）热分析的材料设置界面。

步骤2：选择工具栏中的 工程数据源 选项，进入材料选择窗口。在"工程数据源"对话框中选择"热材料"，在出现的"轮廓 Thermal Materials"栏中选择"铝"选项，此时在 C37 列中显示 图标，表示当前材料被选中。

再次单击工具栏中的 工程数据源 选项，关闭材料选择窗口。此时的"轮廓原理图 A2：工程数据"窗口出现材料"铝"，同时"属性大纲行 4：铝"窗口中显示铝的"各向同性热导率"，如图 10-13 所示。在工具栏中单击 A2:工程数据 ✕ 中的 ✕ 按钮，关闭材料设置窗口。

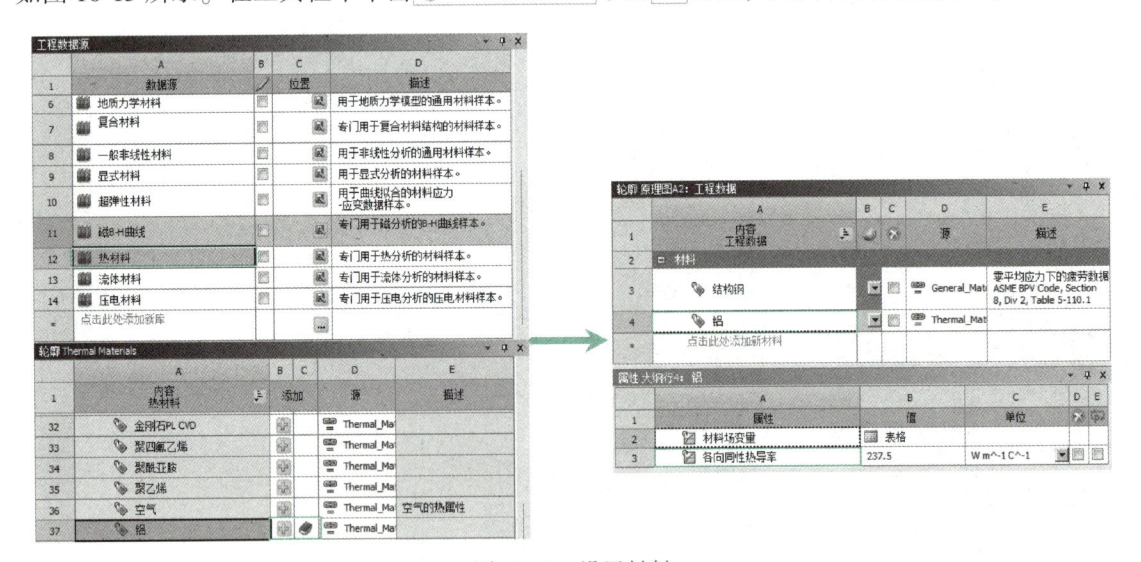

图 10-13　设置材料

步骤3：双击主界面项目管理区项目 A 中 A4 的"模型"，进入图 10-14 所示的 Mechanical（机械）界面。在该界面下可进行网格的划分、分析设置、结果观察等操作。

步骤4：选择 Mechanical（机械）界面左侧"轮廓"的"几何结构"选项中的所有固体，此时即可在"'多个选择'的详细信息"中给模型添加材料，如图 10-15 所示。

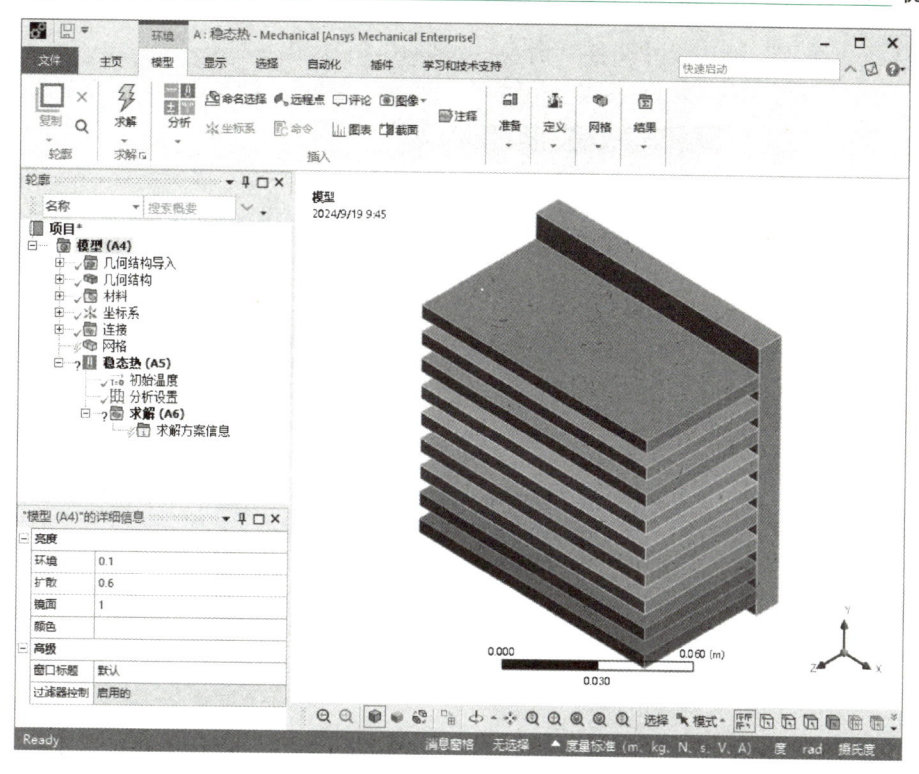

图 10-14 Mechanical（机械）界面

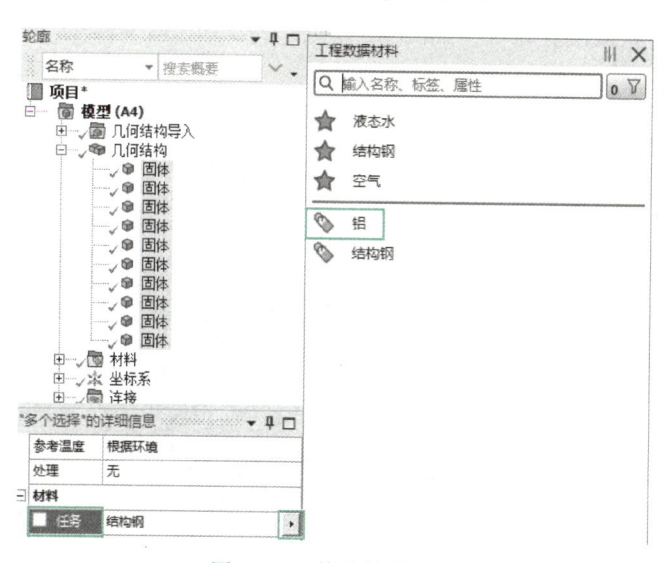

图 10-15 修改材料属性

步骤 5：单击参数列表中"材料"下"任务"区域右侧的 ▶ 按钮，此时会出现刚刚设置的材料"铝"，选择该材料，即可将其添加到模型中。

10.2.5 划分网格

下面介绍划分网格的具体操作步骤。

步骤 1：右击 Mechanical（机械）界面左侧"轮廓"中的"网格"选项，在弹出的快捷菜单中依次选择"插入"→"尺寸调整"命令，如图 10-16 所示。

图 10-16　选择"尺寸调整"命令

步骤 2：在"'边缘尺寸调整'-尺寸调整的详细信息"设置面板中进行如下操作：

在"几何结构"栏中选中几何体的所有边；在"单元尺寸"栏中输入网格大小为 2.5e-003m；其余参数保持默认设置即可，如图 10-17 所示。

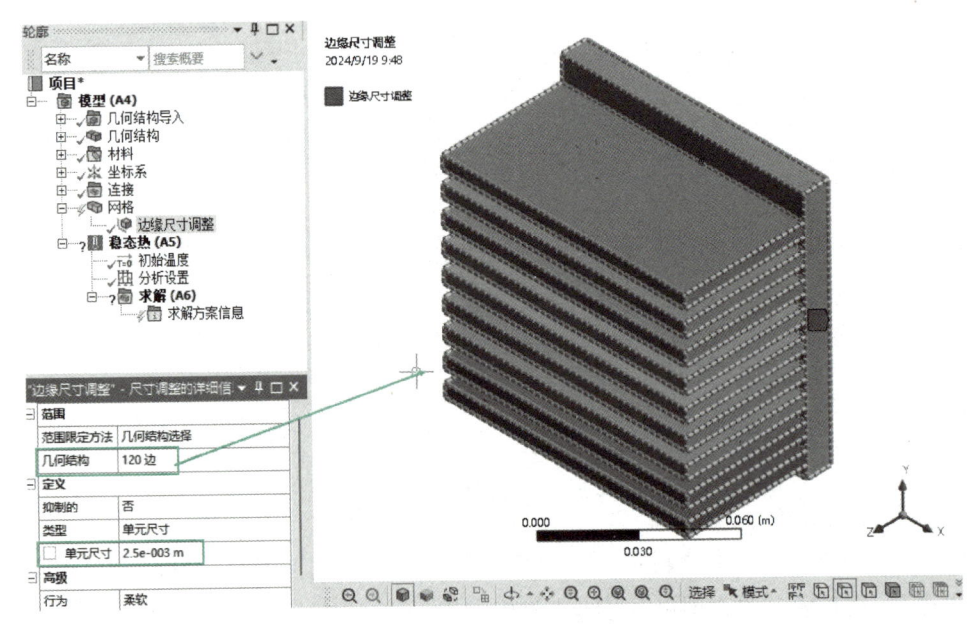

图 10-17　网格设置

步骤 3：选择"轮廓"中的"网格"选项并单击鼠标右键，在弹出的快捷菜单中选择"生成网格"命令，最终的网格效果如图 10-18 所示。

第 10 章
优化分析

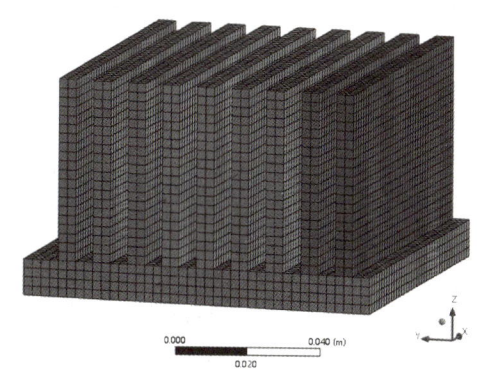

图 10-18　网格效果

10.2.6　施加载荷与约束

下面介绍施加载荷与约束的具体操作步骤。

步骤 1：选择 Mechanical（机械）界面左侧"轮廓"中的"稳态热（A5）"选项，此时会出现图 10-19 所示的"环境"选项卡，单击"温度"按钮。

步骤 2：此时在分析树中会出现"温度"选项，如图 10-20 所示。

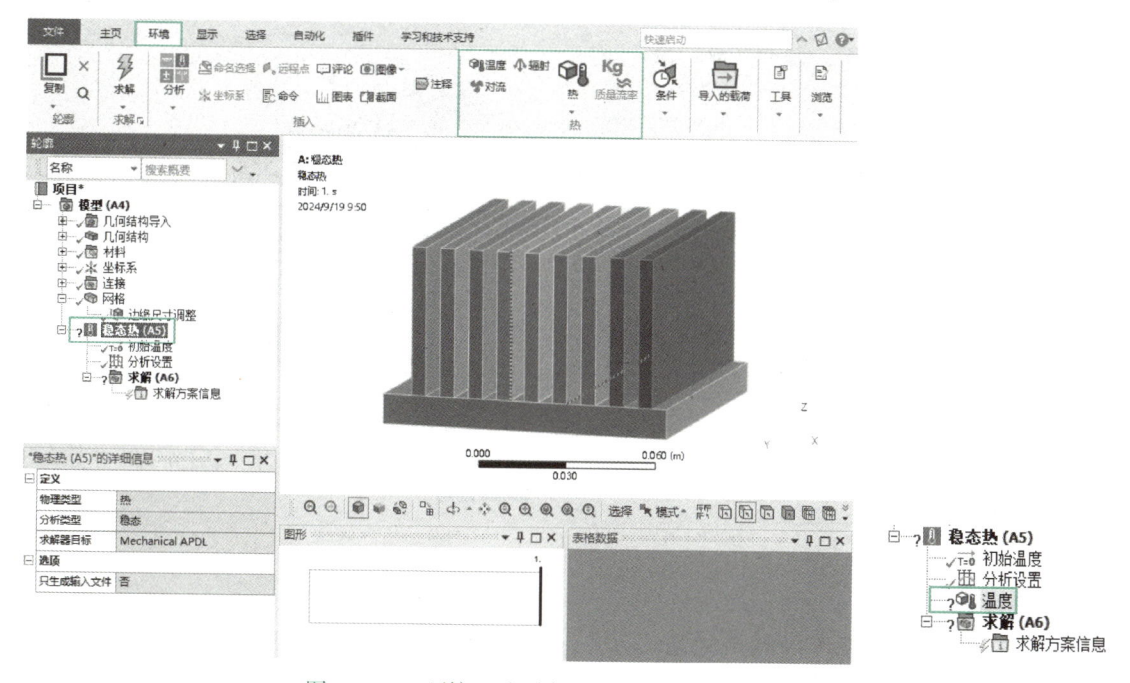

图 10-19　"环境"选项卡　　　　　　　　图 10-20　添加选项

步骤 3：选中"温度"选项，在出现的"'温度'的详细信息"中进行如下操作：

在"几何结构"中选择实体的背面（即不带散热肋片的一个面）；在"定义"→"大小"栏中输入 50℃；其余参数保持默认设置即可，如图 10-21 所示。

步骤 4：选择工具栏中的"对流"选项，在"'对流'的详细信息"中进行如下操作：

在"几何结构"中选择所有的肋片外表面及几何体的四个侧面；在"薄膜系数"栏中输

207

入 50；在"环境温度"栏中输入 30℃，其余参数保持默认即可。至此，即完成了另一个对流的添加，如图 10-22 所示。

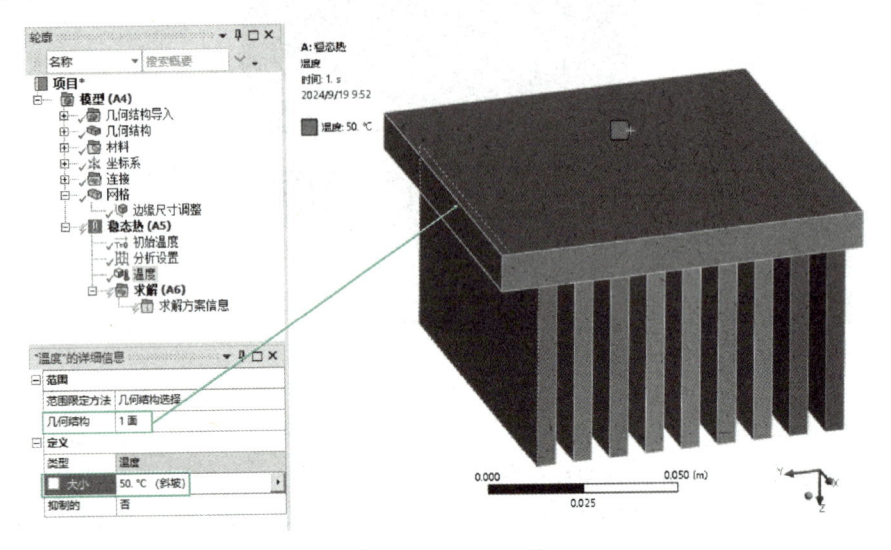

图 10-21　添加温度

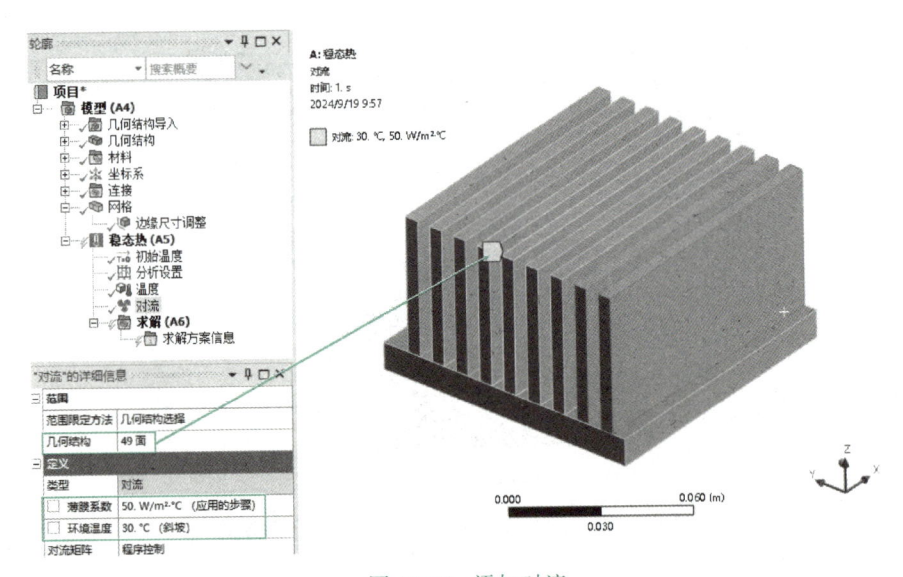

图 10-22　添加对流

步骤 5：选择"轮廓"中的"稳态热（A5）"选项并单击鼠标右键，在弹出的快捷菜单中选择"求解"命令，如图 10-23 所示。

图 10-23　选择"求解"命令

第 10 章 优化分析

10.2.7 结果后处理

下面介绍有关结果后处理的具体操作步骤。

步骤 1：选择 Mechanical（机械）界面左侧"轮廓"中的"求解（A6）"选项，此时会出现图 10-24 所示的"求解"选项卡。

步骤 2：选择"求解"选项卡中的"热"→"温度"命令，此时在分析树中会出现"温度"选项，如图 10-25 所示。

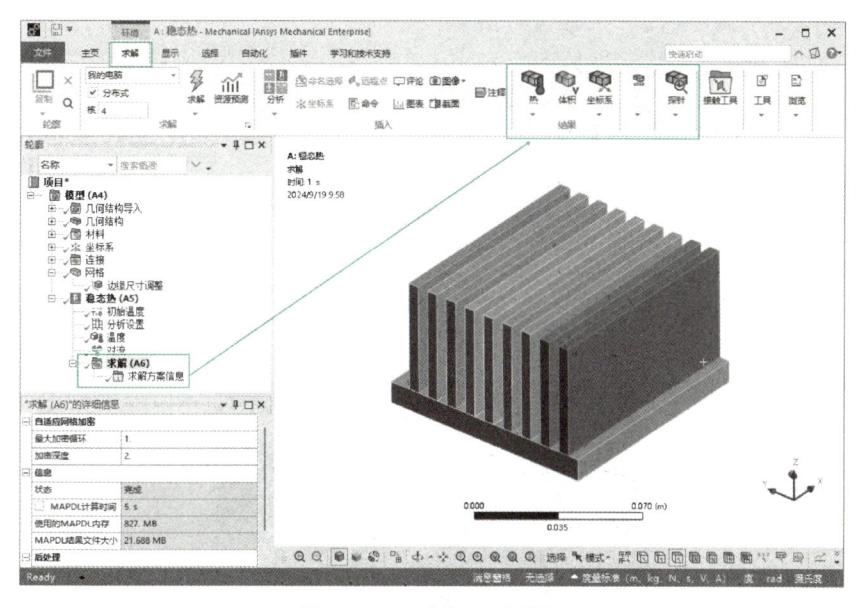

图 10-24　"求解"选项卡

图 10-25　添加温度选项

步骤 3：选择"轮廓"中的"求解（A6）"选项并单击鼠标右键，在弹出的快捷菜单中选择"评估所有结果"命令，如图 10-26 所示。此时会弹出进度显示条表示正在求解，求解完成后进度条自动消失。

步骤 4：选择"轮廓"的"求解（A6）"中的"温度"，将会显示图 10-27 所示的界面。

图 10-26　快捷菜单

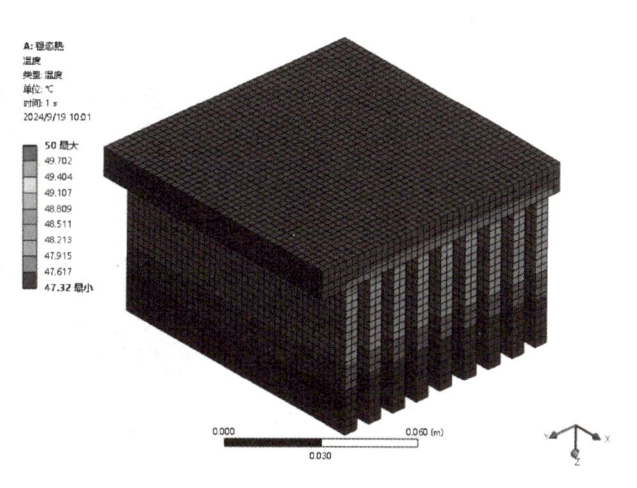

图 10-27　温度分布图

步骤 5：右击"求解（A6）"选项，在弹出来的快捷菜单中依次选择"插入"→"热"→"温度"命令，如图 10-28 所示。

图 10-28　选择"温度"命令

步骤 6：在"几何结构"栏中确保所有肋片的几何实体都被选中，如图 10-29 所示。

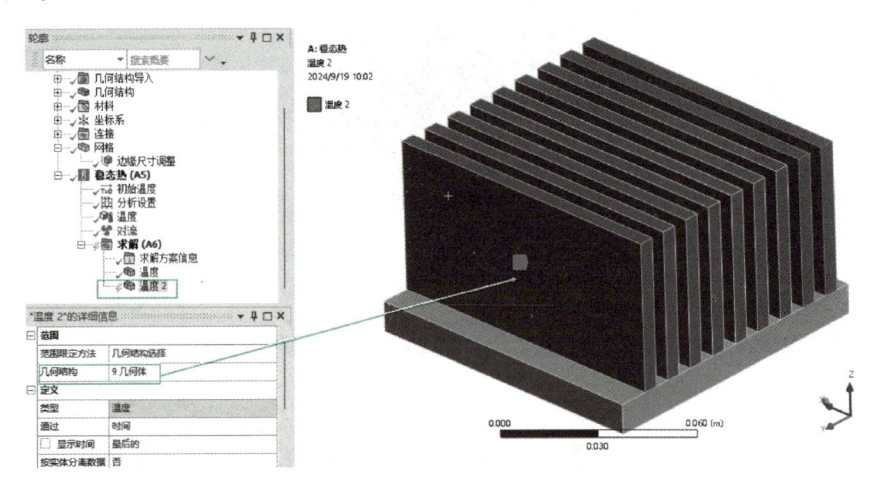

图 10-29　选择所有肋片的几何体

步骤 7：经过计算可以得到肋片的温度分布图，如图 10-30 所示。

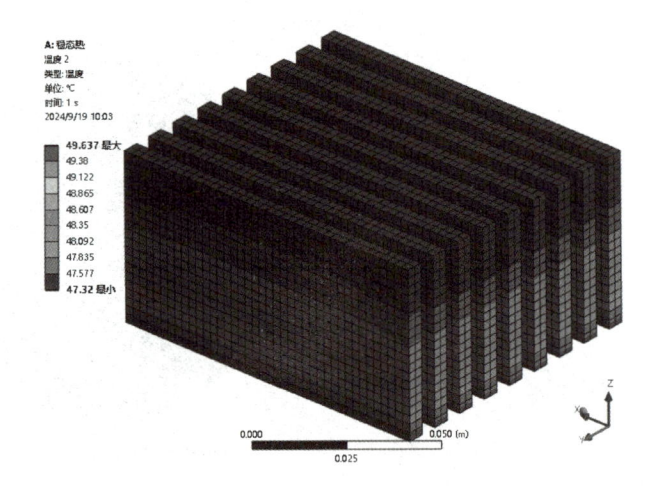

图 10-30　肋片温度分布云图

步骤 8：下面对肋片的温度分布进行参数化输出设置。选择"温度 2"选项，在下面出现的"'温度 2'的详细信息"设置面板中，单击"结果"栏内"最小"和"最大"前面的□图标，此时两个位置都出现了 P 的标识，表示输出可以参数化，如图 10-31 所示。

步骤 9：返回 Workbench 平台，可以看到"参数集"已经封闭，说明此时的优化设计包含了输入及输出的参数化，如图 10-32 所示。

图 10-31　参数化输出设置　　　　　图 10-32　流程图

步骤 10：右击"参数集"选项，弹出图 10-33 所示的快捷菜单，选择"编辑"命令，进入参数化设置窗口。

"参数集"窗口中有四个主要区域，如图 10-34 所示。

图 10-33　选择"编辑"命令　　　　　图 10-34　"参数集"窗口

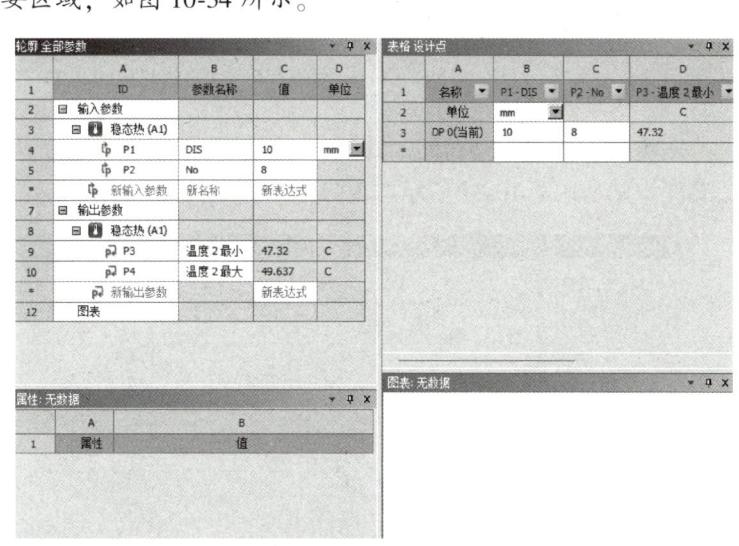

- "轮廓 全部参数"：所有参数及传递过程都显示在此区域中。
- "属性：无数据"："参数集"的控制属性区域。
- "表格 设计点"：样点布置区域，在这里可以输入合适尺寸。

- "图表：无数据"：图标显示区域，当前无图标显示。

步骤 11：在"表格 设计点"窗口中，默认的 P1-DIS 及 P2-No 已计算完成。下面再次布置 11 个样本点，样本点的 P1 分别为从 10 到 5，P2 分别为从 8 到 9，在弹出的对话框中进行选择，布置的样本点如图 10-35 所示。

	A	B	C	D	E	F	G	H
1	名称	P1 - DIS	P2 - No	P3 - 温度 2 最小	P4 - 温度 2 最大	保留	保留的数据	注意
2	单位	mm		C	C			
3	DP 0(当前)	10	8	47.32	49.637	✓	✓	
4	DP 1	9	8	47.287	49.633			
5	DP 2	8	8	47.247	49.618			
6	DP 3	7	8	47.196	49.601			
7	DP 4	6	8	47.127	49.55			
8	DP 5	5	8	49.337	49.934			
9	DP 6	10	9	⚡	⚡			
10	DP 7	9	9	⚡	⚡			
11	DP 8	8	9	⚡	⚡			
12	DP 9	7	9	⚡	⚡			
13	DP 10	6	9	⚡	⚡			
14	DP 11	5	9	⚡	⚡			

图 10-35 布置样本点

步骤 12：单击 Workbench 平台中工具栏中的 [更新全部设计点] 按钮，执行所有样本点的计算，此时单击 Workbench 平台下的 [隐藏进度] 按钮可以弹出图 10-36 所示的计算进度查询窗口。如果读者想停止计算进程，可以单击右侧的 ⊘ 按钮。

	A	B	C
1	状态	详细信息	进度
2	更新		

图 10-36 计算进度查询窗口

步骤 13：经过一段时间的计算，布置的 11 个样本点都会被计算出来，并且最高温度及最低温度均显示在图 10-37 所示的窗口中。

	A	B	C	D	E	F	G	H
1	名称	P1 - Dis	P2 - No	P3 - Temperature 2 Minimum	P4 - Temperature 2 Maximum	保留	保留的数据	注意
2	单位	mm		C	C			
3	DP 0(当前)	6	8	47.127	49.55	✓	✓	
4	DP 1	9	8	47.287	49.633			
5	DP 2	8	8	47.247	49.618			
6	DP 3	7	8	47.196	49.601			
7	DP 4	6	8	47.127	49.55			
8	DP 5	5	8	49.337	49.934			
9	DP 6	10	9	47.32	49.637			
10	DP 7	9	9	47.287	49.633			
11	DP 8	8	9	47.247	49.619			
12	DP 9	7	9	47.196	49.603			
13	DP 10	6	9	47.127	49.55			
14	DP 11	5	9	49.345	49.936			

图 10-37 样本点结果

步骤 14：右击 DP4 样本点，弹出图 10-38 所示的快捷菜单，从中选择"将输入复制到当前位置"命令。

步骤 15：此时 DP4 将变成 DP0（当前）。右击该项，弹出图 10-39 所示的快捷菜单，从中选择"更新选定的设计点"命令，执行计算。

图 10-38　将输入复制到当前位置 　　　　图 10-39　更新选定的设计点

步骤 16：单击工具栏 参数集 × 上的 × 按钮，返回 Workbench 平台中。双击 A7，然后选择"温度 2"的云图，此时显示肋片当前样本点的温度分布，如图 10-40 所示。

步骤 17：返回 Workbench 平台中，选择"工具箱"中的"设计探索"→"响应面"选项，添加一个响应面分析流程图，如图 10-41 所示。

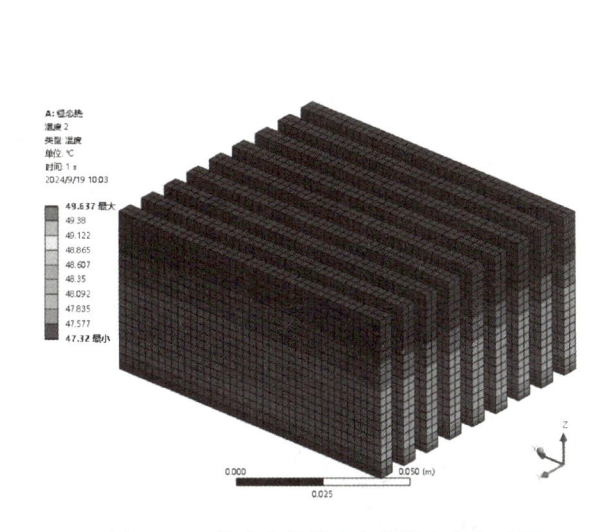

图 10-40　肋片当前样本点的温度分布云图 　　　　图 10-41　响应面分析流程

步骤 18：右击 B2 的"实验设计"，弹出图 10-42 所示的快捷菜单，选择"更新"命令。

步骤 19：右击 B3 的"响应面"，弹出图 10-43 所示的快捷菜单，选择"更新"命令。

213

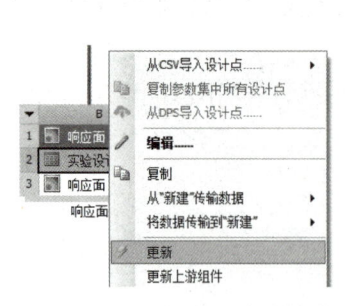

图 10-42　更新 B2 的"实验设计" 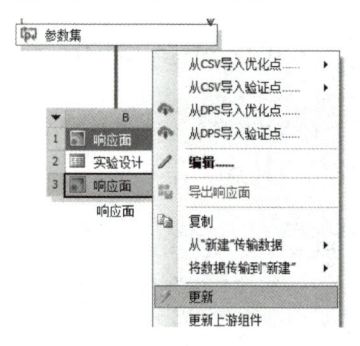　　　　图 10-43　更新 B3 的"响应面"

步骤 20：双击 B3 的"响应面"，进入"轮廓 原理图 B3：Response Surface（响应面）"窗口，选择"质量"下面的 Goodness Of Fit（拟合优度检验）选项，右侧弹出各个计算的质量与推荐度，以"☆"的数量为推荐度，标记"×"的为不推荐的样本点，如图 10-44 所示。

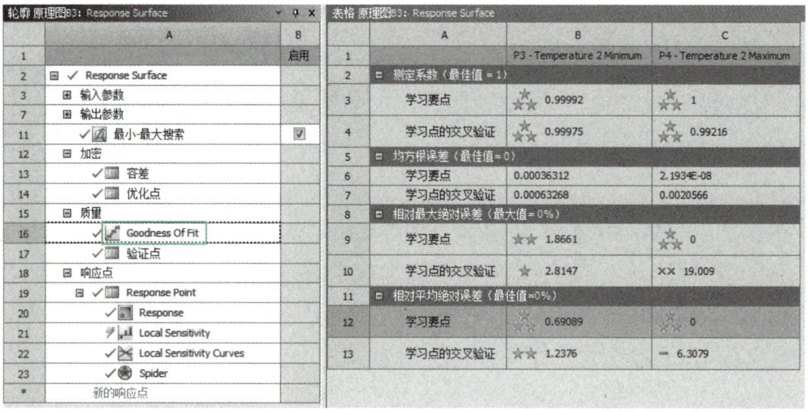

图 10-44　Goodness Of Fit（拟合优度检验）

步骤 21：选择 Response（响应）选项，在"属性 轮廓 A20：Response（响应）"窗口的"模式"栏中选择 3D 选项，其余参数保持默认，此时将显示图 10-45 所示的 3D 响应曲面图。

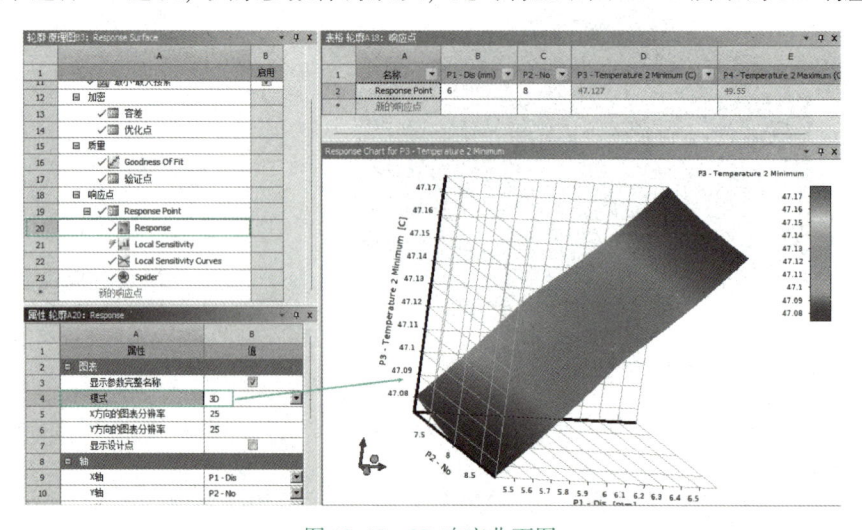

图 10-45　3D 响应曲面图

步骤 22：选择 Local Sensitivity（局部灵敏度）栏，"属性 轮廓 A21：Local Sensitivity（局部灵敏度）"窗口保持默认的参数设置，此时将显示图 10-46 所示的 Local Sensitivity（局部灵敏度图）。

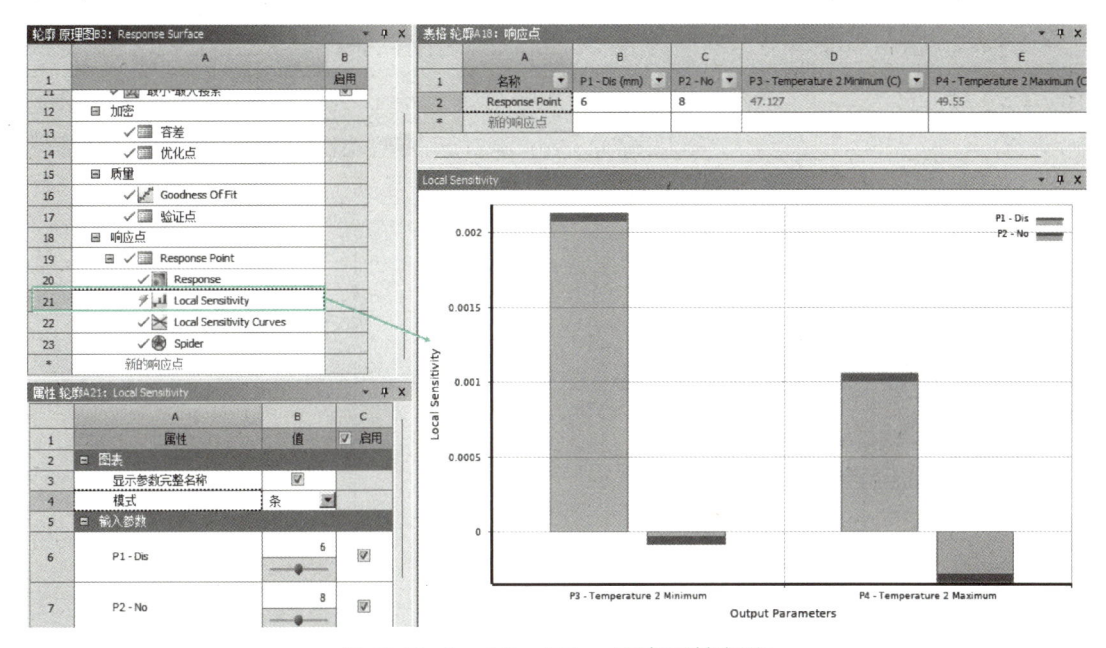

图 10-46　Local Sensitivity（局部灵敏度图）

步骤 23：选择 Local Sensitivity Curves（局部灵敏度曲线）栏，"属性 轮廓 A22：Local Sensitivity Curves（局部灵敏度曲线）"窗口保持默认的参数设置，此时将显示图 10-47 所示的 Local Sensitivity Curves（局部灵敏度曲线图）。

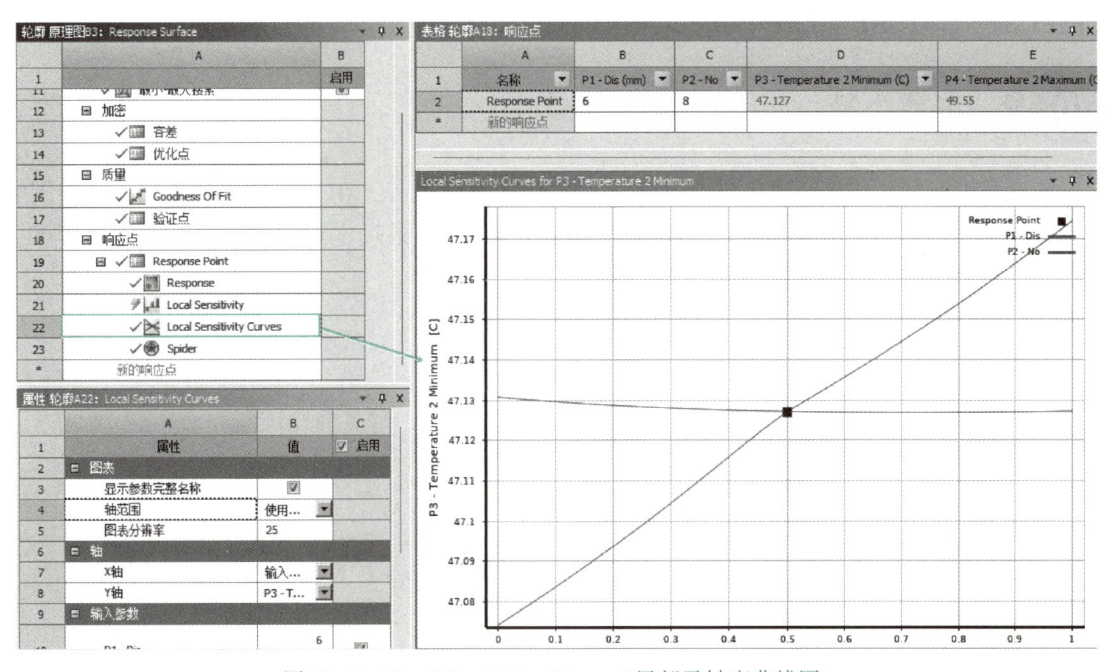

图 10-47　Local Sensitivity Curves（局部灵敏度曲线图）

步骤 24：选择 Spider（蜘蛛程序）栏，"属性 轮廓 A23：Spider（蜘蛛程序）"窗口保持默认的参数设置，此时将显示图 10-48 所示的 Spider Chart（蛛网图）。

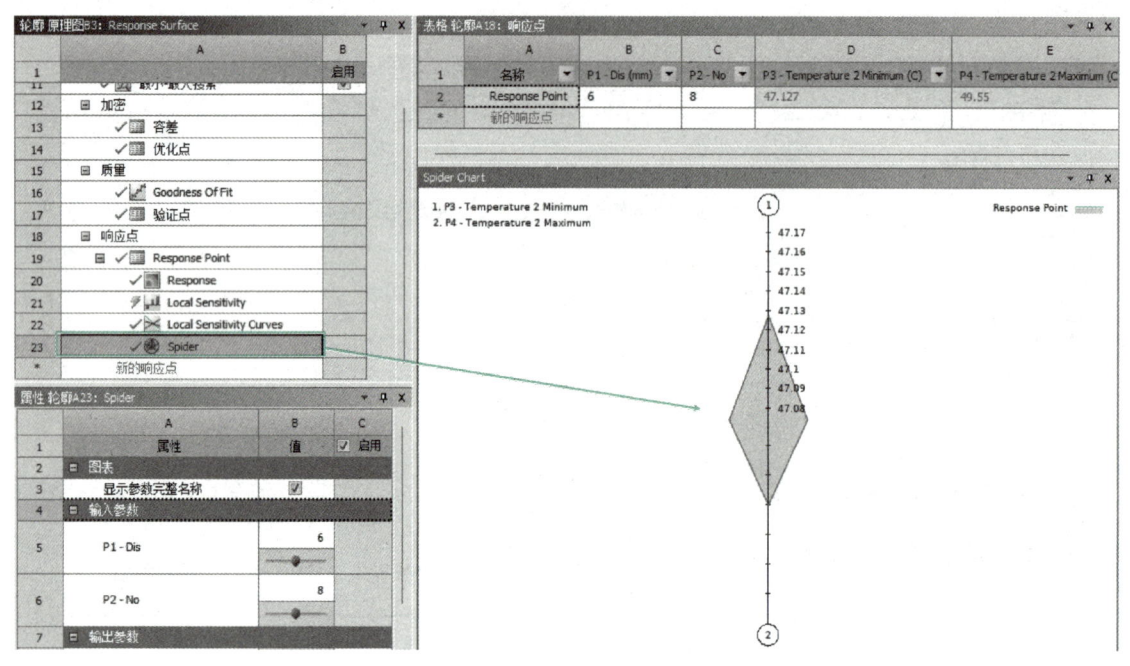

图 10-48　Spider Chart（蛛网图）

10.2.8　保存与退出

单击 Mechanical（机械）右上角的 ✕（关闭）按钮，返回 Workbench 主界面，单击 🖫（保存）按钮保存文件。然后单击 ✕（关闭）按钮，退出 Workbench 主界面。

10.3　本章小结

本章通过典型实例介绍了散热片肋片的优化分析操作过程，在分析过程中考虑了与周围空气的对流换热边界，在后处理工程中得到了温度分布云图。通过本章内容的学习，读者应该可以掌握 ANSYS Workbench 平台优化分析的一般操作过程。

第 11 章
热应力耦合分析

热应力是自然界中普遍存在但又经常被分析人员忽略的一种现象，本章主要对热产生的应力作用、热对结构固有频率的影响、交变热对结构产生的热疲劳现象等进行介绍与分析，旨在提高读者对热应力相关知识的了解。

11.1 热应力概述

力和热是自然界和人类生活实践中广泛存在的两种能量表现形式，也是工程机械设备中十分常见的能量传递现象。在工程和科技装置中，能同时承受外力和高温作用的例子不胜枚举，如汽轮机、锅炉、燃气轮机、内燃机、核动力装置以及高速飞行器等。

需要指出的是，仅有温度的变化，不一定会在物体内产生应力；只有由温度发生变化所引起的膨胀或收缩受到约束时，才会在物体内产生应力。这种在无外力作用的情况下，仅由于温度变化引起的热变形受到约束而产生的应力，称为热应力或温度应力。

例如在自由膨胀时，长度和直径方向的伸长量分别为 $\Delta t = \alpha(t_1-t_0)l$ 及 $\Delta d = \alpha(t_1-t_0)d$，则在长度和直径方向的应变为

$$\begin{cases} \varepsilon_l = \dfrac{\Delta l}{l} = \alpha(t_1-t_0) \\ \varepsilon_d = \dfrac{\Delta d}{d} = \alpha(t_1-t_0) \end{cases} \tag{11-1}$$

即温度由 t_0 升至 t_1 时，各方向的应变均为

$$\varepsilon = \alpha(t_1-t_0)t \tag{11-2}$$

式中，α 为材料的线膨胀系数，其值随材料的不同而发生变化，并且还会随温度的变化而有所变动。当温度变化不大时，α 可视为常数。

热胀冷缩是许多物体共有的属性，在边长为 1cm 的各向同性立方体中，因均匀受热而自由膨胀或因均匀冷却而自由收缩时，在长、宽、高方向会产生同样的伸长或收缩现象，即仅有纵向变形，但无剪切变形。

以金属棒为例，如果金属棒的膨胀是自由的，即不受约束的，则不会产生热应力。但如果金属棒被置于两个刚体壁之间并固定住两端，那么金属棒在受热且温度升高到 t_1 后，因受到刚体壁的阻止，无法膨胀，就会在金属棒内产生压缩热应力。可见，虽然无外力的作用，但若

由温度变化引起的热变形受到外部的约束，也会在物体内产生应力。

另一种情况是：在同一物体内部，如果温度的分布是不均匀的，即使物体不受外界约束，但由于各处的温度不同，每一部分因受到不同温度相邻部分的影响，不能自由伸缩，也会在内部产生热应力。

例如汽轮机的气缸在冷态启动时，内部因受蒸汽的直接或间接加热，温度较外壁高，但内侧的膨胀被温度较低的外侧所约束，结果使内壁产生压应力，外壁产生拉应力。相反，在汽轮机停机时，随着蒸汽参数的降低，内壁首先开始冷却，外壁则缓慢地冷却，结果使内壁产生拉应力，而外壁产生压应力。

还有一种情况：构件是由若干不同材料的零件组合的，即使构件受到相同的加热或冷却，但由于各种零件的膨胀系数不同，或膨胀方式不同，就会造成零件相互之间的制约，不能自由胀缩，从而产生不同的热应力。

例如在汽轮机设备中相互配合以保证气缸可靠工作的法兰与螺栓，法兰直接受蒸汽加热，温度较高，而螺栓温度较低。由于两者的材料与温度不一样，使法兰的热膨胀大于螺栓的热膨胀，结果两者均产生一定的热应力。

本节主要侧重研究温度变化的作用，即弹性体在外力、温度共同作用下，应力应变的变化规律。温度变化，或是由于与外部的传热引起，或是由于变形过程中产生的热量引起，这样的过程严格地讲是不可逆的，但为了简化，我们假设是可逆的。

为了进一步了解热应力的概念、产生原因、约束方式及求解原理，下面用材料力学的方法讨论几个典型的热应力例子。

1. 棒两端受约束时的热应力问题

长度为 l、直径为 d 的圆棒，两端固定在刚体壁处，不能沿长度与自由度伸缩，如图 11-1 所示。

当棒由初始温度 t_0 冷却到 t_1 时，在自由状态下，棒的缩短量为 $\Delta l = \alpha(t_0 - t_1)l$。

式中，Δl 是无约束时棒与壁之间应出现的间隙。由于棒两端是固定的，因此刚体壁对棒产生拉伸作用，拉伸力为 P，故棒内的拉伸应力为

图 11-1 预应力模型

$$\sigma = \frac{P}{A} = \frac{4P}{\pi d^2} \tag{11-3}$$

另外，棒被拉伸后，其应变及相应的应力是

$$\varepsilon = \frac{\Delta l}{l} = \alpha(t_0 - t_1) \tag{11-4}$$

$$\sigma = \varepsilon E = \alpha E(t_0 - t_1) \tag{11-5}$$

式（11-3）与式（11-5）应相等，由此解出

$$P = \frac{\pi d^2}{4} \alpha E(t_0 - t_1) \tag{11-6}$$

将式（11-6）代回式（11-3），得到棒的热应力值为

$$\sigma = \varepsilon E(t_0 - t_1) = \alpha E t \tag{11-7}$$

式中，t 表示温度的变化。式（11-7）对于圆棒加热也是适用的，只是此时棒受压缩，σ 为负值。

2. 两根长度相同的棒互相约束

图 11-2 中，两根长度都等于 l 但材料不同的棒连接在一起，它们不能相对移动，也不发生弯曲。两棒的初始温度都等于 t_0，最终温度分别为 t_1 和 t_2，且棒内的温度均匀分布。

为了讨论方便，我们不妨假设 $t_1 > t_2$ 及 $\alpha_1 > \alpha_2$（下标 1 和 2 分别对应棒 1 和棒 2）。

如果两棒之间是没有相互约束的，则棒 1 的自由膨胀量为 $\Delta l_1 = \alpha_1(t_1-t_0)l$，棒 2 的自由膨胀量为 $\Delta l_2 = \alpha_2(t_2-t_0)l$。

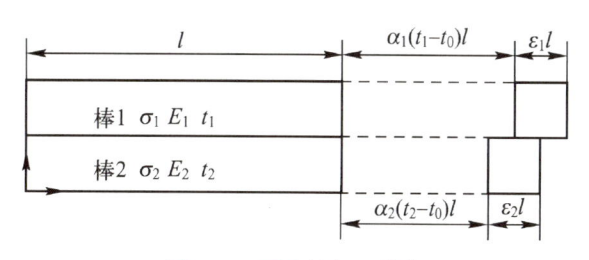

图 11-2 两个棒相互约束

故 $\Delta l_1 > \Delta l_2$，但由于两棒固定在一起，长度方向不能相对移动，因此棒 1 的实际膨胀值小于自由膨胀值，而棒 2 的实际膨胀值大于自由膨胀值。即棒 1 受压应力 σ_1 的作用，相应的应变 $\varepsilon_1 = \dfrac{\sigma_1}{E_1}$，缩短量 $\varepsilon_1 l = \dfrac{\sigma_1 l}{E_1}$；棒 2 受拉应力 σ_2 的作用，相应的应变 $\varepsilon_2 = \dfrac{\sigma_2}{E_2}$，缩短量 $\varepsilon_2 l = \dfrac{\sigma_2 l}{E_2}$。

棒 1 的最终伸长量为
$$\alpha_1(t_1-t_0)l + \varepsilon_1 l = \alpha_1(t_1-t_0)l + \frac{\sigma_1 l}{E_1} \tag{11-8}$$

棒 2 的最终伸长量为
$$\alpha_2(t_2-t_0)l + \varepsilon_2 l = \alpha_2(t_2-t_0)l + \frac{\sigma_2 l}{E_2} \tag{11-9}$$

要注意的是，上两式中，ε_1、σ_1、ε_2、σ_2 包含符号，拉应力为正号，压应力为负号。

由于两棒长度保持相等，故有
$$\alpha_1(t_1-t_0)l + \frac{\sigma_1 l}{E_1} = \alpha_2(t_2-t_0)l + \frac{\sigma_2 l}{E_2} \tag{11-10}$$

此时两棒处于平衡状态，因无其他外力作用，棒 1 所受的压缩力与棒 2 所受到的拉伸力相等，即
$$\sigma_1 A_1 = \sigma_2 A_2 \tag{11-11}$$

式中，A_1、A_2 分别为棒 1 与棒 2 的横截面积。

由式（11-8）和式（11-9）联立解得

$$\sigma_1 = \frac{\alpha_1 E_1 (t_1-t_0)\left[1 - \dfrac{\alpha_2(t_2-t_0)}{\alpha_1(t_1-t_0)}\right]}{1 + \dfrac{A_1 E_1}{A_2 E_2}} = -k \alpha_1 E_1 (t_1-t_0) \tag{11-12}$$

$$\sigma_2 = k \alpha_1 E_1 (t_1-t_0) \frac{A_1}{A_0} \tag{11-13}$$

式中，
$$k = \frac{1 - \dfrac{\alpha_2(t_2-t_0)}{\alpha_1(t_1-t_0)}}{1 + \dfrac{A_1 E_1}{A_2 E_2}} \tag{11-14}$$

k 称为约束系数，若 $k>0$，则 $\sigma_1<0$、$\sigma_2>0$，棒 1 为压应力，棒 2 为拉应力；若 $k<0$，则 $\sigma_1>0$、$\sigma_2<0$。

以上讨论的是两棒长度相等的情况，如果两棒长度不相等，只要是相互约束的，就可按照与上述相同的原理求解。

11.2 瞬态热应力分析

本节将通过 ANSYS Workbench 平台对瞬态热应力的操作过程进行详细介绍。

学习目标	熟练掌握瞬态热应力分析的建模方法及求解过程
模型文件	无
结果文件	Chapter11\char11-1\TEMP_DEFORMATION.wbpj

11.2.1 热应力案例描述

某平板尺寸为 120mm×80mm×4mm，如图 11-3 所示。该平板的密度为 2500 kg/m³，上下表面的对流换热系数为 180 W/(m²·K)，4 个侧面边界为 90 W/(m²·K)，泊松比为 0.17，其他参数（如比热、热膨胀率、弹性模量、导热率）均随温度变化。

现将该平板加热到 600℃，然后突然放置到 20℃ 的空气中进行淬冷，忽略热传导和热辐射，并将传热过程简化为对流传热，求平板在淬冷过程中的热应力变化情况。材料参数见表 11-1。

图 11-3 某平板

表 11-1 材料参数

温度/℃	20	100	200	300	400	500	600
比热容/J·(kg·℃)	720	838	946	1036	1084	1108	1146
热膨胀系数/10^{-7}℃$^{-1}$	3.9	5.15	5.68	6.12	5.67	5.40	5.04
弹性模量/GPa	73	74	75	76	77	78	79
导热率/W·(m·K)$^{-1}$	1.38	1.47	1.55	1.67	1.84	2.04	2.46

11.2.2 创建分析项目

步骤 1：在 Windows 系统下启动 ANSYS Workbench，进入主界面。

步骤 2：双击主界面"工具箱"中的"分析系统"→"稳态热"选项，创建一个稳态热分析项目。然后右击 A6，在弹出的快捷菜单中插入一个"瞬态热"项目。再右击 B6，在弹出的快捷菜单中插入一个"瞬态结构"项目。然后在"项目原理图"窗口创建图 11-4 所示的热应力分析项目流程。

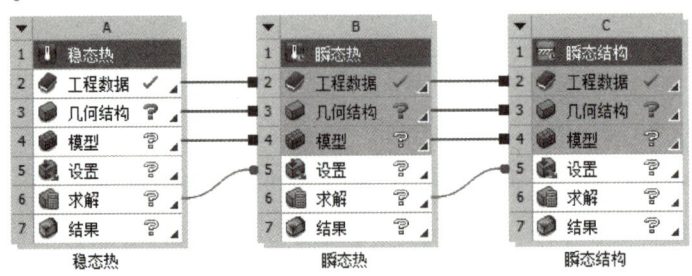

图 11-4 热应力分析项目流程

11.2.3 创建几何体模型

下面介绍创建几何体模型的具体操作步骤。

步骤1：在 A3 的"几何结构"项上单击鼠标右键，在弹出的快捷菜单中选择"新的 DesignModeler 几何结构"命令，如图 11-5 所示。此时会进入 DesignModeler 几何建模窗口，在该窗口中，用户可以进行几何体建模与模型有限元分析的前处理及几何修复等任务。

步骤2：下面我们在启动的 DesignModeler 几何建模窗口中进行几何体创建。建模前首先要设置模型的单位制，根据案例的模型大小，我们选择"单位"下面的"毫米"选项，设置当前模型的长度单位制为毫米。然后在模型树中选择"XY 平面"，在下面的选项卡中选择"草图绘制"选项卡，进入草图绘制控制界面，选择"绘制"子选项卡中的"矩形"命令。接着将矩形的第一个角点定义在坐标原点上，即鼠标单击草图绘制平面的原点，然后向右上角移动鼠标，拉开一定的距离后再定义第二个角点。此时就创建了一个矩形（在第一坐标系中）。

图 11-5 导入几何体

步骤3：单击"维度"子选项卡，对几何尺寸进行标注和控制，此时默认的"通用"尺寸标注已被选中。首先单击 X 轴上的一条边，在"详细信息视图"窗口中出现了 H1 标记，在 H1 栏中输入长度为 80mm；单击最右侧竖直方向的直线，此时"详细信息视图"窗口中出现了 V2 标记，在 V2 栏中输入长度为 120mm，此时几何尺寸将根据标注的大小自动调节，如图 11-6 所示。

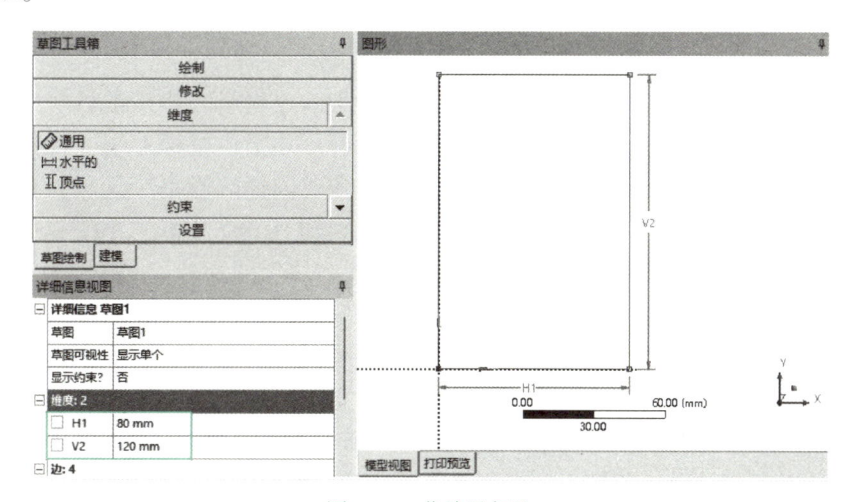

图 11-6 草绘及标注

步骤4：草图绘制完成后，单击"建模"选项卡，切换到实体建模窗口。然后单击工具栏中的 挤出 按钮，在弹出的图 11-7 所示的"详细信息视图"设置面板中进行如下操作：

在"详细信息 挤出 1"的"几何结构"栏中选择刚才建立的"草图 1"；在"FD1,深度（>0）"栏中输入厚度为 4mm；其余选项保持默认设置。然后单击工具栏中的 生成 按钮，生成几何体，如图 11-7 所示。

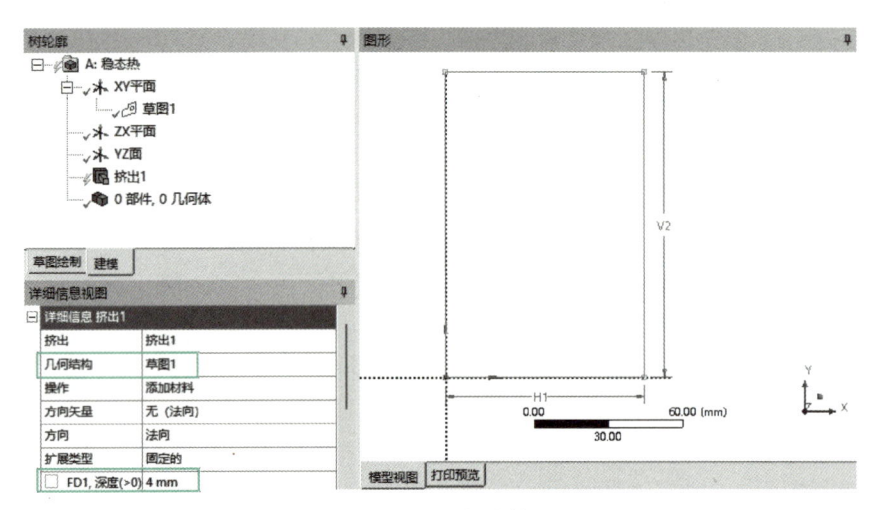

图 11-7 几何实体

步骤 5：在 DesignModeler 几何建模窗口中单击工具栏上的 按钮，在弹出的"另存为"对话框的名称文本框中输入 non_linear.wbpj，并单击"保存"按钮。

步骤 6：返回 DesignModeler 界面，单击右上角的 按钮，退出 DesignModeler，返回 Workbench 主界面。

11.2.4 材料设置

下面介绍有关材料设置的具体操作步骤。

步骤 1：在 Workbench 主界面中双击 A2 的"工程数据"，进入 Mechanical（机械）热应力分析的材料设置界面。

步骤 2：在"轮廓原理图 A2，B2：工程数据"栏中的"材料"中输入材料的名称为 mat，然后在左侧工具箱的"热"中选择"各向同性热导率"，并按住鼠标左键，将其直接拖拽到 mat 中，此时单击"属性 大纲行 4：mat"下面的"各向同性热导率"选项，在右侧的"表格 属性行 4：各向同性热导率"栏的温度列中分别输入 20、100、200、300、400、500、600，在后面的热导率列中分别输入 1.38、1.47、1.55、1.67、1.84、2.04、2.46。

通过同样的操作方法添加一个"比热恒压"（比热）到 mat 中，并在表格属性行 7：比热恒压栏的温度列中分别输入 20、100、200、300、400、500、600，在后面的比热列中分别输入 720、838、946、1036、1084、1108、1146。

然后加入"密度"材料属性，并在密度值一栏中输入 2500。输入完成后的热属性如图 11-8 所示。通过右下角的曲线图，我们可以看出热参数是随温度而变化的。

重复同样的操作，添加一个"各向同性瞬时热膨胀系数"到 mat 中，并在"表格 属性行 4：各向同性瞬时热膨胀系数"栏的温度列中分别输入 20、100、200、300、400、500、600，在后面的热膨胀系数列分别输入 3.9E-07、5.15E-07、5.68E-07、6.12E-07、5.67E-07、5.4E-07、5.04E-07。

重复同样的操作，添加一个"各向同性弹性"到 mat 中，并在"表格 属性行 7：各向同性弹性"栏的温度列中分别输入 20、100、200、300、400、500、600，在后面的杨氏模量列分别输入 73、74、75、76、77、78、79，并在泊松比列中输入 0.17。

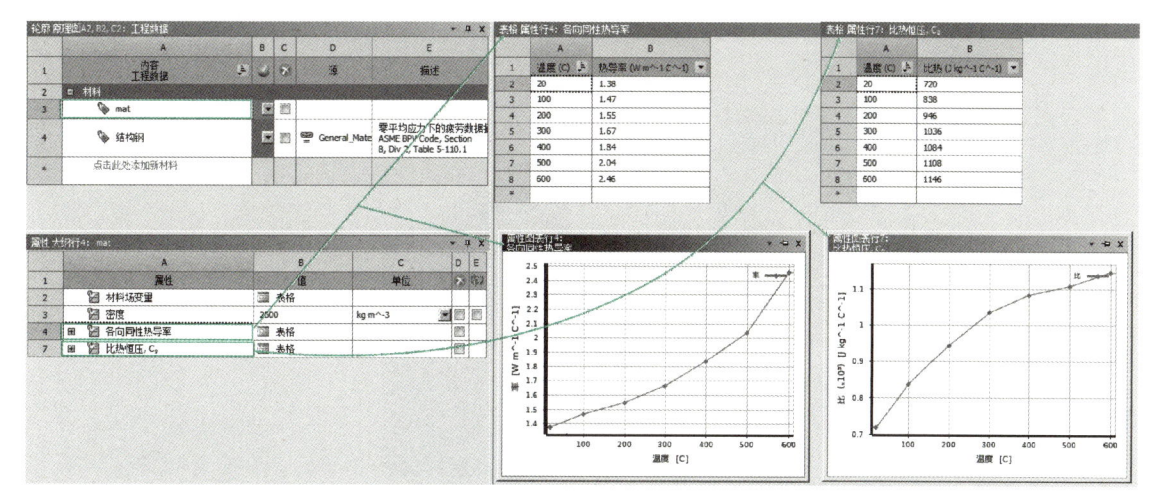

图 11-8 设置材料热属性

输入完成后的物理属性如图 11-9 所示。通过右下角的曲线图，我们可以看出物理参数是随温度而变化的。

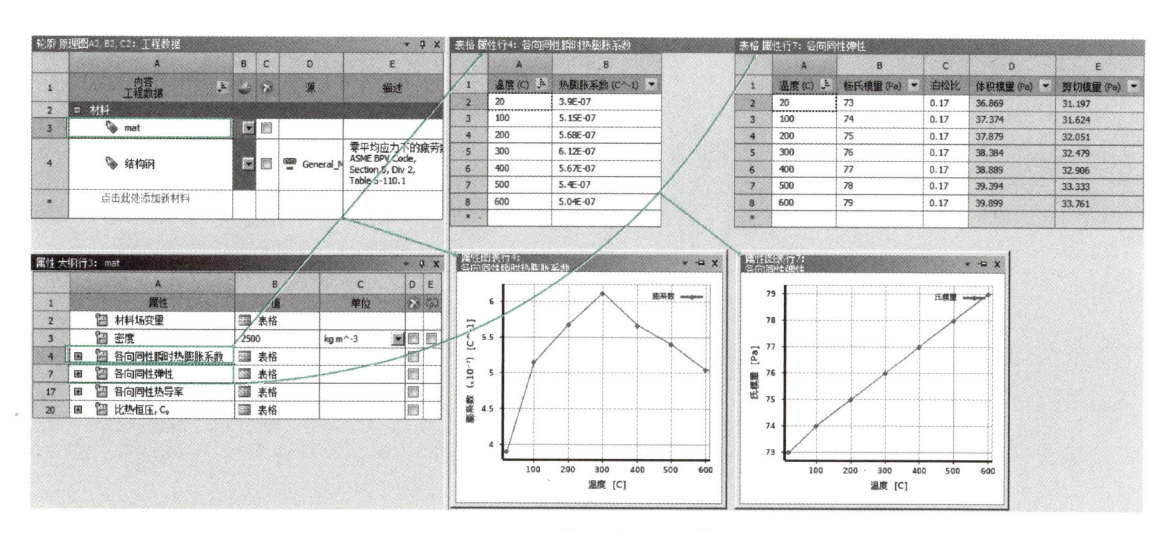

图 11-9 设置材料物理属性

步骤 3：材料热物理属性设置完成后，关闭材料属性设置窗口。双击主界面项目管理区项目 B 中 B3 的"模型"项，进入图 11-10 所示 Mechanical（机械）界面。在该界面中，用户可以进行网格的划分、分析设置、结果观察等操作。

步骤 4：在 Mechanical（机械）界面左侧的"轮廓"面板中，选择"几何结构"选项下的"固体"选项，即可在"'固体'的详细信息"面板中为模型添加材料。

步骤 5：展开参数列表，在"材料"下单击"任务"右侧的 ▶ 按钮，此时会出现刚刚设置的材料 mat,,如图 11-11 所示。选择该材料，即可将其添加到模型中。

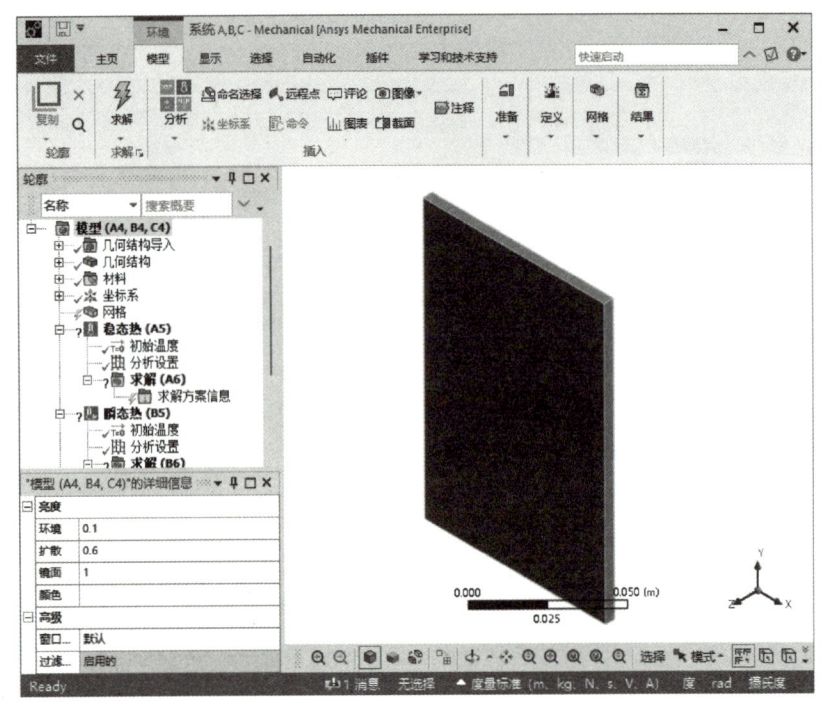

图 11-10 Mechanical（机械）界面

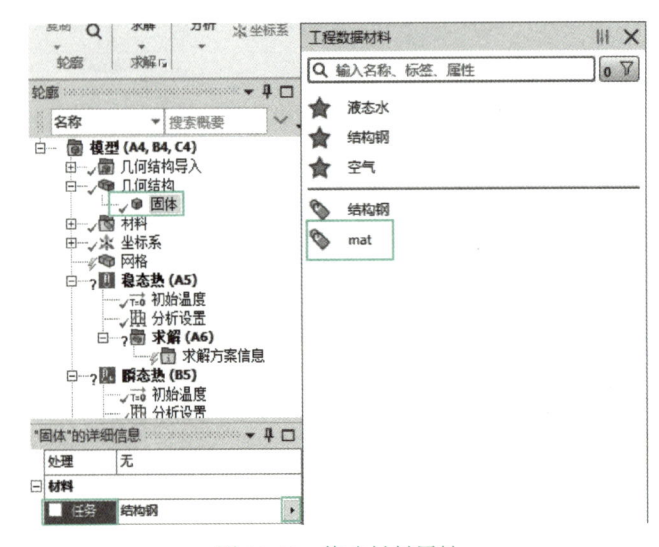

图 11-11 修改材料属性

11.2.5 划分网格

下面介绍划分网格的具体操作步骤。

步骤 1：在 Mechanical（机械）界面左侧的"轮廓"面板中选择"网格"选项，在详细设置面板的"单元尺寸"文本框中输入 1.e-003m，如图 11-12 所示。

步骤 2：右击"轮廓"中的"网格"选项，在弹出的快捷菜单中选择"生成网格"命令，最终的网格效果如图 11-13 所示。

图 11-12　网格设置　　　　　　　图 11-13　网格效果

11.2.6　施加载荷与约束

下面介绍施加载荷与约束的具体操作步骤。

步骤 1：在 Mechanical（机械）界面左侧的"轮廓"面板中选择"稳态热（A5）"选项，此时会出现图 11-14 所示的"环境"工具栏。

步骤 2：在"环境"工具栏中单击"温度"按钮，此时在分析树中会出现"温度"选项，如图 11-15 所示。

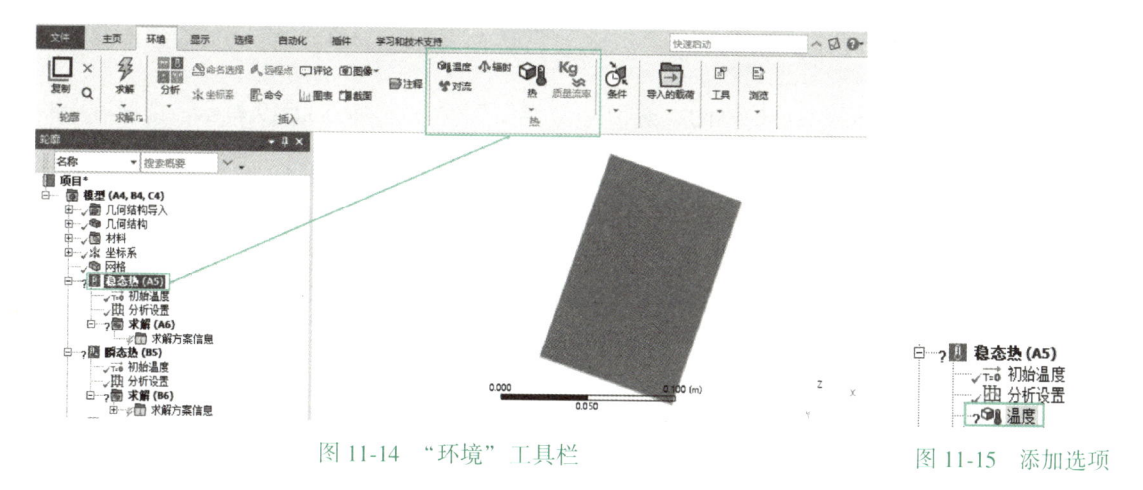

图 11-14　"环境"工具栏　　　　　　　图 11-15　添加选项

步骤 3：选择分析树中出现的"温度"选项，在"'温度'的详细信息"面板中进行如下操作：

在"几何结构"中选择平板；在"定义"→"大小"栏中输入 600℃；其余参数保持默认状态即可。

步骤 4：右击"轮廓"中的"稳态热（A5）"选项，在弹出的快捷菜单中选择"求解"命令，如图 11-17 所示。

225

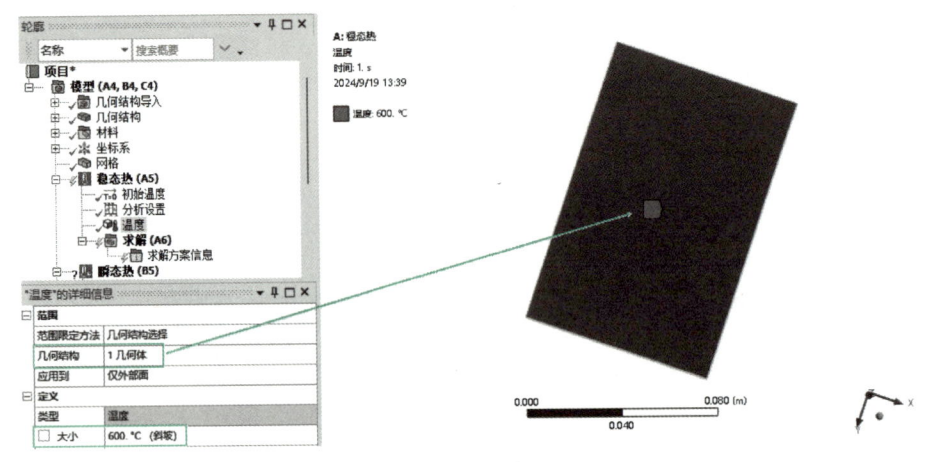

图 11-16 设置

图 11-17 求解

11.2.7 结果后处理

下面介绍有关结果后处理的具体操作步骤。

步骤 1：选择 Mechanical（机械）界面左侧 "轮廓" 中的 "求解（A6）" 选项，此时会出现图 11-18 所示的 "求解" 工具栏。

步骤 2：选择 "求解" 工具栏中的 "热" → "温度" 命令，如图 11-19 所示。此时在分析树中会出现 "温度" 选项。

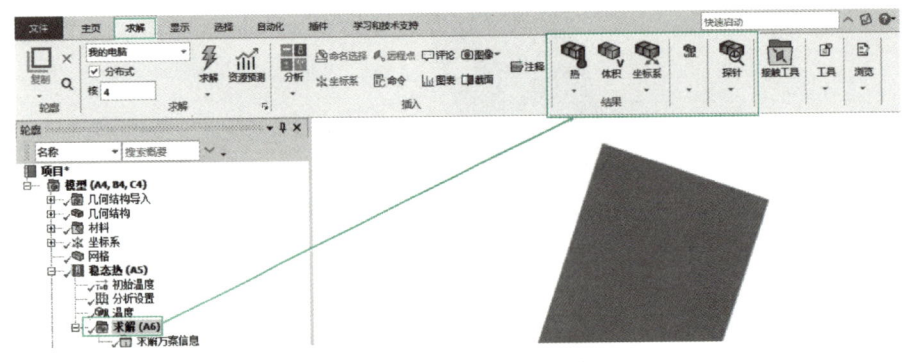

图 11-18 "求解" 工具栏

图 11-19 添加温度选项

步骤 3：右击 "轮廓" 中的 "求解（A6）" 选项，在弹出的快捷菜单中选择 "评估所有结果" 命令，如图 11-20 所示。此时会弹出进度显示条表示正在求解，求解完成后进度条自动消失。

步骤 4：选择 "轮廓" 的 "求解（A6）" 中的 "温度"，会出现图 11-21 所示的界面。

图 11-20　快捷菜单　　　　　　　　　图 11-21　温度分布

步骤 5：选择 Mechanical（机械）界面左侧"轮廓"中的"瞬态热（B5）"选项，在出现的"环境"工具栏中双击"对流"选项。

步骤 6：然后在"'对流'的详细信息"面板中进行如下设置：在"几何结构"栏中确定上下两个表面被选中；在"薄膜系数"栏中输入对流系数为 180；在"环境温度"栏中输入此时的环境温度为 20℃，其余参数保持默认设置即可。如图 11-22 所示。

步骤 7：单击"对流 2"选项，然后在"'对流 2'的详细信息"窗口中进行如下设置：在"几何结构"栏中确定四周四个表面被选中；在"薄膜系数"栏中输入对流系数为 90；在"环境温度"栏中输入此时的环境温度为 20℃，其余参数保持默认设置即可。如图 11-23 所示。

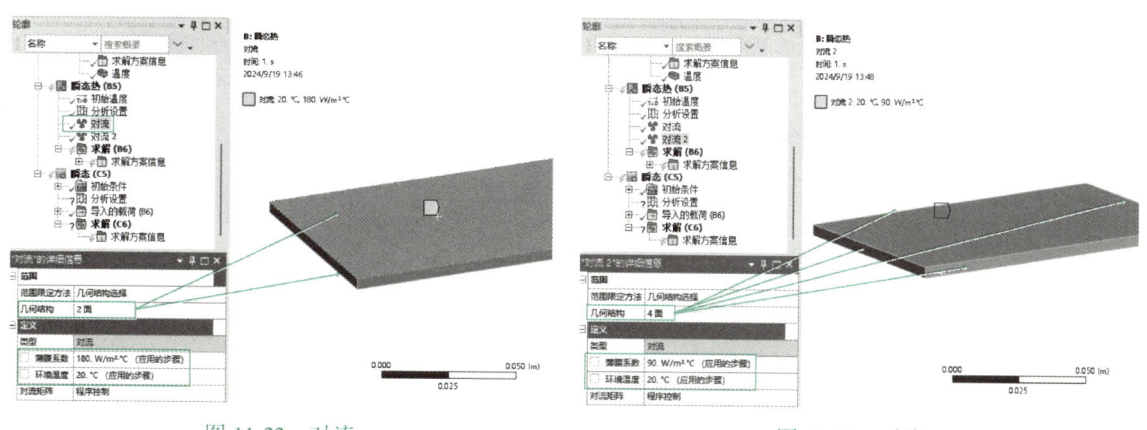

图 11-22　对流　　　　　　　　　图 11-23　对流 2

步骤 8：设置分析选项。单击"瞬态热（B5）"下面的"分析设置"，然后在图 11-24 所示的分析选项设置面板中进行如下设置：

在"步骤结束时间"栏中输入 10s；在"自动时步"栏中选择"关闭"选项；在"定义依据"栏中选择"子步"选项；在"子步数量"栏中输入 200，其余参数保持默认状态即可。

步骤 9：右击"轮廓"中的"瞬态热（B5）"选项，在弹出的快捷菜单中选择"求解"命令，如图 11-25 所示。

227

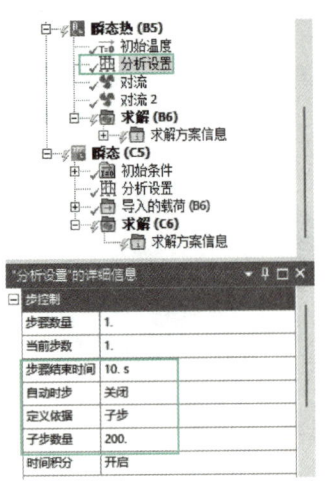

图 11-24　设置分析选项

图 11-25　求解

步骤 10：单击 "求解" → "求解方案信息" → "温度–全局最大值" 和 "温度–全局最小值"，将显示图 11-26 所示的降温曲线图，从图中可以看出时间为 10s 时，平板的最高温度降到了 460.2℃，最低温度降到了 324.69℃，如果想将温度降到环境温度（即 20℃），还需要一段时间。

步骤 11：添加一个 "温度" 后处理命令，通过后处理，可以看出图 11-27 所示的各个时刻的温度值，可以看出时间为 5.3s 时的平均温度为 504.99℃。

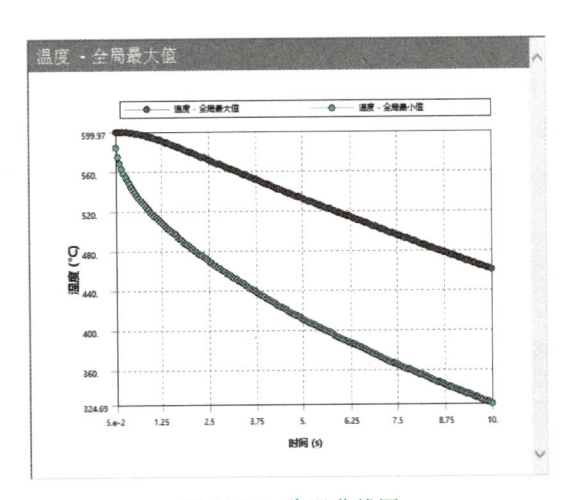

图 11-26　降温曲线图

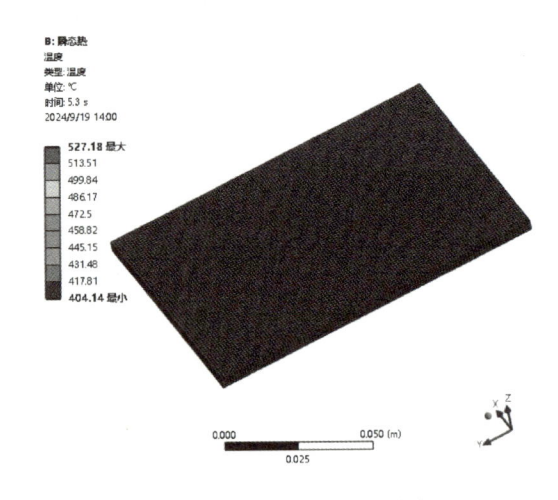

图 11-27　各时刻的温度分布图

步骤 12：通过云图右下角的 "表格数据" 能精确地查到每个时间点上的温度变化值，如图 11-28 所示。

步骤 13：依次选择 "瞬态（C5）" → "分析设置" 选项，在图 11-29 所示的 " '分析设置' 的详细信息" 中进行如下设置：

在 "步骤结束时间" 栏中输入 10s；在 "自动时步" 栏中选择 "关闭" 选项；在 "定义依据" 栏中选择 "子步" 选项；在 "子步数量" 栏中输入 200，其余参数保持默认状态即可。

时间[s]	最小[°C]	最大[°C]	平均[°C]
87	4.35	423.95	541.68	520.03
88	4.4	422.92	540.9	519.24
89	4.45	421.89	540.12	518.45
90	4.5	420.59	539.36	517.6
91	4.55	419.41	538.6	516.78
92	4.6	418.29	537.83	515.98
93	4.65	417.2	537.07	515.18
94	4.7	416.14	536.31	514.38
95	4.75	415.09	535.55	513.59
96	4.8	414.05	534.79	512.8
97	4.85	413.02	534.03	512.01
98	4.9	412.	533.27	511.22
99	4.95	411.	532.51	510.44
100	5.	410.	531.75	509.65
101	5.05	409.	530.99	508.87
102	5.1	408.02	530.23	508.09
103	5.15	407.04	529.47	507.32
104	5.2	406.07	528.71	506.54
105	5.25	405.1	527.94	505.76
106	5.3	404.14	527.18	504.99
107	5.35	403.18	526.42	504.22

时间[s]	最小[°C]	最大[°C]	平均[°C]
180	9.	339.63	473.81	450.51
181	9.05	338.88	473.12	449.82
182	9.1	338.14	472.43	449.13
183	9.15	337.4	471.74	448.44
184	9.2	336.67	471.05	447.75
185	9.25	335.94	470.36	447.06
186	9.3	335.21	469.67	446.38
187	9.35	334.49	468.99	445.69
188	9.4	333.77	468.3	445.01
189	9.45	333.05	467.61	444.33
190	9.5	332.34	466.93	443.65
191	9.55	331.63	466.24	442.97
192	9.6	330.92	465.56	442.29
193	9.65	330.21	464.88	441.61
194	9.7	329.3	464.21	440.9
195	9.75	328.46	463.54	440.21
196	9.8	327.67	462.87	439.53
197	9.85	326.91	462.2	438.85
198	9.9	326.16	461.53	438.17
199	9.95	325.42	460.86	437.49
200	10.	324.69	460.2	436.82

图 11-28　不同时刻的温度变化值

步骤 14：依次选择"瞬态（C5）"→"导入载荷（B6）"→"导入的几何体温度"选项，在弹出的快捷菜单选择"导入载荷"命令，如图 11-30 所示。

图 11-29　分析设置　　　　图 11-30　导入载荷

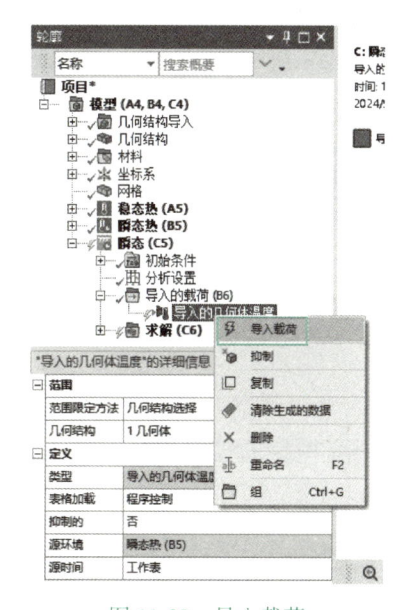

步骤 15：成功导入温度分布结果后，将显示图 11-31 所示的云图，可以看出此时显示的温度分布结果是最终时刻（即 10s 时）的温度分布。

步骤 16：单击"导入的几何体温度"，在弹出的图 11-32 所示的"'导入的几何体温度'的详细信息"面板中进行如下设置：

在"源时间"栏中选择"全部"选项，再依次选择"瞬态（C5）"→"导入的载荷（B6）"→"导入的几何体温度"选项，然后在弹出的快捷菜单中选择"导入载荷"命令。

经过一段时间的计算即可导入每一时刻的结果，如图 11-33 所示。

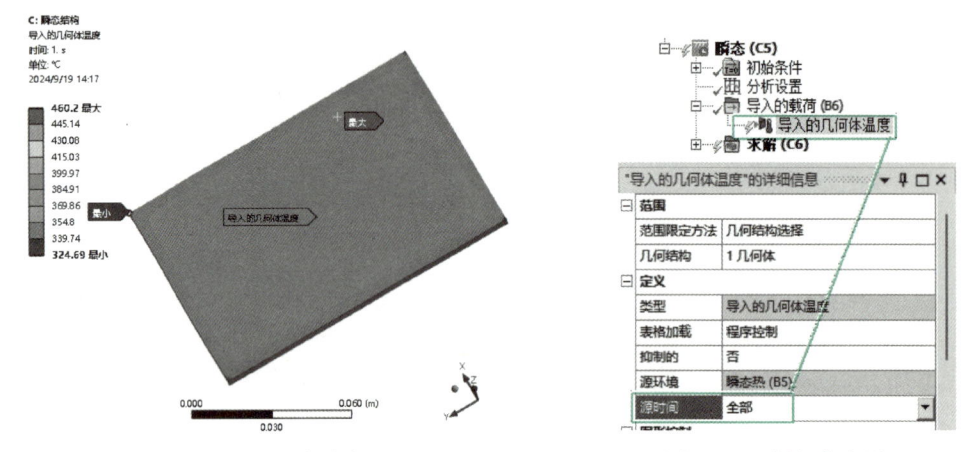

图 11-31　温度分布　　　　　　　　　图 11-32　详细信息设置

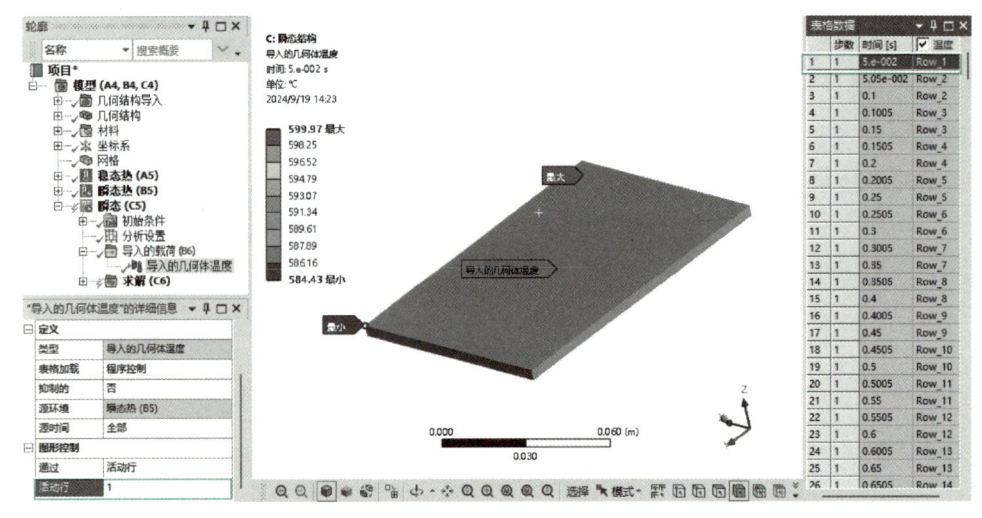

图 11-33　导入每一时刻的结果

步骤 17：通过单击"活动行"栏中的向右、向左箭头，或者输入任意一个计算范围内的数值，可以显示当前时刻的温度分布云图，图 11-34 所示的为 5s 时的温度分布。

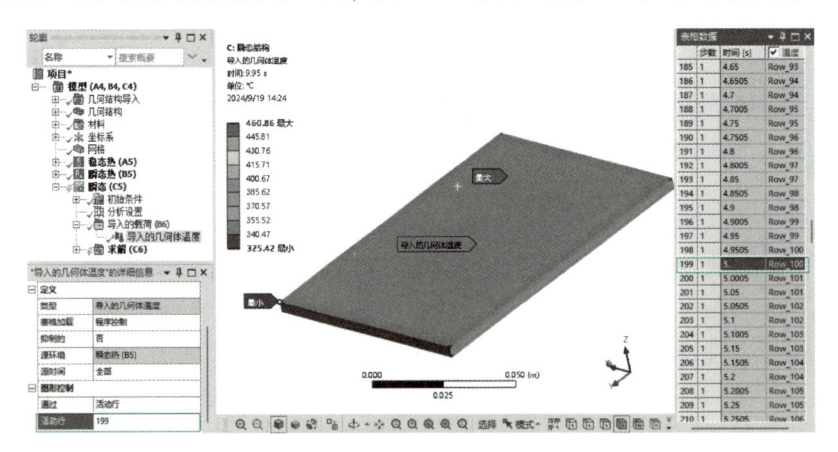

图 11-34　5s 时的温度分布

注：经过查询可知，5s时对应的行数为199行，所以在"活动行"栏中输入199。

步骤18：单击"瞬态（C5）"，然后在工具栏中依次选择"结构"→"固定的"选项，如图11-35所示。

步骤19：在弹出的如图11-36所示的"'固定支撑'的详细信息"面板中进行如下设置：

在"几何结构"栏中选择平板的四个侧面，其余参数保持默认设置即可。

图 11-35　选择选项

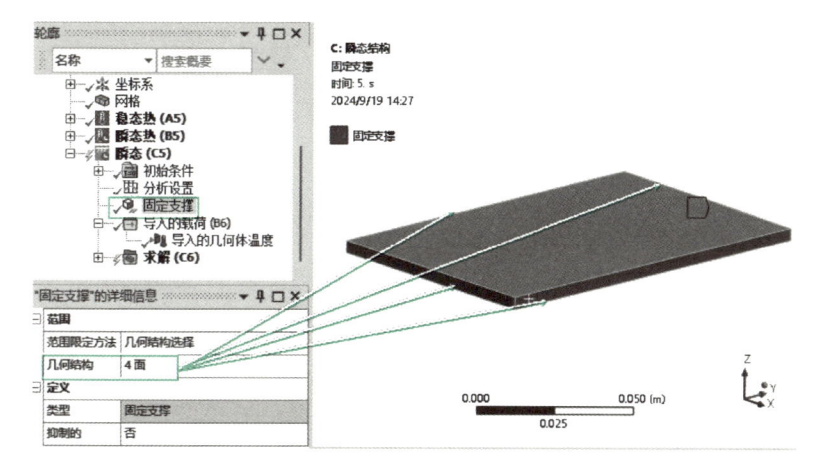

图 11-36　设置

步骤20：单击"求解（C6）"，在工具栏中选择"变形"→"总计"选项，并选择工具栏中的"求解"命令。经过一段时间的运算将显示图11-37左图所示的变形云图，此变形云图显示的是10s时的变形，图11-37右图则给出了不同时刻与变形的关系曲线。单击曲线中的不同位置将显示不同位置（时刻）的变形大小。

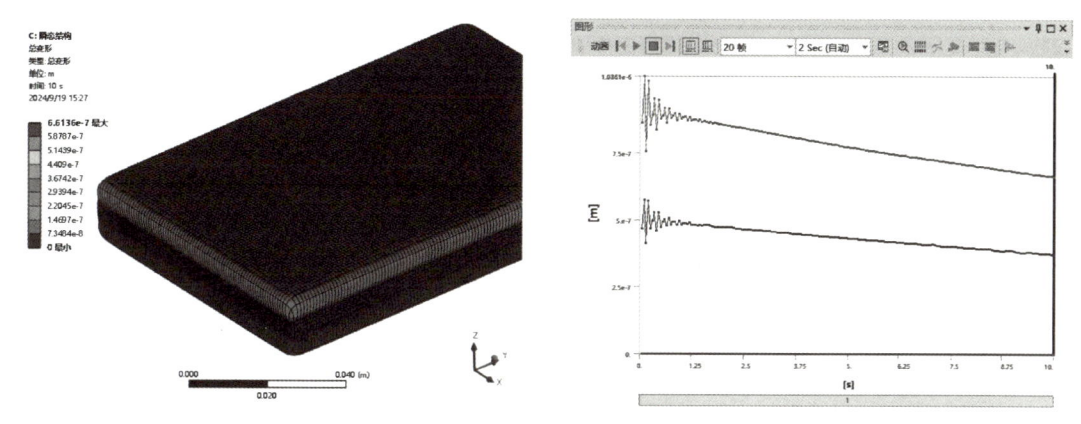

图 11-37　变形及曲线

步骤21：单击"求解（C6）"，在工具栏中选择"应力"→"等效（Von-Mises）"选项，并选择工具栏中的"求解"命令。经过一段时间的运算，将显示图11-38左图所示的应力分布云图，此应力分布云图显示的是10s时的应力分布，图11-38右图则给出了不同时刻与应力分布的关系曲线。单击曲线中的不同位置将显示不同位置（时刻）的应力大小。

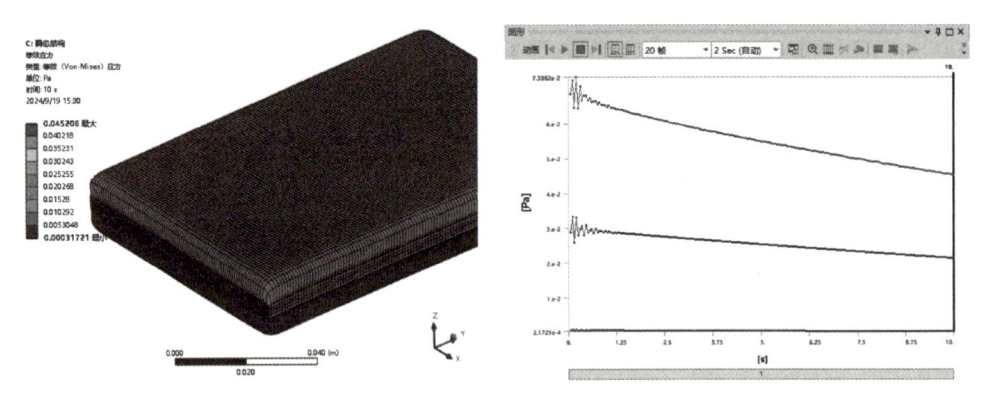

图 11-38　应力及曲线

11.2.8 保存与退出

单击 Mechanical（机械）右上角的 ✕（关闭）按钮，返回 Workbench 主界面，单击 💾（保存）按钮保存文件。然后单击 ✕（关闭）按钮，退出 Workbench 主界面。

11.3 热应力对结构模态影响分析

模态是结构的固有特性，根据振动理论，结构的模态参数可通过下式进行求解：

$$(K-\omega^2 M)\varphi = 0 \tag{11-15}$$

式中，K 为结构总刚度矩阵，M 为质量矩阵，φ 为阵型向量。

热环境条件下，结构的模态主要受到材料参数随温度变化和热环境引起的结构内部热应力的影响。另外，对于一些特殊结构，还需要考虑到几何非线性等因素的影响。当结构受到热载荷后，式（11-15）中质量矩阵 M 的改变可忽略不计，而结构材料参数随温度增加会发生较大的变化。在考虑温度影响时，结构刚度矩阵可表示为：

$$K_T = \int_\Omega B^T D_T B \mathrm{d}\Omega \tag{11-16}$$

式中，B 为几何矩阵，D 为与材料弹性模量 E 和泊松比 μ 有关的弹性矩阵。

另一方面，温度变化产生的温度梯度会导致结构内部出现热应力，需要在刚度矩阵中考虑热应力的影响，结构的热应力刚度矩阵可表示为：

$$K_\sigma = \int_\Omega G^T \Gamma G \mathrm{d}\Omega \tag{11-17}$$

式中，G 为形函数矩阵，Γ 为结构热应力矩阵。

在求解热环境下的结构模态参数，需要综合考虑热环境引起的材料参数变化和热应力对刚度矩阵的影响。在热环境条件下，结构的总刚度矩阵 K 为：

$$K = K_T + K_\sigma \tag{11-18}$$

式中，K_T 为结构刚度矩阵，K_σ 为热应力刚度矩阵。

式（11-18）中，结构刚度矩阵 K_T 与结构的物理属性有关，温度上升时，材料弹性模量下降，使总刚度矩阵呈现出减小趋势。热应力刚度矩阵 K_σ 则与结构热应力形式有关，当热应力为拉应力时，K_σ 为正值，结构固有频率出现上升趋势；当热应力为压应力时，K_σ 为负值，结构固有频率出现下降趋势。

由于前者与结构刚度矩阵 K_T 对固有频率的影响趋势刚好相反，因此在热环境中，由热拉应力产生的附加热应力刚度矩阵 K_σ 是否在总刚度矩阵 K 的变化过程中占主导作用，将直接影响固有频率的变化趋势。

学习目标	熟练掌握升温及降温时模态分析的建模方法及求解过程
模型文件	无
结果文件	Chapter11\char11-2\TEMP_RISE_MODAL.wbpj；Chapter11\char11-2\TEMP_FALL_MODAL.wbpj

11.3.1 创建分析项目

下面介绍创建分析项目的具体操作步骤。

步骤 1：在 Windows 系统下启动 ANSYS Workbench，进入主界面。

步骤 2：双击主界面"工具箱"中的"分析系统"→"稳态热"选项，右击 A6 创建一个"瞬态热"。再右击 B6，在弹出的快捷菜单中插入一个"静态结构"项目，即可在"项目原理图"窗口创建分析项目，如图 11-39 所示。

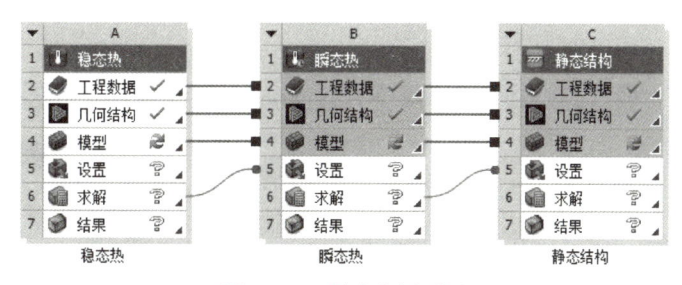

图 11-39　创建分析项目

11.3.2 创建几何体模型

下面介绍创建几何体模型的具体操作步骤。

步骤 1：在 A3 的"几何结构"上单击鼠标右键，在弹出的快捷菜单中选择"新的 DesignModeler 几何结构"命令，如图 11-40 所示。

图 11-40　导入几何体

步骤 2：在启动的 DesignModeler 几何建模窗口中进行几何体创建。设置长度单位为毫米，在坐标原点处创建一个矩形，并将矩形的两条边分别设置为 50mm 和 500mm，如图 11-41 所示。

图 11-41　草绘

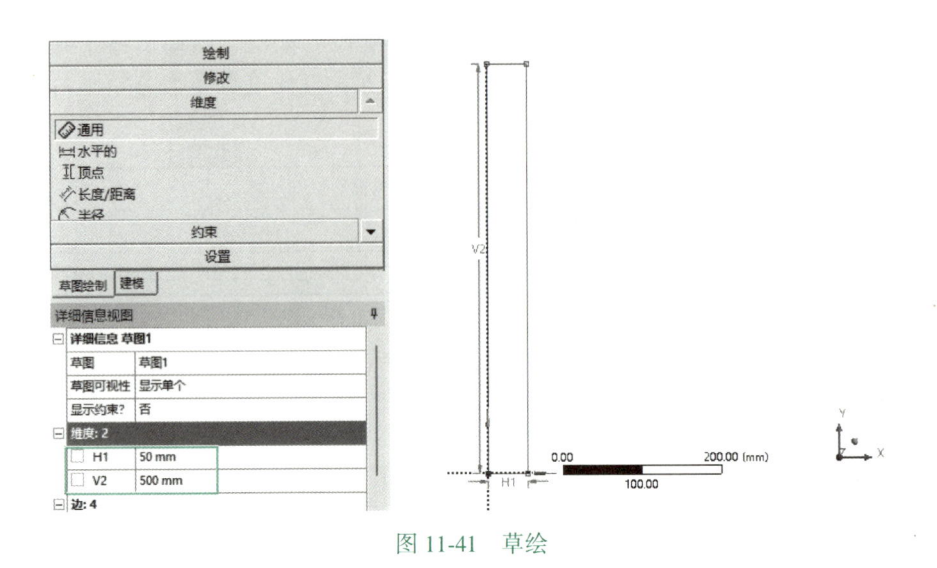

步骤 3：选择工具栏中的 挤出 命令，在弹出的图 11-42 所示的"详细信息视图"设置面板中进行如下操作：

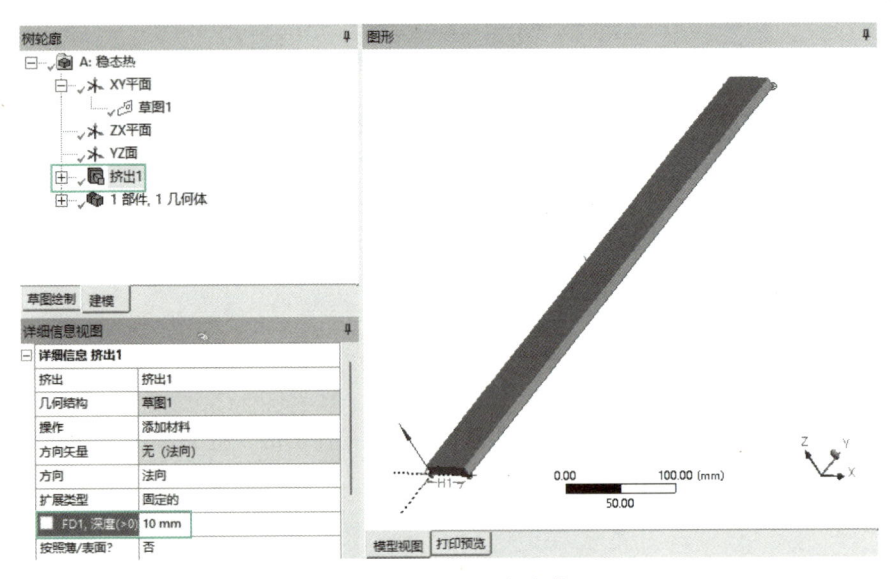

图 11-42　生成几何实体

在"几何结构"栏中选择刚才建立的草绘"草图 1"；在"FD1,深度(>0)"栏中输入厚度为 10mm，其余参数保持默认状态即可。然后选择工具栏中的 生成 命令，生成几何实体。

步骤 4：单击工具栏中的 （保存）按钮，在弹出的"另存为"对话框的名称栏中输入 TEMP_RISE_MODAL.wbpj，并单击"保存"按钮。

步骤 5：返回 DesignModeler 界面中，单击右上角的 （关闭）按钮，退出 DesignModeler，返回 Workbench 主界面。

11.3.3 创建升温分析项目

下面介绍创建升温分析项目的具体操作步骤。

步骤1：在 Workbench 主界面双击 A2 的"工程数据"进入 Mechanical（机械）热分析的材料设置界面。

在"轮廓原理图 A2，B2，C2：工程数据"栏中的"材料"中输入材料的名称为 mat，然后在左侧"工具箱"栏的"热"中选择"各向同性热导率"，并按住鼠标左键，将其直接拖拽到 mat 中，此时在"属性 大纲行4：mat"中的"各向同性热导率"的数值为9；比热恒压的数值为520，"各向同性瞬时热膨胀系数"的数值为 1E-05，"杨氏模量"的数值为 1.05E+11，"泊松比"的数值为 0.39，"密度"的数值为 4450，如图 11-43 所示。

图 11-43 设置材料物理属性

步骤2：双击主界面项目管理区项目 A 中 A4 的"模型"项，进入图 11-44 所示的 Mechanical（机械）界面。在该界面下可进行网格的划分、分析设置、结果观察等操作。

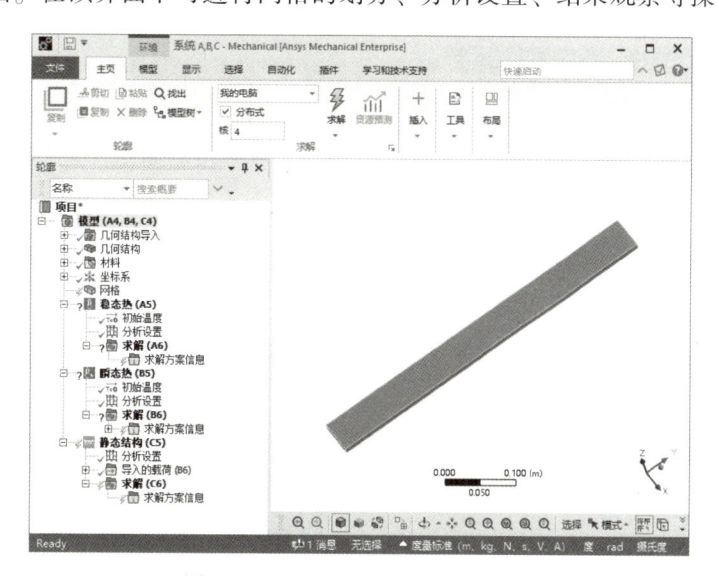

图 11-44 Mechanical（机械）界面

步骤 3：在 Mechanical（机械）界面左侧的"轮廓"中，选择"几何结构"选项下的"固体"，此时即可在"'固体'的详细信息"中给模型添加材料，如图 11-45 所示。

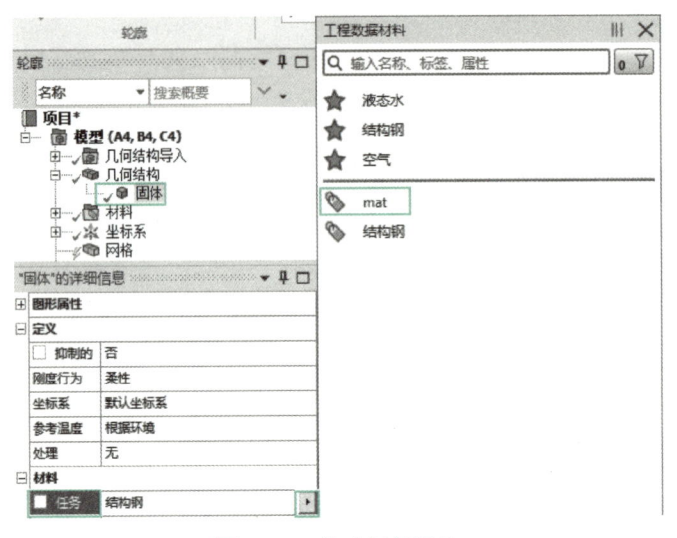

图 11-45　修改材料属性

步骤 4：在参数列表的"材料"中，单击"任务"后的▶按钮，此时会出现刚刚设置的材料 mat，选择后即可将其添加到模型中。

11.3.4 划分网格

下面介绍划分网格的具体操作步骤。

步骤 1：右击 Mechanical（机械）界面左侧"轮廓"中的"网格"选项，在详细设置面板的"单元尺寸"栏中输入 2.e-003m，如图 11-46 所示。

步骤 2：右击"轮廓"中的"网格"选项，在弹出的快捷菜单中选择"生成网格"命令，最终的网格效果如图 11-47 所示。

图 11-46　网格设置　　　　图 11-47　网格效果

11.3.5 施加载荷与约束

下面介绍施加载荷与约束的具体操作步骤。

步骤 1：选择 Mechanical（机械）界面左侧"轮廓"中的"稳态热（A5）"选项，此时出现图 11-48 所示的"环境"工具栏。

步骤 2：选择"环境"工具栏中的"温度"命令，此时在分析树中会出现"温度"选项，如图 11-49 所示。

图 11-48 "环境"工具栏

图 11-49 添加"温度"选项

步骤 3：选中"温度"，在"'温度'的详细信息"中进行如下操作：在"几何结构"中选择整个几何体；在"定义"→"大小"栏中输入 50℃；其余参数保持默认设置即可，如图 11-50 所示。

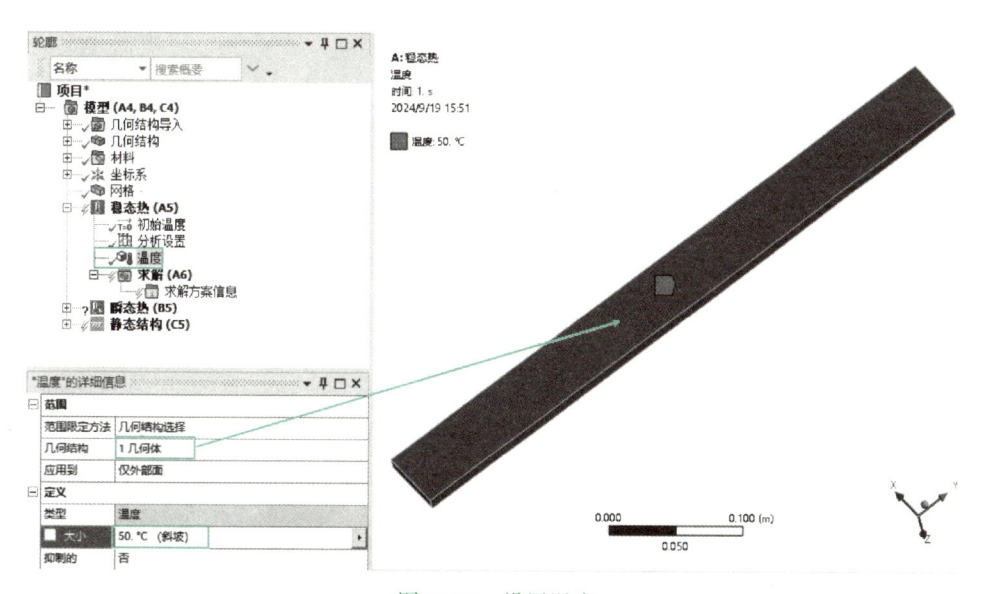

图 11-50 设置温度

步骤 4：右击"轮廓"中的"稳态热（A5）"选项，在弹出的快捷菜单中选择"求解"命令，如图 11-51 所示。

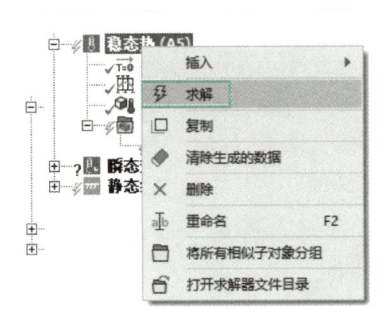

图 11-51　求解

11.3.6　结果后处理

接下来介绍有关结果后处理的具体操作步骤。

步骤 1：选择 Mechanical（机械）界面左侧"轮廓"中的"求解（A6）"选项，此时会出现图 11-52 所示的"求解"工具栏。

步骤 2：选择"求解"工具栏中的"热"→"温度"命令，如图 11-53 所示。此时在分析树中出现"温度"选项。

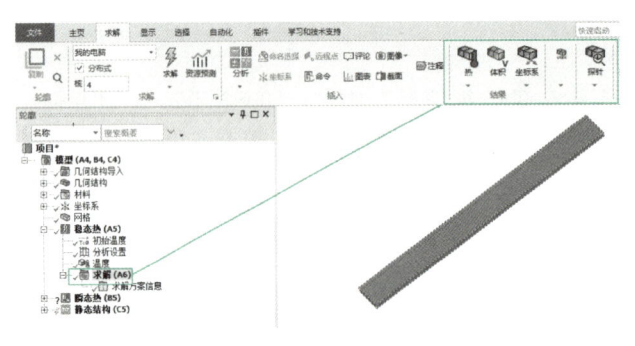

图 11-52　"求解"工具栏　　　　　图 11-53　添加温度选项

步骤 3：右击"轮廓"中的"求解（A6）"选项，在弹出的快捷菜单中选择"评估所有结果"命令，如图 11-54 所示。此时会弹出进度显示条，表示正在求解，求解完成后进度条自动消失。

步骤 4：选择"轮廓"的"求解（A6）"中的"温度"，会出现图 11-55 所示的界面。

图 11-54　快捷菜单　　　　　图 11-55　温度分布

步骤 5：选择 Mechanical（机械）界面左侧"轮廓"中的"瞬态热（B5）"选项，在出现的"环境"工具栏中单击"对流"选项。

步骤 6：然后在弹出的如图 11-56 所示的"'对流'的详细信息"面板中进行如下设置：

在"几何结构"栏中确定所有表面被选中；在"薄膜系数"栏中输入对流系数为 180；在"环境温度"栏中输入此时的环境温度为 100℃，其余参数保持默认状态即可。

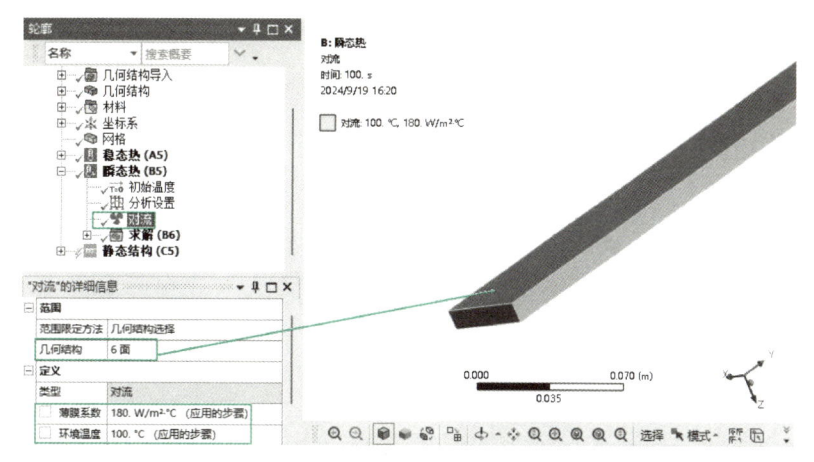

图 11-56 设置对流

步骤 7：设置分析选项。单击"瞬态热（B5）"下面的"分析设置"，在图 11-57 所示的"'分析设置'的详细信息"面板中进行如下设置：

在"步骤结束时间"栏中输入 100s；在"自动时步"栏中选择"关闭"选项；在"定义依据"栏中选择"子步"选项；在"子步数量"栏中输入 200。其余参数保持默认状态即可。

步骤 8：右击"轮廓"中的"瞬态热（B5）"选项，在弹出的快捷菜单中选择"求解"命令，如图 11-58 所示。

图 11-57 设置分析选项　　　　图 11-58 求解

步骤 9：单击"求解"→"求解方案信息"→"温度-全局最大值"和"温度-全局最小值"，将显示图 11-59 所示的升温曲线图，从图中可以看出在 100s 时，板的最高温度升到了

239

95.238℃，最低温度升到了 90.679℃。

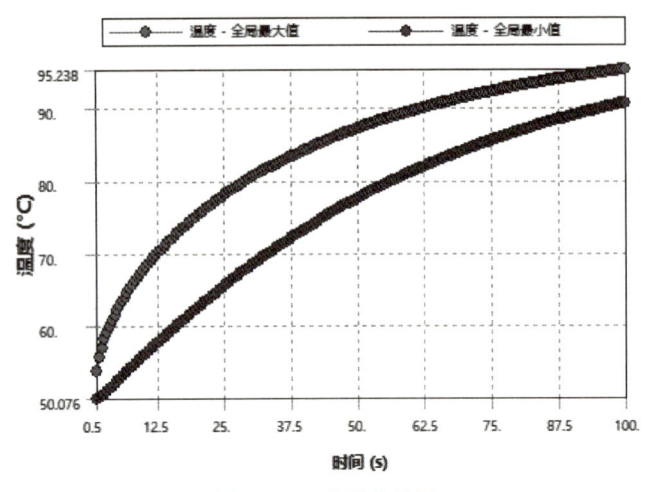

图 11-59 升温曲线图

步骤 10：添加一个"温度"后处理命令，通过后处理可以看到图 11-60 所示的各个时刻的温度值，可以看出时间为 100s 时的温度为 95.238℃。

步骤 11：通过云图右下角的"表格数据"，能精确地查到每个时间点的温度变化值，如图 11-61 所示。

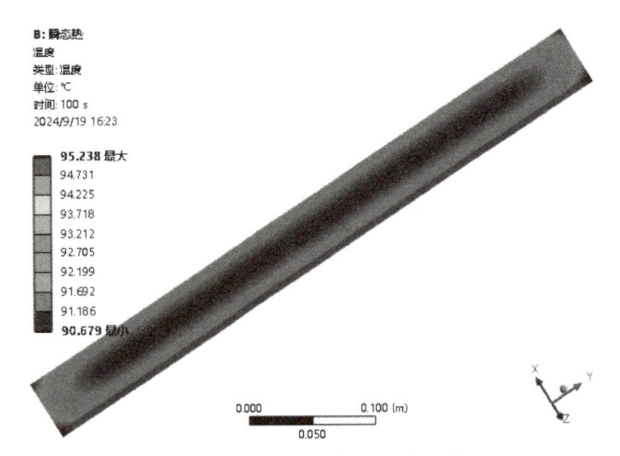

图 11-60　100s 时的温度分布图　　　　图 11-61　不同时刻的温度变化值

步骤 12：依次选择"静态结构（C5）"→"分析设置"选项，在图 11-62 所示的"'分析设置'的详细信息"中进行如下设置：

在"步骤结束时间"栏中输入 100s，其余参数保持默认设置即可。

步骤 13：依次选择"静态结构（C5）"→"导入的载荷（B6）"→"导入的几何体温度"选项，在弹出的图 11-63 所示的快捷菜单中选择"导入载荷"命令。

步骤 14：成功导入温度分布结果后将显示图 11-64 所示的云图，可以看出此时显示的温度分布结果是最终时刻（即 100s 时）的温度分布。

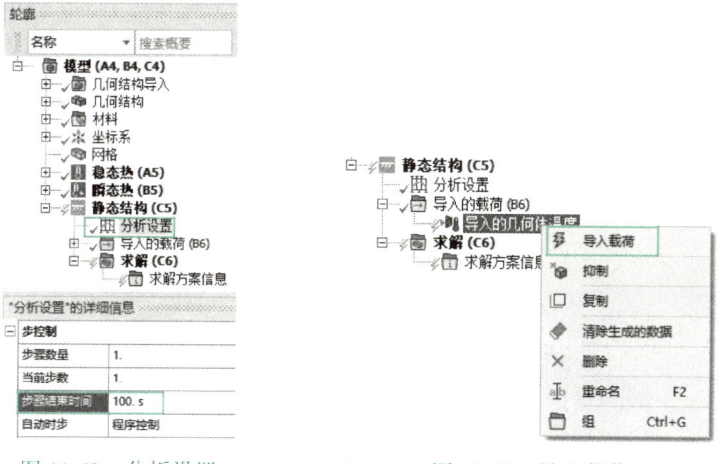

图 11-62 分析设置

图 11-63 导入载荷

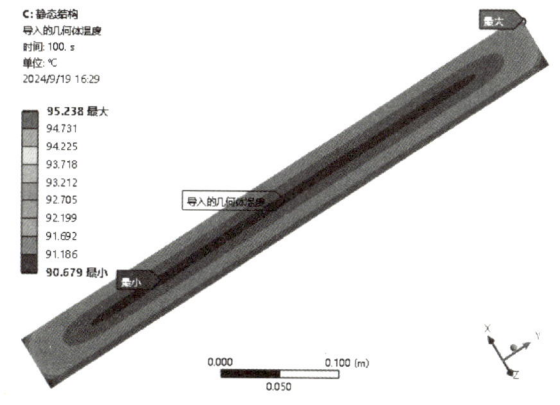

图 11-64 温度分布云图

步骤 15：单击"静态结构（C5）"，然后在工具栏中依次选择"结构"→"固定的"，如图 11-65 所示。

步骤 16：在下面出现的如图 11-66 所示的"'固定支撑'的详细信息"面板中进行如下设置：

在"几何结构"栏中选择平板的两底面，其余参数保持默认设置即可。

图 11-65 执行"固定的"操作

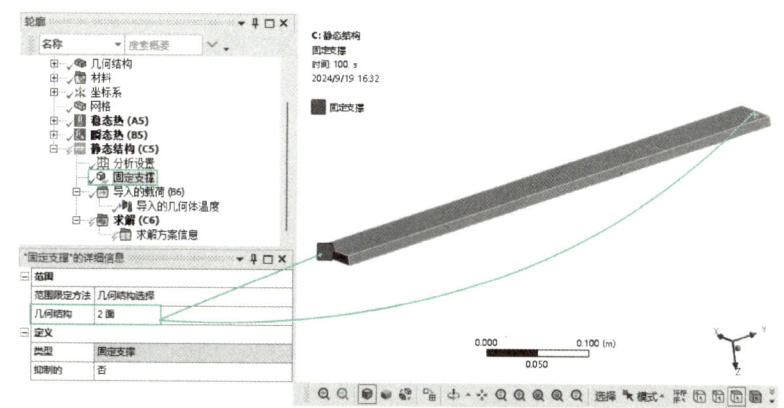

图 11-66 设置固定支撑

241

步骤 17：单击"求解（C6）"，在工具栏中选择"变形"→"总计"选项，并选择工具栏中的"求解"命令。此时经过一段时间的运算，将显示图 11-67 所示的变形云图，此变形云图显示的是 100s 时的变形。

步骤 18：单击"求解（C6）"，在工具栏中选择"应力"→"等效（Von-Mises）"选项，并选择工具栏中的"求解"命令，此时经过一段时间的运算，将显示图 11-68 所示的应力分布云图，此应力分布云图显示的是 100s 时的应力分布。

图 11-67　变形云图　　　　　　　　图 11-68　应力分布云图

步骤 19：返回 Workbench 平台，选择"工具箱"栏中的"模态"，并按住鼠标左键将其拖拽到 C6 栏中，此时将建立一个模态分析流程图，如图 11-69 所示。

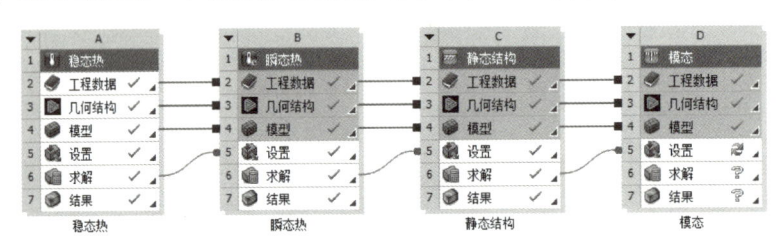

图 11-69　流程图

步骤 20：返回 Mechanical（机械）分析平台中，读者会发现此时在"静态结构（C5）"分析树下面多了一个"模态（D5）"分析流程。

步骤 21：右击"求解（C6）"，在弹出的快捷菜单中选择"求解"执行计算。

步骤 22：右击"模态（D5）"，在弹出的快捷菜单中选择"求解"执行计算。

步骤 23：计算完成后，查看前六阶变形云图与自振频率图，如图 11-70 至图 11-72 所示。

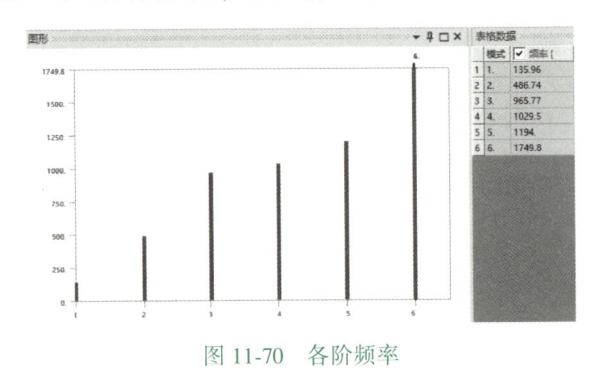

图 11-70　各阶频率　　　　　　　　图 11-71　选择各阶频率

图 11-72　前六阶变形

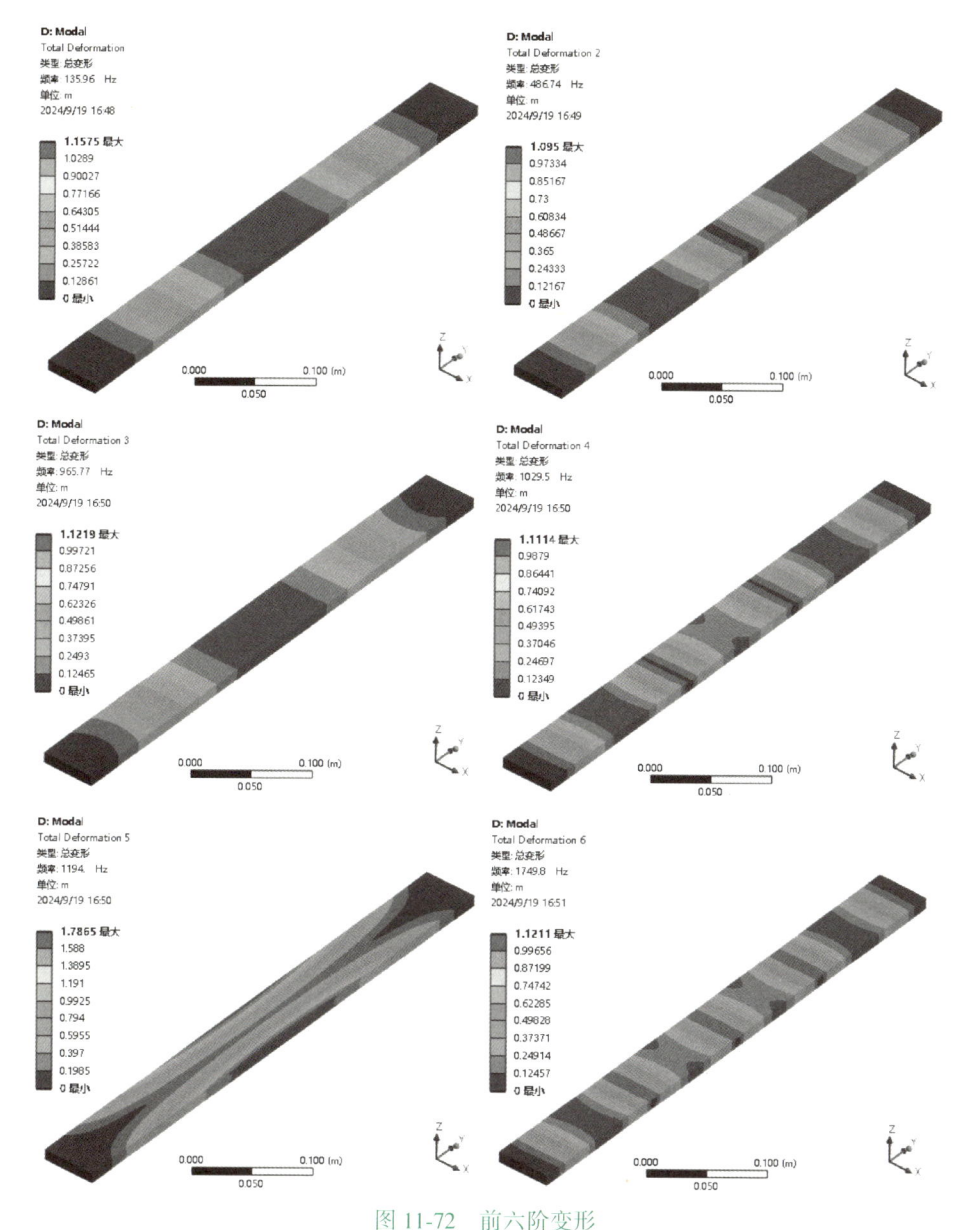

至此，ANSYS Workbench 中升温时模态分析的建模及求解的有关内容就为大家讲解完了，接下来为大家讲解 ANSYS Workbench 中降温时模态分析的建模及求解方法。

11.3.7　创建降温分析项目

下面介绍创建降温分析项目的具体操作步骤。

步骤 1：在 Windows 系统下启动 ANSYS Workbench，进入主界面。

步骤 2：双击主界面"工具箱"中的"分析系统"→"稳态热"选项，右键单击 A6 栏创建一个"瞬态热"，然后在弹出的快捷菜单中插入一个"静态结构"项目，即可在"项目原理图"窗口创建分析项目，如图 11-73 所示。

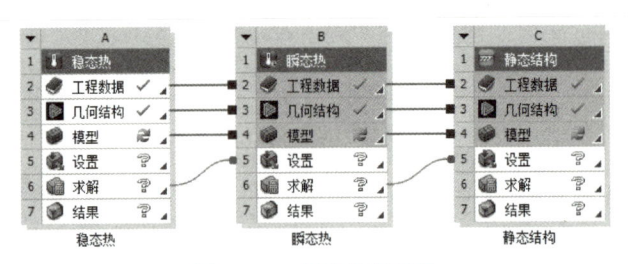

图 11-73　创建分析项目

11.3.8 创建几何体模型

下面介绍创建几何体模型的具体操作步骤。

步骤 1：在 A3 的"几何结构"上单击鼠标右键，在弹出的快捷菜单中选择"新的 DesignModeler 几何结构"命令，如图 11-74 所示。

步骤 2：在启动的 DesignModeler 几何建模窗口中进行几何体创建。设置长度单位为毫米，在坐标原点处创建一个矩形，并将矩形的两条边分别设置为 50mm 和 500mm，如图 11-75 所示。

图 11-74　导入几何体

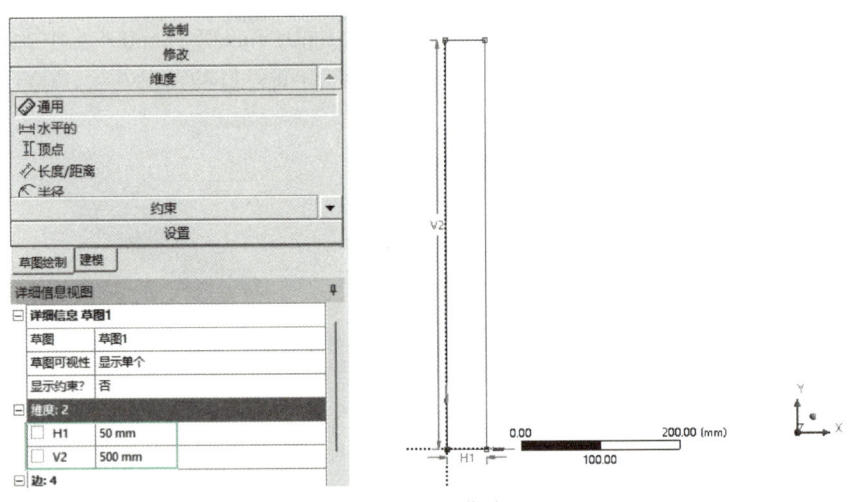

图 11-75　草绘

步骤 3：选择工具栏中的 挤出 命令，在弹出的图 11-76 所示的"详细信息视图"详细设置面板中进行如下操作：

在"几何结构"栏中选择刚才建立的草绘"草图 1"；在"FD1,深度(>0)"栏中输入厚度为 10mm，其余参数保持默认设置即可。然后选择工具栏中的 生成 命令，生成几何实体。

步骤 4：单击工具栏中的 （保存）按钮，在弹出的"另存为"对话框的名称栏中输入 TEMP_FALL_MODAL.wbpj，并单击"保存"按钮。

步骤 5：返回 DesignModeler 界面，单击右上角的 （关闭）按钮，退出 DesignModeler，返回 Workbench 主界面。

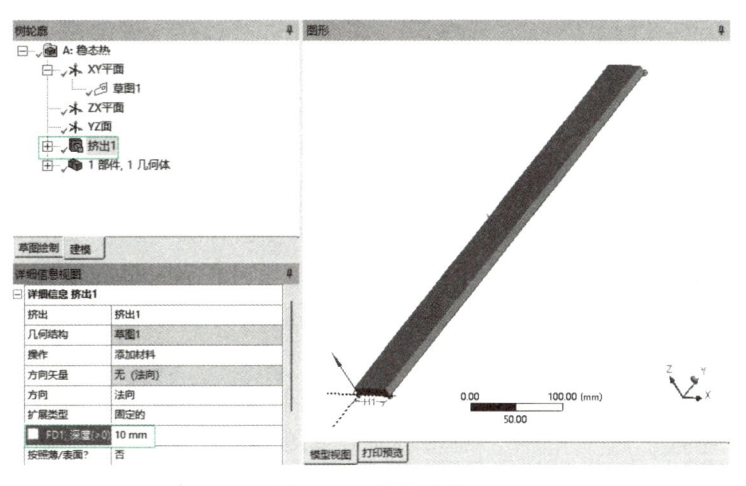

图 11-76　几何实体

11.3.9　创建分析项目

下面介绍创建分析项目的具体操作步骤。

步骤 1：在 Workbench 主界面双击 A2 的"工程数据"项，进入 Mechanical（机械）热分析的材料设置界面。

步骤 2：在"轮廓 原理图 A2，B2，C2：工程数据"栏的"材料"中输入材料的名称为 mat，然后在左侧"工具箱"栏的"热"中选择"各向同性热导率"，并按住鼠标左键，将其直接拖拽到 mat 中。

此时"属性 大纲行 3：mat"下面"各向同性热导率"的数值为 9，比热恒压的数值为 520，"热膨胀系数"的数值为 1E-05，"杨氏模量"的数值为 1.05E+11，"泊松比"的数值为 0.39，"密度"的数值为 4450，如图 11-77 所示。

图 11-77　设置材料物理属性

步骤 3：双击主界面项目管理区项目 B 中 B3 的"模型"项，进入图 11-78 所示的 Mechanical（机械）界面，在该界面下可进行网格的划分、分析设置、结果观察等操作。

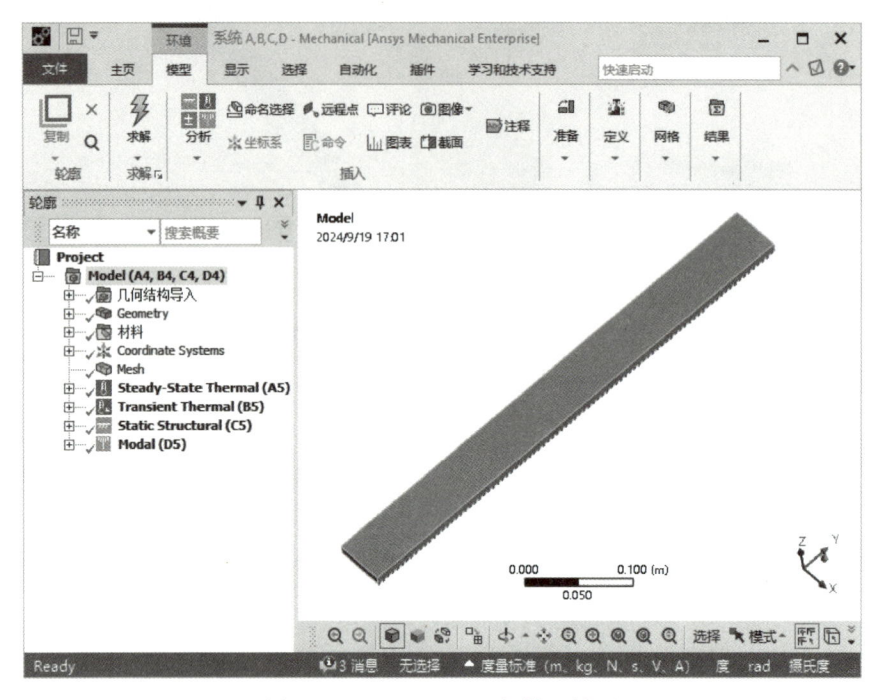

图 11-78　Mechanical（机械）界面

步骤 4：在 Mechanical（机械）界面左侧的"轮廓"中选择"几何结构"选项下的"Solid"，此时即可在"'Solid'的详细信息"中给模型添加材料，如图 11-79 所示。

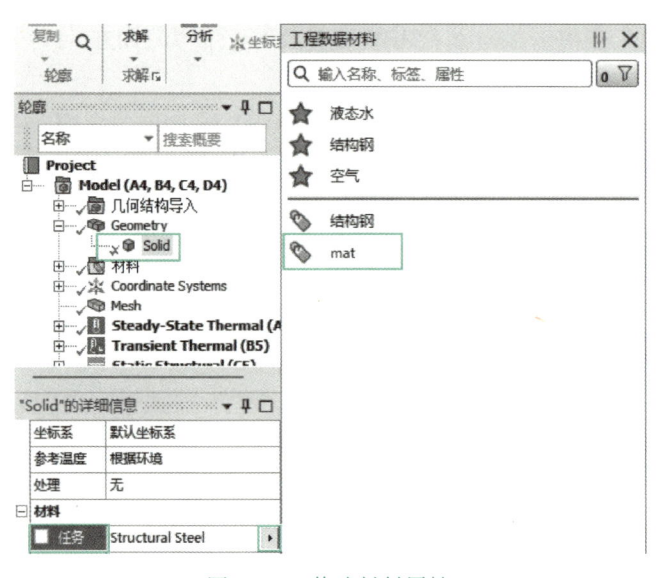

图 11-79　修改材料属性

步骤 5：在参数列表的"材料"下，单击"任务"区域后的 ▸ 按钮，此时会出现刚刚设置的材料 mat，选择该材料，即可将其添加到模型中。

11.3.10 划分网格

下面介绍划分网格的具体操作步骤。

步骤1：右击Mechanical（机械）界面左侧"轮廓"中的"Mesh"选项，在详细设置窗口的"单元尺寸"栏中输入2.e-003m，如图11-80所示。

步骤2：右击"轮廓"中的"Mesh"选项，在弹出的快捷菜单中选择"生成网格"命令，最终的网格效果如图11-81所示。

图11-80 网格设置

图11-81 网格效果

11.3.11 施加载荷与约束

下面介绍施加载荷与约束的具体操作步骤。

步骤1：选择Mechanical（机械）界面左侧"轮廓"中的"稳态热（A5）"选项，此时会出现图11-82所示的"环境"工具栏。

步骤2：选择"环境"工具栏中的"温度"命令，此时在分析树中会出现"温度"选项，如图11-83所示。

图11-82 "环境"工具栏

图11-83 添加选项

步骤3：选中"温度"，在"'温度'的详细信息"中进行如下操作：
在"几何结构"中选择平板；在"定义"→"大小"栏中输入50℃；其余参数保持默认

设置即可。如图 11-84 所示。

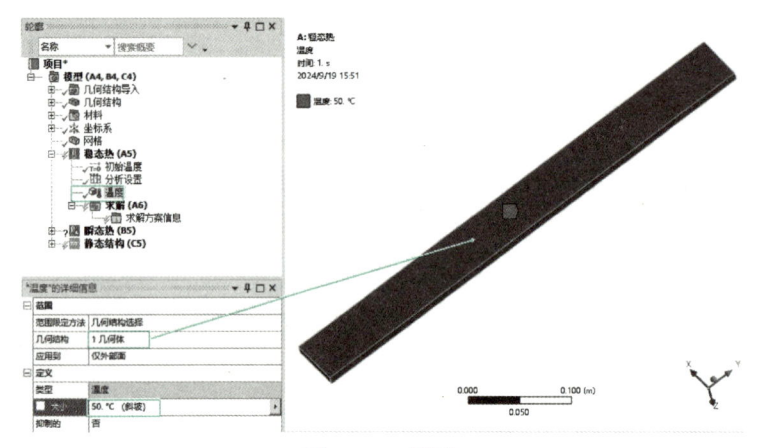

图 11-84 温度

步骤 4：右击"轮廓"中的"稳态热（A5）"选项，在弹出的快捷菜单中选择"求解"命令，如图 11-85 所示。

图 11-85 求解

11.3.12 结果后处理

下面介绍有关结果后处理的具体操作步骤。

步骤 1：选择 Mechanical（机械）界面左侧"轮廓"中的"求解（A6）"选项，此时会出现图 11-86 所示的"求解"工具栏。

步骤 2：选择"求解"工具栏中的"热"→"温度"命令，如图 11-87 所示。此时在分析树中会出现"温度"选项。

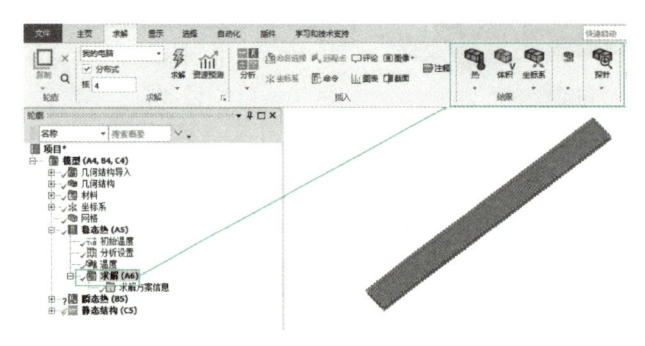

图 11-86 "求解"工具栏

图 11-87 添加温度选项

步骤3：右击"轮廓"中的"求解（A6）"选项，在弹出的快捷菜单中选择" 评估所有结果"命令，如图11-88所示。此时会弹出进度显示条表示正在求解，当求解完成后进度条自动消失。

步骤4：选择"轮廓"的"求解（B6）"中的"温度"，会出现图11-89所示的画面。

图 11-88　快捷菜单　　　　　　图 11-89　温度分布

步骤5：选择Mechanical（机械）界面左侧"轮廓"中的"瞬态热（B5）"选项，在出现的"环境"工具栏中双击"对流"选项。

步骤6：单击"对流"选项，然后在如图11-90所示的"'对流'的详细信息"面板中进行如下设置：

在"几何结构"栏中确定所有表面被选中；在"薄膜系数"栏中输入对流系数为180；在"环境温度"栏中输入此时的环境温度为0℃，其余参数保持默认状态即可。

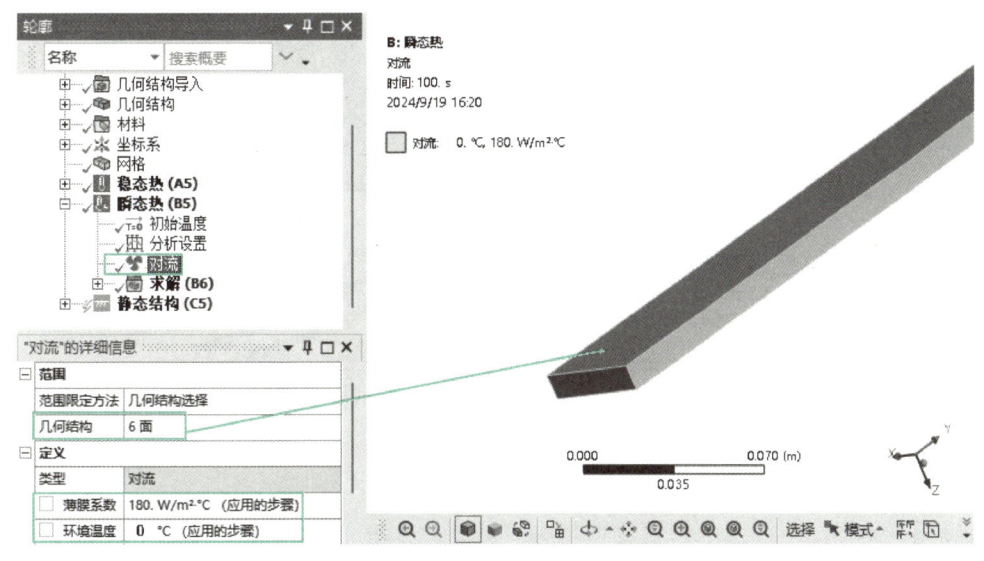

图 11-90　设置对流

步骤7：设置分析选项。单击"瞬态热（B5）"下面的"分析设置"，在图11-91所示的"'分析设置'的详细信息"面板中进行如下设置：

在"步骤结束时间"栏中输入100s；在"自动时步"栏中选择"关闭"选项；在"定义依据"栏中选择"子步"选项；在"子步数量"栏中输入200。其余参数保持默认状态即可。

步骤8：右击"轮廓"中的"瞬态热（B5）"选项，在弹出的快捷菜单中选择 "求解"命令，如图11-92所示。

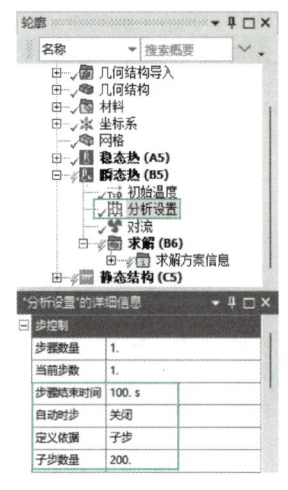

图 11-91　设置分析选项 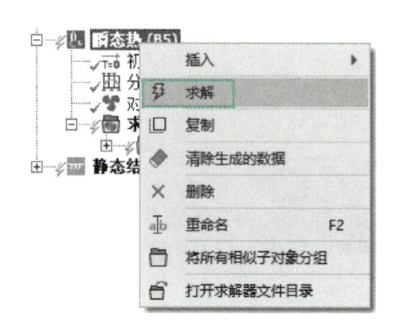　　　　　　图 11-92　求解

步骤 9：单击"求解"→"求解方案信息"→"温度–全局最大值"和"温度–全局最小值"，将显示图 11-93 所示的降温曲线图，从图中可以看出在 100s 时，板的最高温度降到了 14.479℃，最低温度降到了 12.1℃。

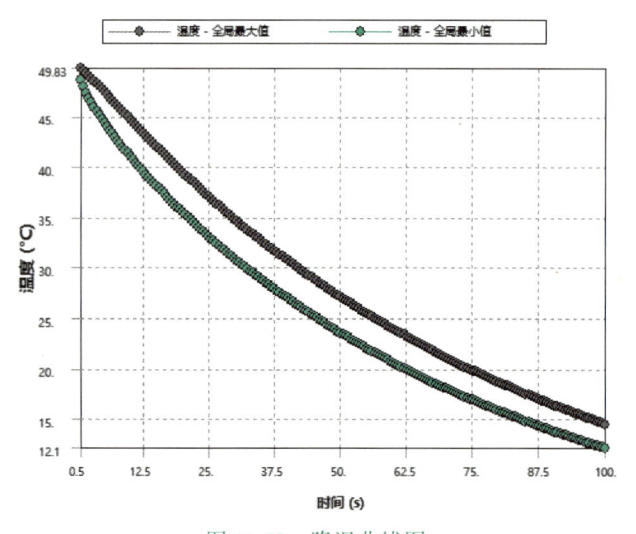

图 11-93　降温曲线图

步骤 10：添加一个"温度"后处理命令，通过后处理可以看到图 11-94 所示的各个时刻的温度值，可以看出时间为 100s 时的温度为 14.479℃。

步骤 11：通过云图右下角的"表格数据"，能精确地查到每个时间点的温度变化值，如图 11-95 所示。

步骤 12：依次选择"静态结构（C5）"→"分析设置"选项，然后在图 11-96 所示的"'分析设置'的详细信息"面板中进行如下设置：

在"步骤结束时间"栏中输入 100s，其余参数保持默认状态即可。

步骤 13：依次选择"静态结构（C5）"→"导入的载荷（B6）"→"导入的几何体温度"选项，在弹出的图 11-97 所示的快捷菜单中选择"导入载荷"命令。

图 11-94　100s 时的温度分布图

图 11-95　不同时刻的温度变化值

图 11-96　分析设置

图 11-97　导入载荷

步骤 14：成功导入温度分布结果后将显示图 11-98 所示的云图，可以看出此时显示的温度分布结果是最终时刻（即 100s 时）的温度分布。

步骤 15：单击"静态结构（C5）"，然后在工具栏中依次选择"结构"→"固定的"选项，如图 11-99 所示。

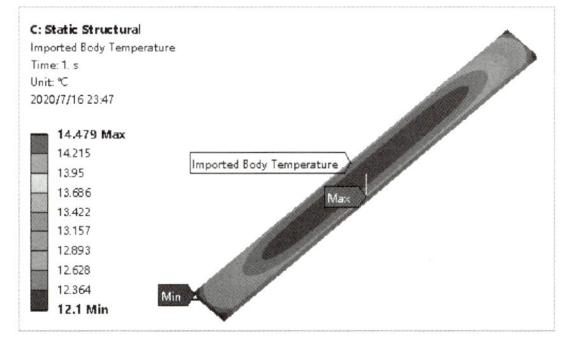

图 11-98　温度分布云图

图 11-99　执行"固定的"操作

251

步骤 16：在下面出现的如图 11-100 所示的"'固定支撑'的详细信息"面板中进行如下设置：在"几何结构"栏中选择平板的两底面，其余选项保持默认设置即可。

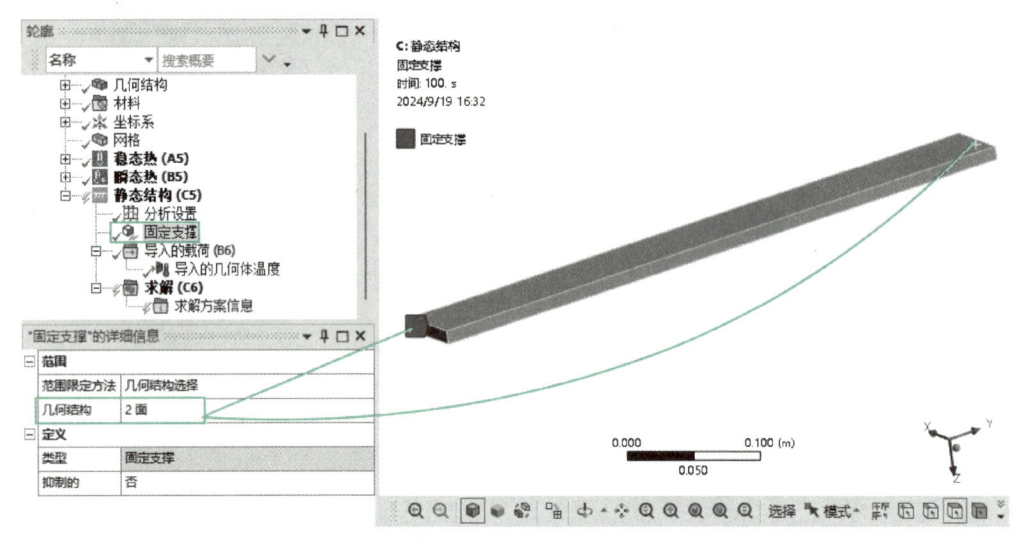

图 11-100　设置固定支撑

步骤 17：单击"求解（C6）"，在工具栏中选择"变形"→"总计"选项，并选择工具栏中的"求解"命令。此时经过一段时间的运算，将显示图 11-101 所示的变形云图，此变形云图显示的是 100s 时的变形。

步骤 18：单击"求解（C6）"，在工具栏中选择"应力"→"等效（Von-Mises）"选项，并单击工具栏中的"求解"命令。此时经过一段时间的运算，将显示图 11-102 所示的应力分布云图，此应力分布云图显示的是 100s 时的应力分布。

图 11-101　变形云图　　　　　　　图 11-102　应力分布云图

步骤 19：返回 Workbench 平台，选择"工具箱"栏中的"模态"，并按住鼠标左键将其拖拽到 C6 列中，此时将建立一个模态分析流程图，如图 11-103 所示。

步骤 20：返回 Mechanical（机械）分析平台中，读者会发现此时在"静态结构（C5）"分析树下面多了一个"模态（D5）"分析流程。

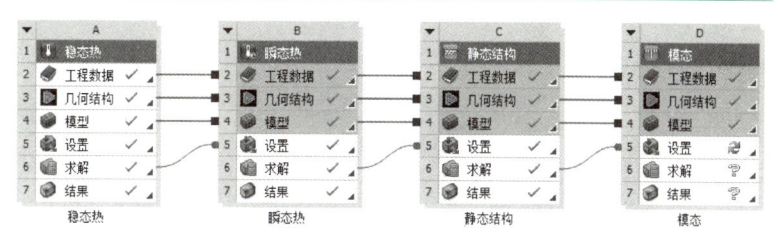

图 11-103 流程图

步骤 21：右击"求解（C6）"，在弹出的快捷菜单中选择"求解"执行计算。
步骤 22：右击"模态（D5）"，在弹出的快捷菜单中选择"求解"执行计算。
步骤 23：计算完成后，查看前六阶变形云图与自振频率图，如图 11-104 至图 11-106 所示。

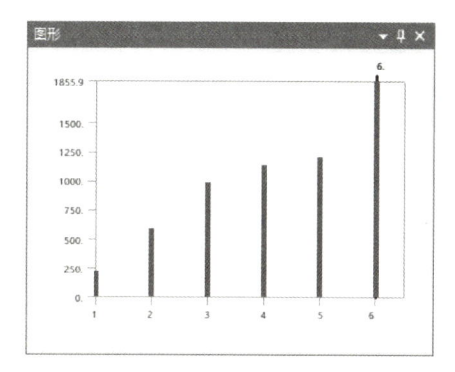

图 11-104　各阶频率　　　　图 11-105　在快捷菜单中选择频率

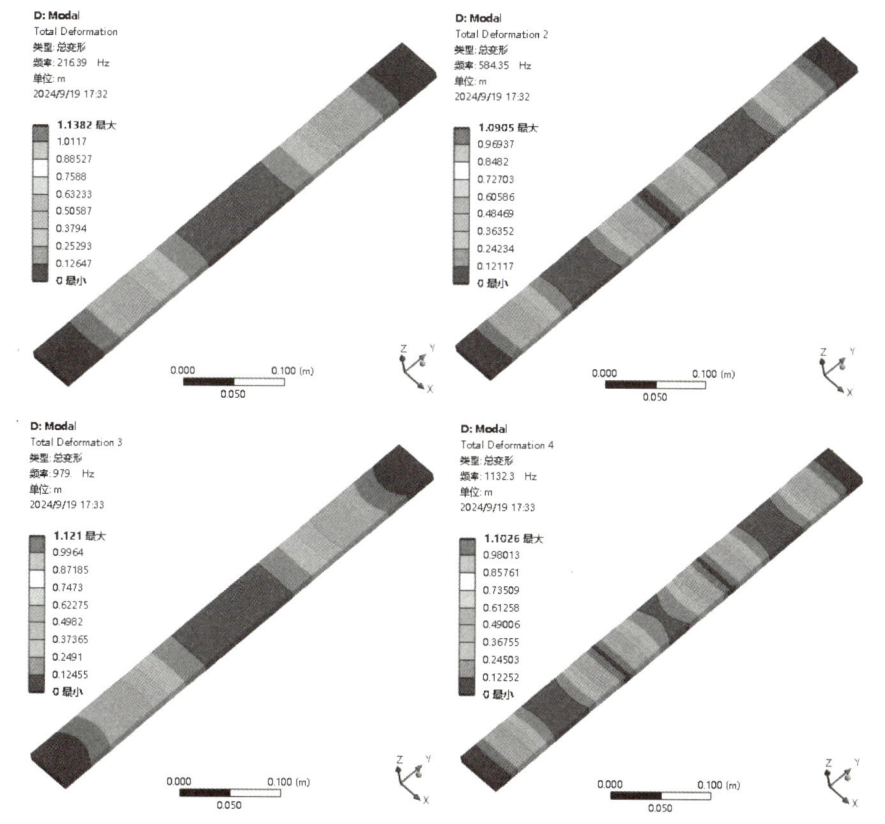

图 11-106　前六阶变形

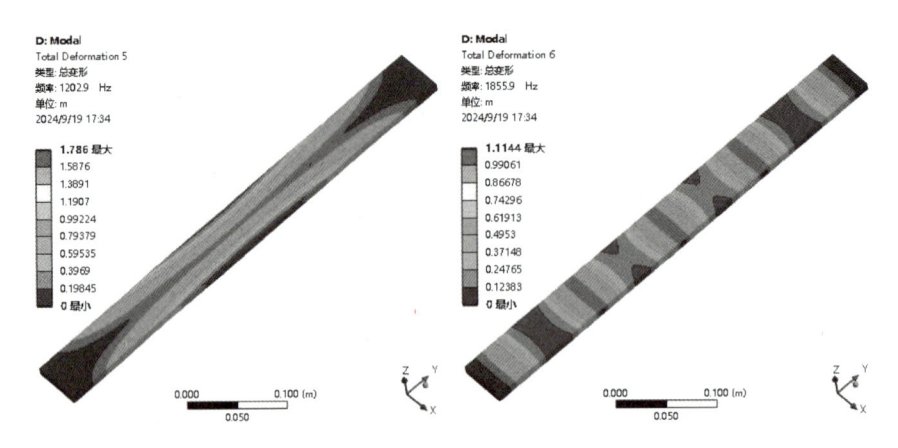

图 11-106　前六阶变形（续）

至此，ANSYS Workbench 中降温时模态分析的建模及求解方法就介绍完了。下面将为大家详细介绍无温度变化时模态分析的建模方法及求解过程。

学习目标	熟练掌握模态分析的建模方法及求解过程
模型文件	无
结果文件	Chapter11\char11-2\MODAL.wbpj

11.3.13　创建无温度变化分析项目

下面介绍创建无温度变化分析项目的具体操作步骤。

步骤 1：在 Windows 系统下启动 ANSYS Workbench，进入主界面。

步骤 2：双击主界面"工具箱"中的"分析系统"→Modal（模态分析）选项，即可在"项目原理图"窗口创建分析项目，如图 11-107 所示。

图 11-107　创建分析项目

11.3.14　创建几何体模型

下面介绍创建几何体模型的具体操作步骤。

步骤 1：在 A3 的"几何结构"上单击鼠标右键，在弹出的快捷菜单中选择"新的 DesignModeler 几何结构"命令，如图 11-108 所示。

步骤 2：在启动的 DesignModeler 几何建模窗口中进行几何体创建。设置长度单位为毫米，在坐标原点处创建一个矩形，并将矩形的两条边分别设置为 50mm 和 500mm，如图 11-109 所示。

图 11-108　导入几何体

步骤 3：选择工具栏中的 挤出 命令，在弹出的图 11-110 所示的"详细信息视图"详细设置面板中进行如下操作：

在"几何结构"栏中选择刚才建立的草绘"草图 1"；在"FD1,深度(>0)"栏中输入厚度为10mm，其余参数保持默认设置即可。然后单击工具栏中的 ≯生成 命令，生成几何实体。

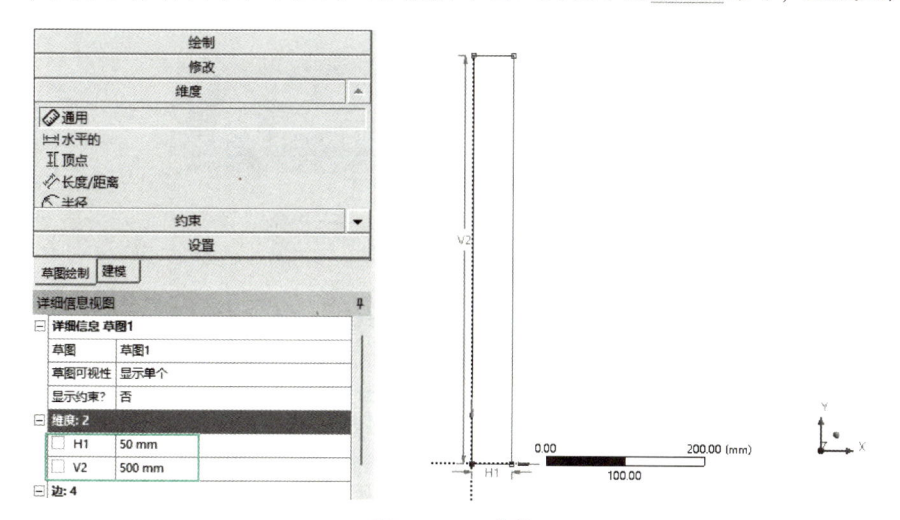

图 11-109 草绘

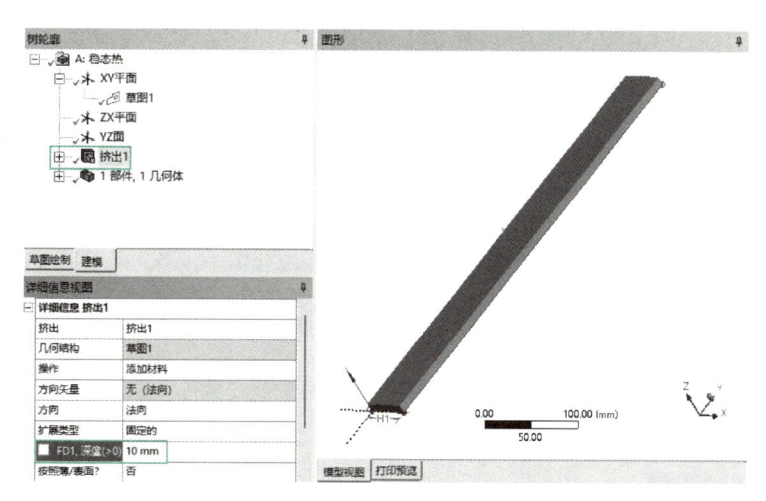

图 11-110 几何实体

步骤4：单击工具栏中的 ■（保存）按钮，在弹出的"另存为"对话框的名称栏中输入 MODAL.wbpj，并单击"保存"按钮。

步骤5：返回 DesignModeler 界面，单击右上角的 ✕（关闭）按钮，退出 DesignModeler，返回 Workbench 主界面。

11.3.15 创建分析项目

下面介绍创建分析项目的具体操作步骤。

步骤1：在 Workbench 主界面双击 A2 的"工程数据"项，进入 Mechanical（机械）热分析的材料设置界面。

步骤2：在"轮廓原理图 A2：工程数据"栏的"材料"中输入材料的名称为 mat，然后在左侧的"工具箱"栏中选择以下三项参数到 mat 中："密度"输入为4450，"热膨胀系数"的数值为1E-05,"杨氏模量"的数值为1.05E+11,"泊松比"的数值为0.39,如图11-111所示。

图11-111 设置材料物理属性

步骤3:双击主界面项目管理区项目B中B3的"模型"项,进入图11-112所示的Mechanical(机械)界面,在该界面下可进行网格的划分、分析设置、结果观察等操作。

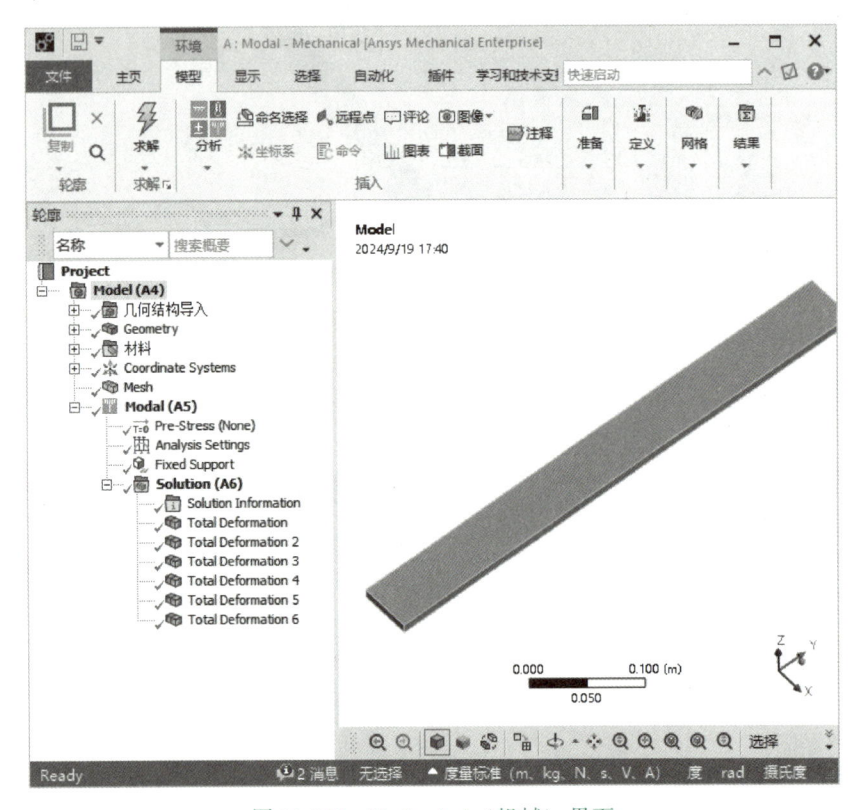

图11-112 Mechanical(机械)界面

步骤 4：在 Mechanical（机械）界面左侧的"轮廓"中，选择"几何结构"选项下的"Solid"，此时即可在"'Solid'的详细信息"中给模型添加材料，如图 11-113 所示。

图 11-113　修改材料属性

步骤 5：在参数列表中的"材料"下，单击"任务"区域后的 ▸ 按钮，此时会出现刚刚设置的材料 mat，选择该材料，即可将其添加到模型中。

11.3.16　划分网格

下面介绍划分网格的具体操作步骤。

步骤 1：右击 Mechanical（机械）界面左侧"轮廓"中的"Mesh"选项，在详细设置窗口的"单元尺寸"栏中输入 2.e-003m，如图 11-114 所示。

步骤 2：右击"轮廓"中的"Mesh"选项，在弹出的快捷菜单中选择"生成网格"命令，最终的网格效果如图 11-115 所示。

图 11-114　网格设置　　　　图 11-115　网格效果

11.3.17 施加载荷与约束

下面介绍施加载荷与约束的具体操作步骤。

步骤 1：单击"Modal（A5）"，然后在工具栏中依次单击"结构"→"固定的"按钮，如图 11-116 所示。

步骤 2：在下面出现的"'Fixed Support'的详细信息"面板中进行如下设置：

在"几何结构"栏中选择平板的两底面，其余参数保持默认设置即可，如图 11-117 所示。

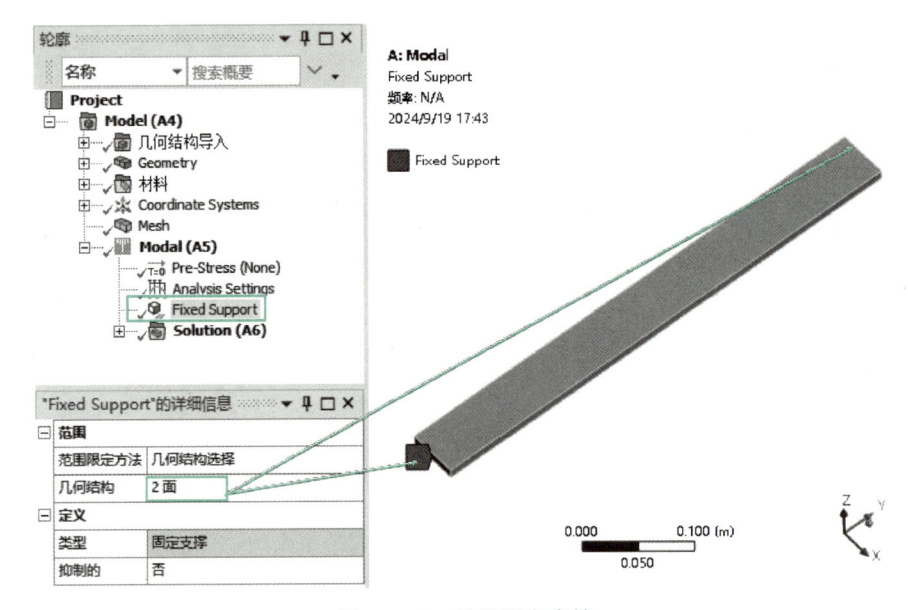

图 11-116　菜单

图 11-117　设置固定支撑

步骤 3：右击"Modal（A5）"，在弹出的快捷菜单中选择"求解"命令并执行计算。

步骤 4：计算完成后，查看前六阶变形云图与自振频率图，如图 11-118 至图 11-120 所示。

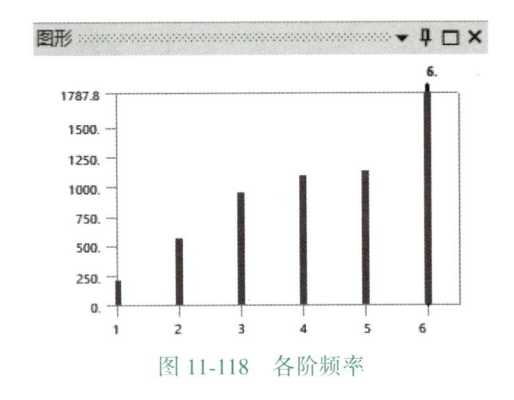

图 11-118　各阶频率

图 11-119　选择频率

【分析】　以上分析分别对加热后、冷却后及无温度变化三种状态的模态进行了分析，最后得到的三种工况下的前六阶频率见表 11-2。

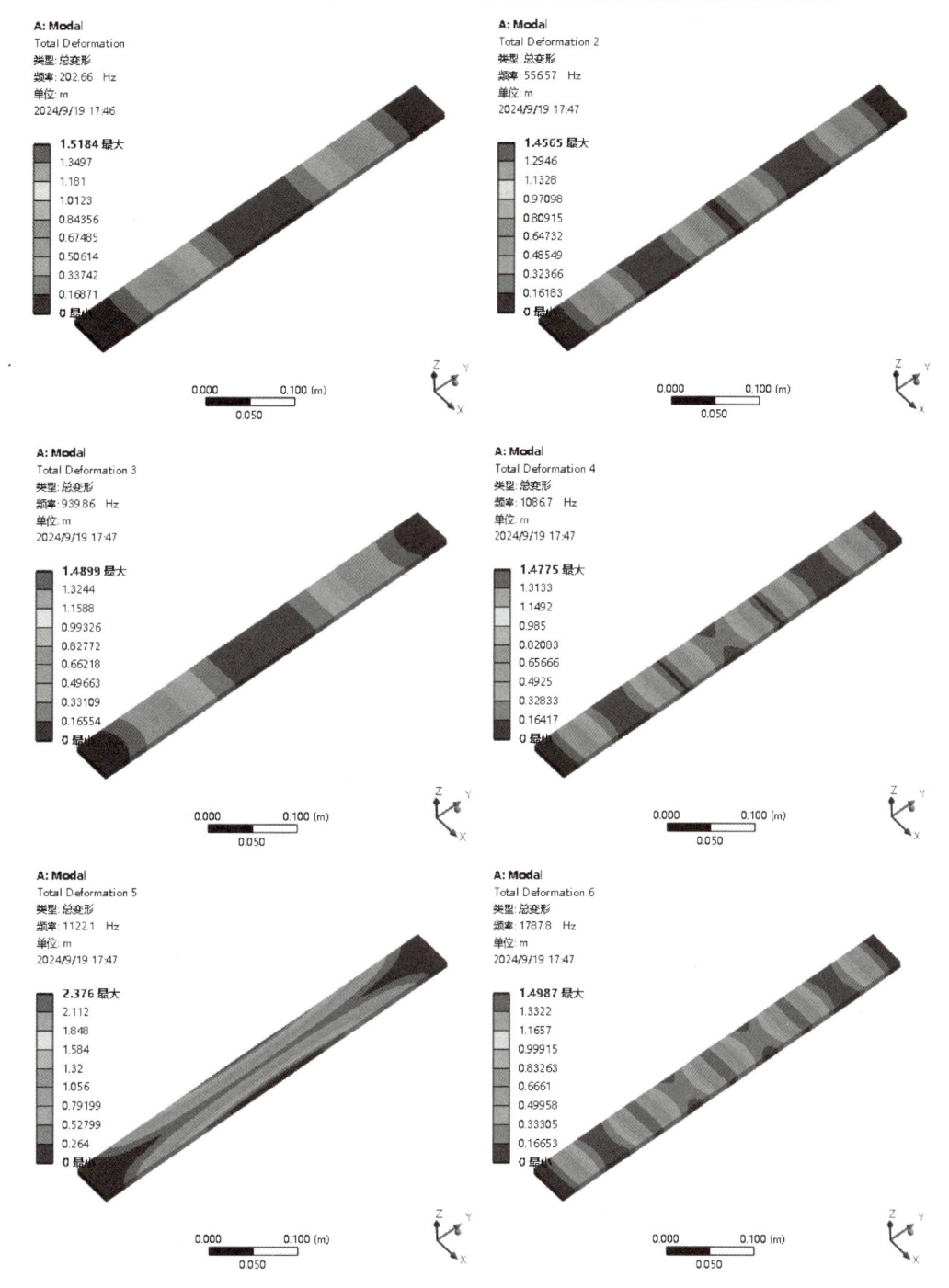

图 11-120　前六阶变形云图

表 11-2　三种工况的前六阶频率（单位：Hz）

	第一阶	第二阶	第三阶	第四阶	第五阶	第六阶
加热后模态	135.96	486.74	965.77	1029.5	1194	1749.8
无温度变化模态	202.66	556.57	939.86	1086.7	1122.1	1787.8
冷却后模态	216.39	584.35	979	1132.3	1202.3	1855.9

从表 11-2 可以看出，加热后结构的模态<无温度变化结构的模态<冷却后结构的模态。

11.4 热疲劳分析

疲劳是指材料、零部件或者机构件在不断的循环载荷作用下，某点或者某些点产生局部的永久性破坏，并且在经过一定循环次数后出现裂纹或者使裂纹进一步变大，直到完全断裂的一种现象。

按形式和过程的不同，外加负荷小且使用寿命较长的疲劳称为高周疲劳或是应力疲劳；相反，外加负荷高且使用寿命较短的疲劳称为低周疲劳或是应变疲劳。

按所受载荷的不同，热疲劳分析可分为四种形式：机械疲劳是外加循环负荷作用导致的；蠕变疲劳是高温环境中循环负荷作用导致的；热机械疲劳是循环机械负荷和循环热负荷共同导致的；热疲劳是材料受到循环热应力作用而龟裂导致的。

学习目标	熟练掌握热疲劳分析的建模方法及求解过程
模型文件	无
结果文件	Chapter11\char11-3\Tem_Stru_Fatigue.wbpj

11.4.1 问题描述

某平板尺寸为 100mm×50mm×10mm，材料为默认的"结构钢"，如图 11-121 所示。现将该平板加热到 600℃，并将传热过程简化为对流传热。求该平板在此交变应力下的疲劳情况。

图 11-121 某平板

11.4.2 创建分析项目

下面介绍创建分析项目的具体操作步骤。

步骤 1：在 Windows 系统下启动 ANSYS Workbench，进入主界面。

步骤 2：双击主界面"工具箱"中的"分析系统"→"稳态热"选项，创建一个稳态热分析项目。然后右击 A6 项，在弹出的快捷菜单中插入一个"静态结构"项目。此时即可在"项目原理图"窗口创建图 11-122 所示的热应力分析项目流程。

图 11-122 热应力分析项目流程

11.4.3 创建几何体模型

下面介绍创建几何体模型的具体操作步骤。

步骤 1：在 A3 的"几何结构"项上单击鼠标右键，在弹出的快捷菜单中选择"新的 DesignModeler 几何结构"命令，如图 11-123 所示。此时会进入 DesignModeler 几何建模窗口，在 DesignModeler 几何建模窗口中，用户可以进行几何体建模与模型有限元分析的前处理及几何修复等工作任务。

图 11-123　创建几何体

步骤 2：在启动的 DesignModeler 几何建模窗口中进行几何体创建。建模前首先要设置模型的单位制，根据案例的模型大小，选择"单位"菜单下面的"毫米"选项，设置当前模型的长度单位制为毫米。

然后在模型树中选择"XY 平面"选项，在下面的选项卡中选择"草图绘制"选项卡，进入草绘控制界面，选择"绘制"子选项卡中的"矩形"命令。

接着将矩形的第一个角点定义在坐标原点上，即鼠标单击草绘平面的原点，然后向右上角移动鼠标，拉开一定的距离后再定义第二个角点。此时就创建了一个矩形（在第一坐标系中）。

步骤 3：单击"维度：2"子选项卡，对几何尺寸进行标注和控制，此时默认的"通用"尺寸标注已被选中。首先单击 X 轴上的一条边，在"详细信息视图"面板中出现了 H1 标记，在 H1 栏中输入长度为 50mm。

单击最右侧的竖直方向的直线，此时"详细信息视图"面板中出现了 V2 标记，在 V2 栏中输入长度为 100mm，此时几何尺寸将根据标注的大小自动调节，如图 11-124 所示。

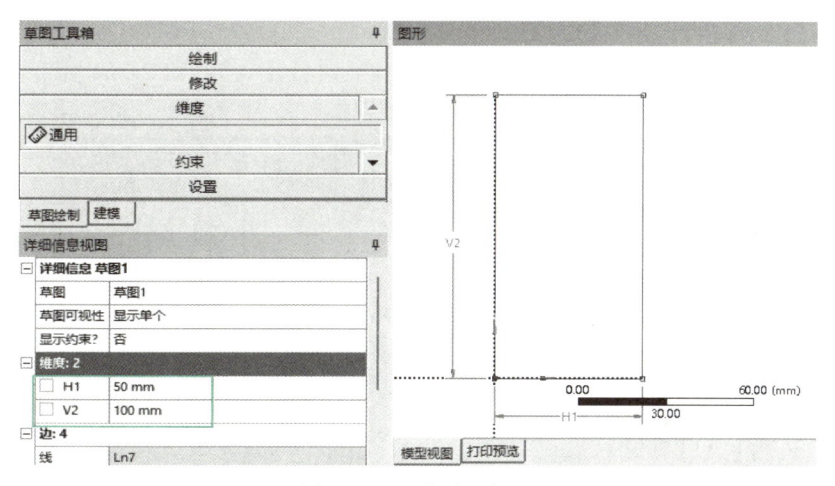

图 11-124　草绘及标注

步骤 4：草绘完成后，单击"建模"选项卡，切换到实体建模窗口。然后选择工具栏中的（挤出）命令，在弹出的图 11-125 所示的"详细信息视图"设置面板中进行如下操作：

在"详细信息 挤出 1"下面的"几何结构"栏中选择刚才建立的草绘"草图 1"；在"FD1，深度（>0）"栏中输入厚度为 10mm；其余选项保持默认设置即可。然后选择工具栏

261

中的 ![生成] 命令，生成几何实体，如图 11-125 所示。

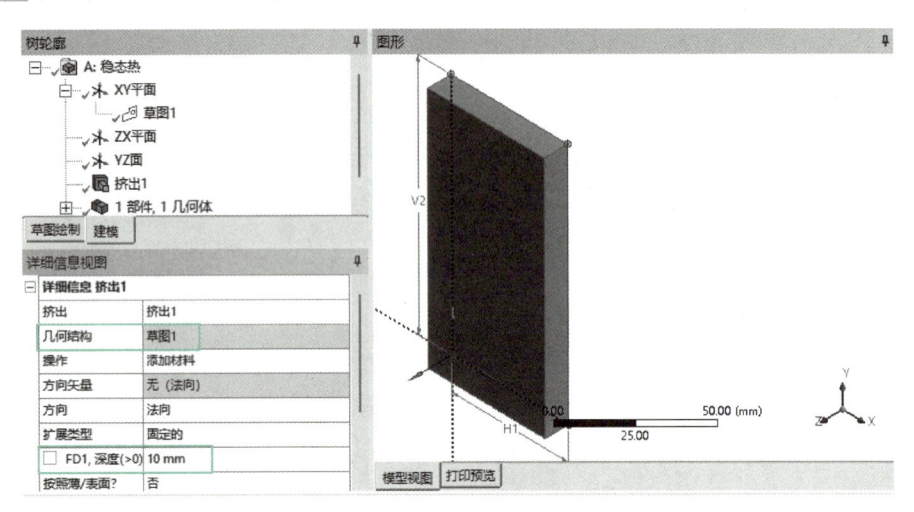

图 11-125　几何实体

步骤 5：单击 DesignModeler 几何建模窗口中工具栏上的 ![保存] （保存）按钮，在弹出的"另存为"对话框的名称文本框中输入 Tem_Stru_Fatigue.wbpj，并单击"保存"按钮。

步骤 6：返回 DesignModeler 界面，单击右上角的 ![关闭] （关闭）按钮，退出 DesignModeler，返回 Workbench 主界面。

11.4.4　材料设置

下面介绍有关材料设置的具体操作步骤。

步骤 1：在 Workbench 主界面中双击 A2 的"工程数据"项，进入 Mechanical（机械）热应力分析的材料设置界面。

步骤 2："结构钢"的属性如图 11-126 所示。

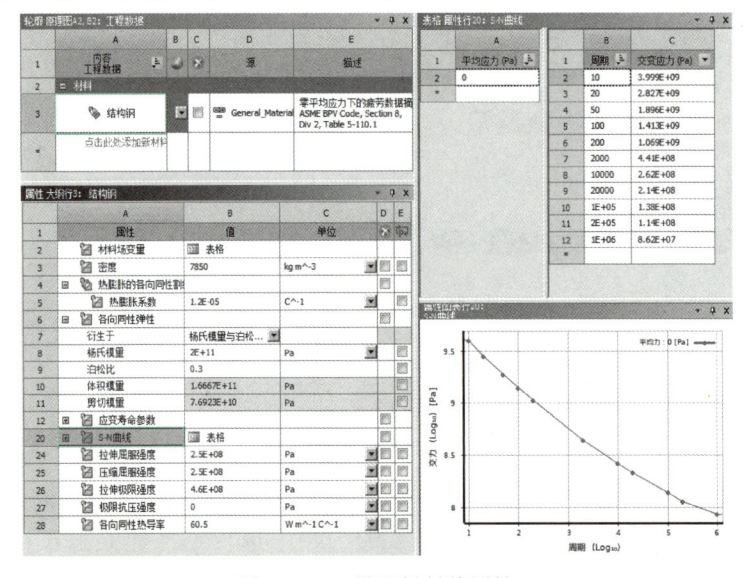

图 11-126　设置材料热属性

步骤 3：材料热物理属性设置完成后，关闭材料属性设置窗口。然后双击主界面项目管理区项目 B 中 B3 的"模型"项，进入图 11-127 所示的 Mechanical（机械）界面。在该界面下可进行网格的划分、分析设置、结果观察等操作。

步骤 4：在 Mechanical（机械）界面左侧的"轮廓"中选择"几何结构"选项下的"固体"，此时即可在"'固体'的详细信息"中给模型添加材料，如图 11-128 所示。

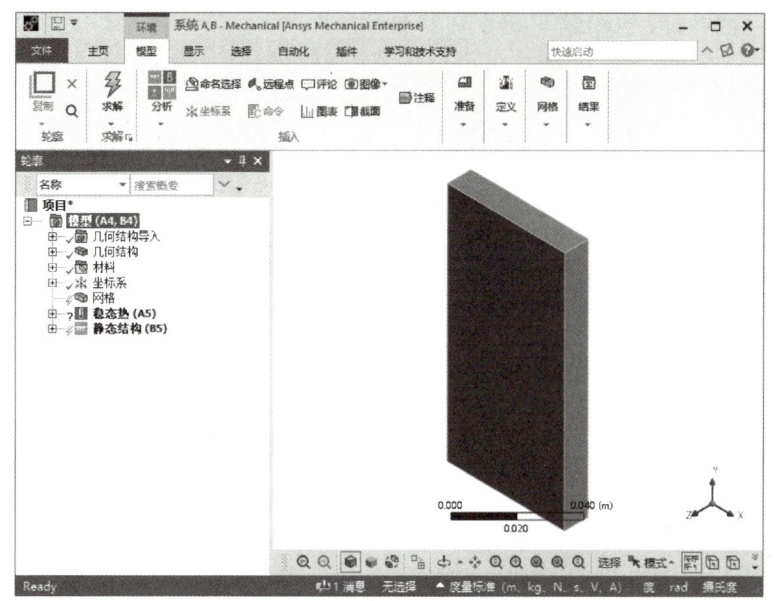

图 11-127　Mechanical（机械）界面　　　　图 11-128　修改材料属性

步骤 5：单击参数列表中"材料"下的"任务"选项，此时可以看到默认的"结构钢"已被添加到模型中。

11.4.5　划分网格

下面介绍划分网格的具体操作步骤。

步骤 1：右击 Mechanical（机械）界面左侧"轮廓"中的"网格"选项，在详细设置窗口的"单元尺寸"栏中输入 2.e-003m，如图 11-129 所示。

步骤 2：右击"轮廓"中的"网格"选项，在弹出的快捷菜单中选择"生成网格"命令，最终的网格效果如图 11-130 所示。

图 11-129　网格设置　　　　图 11-130　网格效果

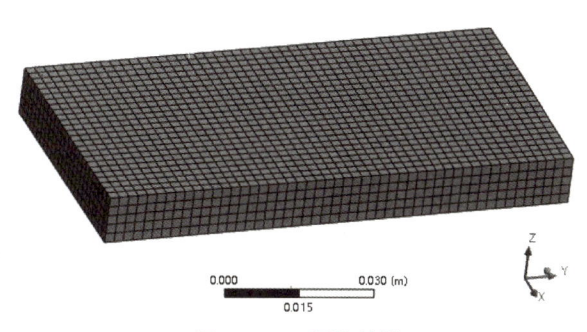

11.4.6 施加载荷与约束

下面介绍施加载荷与约束的具体操作步骤。

步骤1：选择Mechanical（机械）界面左侧"轮廓"中的"稳态热（A5）"选项，此时会出现图11-131所示的"环境"工具栏。

步骤2：选择"环境"工具栏中的"温度"命令，此时在分析树中出现"温度"选项，如图11-132所示。

图11-131 "环境"工具栏　　　　图11-132 添加选项

步骤3：选中"温度"，在下面出现的"'温度'的详细信息"面板中进行如下操作：

在"几何结构"中选择长方体；在"定义"→"大小"栏中输入600℃；其余参数保持默认状态即可，如图11-133所示。

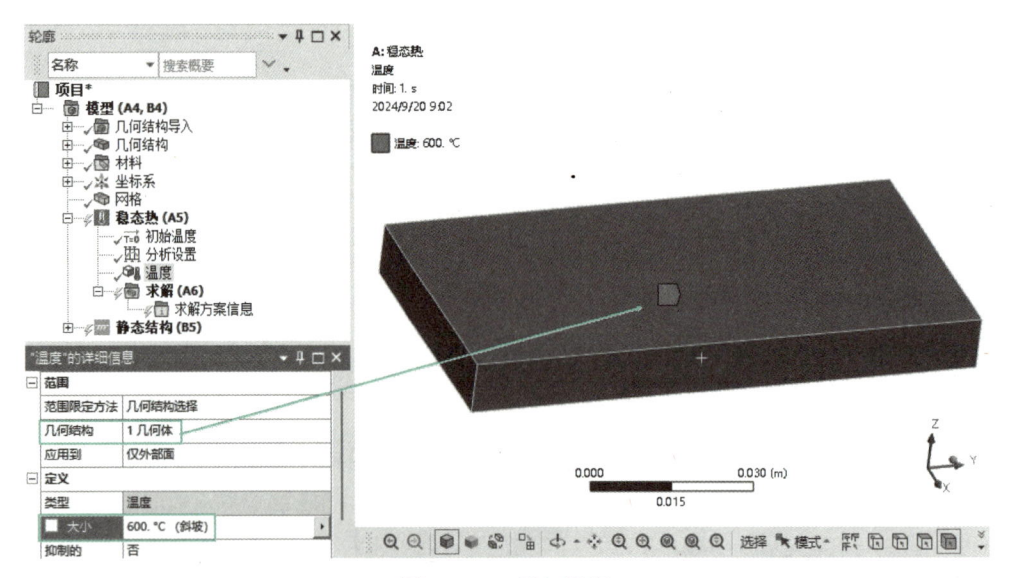

图11-133 添加温度

步骤4：右击"轮廓"中的"稳态热（A5）"选项，在弹出的快捷菜单中选择"求解"命令，如图11-134所示。

图 11-134 求解

11.4.7 结果后处理

下面介绍有关结果后处理的具体操作步骤。

步骤1：选择 Mechanical（机械）界面左侧"轮廓"中的"求解（A6）"选项，此时会出现图 11-135 所示的"求解"工具栏。

步骤2：选择"求解"工具栏中的"热"→"温度"命令，如图 11-136 所示。此时在分析树中会出现"温度"选项。

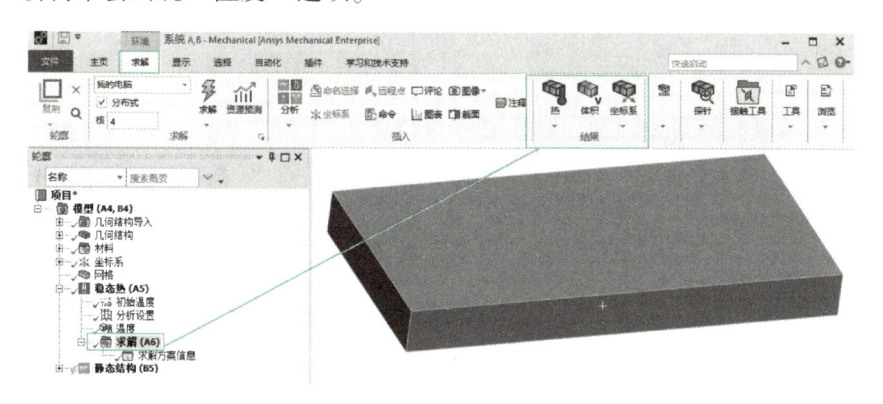

图 11-135 "求解"工具栏

图 11-136 添加温度选项

步骤3：右击"轮廓"中的"求解（A6）"选项，在弹出的快捷菜单中选择"评估所有结果"命令，如图 11-137 所示。此时会弹出进度显示条表示正在求解，求解完成后进度条自动消失。

步骤4：选择"轮廓"的"求解（A6）"中的"温度"，会出现图 11-138 所示的界面。

图 11-137 评估所有结果

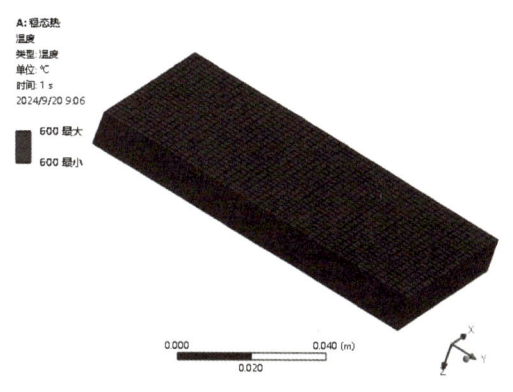

图 11-138 温度分布

步骤 5：依次选择"静态结构（B5）"→"导入的载荷（A6）"→"导入的几何体温度"选项，然后在弹出的图 11-139 所示的快捷菜单中选择"导入载荷"命令。

步骤 6：成功导入温度分布结果后将显示图 11-140 所示的云图，从图中可以看出此时显示的温度分布结果。

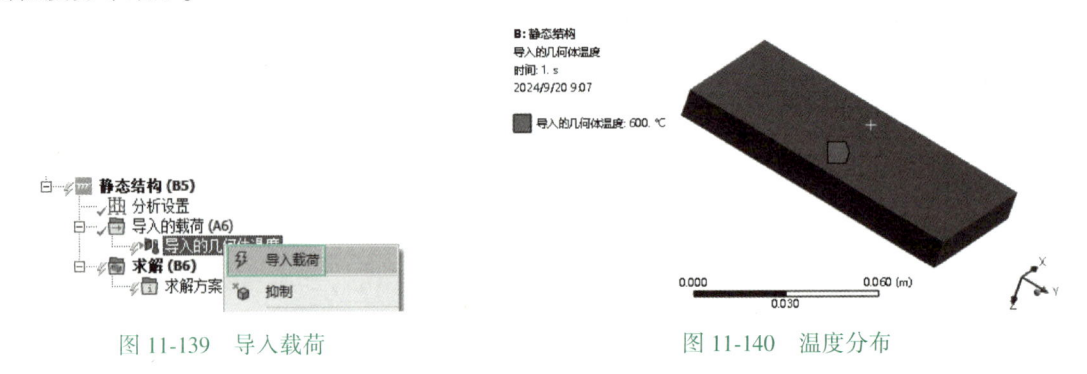

图 11-139　导入载荷　　　　　图 11-140　温度分布

步骤 7：单击"静态结构（B5）"选项，然后在工具栏中单击"结构"→"固定的"按钮，如图 11-141 所示。

步骤 8：在下面出现的"'固定支撑'的详细信息"面板中进行如下设置：

在"几何结构"栏中选择平板的两个端面，其余参数保持默认状态即可，如图 11-142 所示。

图 11-141　单击"固定的"按钮

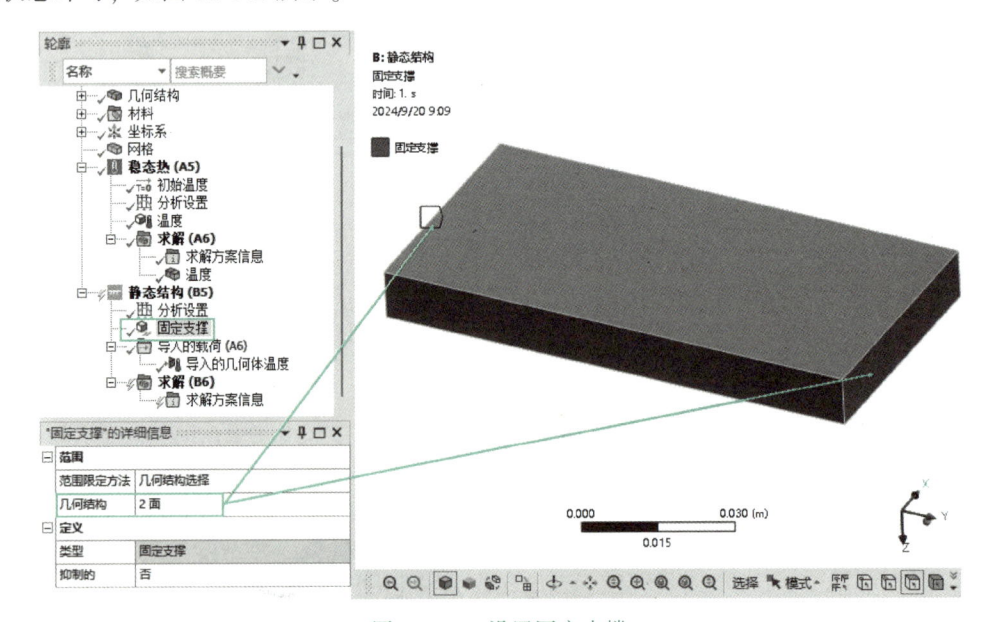

图 11-142　设置固定支撑

步骤 9：单击"求解（B6）"，在工具栏中选择"变形"→"总计"选项，并选择工具栏中的"求解"命令。经过一段时间的运算，将显示图 11-143 所示的变形云图。

步骤 10：单击"求解（B6）"，在工具栏中选择"应力"→"等效（Von-Mises）"选项，并选择工具栏中的"求解"命令。经过一段时间的运算，将显示图 11-144 所示的应力分布云图。

图 11-143　变形云图

图 11-144　应力分布云图

步骤 11：右击"求解（B6）"，在弹出的快捷菜单中依次选择"插入"→"疲劳"→"疲劳工具"选项，插入一个疲劳分析工具，如图 11-145 所示。

步骤 12：右击"疲劳工具"选项，在弹出的快捷菜单中依次选择"插入"→"寿命"-"损坏"-"安全系数"-"双轴性指示"-"等效交变应力"等五个选项，如图 11-146 所示。

图 11-145　插入疲劳分析工具　　　　图 11-146　插入选项

步骤 13：经过一段时间的计算后，单击"疲劳工具"下面的"寿命"选项，将显示图 11-147 所示的寿命分布图。从图中可以看出平板两端的寿命比较短，中间结构的寿命较长。

图 11-147　寿命分布图

步骤14：单击"疲劳工具"下面的"损坏"选项，将显示图11-148所示的损伤分布图。

图11-148 损伤分布图

步骤15：单击"疲劳工具"下面的"安全系数"选项，将显示图11-149所示的安全系数分布图。

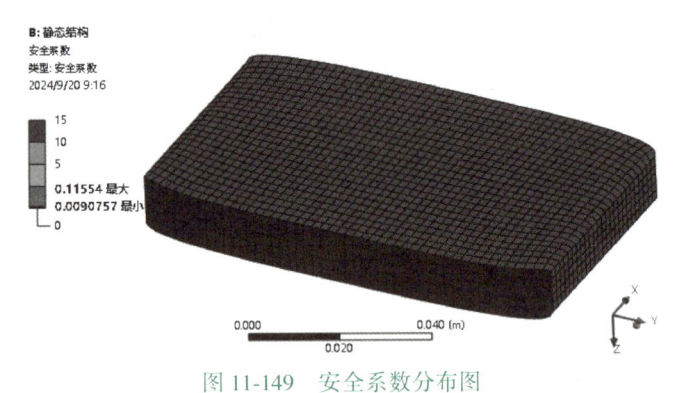

图11-149 安全系数分布图

步骤16：单击"疲劳工具"下面的"双轴性指示"选项，将显示图11-150所示的双轴指示图。

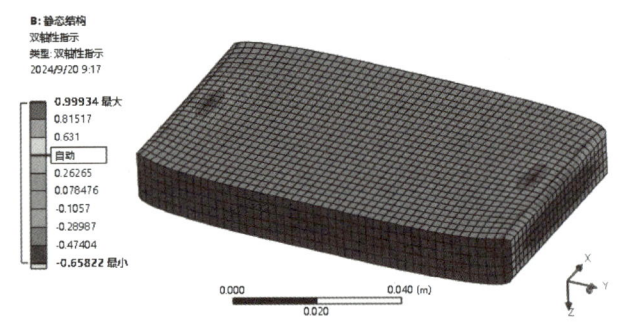

图11-150 双轴指示图

步骤17：单击"疲劳工具"下面的"等效交变应力"选项，将显示图11-151所示的等效交变应力图。

注：这里"疲劳工具"中的设置采用了默认的设置，但是读者可以看到"疲劳工具"下面的设置非常丰富。

图 11-151　等效交变应力图

1)"疲劳强度因子"：除了平均应力的影响，还有其他影响 S-N 曲线的因素，这些其他影响因素可以集中体现在疲劳强度（降低）因子 Kf 中，其值可以在"疲劳工具"的细节栏中输入，这个值小于 1，以便说明实际部件和试件的差异，所计算的交变应力将被这个修正因子 Kf 分开，而平均应力却保持不变。

2)"分析类型"栏中的默认选项是"应力寿命"，此外还有"应变寿命"，如图 11-152 所示。

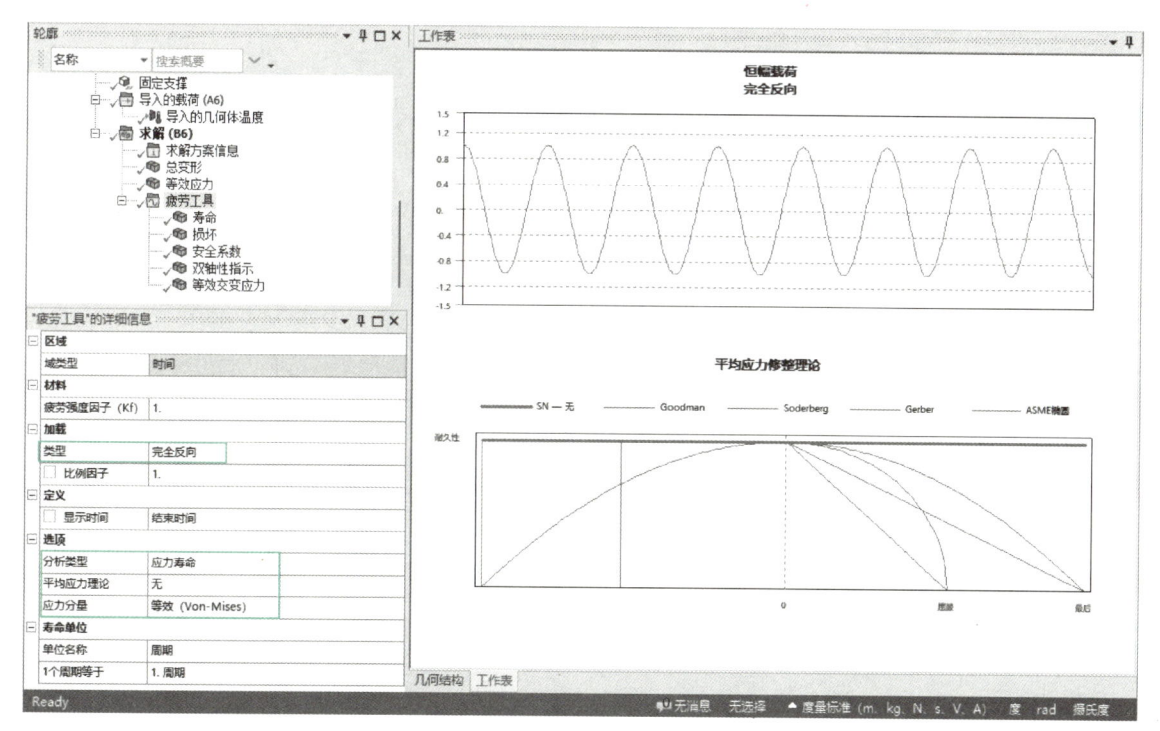

图 11-152　"疲劳工具"

3)"平均应力理论"栏中有以下五个选项，默认为"无"。
- 无：忽略平均应力的影响。
- Goodman：理论上适用于低韧性材料，不能对压缩平均应力进行修正。
- Soderberg：理论上比 Goodman 理论更保守，在某些情况下可以用于脆性材料。
- Gerber：理论上能够为韧性材料的拉伸平均应力提供很好的拟合，但不能正确地预测出压缩平均应力的有害影响。
- 平均应力曲线：使用多重 S-N 曲线（如果定义的话）。

读者仅需对各个设置有一定的了解即可，如果想深入学习，请参考帮助文档。

11.4.8 保存与退出

单击 Mechanical（机械）界面右上角的 ✖（关闭）按钮，返回 Workbench 主界面。单击 🖫（保存）按钮保存文件。然后单击 ✖（关闭）按钮，退出 Workbench 主界面。

11.5 本章小结

本章以热产生应力的基本理论知识为出发点，介绍了热是如何产生应力的。然后通过几个典型案例，分别介绍了热应力的基本应用与操作、热对结构模态的影响与基本操作，以及热对结构疲劳产生的影响。通过对本章内容的学习，读者应该对 ANSYS Workbench 平台的热应力、热对模态的影响，以及热疲劳的分析方法和操作过程有详细的认识。

第 12 章
热流耦合分析

计算流体动力学（CFD）是流体力学的一个分支，它通过计算机模拟获得某种流体在特定条件下的信息，实现了用计算机代替试验装置完成"计算试验"，为工程技术人员提供了实际工况模拟仿真的操作平台，现已广泛应用于航空航天、热能动力、土木水利、汽车工程、铁道、船舶工业、化学工程、流体机械和环境工程等领域。

在 ANSYS Workbench 平台中，基于流体动力学原理的热流耦合分析模块有 CFX、Fluent 及 Icepak 三种，这三种模块根据应用领域的不同各有优点。本章主要讲解 CFX、Fluent 及 Icepak 模块基于流体动力学的分析流程，包括几何体导入、网格划分、前处理、求解及后处理等。

12.1 CFX 流场分析

ANSYS CFX 是 ANSYS 软件下模拟工程实际传热与流动问题的商用程序包，它是在复杂几何、网格、求解三个 CFD 传统瓶颈问题上均获得突破的商用 CFD 软件包。

学习目标	熟练掌握 CFX 的流体分析方法及求解过程
模型文件	Chapter12\char12-1\mixing_tee.msh
结果文件	Chapter12\char12-1\CFX_sample.wbpj

12.1.1 问题描述

图 12-1 为某 T 型管模型，inlety 流速为 10m/s，温度为 20℃；inletz 流速为 5m/s，温度为 100℃；出口设置为标准大气压。试用 ANSYS CFX 分析其流动特性及热分布。

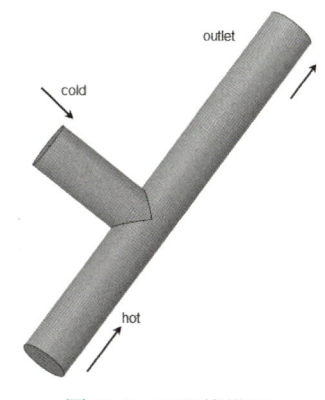

图 12-1 T 型管模型

12.1.2 创建分析项目

下面介绍创建分析项目的具体操作步骤。

步骤1：在 Windows 系统下启动 ANSYS Workbench，进入主界面。

步骤2：双击主界面"工具箱"中的"分析系统"→"流体流动（CFX）"选项，即可在"项目原理图"窗口中创建分析项目 A，如图 12-2 所示。

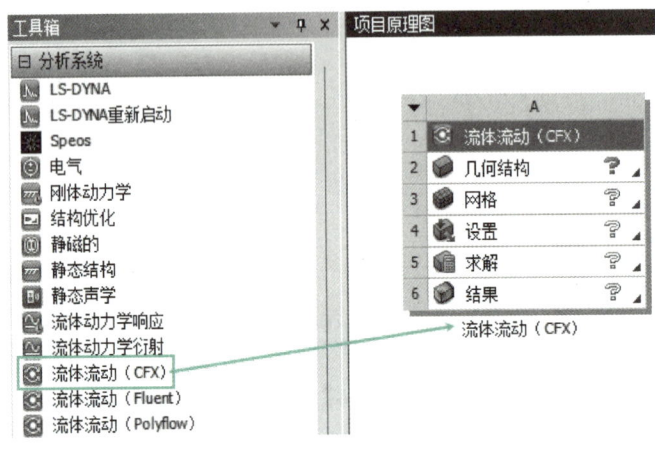

图 12-2　创建分析项目 A

12.1.3 创建几何体模型

下面介绍创建几何体模型的具体操作步骤。

步骤1：在 A3"网格"单元格上单击鼠标右键，在弹出的快捷菜单中选择"导入网格文件"→"浏览"命令，如图 12-3 所示。

步骤2：然后弹出"打开"对话框，选择 mixing_tee.msh 文件，单击"打开"按钮。

步骤3：双击 A4："设置"单元格，进入 CFX-Pre 平台，生成的几何体模型如图 12-4 所示。

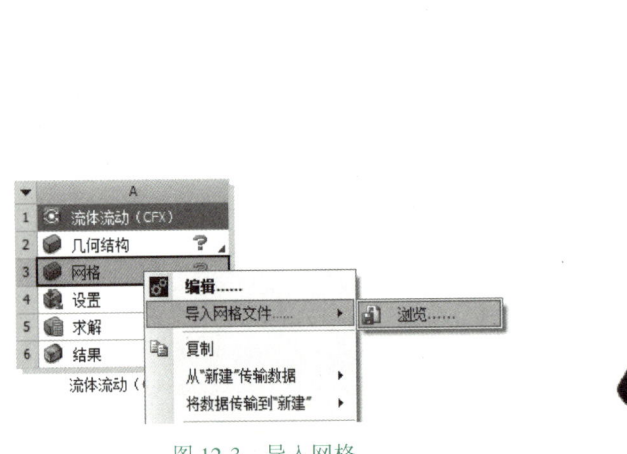

图 12-3　导入网格　　　　图 12-4　生成几何体模型

12.1.4 网格划分

下面介绍网格划分的具体操作步骤。

步骤 1：右击 Default Domain（默认域）选项，在弹出的快捷菜单中选择 Rename（重命名）命令，输入名称为 junction，如图 12-5 所示。

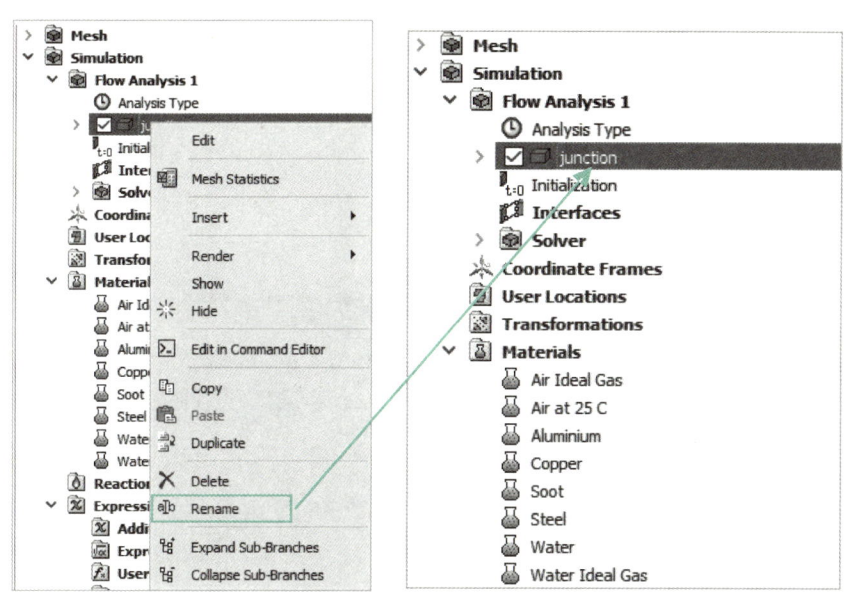

图 12-5 重命名

步骤 2：双击 junction 选项，打开 Details of junction in Flow Analysis 1（junction 流动分析 1 的详细信息）面板，单击"Material"（材料）的下三角按钮，在下拉列表中选择 Water（水）选项，如图 12-6 所示。

注：CFX 中有大量的材料供选择，用户可以在下拉列表中选择常用的几种材料。如果想获得更多的材料，则单击右侧的 ... 按钮，在弹出的图 12-7 所示的 Material（材料）对话框中进行选择。

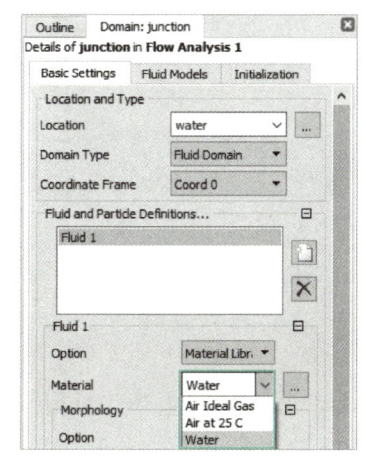

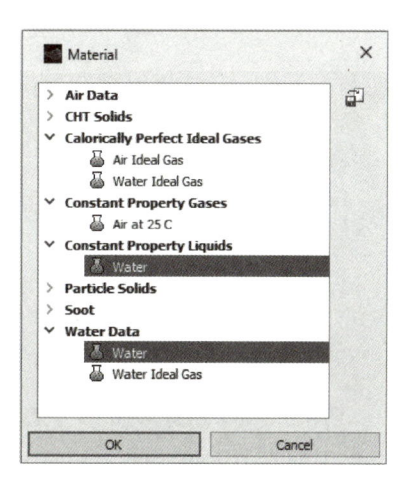

图 12-6 设置　　　　　图 12-7 Material（材料）对话框

步骤3：切换到 Fluid Models（流体模型）选项卡，在 Heat Transfer（热传递）→Option（选项）的下拉列表中选择 Thermal Energy（热能）选项；在 Turbulence（湍流）→Option（选项）的下拉列表中选择 k-Epsilon 选项，如图 12-8 所示。然后单击 OK 按钮。

步骤4：右击 junction 选项，在弹出的快捷菜单中依次选择 Insert（插入）→Boundary（边界条件）命令，如图 12-9 所示。

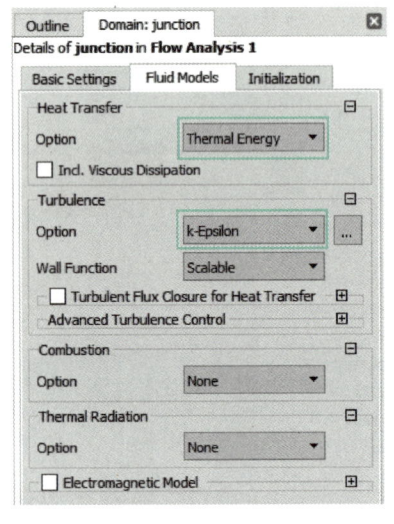

图 12-8 在 Fluid Models（流体模型）选项卡中设置

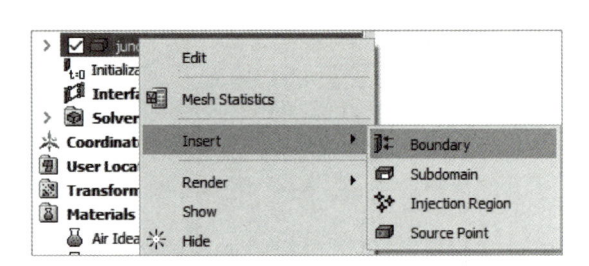

图 12-9 创建边界条件

步骤5：在弹出的对话框中输入 inletγ 并单击 OK 按钮，如图 12-10 所示。

步骤6：然后弹出"Boundary（边界条件）：inletz"设置面板，在 Boundary Type（边界条件类型）的下拉列表中选择 Inlet（入口）选项；在 Location（位置）的下拉列表中选择 inletγ 选项，如图 12-11 所示。

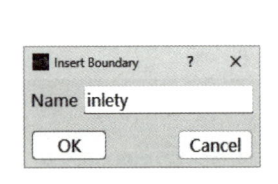

图 12-10 输入名称

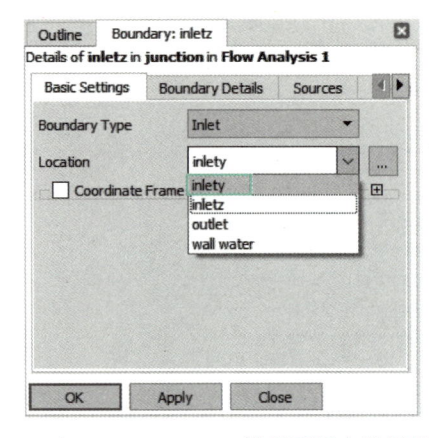

图 12-11 在 Boundary：inletz 设置面板中进行相关设置

步骤7：切换到 Boundary Details（边界条件详细信息）选项卡，在 Normal Speed（一般速度）的文本框中输入 10；在 Static Temperature（静态温度）的文本框中输入 20，并选择单位为 C；单击 OK 按钮。如图 12-12 所示。

第 12 章
热流耦合分析

步骤 8：右击 junction 选项，在弹出的快捷菜单中依次选择 Insert（插入）→Boundary（边界条件）命令。

步骤 9：在弹出的对话框中输入 inletz 并单击 OK 按钮，如图 12-13 所示。

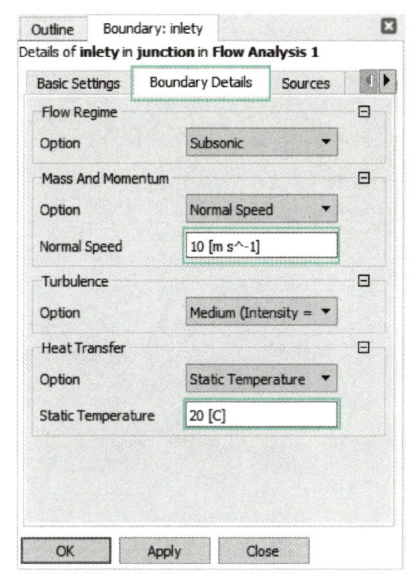

图 12-12　设置 Boundary Details（边界条件详细信息） 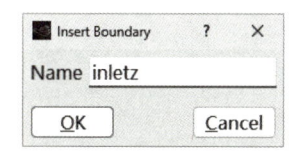　　图 12-13　输入名称

步骤 10：然后弹出"Boundary（边界条件）：inlety"设置面板，在 Boundary Type（边界条件类型）的下拉列表中选择 Inlet（入口）选项；在 Location（位置）的下拉列表中选择 inletz 选项，如图 12-14 所示。

步骤 11：切换到 Boundary Details（边界条件详细信息）选项卡中，在 Normal Speed（一般速度）的文本框中输入 5；在 Static Temperature（静态温度）的文本框中输入 100，并选择单位为 C；单击 OK 按钮，如图 12-15 所示。

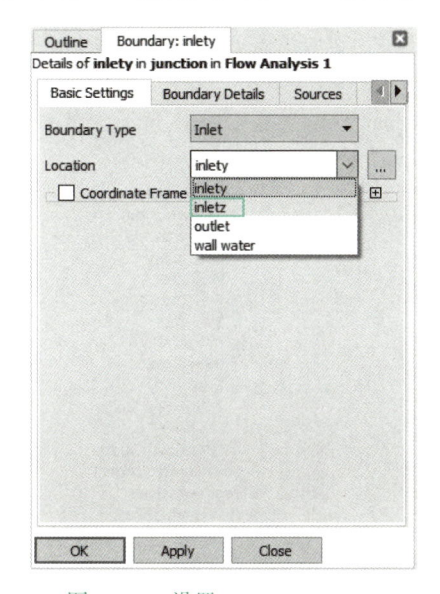

图 12-14　设置 Boundary：inletz 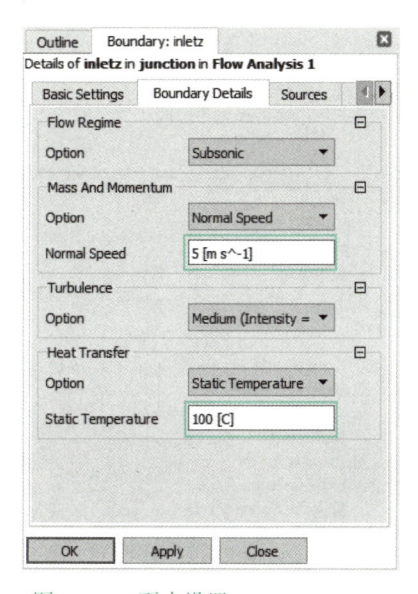　　图 12-15　再次设置 Boundary Details

步骤 12：右击 junction 选项，在弹出的快捷菜单中依次选择 Insert（插入）→Boundary（边界条件）命令。

步骤 13：在弹出的对话框中输入 outlet 并单击 OK 按钮。

步骤 14：然后弹出"Boundary（边界条件）：outlet"设置面板，在 Boundary Type（边界条件类型）的下拉列表中选择 Outlet（出口）选项；在 Location（位置）的下拉列表中选择 outlet 选项。如图 12-16 所示。

步骤 15：切换到 Boundary Details（边界条件详细信息）选项卡中，在 Relative Pressure（相对压力）的文本框中输入 0，单击 OK 按钮，如图 12-17 所示。

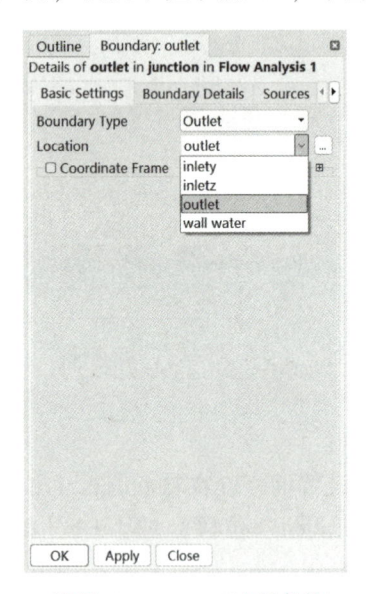

图 12-16 设置"Boundary（边界条件）：outlet"   图 12-17 设置 Boundary Details（边界条件详细信息）

步骤 16：右击 junction Default 选项，在弹出的快捷菜单中选择 Rename（重命名）命令，输入名称 wall，如图 12-18 所示

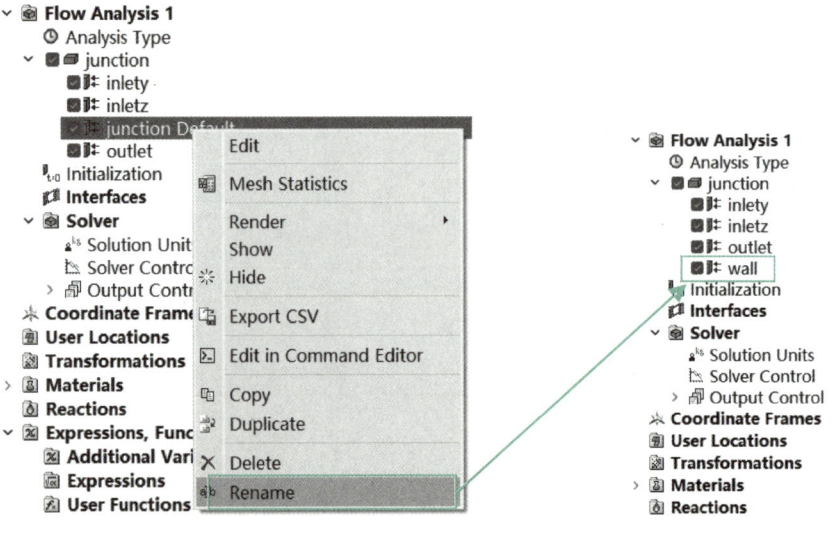

图 12-18 重命名

步骤 17：右击 inlety 选项，在弹出的快捷菜单中选择 Edit in Command Editor（在命令编辑器中编辑）命令，如图 12-19 所示。此时将弹出图 12-20 所示的 CCL 命令行。

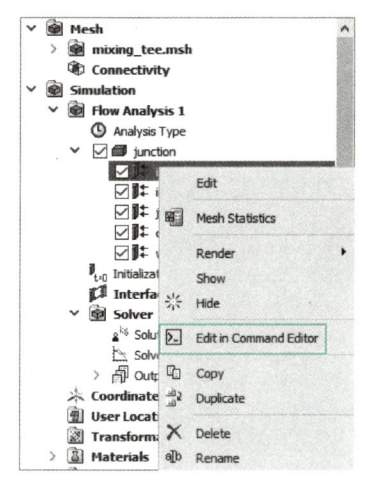

图 12-19　选择 Edit in Command Editor（在命令编辑器中编辑）命令

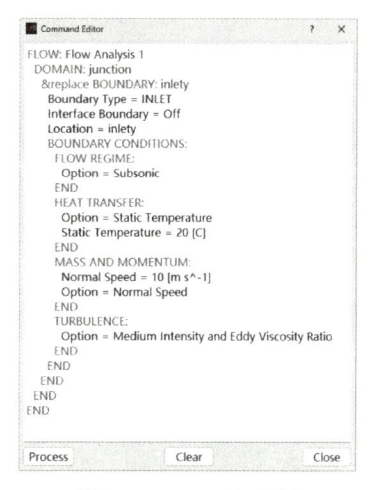

图 12-20　CCL 命令行

可以看到，之前在 inlety 中定义的（如速度、温度流动状态等）设置都显示在命令行中了。

12.1.5　初始化及求解控制

下面介绍初始化及求解控制的具体操作步骤。

步骤 1：单击工具栏中的 按钮，在弹出的图 12-21 所示的初始化设置窗口中保持所有参数及选项为默认状态，然后单击 OK 按钮。

步骤 2：双击 Solver Control（求解器控制）选项，在弹出的图 12-22 所示的初始化设置窗口中保持所有参数及选项为默认状态，然后单击 OK 按钮。

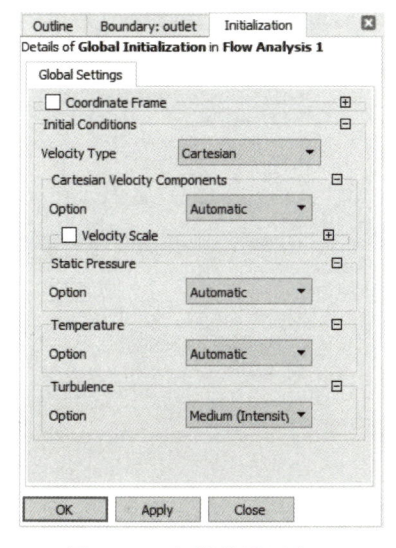

图 12-21　初始化设置窗口

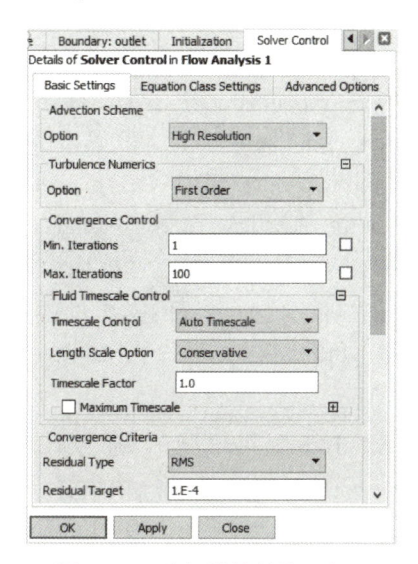

图 12-22　求解器控制设置窗口

步骤 3：双击 Output Control（输出控制）选项，在弹出的输出控制面板中选择 Monitor（监测）选项卡，勾选 Monitor Objects（监测对象）复选框，再在 Monitor Points and Expressions（监测点和表达式）选项区域中单击 按钮。在弹出的对话框中输入 p inlety，单击 OK 按钮，如图 12-23 所示。

此时，在 Monitor Points and Expressions（监测点和表达式）选项区域中显示 p inlety 选项。在 p inlety→Option（选项）的下拉列表中选择 Expression（表达式）选项；在 Expression Value（表达式内容）栏中单击右侧的 按钮，此时右侧的文本框中可以输入表达式，我们输入 areaAve（Pressure）@ inlety，如图 12-24 所示。

图 12-23 设置

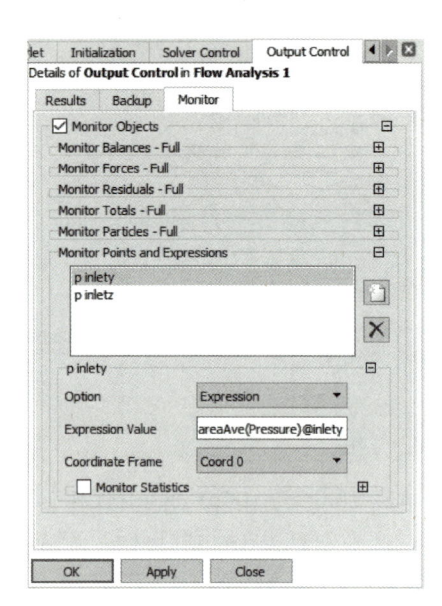

图 12-24 输入表达式

步骤 4：在 Monitor Points and Expressions（监测点和表达式）选项区域中单击 按钮，在弹出的对话框中输入 p inletz，单击 OK 按钮。此时在 Monitor Points and Expressions（监测点和表达式）选项区域中显示 p inletz 选项。在 p inlety→Option（选项）的下拉列表中选择 Expression（表达式）选项；在 Expression Value（表达式内容）栏中单击右侧的 按钮，此时右侧的文本框中可以输入表达式，我们输入 areaAve（Pressure）@ inletz，如图 12-25 所示。

步骤 5：单击工具栏中的 按钮，再单击"流体流动（CFX）"界面右上角的 按钮，退出"流体流动（CFX）"界面，返回 Workbench 主界面。

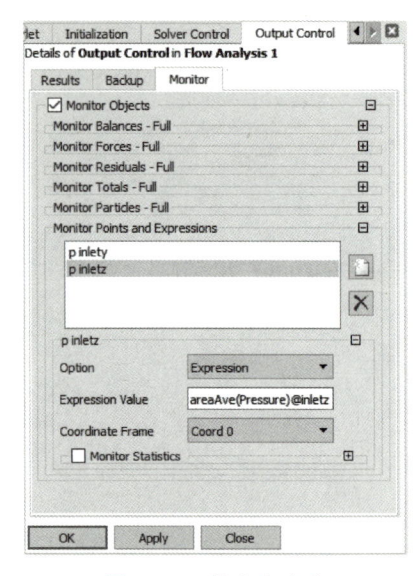

图 12-25 输入表达式

12.1.6 流体计算

下面介绍流体计算的具体操作步骤。

步骤 1：在 Workbench 主界面双击项目 A 中的 A4："求解"项，此时会弹出图 12-26 所示的 Define Run（定义计算）对话框。保持默认设置，单击 Start Run（开始计算）按钮进行计算。

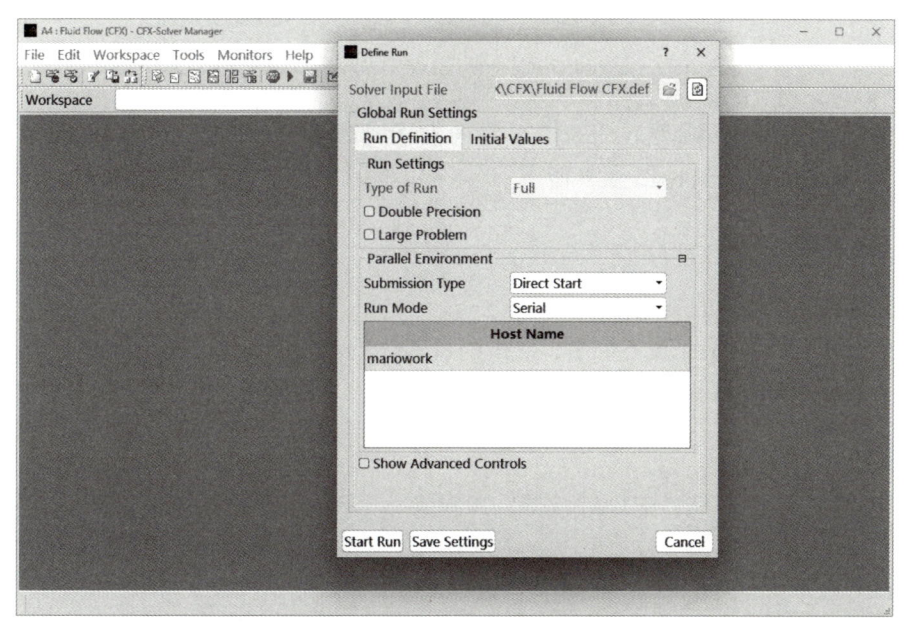

图 12-26　Define Run（定义计算）对话框

步骤 2：此时会出现图 12-27 所示的计算过程监察对话框，对话框左侧为残差曲线，右侧为计算过程。通过相应的设置，我们可以观察到许多变量的虚线变化，这里不再详细介绍，请读者参考其他书籍或者帮助文档。

步骤 3：图 12-28 为刚刚定义的监测点的收敛曲线。

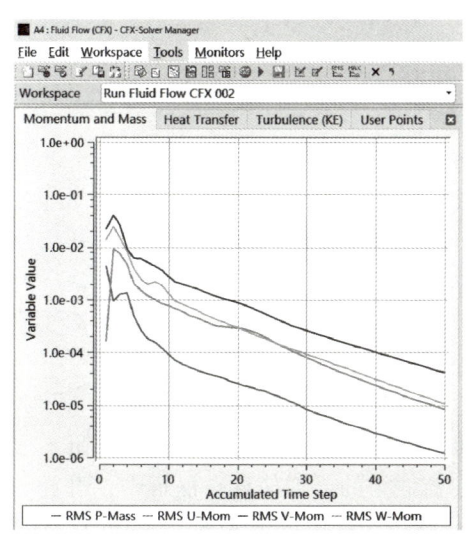

图 12-27　计算过程监察对话框

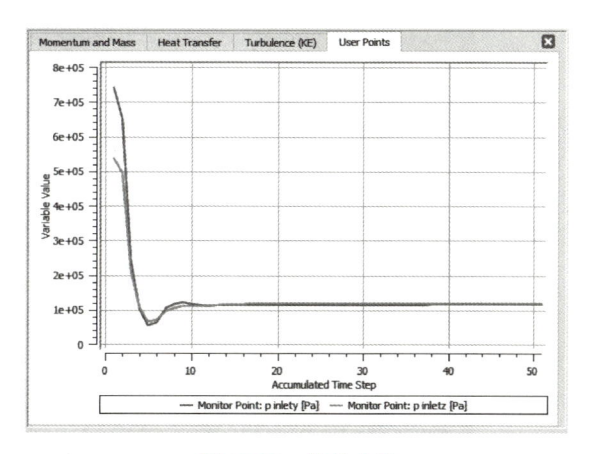

图 12-28　收敛曲线

步骤 4：计算成功完成后，会弹出图 12-29 所示的提示框，单击 OK 按钮确定。

图 12-29　提示框

步骤 5：单击"流体流动（CFX）"界面右上角的 ✕（关闭）按钮，退出"流体流动（CFX）"界面，返回 Workbench 主界面。

12.1.7　结果后处理

下面介绍结果后处理的具体操作步骤。

步骤 1：返回 Workbench 主界面后，双击项目 A 中的 A5："结果"项，此时会出现图 12-30 所示的 A5：Fluid Flow（CFX）-CFD-Post 界面。

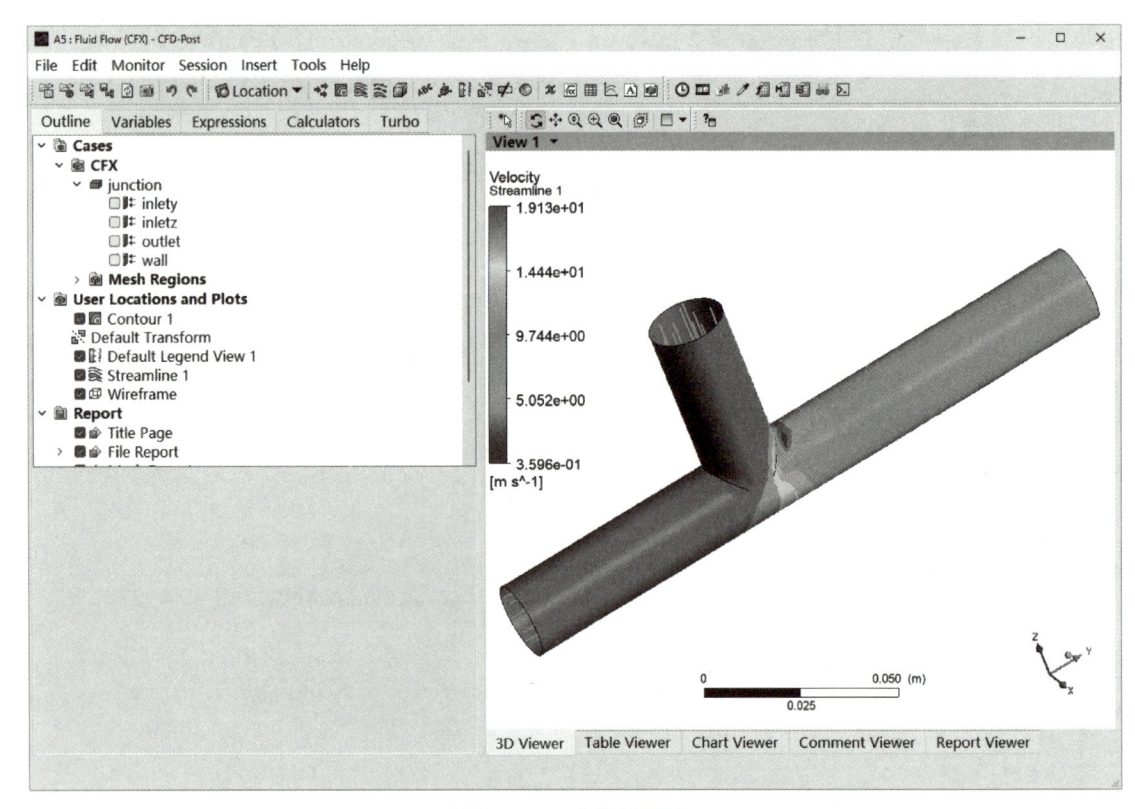

图 12-30　后处理界面

步骤 2：在工具栏中单击 ≋ 按钮，在弹出的对话框中保持默认名称，单击 OK 按钮。

步骤 3：在图 12-31 所示的 Details of Streamline 1（流线 1 的详细信息）面板中，设置 Start From（开始于）为"inlety，inletz"，其余选项保持默认状态，然后单击 Apply（应用）按钮。

步骤 4：生成的流体流速迹线云图如图 12-32 所示。

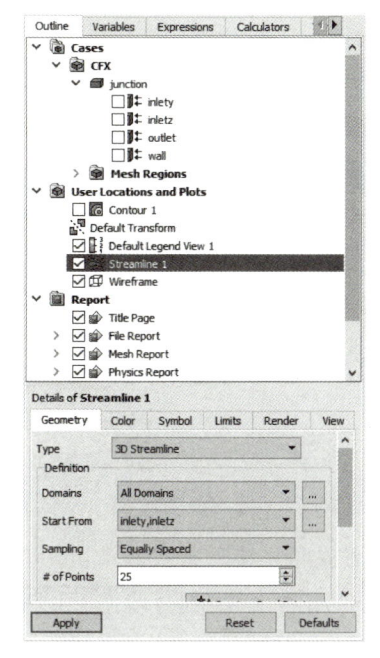

图 12-31　设置流迹线 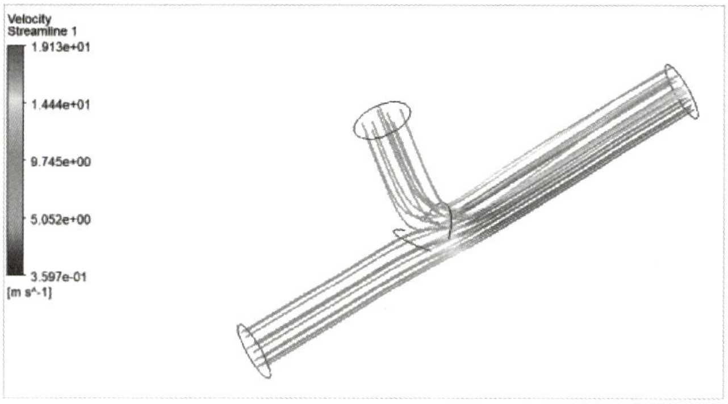　　　　　　　　　　图 12-32　流体流速迹线云图

步骤 5：在工具栏中单击 按钮，在弹出的对话框中保持默认名称，单击 OK 按钮。

步骤 6：在图 12-33 所示的 Details of Contour 1（云图 1 的详细信息）对话框中，设置 Variable（变量）为 Temperature（温度），其余设置保持默认状态，单击 Apply（应用）按钮。

步骤 7：生成的流体温度场分布云图如图 12-34 所示。

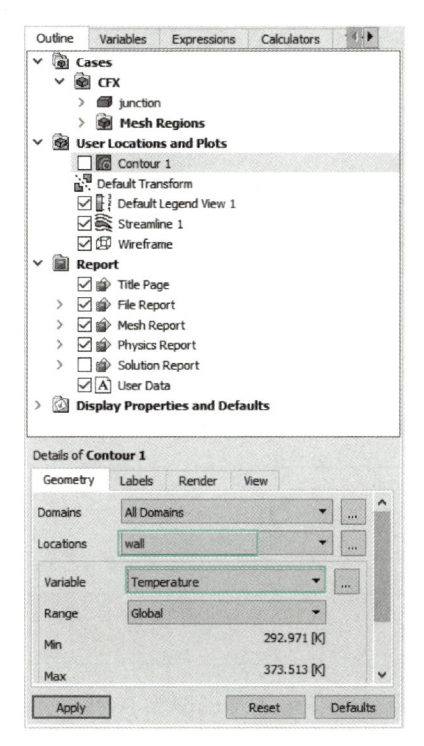

图 12-33　设置云图 　　　　　　　　　　图 12-34　温度场分布云图

步骤 8：流体压力分布云图如图 12-35 所示。

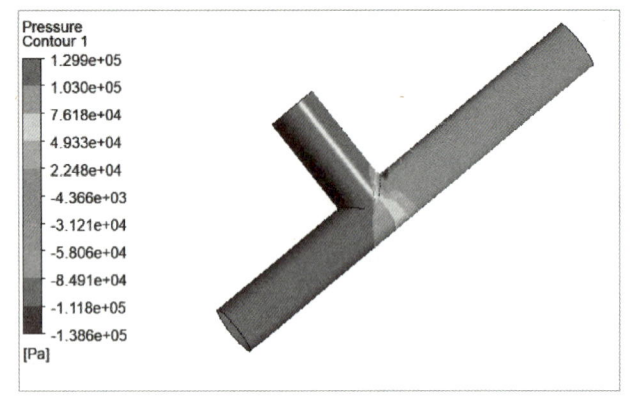

图 12-35　压力分布云图

步骤 9：读者也可以在工具栏中添加其他命令，这里不再具体说明。接下来我们单击工具栏中的 按钮，再单击"A5：Fluid Flow（CFX）-CFD-Post"界面右上角的 按钮，退出"A5：Fluid Flow（CFX）-CFD-Post"界面，返回 Workbench 主界面。

12.2　Fluent 流场分析

Fluent 是用于模拟具有复杂外形的流体流动及热传导的计算机程序包，具有完全的网格灵活性。用户可以使用非结构网格，例如二维的三角形或四边形网格，三维的四面体、六面体或金字塔形网格来解决具有复杂外形结构的流动。以下是 Fluent 具有的模拟能力。

1）用非结构自适应网格模拟 2D 或 3D 流场。
2）不可压缩或可压缩流动。
3）定常状态或者过渡分析。
4）无黏、层流和湍流。
5）牛顿流和非牛顿流。
6）对流热传导，包括自然对流和强迫对流。
7）耦合传热和对流。
8）辐射换热传导模型等。

本节主要介绍 ANSYS Workbench 的流体分析模块——Fluent 的流体结构方法、求解过程、计算流场及温度分布情况。

学习目标	熟练掌握 Fluent 的流体分析方法及求解过程
模型文件	Chapter12\char12-2\ fluid_FLUENT.x_t
结果文件	Chapter12\char12-2\fluid_FLUENT.wbpj

12.2.1　问题描述

图 12-36 为某三通道管道模型，模型的热流入口流速为 20m/s，温度为 500K；冷流入口速度为 10m/s，温度为 300K；出口为自由出口。试用 Fluent 分析其流动特性及热分布。

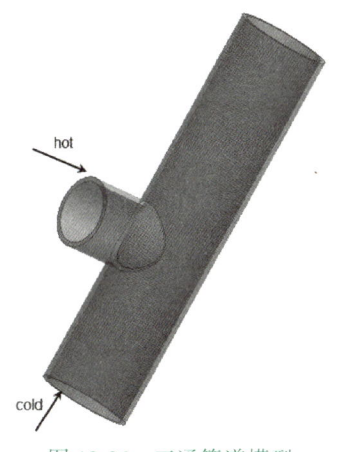

图 12-36 三通管道模型

12.2.2 软件启动与文件保存

下面介绍软件启动与文件保存的具体操作步骤。

步骤 1：启动 Workbench。

步骤 2：进入 Workbench 后，单击工具栏中的 按钮，将文件保存为 fluid_FLUENT。

12.2.3 导入几何数据文件

下面介绍导入几何数据文件的具体操作步骤。

步骤 1：要创建几何生成器，则在 Workbench 左侧"工具箱"的"组件系统"中选中"几何结构"，并按住鼠标左键不放，然后将其拖拽到右侧的"项目原理图"窗口中，即可创建一个如同 Excel 表格的项目 A。

步骤 2：右击 A2："几何结构"单元格，在弹出的快捷菜单中选择"插入"→"浏览"命令，选择 fluid_FLUENT.x_t 几何文件。

步骤 3：双击 A2 进入几何建模平台，如图 12-37 所示。在几何建模平台中可以进行需要的修改，此案例中不做修改。

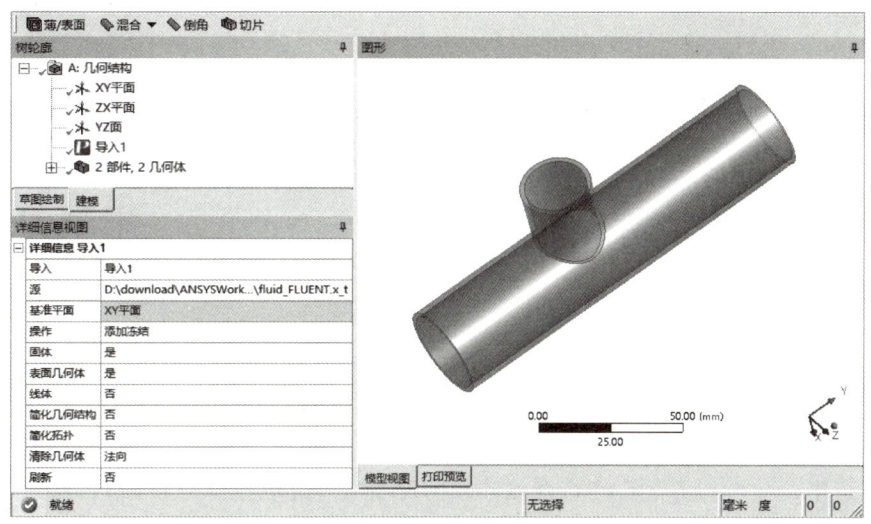

图 12-37 几何建模平台

步骤4：关闭 ANSYS DesignModeler 几何建模平台，返回 Workbench 平台。

12.2.4 网格设置

下面介绍网格设置的具体操作步骤。

步骤1：选择"工具箱"下面的"分析系统"→"流体流动（Fluent）"选项，并按住鼠标左键不放，将其直接拖拽到 A2 栏中，创建基于 Fluent 求解器的流体分析环境，如图 12-38 所示。

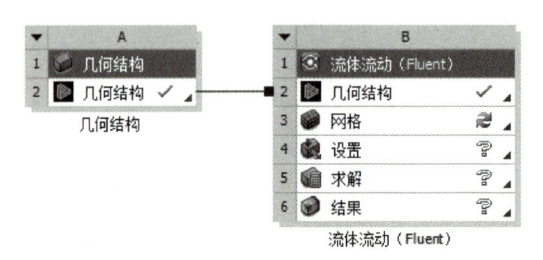

图 12-38　创建流体分析环境

步骤2：双击项目 B 中的 B3："网格"单元格，进入 Meshing（网格划分）平台。在 Meshing（网格划分）平台中可以进行网格划分操作。

步骤3：在"轮廓"→"项目"→"模型（B3）"→"几何结构"下右击 pipe 选项，在弹出的快捷菜单中选择"抑制几何体"命令，如图 12-39 所示。

注：流体分析时，除了流体模型，其他模型不参与计算，所以需要进行抑制操作。

步骤4：右击"轮廓"→"项目"→"模型（B3）"→"网格"选项，在弹出的快捷菜单中依次选择"插入"→"膨胀"命令，如图 12-40 所示。

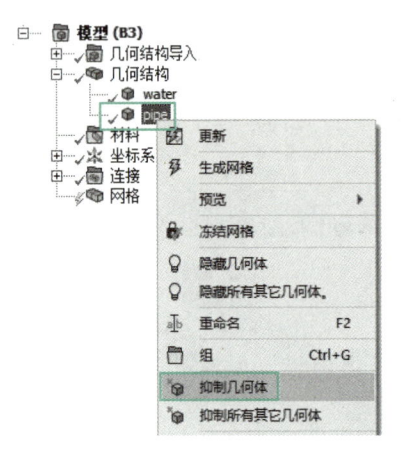

图 12-39　选择"抑制几何体"命令　　图 12-40　选择"膨胀"命令

注：做流体分析之前，需要对流体几何进行网格划分，流体网格划分一般需要设置膨胀层。

步骤5：然后，弹出"'膨胀'-膨胀的详细信息"面板。在"几何结构"栏中保证流体几何实体被选中，在"边界"栏中选择流体几何外表面（此处选择圆柱面），其余保持默认选项，如图 12-41 所示。

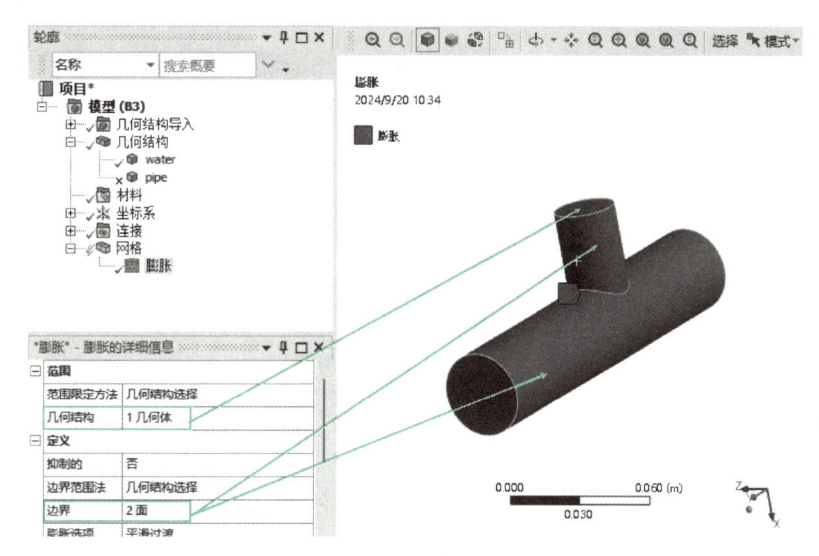

图 12-41　膨胀层设置

步骤 6：右击"网格"选项，在弹出的快捷菜单中选择"生成网格"命令。然后划分网格，划分完成的网格模型如图 12-42 所示。

步骤 7：接下来进行端面命名。右击 Y 方向最大位置的一个圆柱端面，在弹出的快捷菜单中选择"创建命名选择"命令，在弹出的"选择名称"对话框中输入 coolinlet，单击 OK 按钮，如图 12-43 所示。

图 12-42　网格模型

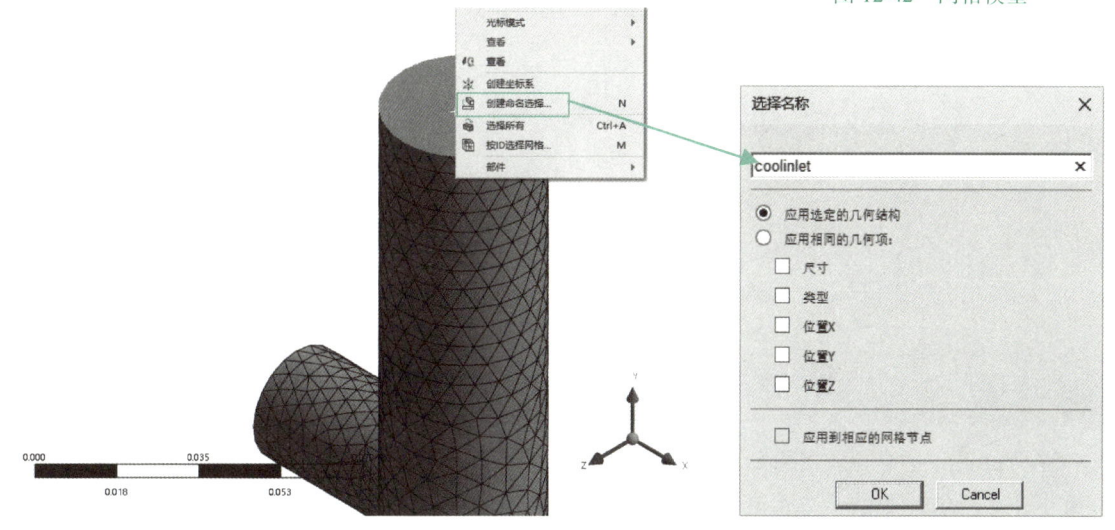

图 12-43　命名几何端面

步骤 8：重复同样的操作，命名其他几何端面，如图 12-44 所示。

步骤 9：网格设置完成后，关闭 Mechanical（机械）网格划分平台，返回 Workbench 平台。然后右击 B3："网格"单元格，在弹出的快捷菜单中选择"更新"命令。

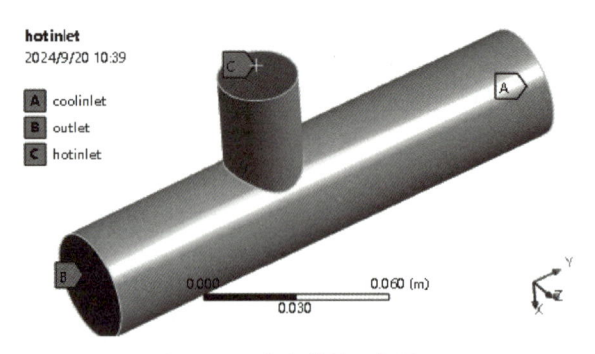

图 12-44　命名其他几何端面

12.2.5　进入 Fluent 平台

接下来介绍进入 Fluent 平台的具体操作步骤。

步骤 1：Fluent 前处理操作。双击项目 B 中的 B4："设置"单元格，然后弹出图 12-45 所示的 Fluent Launcher 2024 R1（Setting Edit Only）启动设置对话框，保持对话框中的所有设置为默认状态，单击 Start（开始）按钮。

图 12-45　启动设置对话框

注：在 Fluent 启动设置对话框中可以设置计算维度、计算精度，并进行选择处理器数量等的操作，本例仅为了演示。读者在实际工程中可以根据具体需要进行选择，以保证计算精度。而关于设置的问题，可以参考帮助文档。

步骤 2：此时弹出图 12-46 所示的 Fluent 操作界面，在该操作界面中可以完成本例的计算及一些简单的后处理。

Fluent 操作界面具有强大的流体动力学分析功能，由于篇幅有限，这里仅对流体中的简单流动进行分析，使初学者对 Fluent 流体动力学分析有初步的认识。

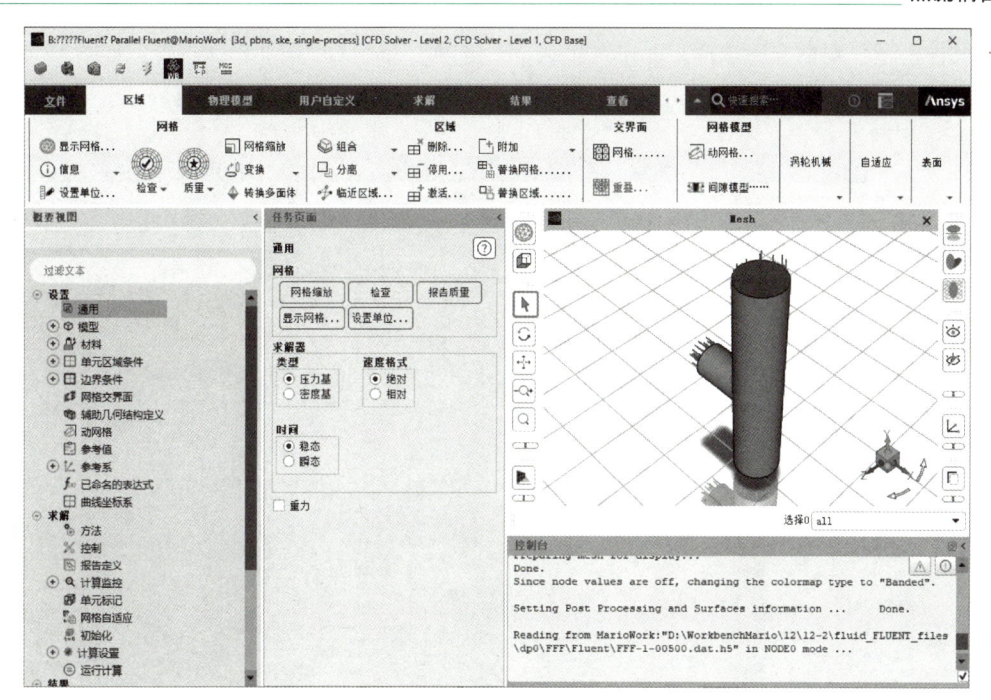

图 12-46　Fluent 操作界面

步骤 3：选择分析树中的"通用"命令，在弹出的"通用"面板中单击"检查"按钮，此时在右下角的命令输入窗口中会出现图 12-47 所示的命令行，然后我们检查最小体积是否出现负值。

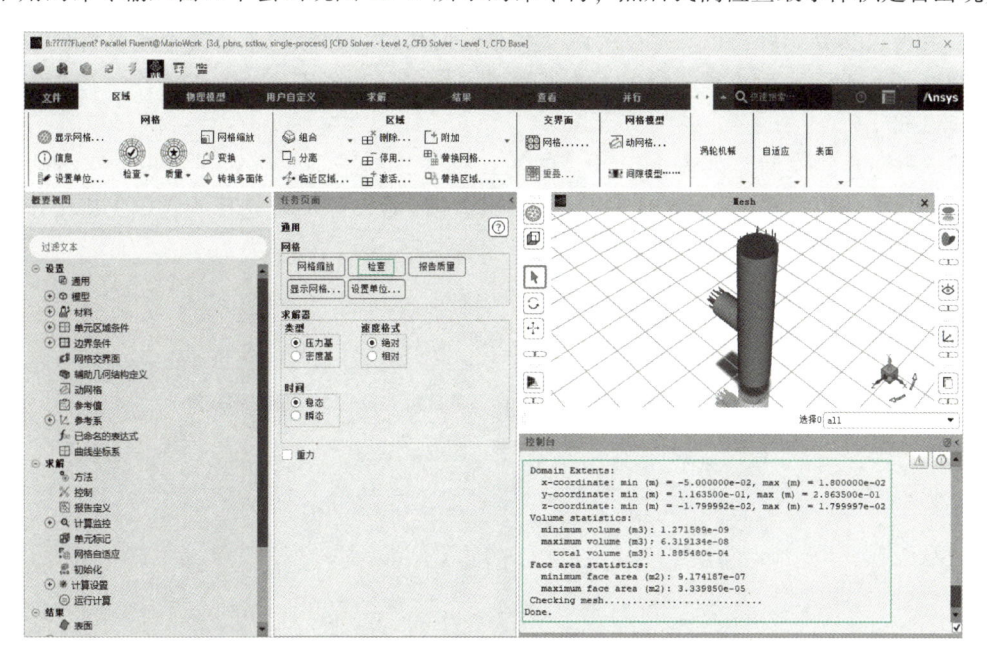

图 12-47　模型检查

在网格划分时，容易出现最小体积为负值的情况，所以我们在做流体计算时，需要对几何网格的大小进行检查，以免计算出错。

步骤 4：展开"模型"列表，双击黏性选项后，在"模型"列表中选择所需的模型选项。然后弹出"黏性模型"对话框，选择 k-epsilon（2 eqn）选项，单击 OK 按钮确认选择，如图 12-48 所示。

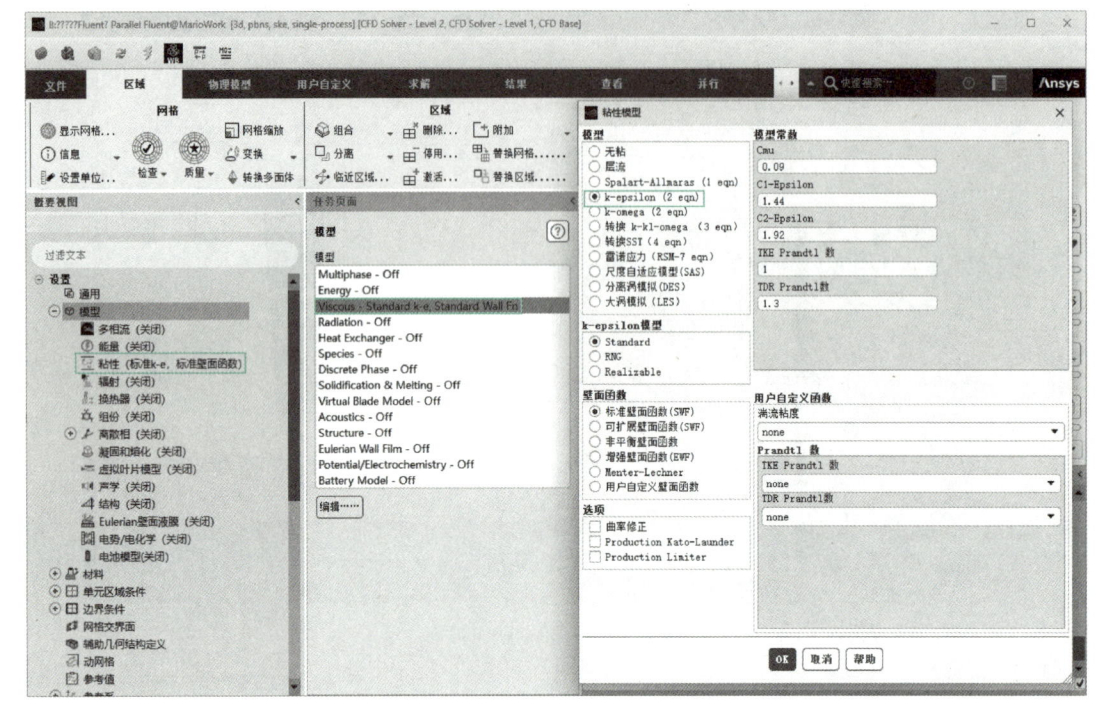

图 12-48　模型选择

注：在做流体分析时，根据流体的流动特性，需要选择相应的流体动力学分析模型进行模拟，这里选择的是最典型的层流模型。此模型不一定完全适合实际的工程计算，在本例中仅供功能演示之用。

步骤 5：展开"模型"列表，双击"能量（打开）"选项，然后在"模型"列表中选择 Energy-On 选项。在弹出的"能量"对话框中勾选"能量方程"复选框，单击 OK 按钮确认选择，如图 12-49 所示。

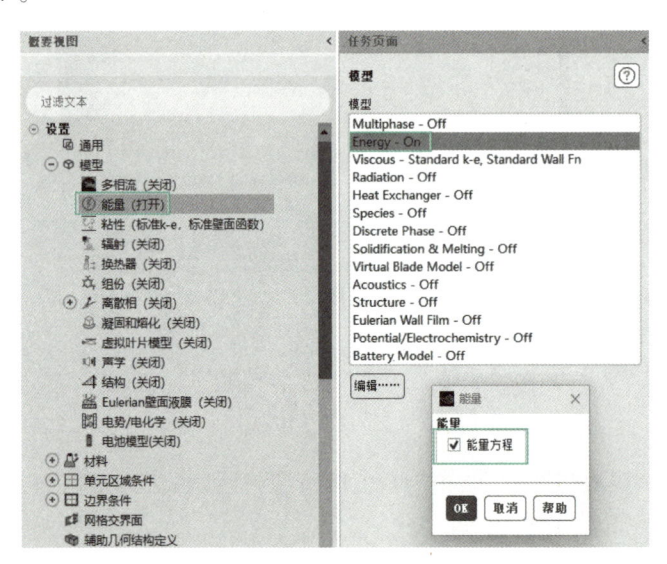

图 12-49　勾选"能量方程"复选框

12.2.6 材料选择

要进行材料选择，先选择"材料"选项，在弹出的"材料"对话框中单击"创建/编辑"按钮，在弹出的对话框中单击"Fluent 数据库"按钮，然后在弹出的"Fluent 数据库材料"对话框中选择 water-liquid(h2o<l>)选项，如图 12-50 所示。

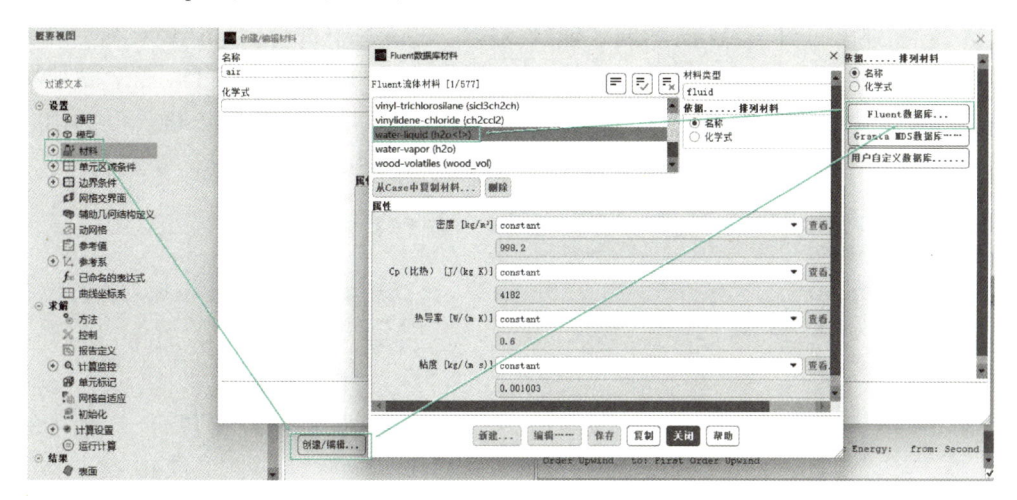

图 12-50 选择材料

注：此处使用了液态水进行模拟，读者也可以在材料库中选择其他流体材料进行模拟。另外，读者也可以定义自己想要的材料或者修改一些材料的属性。

12.2.7 设置几何属性

接下来介绍设置几何属性的具体操作步骤。

步骤 1：选择分析树中的"单元区域条件"选项，在"单元区域条件"面板的"区域"列表中选择 water，然后将"类型"设置为 fluid，如图 12-51 所示。

步骤 2：在弹出的图 12-52 所示的"流体"对话框中，选择"材料名称"为 water-liquid，单击"应用"按钮。

图 12-51 设置几何属性

图 12-52 设置材料名称

12.2.8 流体边界条件

接下来介绍对流体边界条件进行相关设置的具体操作步骤。

步骤 1：选择分析树中的"边界条件"选项，在"边界条件"面板的"区域"列表中选择 hotinlet 选项，并选择"类型"为 velocity-inlet（速度入口），如图 12-53 所示。

步骤 2：在弹出的图 12-54 所示的"速度入口"对话框中进行入口速度设置。首先设置"速度大小"为 20m/s，再在"湍流"→"设置"的下拉列表中选择 Intensity and Viscosity Ratio（湍流强度和黏度比）选项，设置"湍流强度"为 5，设置"湍流黏度比"为 10。然后在"热量"选项卡中设置"温度"为 500K，单击"应用"按钮。

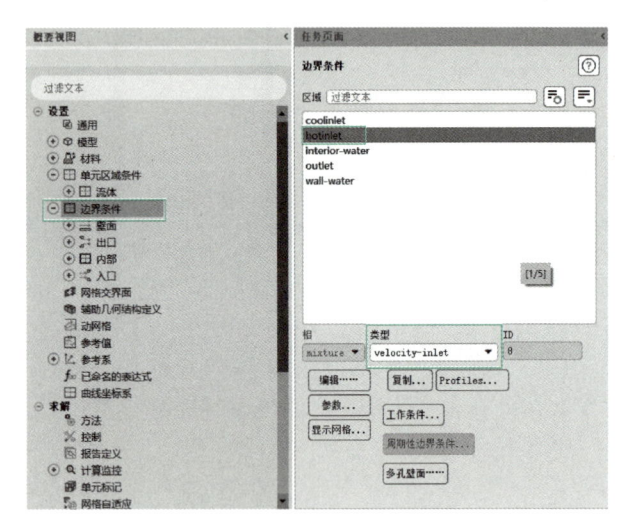

图 12-53　设置入口边界　　　　图 12-54　设置入口速度

步骤 3：选择分析树中的"边界条件"选项，在"边界条件"面板的"区域"列表中选择 coolinlet 选项，然后在"类型"下拉列表中选择 velocity-inlet（速度入口）选项，如图 12-55 所示。

图 12-55　设置出口边界

第 12 章 热流耦合分析

步骤 4：在弹出的图 12-56 所示的"速度入口"对话框中进行入口速度设置。首先在"速度大小"数值框中输入 10m/s，再在"湍流"→"设置"的下拉列表中选择 Intensity and Viscosity Radio（湍流强度和黏度比）选项，设置"湍流强度"为 5，设置"湍流黏度比"为 10。然后在"热量"选项卡中输入"温度"为 300K，单击"应用"按钮。

图 12-56　设置入口速度

步骤 5：设置 outlet 为 pressure-outlet（压力出口）属性，在属性框中保持所有参数为默认即可，如图 12-57 所示。

图 12-57　压力出口

12.2.9 求解器设置

接下来介绍有关求解器设置的具体操作步骤。

步骤 1：选择分析树中的"求解"→"初始化"选项，在"初始化方法"选项区域选择"标准初始化"单选按钮，在"计算参考位置"下拉列表中选择 hotinlet 选项，其余参数保持默认，然后单击"初始化"按钮。如图 12-58 所示。

步骤 2：选择分析树中的"运行计算"选项，在"运行计算"面板中设置"迭代次数"为 500，其余设置保持默认，然后单击"开始计算"按钮，如图 12-59 所示。

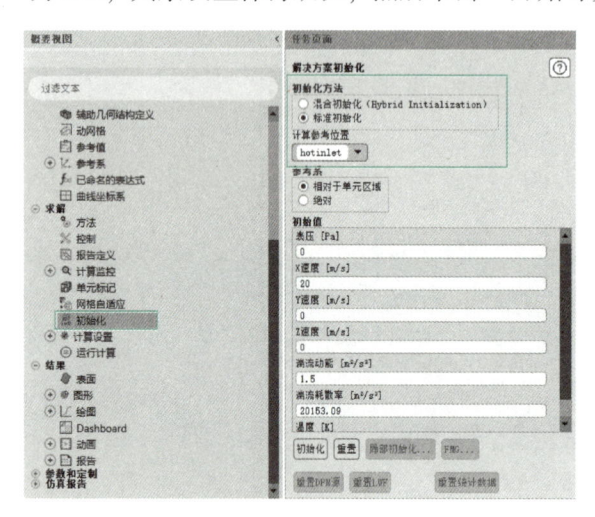

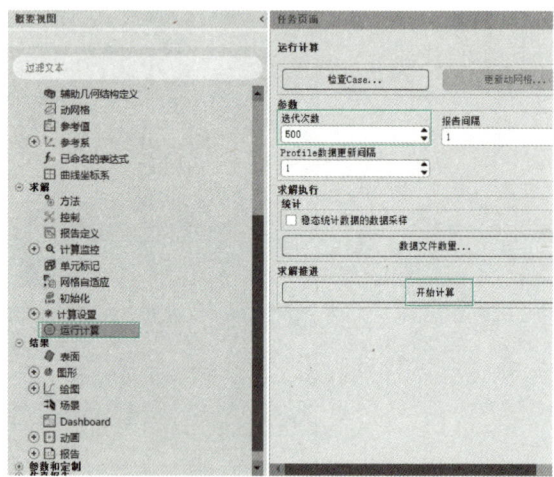

图 12-58 初始化设置　　　　图 12-59 运行计算相关设置

步骤 3：图 12-60 为 Fluent 正在计算的过程，图表显示的是能量变化曲线与残差曲线，文本框显示的是计算时迭代的过程与迭代步数。

步骤 4：求解完成后会出现图 12-61 所示的提示框，单击 OK 按钮确认。

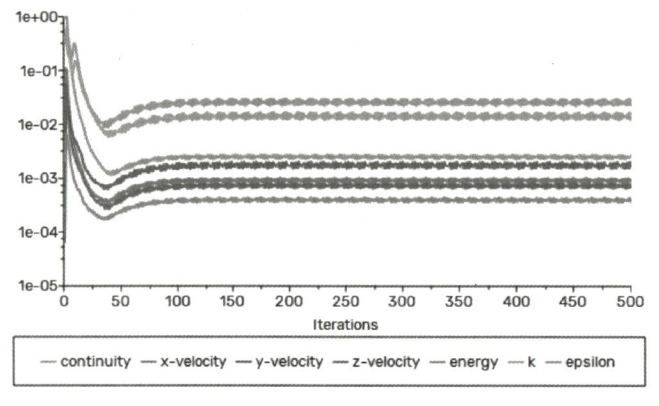

图 12-60 求解计算　　　　图 12-61 提示框

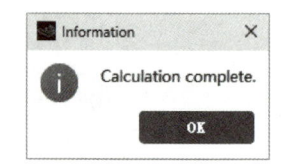

12.2.10 结果后处理

接下来介绍有关结果后处理操作的具体步骤。

步骤 1：双击分析树中的"结果"→"图形"→"云图"选项，如图 12-62 所示。

第 12 章
热流耦合分析

步骤 2：然后弹出图 12-63 所示的"云图"对话框，在"着色变量"下拉列表中选择 Velocity（速度）和 Velocity Magnitude（速度大小）选项；单击"表面"右侧的按钮，选择所有边界；其余设置保持默认。最后单击"保存/显示"按钮。

图 12-62 双击"云图"选项

图 12-63 设置云图

步骤 3：图 12-64 为流速分布云图，从图中可以看出，粗管流速的变化受到三个细管的影响较大。

图 12-64 流速分布云图

步骤 4：双击分析树中的"结果"→"图形"→"矢量"选项，如图 12-65 所示。

步骤 5：然后弹出"矢量"对话框，如图 12-66 所示。在"着色变量"的下拉列表中选择 Velocity（速度）和 Velocity Magnitude（速度大小）选项；单击"表面"右侧的按钮，选择所有边界；其余参数保持默认。最后单击"保存/显示"按钮。

步骤 6：图 12-67 为流速矢量云图。

293

图 12-65　后处理命令

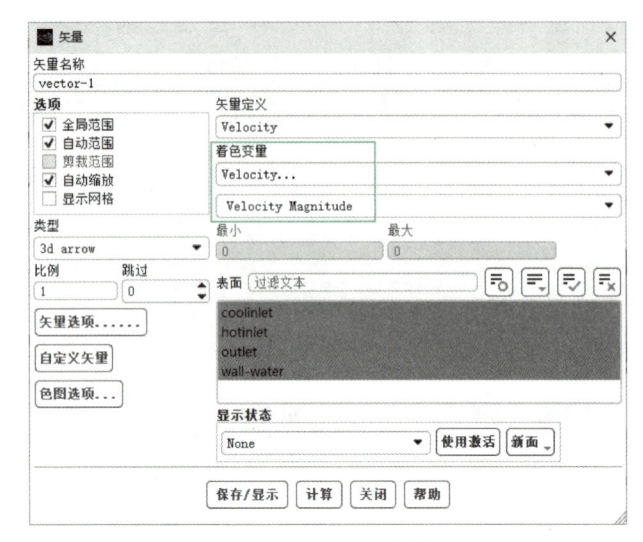

图 12-66　后处理操作

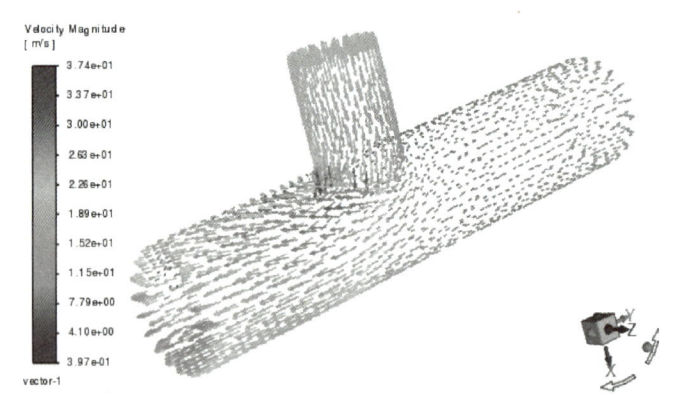

图 12-67　流速矢量云图

步骤 7：重复以上操作，则温度场矢量云图如图 12-68 所示。

图 12-68　温度场矢量云图

步骤 8：关闭 Fluent 平台。

12.2.11 Post 后处理

下面介绍有关 Post 后处理的具体操作步骤。

步骤 1：双击 B6，进入 Post 后处理平台，如图 12-69 所示。Post 后处理平台专业性强、处理效果好，同时操作简单，适合初学者使用。

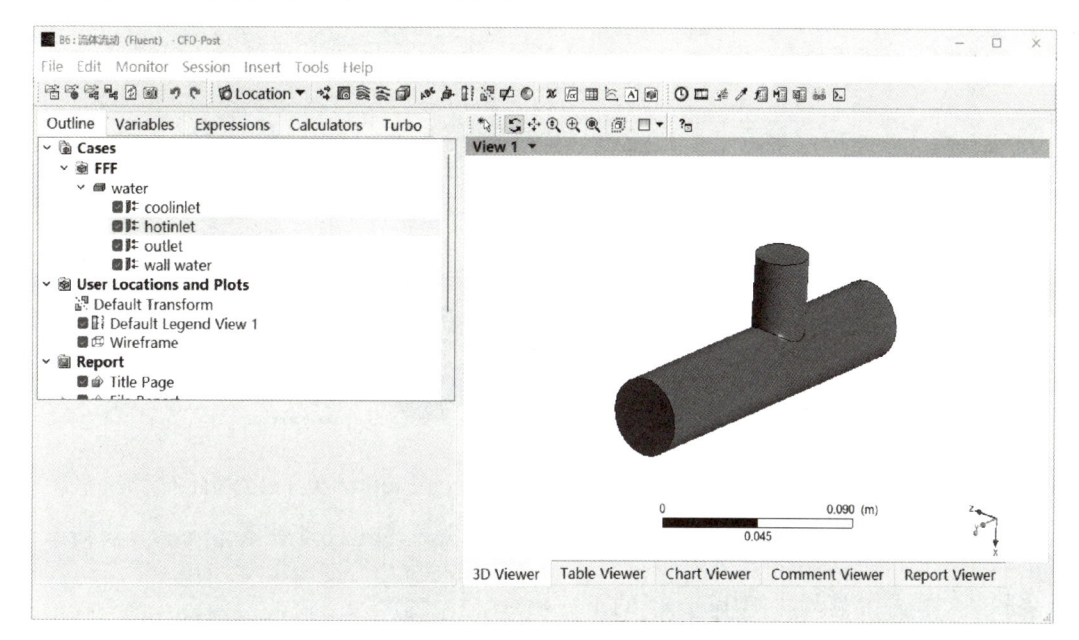

图 12-69 Post 后处理平台

步骤 2：在工具栏中单击 ⚡ 按钮，在弹出的对话框中保持默认名称，单击 OK 按钮。

步骤 3：打开图 12-70 所示的 Details of Streamline 1（流线 1 的详细信息）面板，在 Start From（开始于）的下拉列表中选择 coolinlet、hotinlet 选项，其余参数保持默认状态，然后单击 Apply（应用）按钮。

步骤 4：图 12-71 为流体流迹线云图。

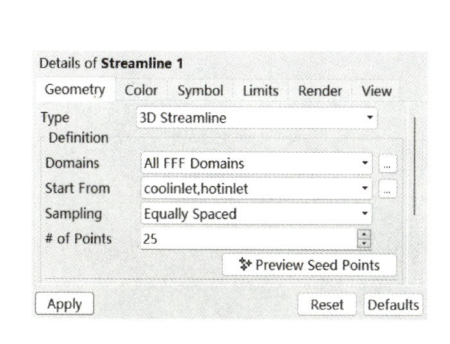

图 12-70 设置流迹线

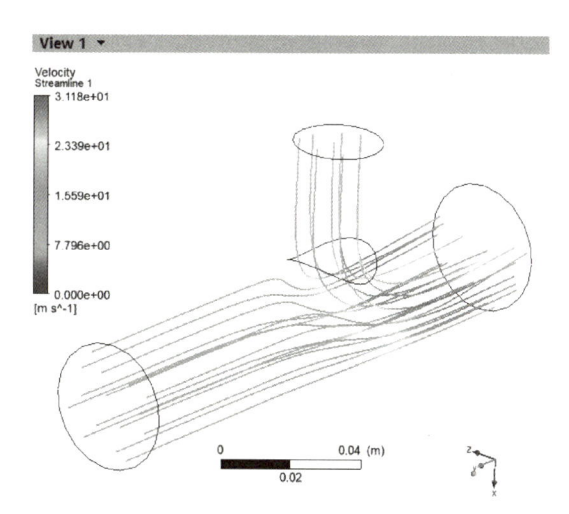

图 12-71 流体流迹线云图

步骤 5：在工具栏中单击 按钮，在弹出的对话框中保持默认名称，单击 OK 按钮。

步骤 6：打开图 12-72 所示的 Details of Contour 1（云图 1 的详细信息）对话框，在 Variable（变量）的下拉列表中选择 Temperature（温度）选项，其余参数保持默认状态，然后单击 Apply（应用）按钮。

步骤 7：图 12-73 为流体温度场分布云图。

图 12-72　设置温度云图

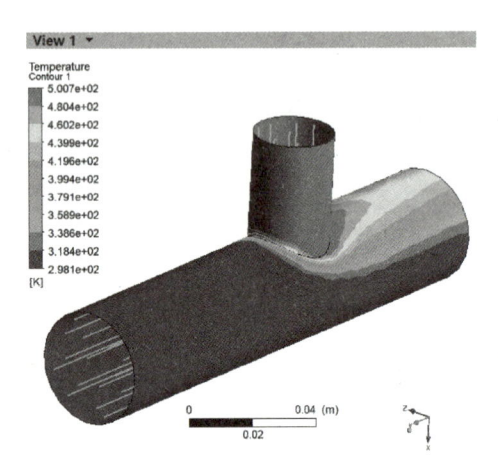

图 12-73　流体温度场分布云图

步骤 8：图 12-74 为流体压力分布云图。

步骤 9：单击工具栏中 Location ▼ 的下三角按钮，选择 Plane 选项，创建一个在 XY 面上的平面，单击 OK 按钮。选择 Contour（云图）选项，打开 Details of Contour 2（云图 2 的详细信息）面板，在 Locations（位置）栏中选择刚刚建立的平面，单击 Apply（应用）按钮，如图 12-75 所示。

步骤 10：此时将显示压力分布云图，如图 12-76 所示。

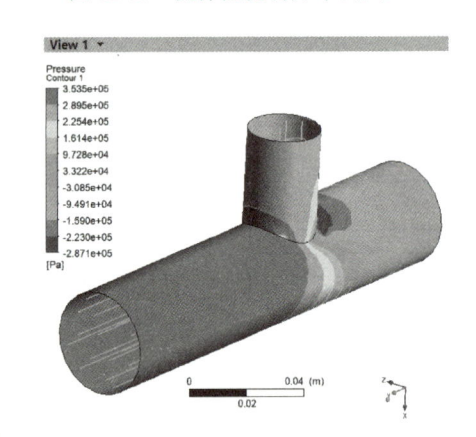

图 12-74　流体压力分布云图

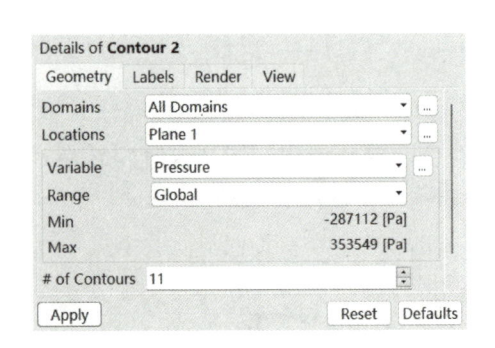

图 12-75　设置压力云图

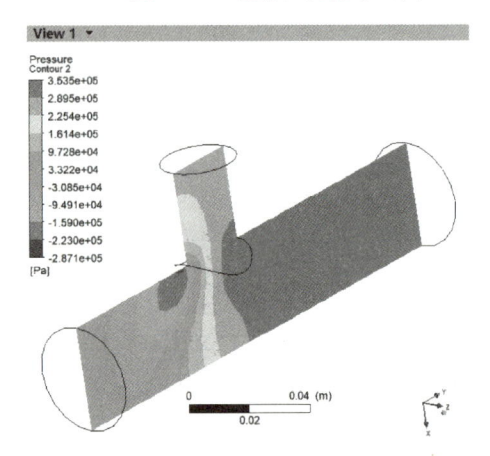

图 12-76　压力分布云图

注：对比 Post 后处理与 Fluent 后处理可以发现，前者的后处理能力要强于后者，而且操作更简单。

步骤 11：返回 Workbench 窗口，单击 ■ 按钮保存文件，然后单击 ✕ 按钮退出 Workbench 窗口。

12.3　Icepak 流场分析

Icepak 是强大的 CAE 仿真工具，能够对电子产品的传热和流动进行模拟，从而提高产品的质量，大大缩短产品的上市时间。Icepak 能够处理部件级、板级和系统级等问题，帮助工程师完成无法通过实验进行的计算，并监控无法测量的位置的数据。

Icepak 采用的是 Fluent 计算流体力学求解器。该求解器能够完成灵活的网格划分，利用非结构化网格求解复杂的几何问题，且多点离散求解算法能够加速求解时间。

Icepak 拥有其他商用软件不具备的特点，包括：

- 非矩形设备的精确模拟。
- 接触热阻模拟。
- 各向异性导热率。
- 非线性风扇曲线。
- 集中参数散热器。
- 辐射角系数的自动计算。

Icepak 的工程应用领域十分广泛，包括计算机机箱、通信设备、芯片封装和 PCB 板、系统模拟、散热器、数字风洞及热管模拟等。

本节主要介绍 ANSYS Workbench 的流体分析模块——Icepak 的流体结构方法及求解过程，并计算流场及温度分布情况。

注：本算例仅对操作过程进行详细介绍，请读者根据产品的实际情况对材料进行设置，以免影响计算精度。

学习目标	熟练掌握 Icepak 的流体分析方法及求解过程；熟练掌握 CFD-Post 在 Workbench 平台中的处理方法
模型文件	Chapter18\char12-3\graphics_card_simple.stp
结果文件	Chapter18\char12-3\ice_wb.wbpj

12.3.1　问题描述

图 12-77 为 PCB 板模型，板上装有电容器、存储卡等，试分析 PCB 板的热流云图。

12.3.2　软件启动与文件保存

下面介绍软件启动与文件保存的具体操作步骤。

步骤 1：启动 Workbench。

步骤 2：进入 Workbench 后，单击工具栏中的 ■（另存为）按钮，将文件保存为 ice_wb.wbpj。

图 12-77　PCB 板模型

12.3.3 导入几何数据文件

下面介绍导入几何数据文件的具体操作步骤。

步骤 1：从工具箱中的"组件系统"下面添加一个"几何结构"项目到项目管理窗口中。右击 A2 栏，在弹出的快捷菜单中依次选择"导入几何结构"→"浏览"命令，再在弹出的对话框中选择 graphics_card_simple.stp 文件，单击"打开"按钮，如图 12-78 所示。

步骤 2：双击 A2："几何结构"单元格，进入图 12-79 所示的几何建模平台，在弹出的单位设置对话框中选择单位为"米"。然后单击工具栏中的 生成 按钮，生成几何模型。

图 12-78　选择文件

图 12-79　几何建模平台

步骤 3：依次选择菜单中的"工具"→"电子"→"简化"命令，弹出图 12-80 所示的窗口。设置"简化类型"为"级别 2（多边形拟合）"，在"选择几何体"中确保所有几何体全部选中，然后单击工具栏中的 生成 按钮。

步骤 4：此时的几何模型如图 12-81 所示。

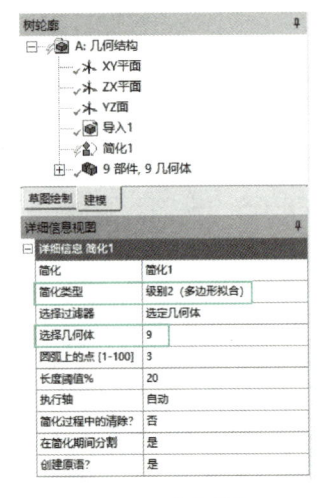

图 12-80　弹出的窗口

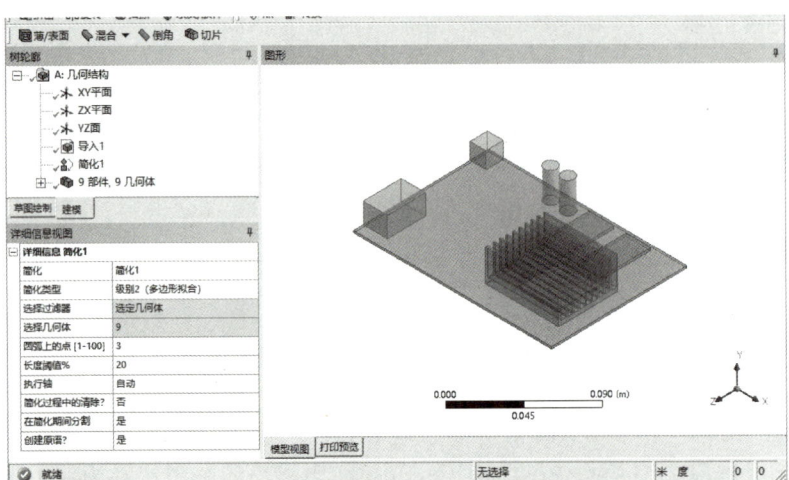

图 12-81　几何模型

第 12 章
热流耦合分析

步骤 5：关闭 DesignModeler 几何建模平台，返回 Workbench 平台。

12.3.4 添加 Icepak 模块

下面介绍添加 Icepak 模块的具体操作步骤。

步骤 1：在"工具箱"中选择"组件系统"→Icepak 选项，并按住鼠标左键，将其直接拖拽到 A2 栏中，如图 12-82 所示。创建基于 Icepak 求解器的流体分析环境。

图 12-82　流体分析环境

步骤 2：双击项目 B 中的 B2："设置"单元格，进入图 12-83 所示的 Icepak 窗口。在该窗口中，可以进行网格划分、材料添加及后处理等操作。

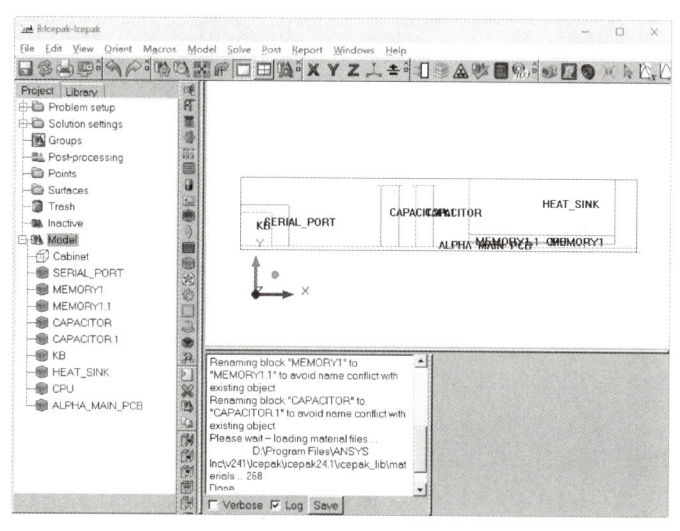

图 12-83　Icepak 窗口

步骤 3：在左侧的 Project（项目）选项卡中，依次选择 Model（模型）→Cabinet（机壳）选项，然后在右下角出现的对话框中进行如下设置：

在 Shape（形状）的下拉列表中选择 Prism（三棱柱）选项；在 xS（x 坐标开始于）数值框中输入 −0.19，单位选择 m；在 xE（x 坐标结束于）数值框中输入 0.03，单位选择 m；在 yS（y 坐标开始于）数值框中输入 0，单位选择 m；在 yE（y 坐标结束于）数值框中输入 0.028487，单位选择 m；在 zS（z 坐标开始于）数值框中输入 −0.11，单位选择 m；在 zE（z 坐标结束于）数值框中输入 1e-06，单位选择 m。最后单击 Done（完成）按钮完成几何尺寸的输入，如图 12-84 所示。

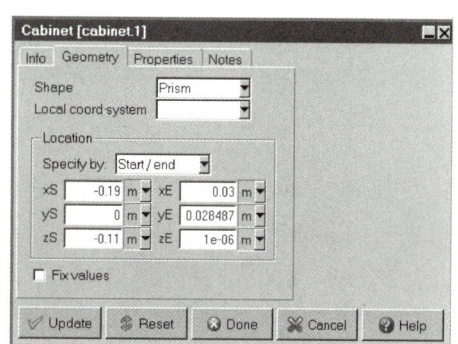

图 12-84　输入尺寸

299

注：流体分析时，除了流体模型，其他模型不参与计算，所以需要进行抑制操作。

步骤4：单击 Properties（属性）按钮，在弹出的对话框中设置 Min X（X 最小值）和 Max X（X 最大值）的 Wall type（壁面类型）属性为 Opening，如图 12-85 所示。

步骤5：单击 Max X（X 最大值）右侧的 Edit（编辑）按钮，在弹出的对话框中单击 Properties（属性）选项卡。然后勾选 X Velocity（X 方向分速度）复选框，在后面的数值框中输入速度值为-0.001，单位为 m/s。最后单击 Update（更新）按钮，如图 12-86 所示。

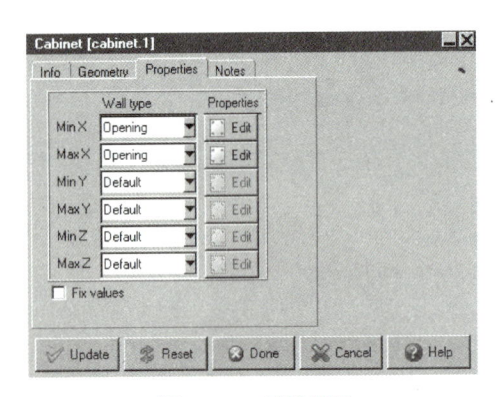

图 12-85 属性设置　　　　　　　　　图 12-86 速度设置

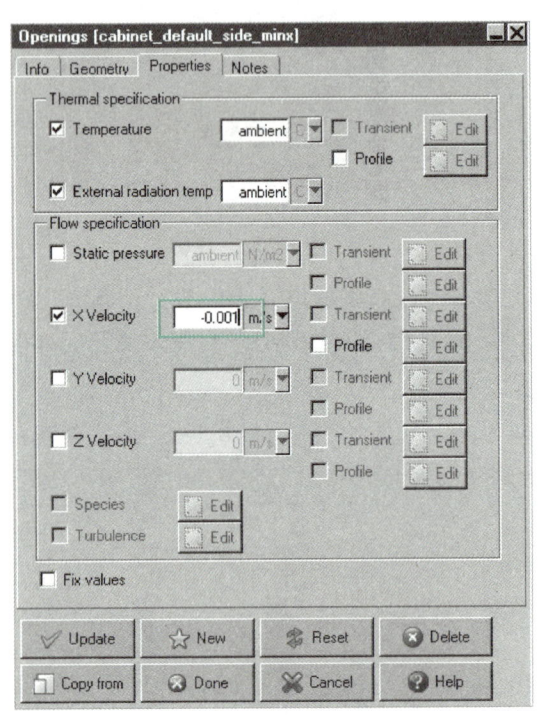

步骤6：接下来创建装配体。首先单击工具栏中的 按钮，然后在 Name（命名）文本框中输入 CPU_assembly，再将 HEAT_SINK 和 CPU 两个几何体添加到 CPU_assembly 中，单击 Apply（应用）按钮，如图 12-87 所示。

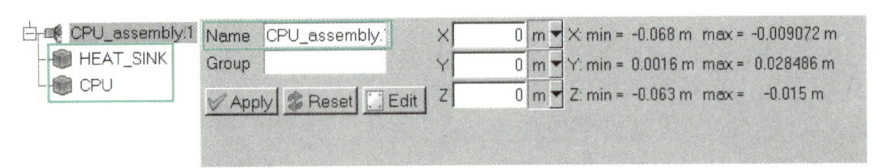

图 12-87 设置

步骤7：单击工具栏中的 按钮，在弹出的对话框中切换至 Settings（设置）选项卡，然后进行如下操作：

在 Mesh type（网格类型）栏中选择 Mesher-HD 选项，单位设置为 mm；在 Max element size（最大单元尺寸）栏中输入 X=7，Y=1，Z=3；在 Minimum gap（最小间距）栏中输入 X=1，Y=0.16，Z=1，单位均设置为 mm；勾选 Set uniform mesh params（设置均匀的网格参数）复

选框，如图 12-88 所示。

步骤 8：单击 Generate 按钮进行网格划分，划分完成后切换到 Display（显示）选项卡，该选项卡最上端显示的是单元数量和节点数量。勾选 Display mesh（显示网格）复选框；在 Display attributes（显示属性）栏中勾选前两个复选框；在 Display options（显示选项）栏中勾选前两个复选框，如图 12-89 所示。

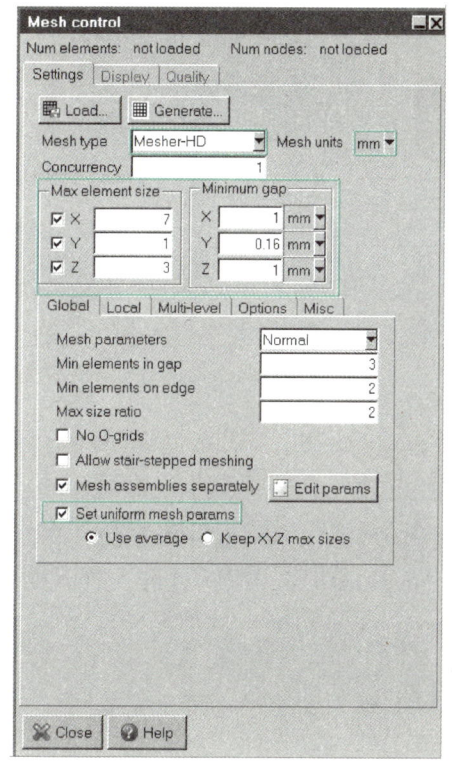

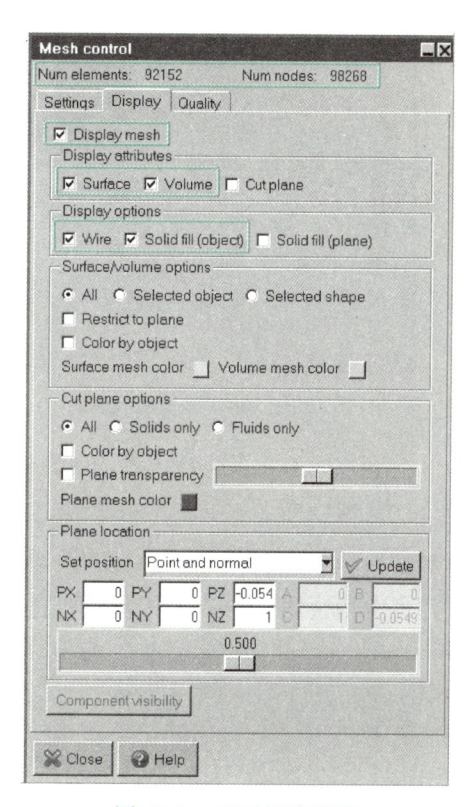

图 12-88　网格设置　　　　　　　　　图 12-89　显示网格设置

步骤 9：此时模型将显示图 12-90 所示的网格。

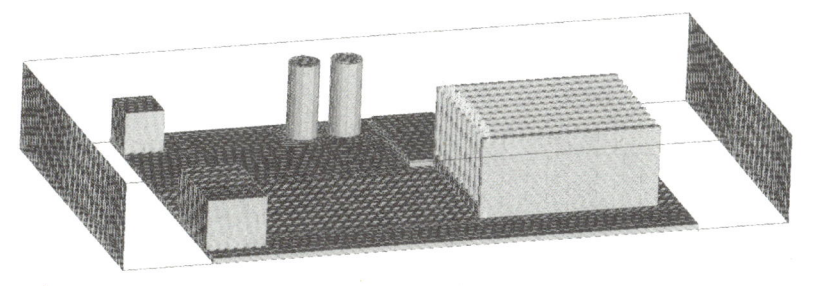

图 12-90　网格模型

步骤 10：切换到 Quality（质量）选项卡，选择 Volume（体积）单选按钮，将出现网格体积柱状图，如图 12-91 所示。

步骤 11：保持在 Quality（质量）选项卡中，选择 Skewness（扭曲度）单选按钮，将出现网格扭曲柱状图，如图 12-92 所示。

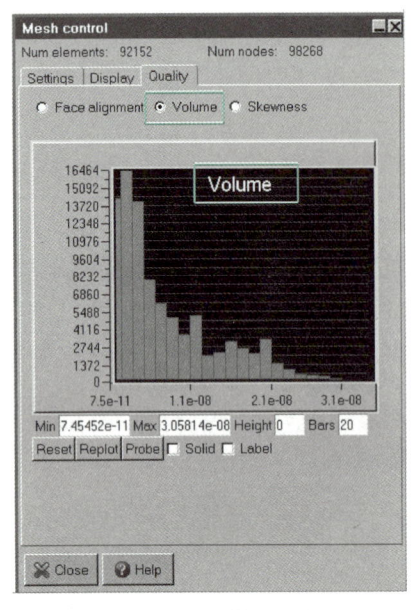

图 12-91　网格体积柱状图 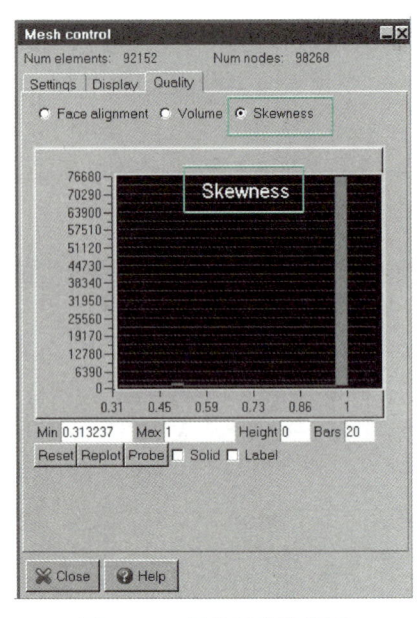　　　　　　　图 12-92　网格扭曲柱状图

12.3.5 热源设置

在分析树的 Project（项目）选项卡中双击 CPU 选项，弹出图 12-93 所示的设置对话框。在该对话框中切换到 Properties（属性）选项卡，在 Solid material（固体材料）的下拉列表中选择 Ceramic_material（陶瓷材料）选项，在 Total power（总功率）数值框中输入 60，单击 Done（完成）按钮。

右击 CPU 选项，在弹出的快捷菜单中选择 Edit（编辑）命令，也可以完成同样的操作，如图 12-94 所示。

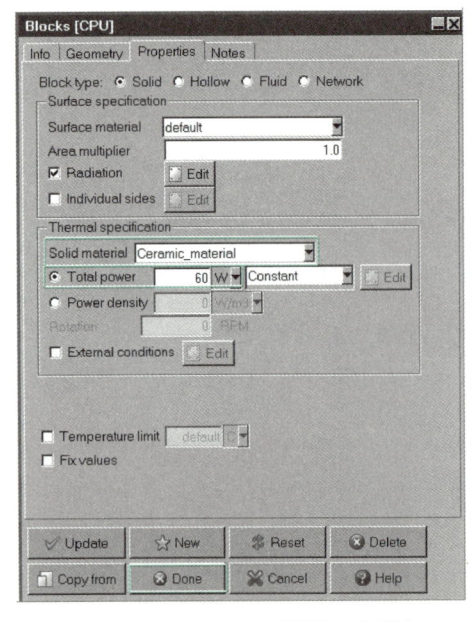

图 12-93　Properties（属性）选项卡 　　　　图 12-94　选择 Edit（编辑）命令

12.3.6 求解分析

下面介绍求解分析的具体操作步骤。

步骤 1：切换至 Project 选项卡，双击 Problem setup（问题的设置）下面的 Basic parameters（一般设置）选项，弹出图 12-95 所示的设置对话框。在 General setup（通用设置）选项卡中进行如下设置：

勾选 Variables solved（解决对象）中的 Flow（velocity/pressure）（流动：速度/压力）和 Temperature（温度）两个复选框；保证 Radiation（辐射）为 On（开启）；在 Flow regime（流动状态）中选中 Turbulent（湍流）单选按钮，并在其下拉列表中选择 Zero equation（无方程）选项；在 Natural convection 中勾选 Gravity vector 复选框，并将 X 方向的重力加速度设置为 -9.80665。

步骤 2：单击 Radiation（辐射）栏中的 Option（选项）按钮，在弹出的图 12-96 所示的对话框中进行如下操作：

在 Include objects（包含对象）栏中单击 All（全部）按钮，然后在 Participating objects（参与对象）栏中单击 All（全部）按钮，再单击 Compute（计算）按钮，进行角系数的计算。计算完成后，关闭对话框。

步骤 3：在 Project（项目）选项卡中，双击 Solution settings（求解设置）下面的 Basic settings（一般设置）选项，在弹出的 Basic settings（一般设置）对话框中进行如下设置：

在 Flow（流动）文本框中输入 0.001，在 Energy（能量）文本框中输入 1e-7，在 Joule heating（电阻加热）文本框中输入 1e-7，并单击 Accept（接受）按钮，如图 12-97 所示。

步骤 4：双击 Solution settings（求解设置）下面的 Advanced settings（高级设置）选项，在弹出的 Advanced solver setup（求解器高级设置）对话框中进行如下设置：

在 Pressure（压力）文本框中输入 0.7，在 Momentum（动量）文本框中输入 0.3，如图 12-98 所示。然后单击 Accept（接受）按钮。

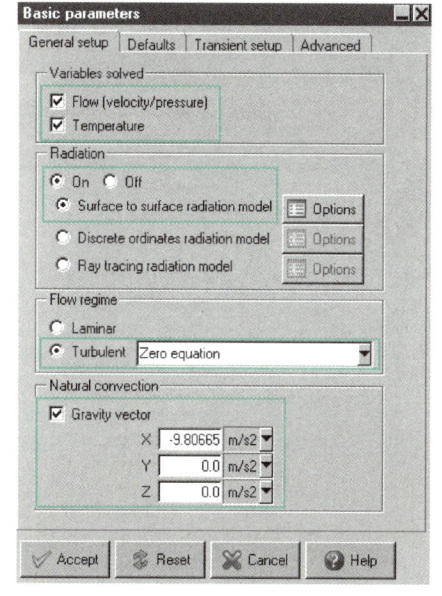

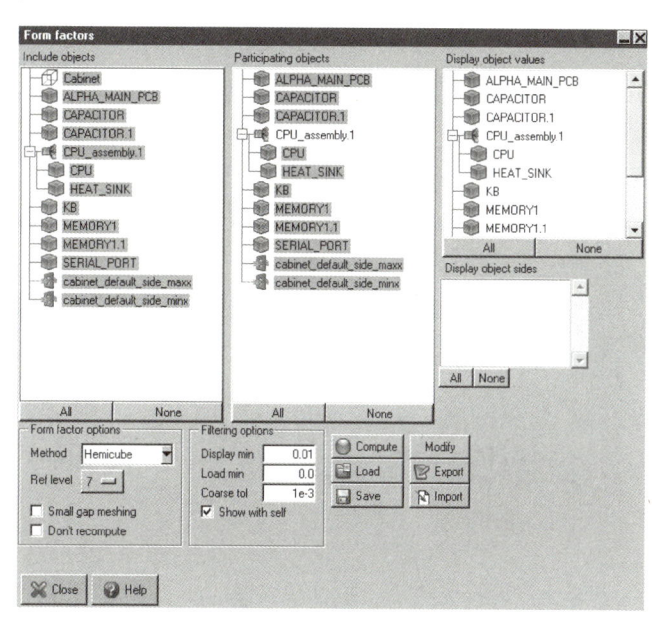

图 12-95 一般设置　　　　图 12-96 弹出的对话框

图 12-97　进行参数设置　　　　　　　　　图 12-98　求解设置

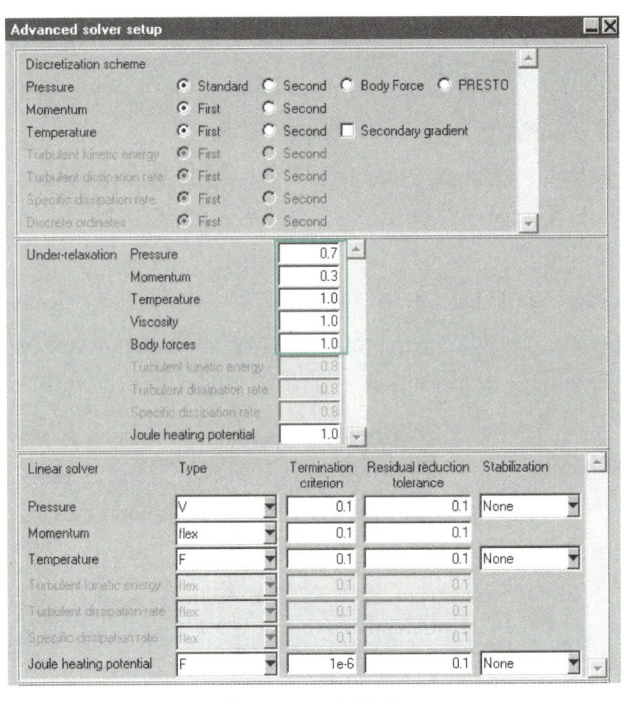

步骤 5：依次选择菜单栏中的 Solve（求解）→Run solution（运行计算）选项，在弹出的图 12-99 所示的对话框中直接单击 Start solution（开始计算）按钮进行计算，计算过程中将出现图 12-100 所示的残差跟踪窗口。

注：在网格划分时，容易出现最小体积为负值的情况，所以我们在做流体计算时，需要对几何网格的大小进行检查，以免计算出错。

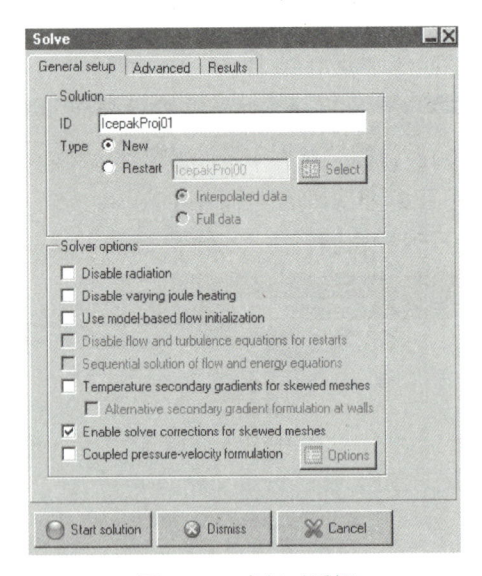

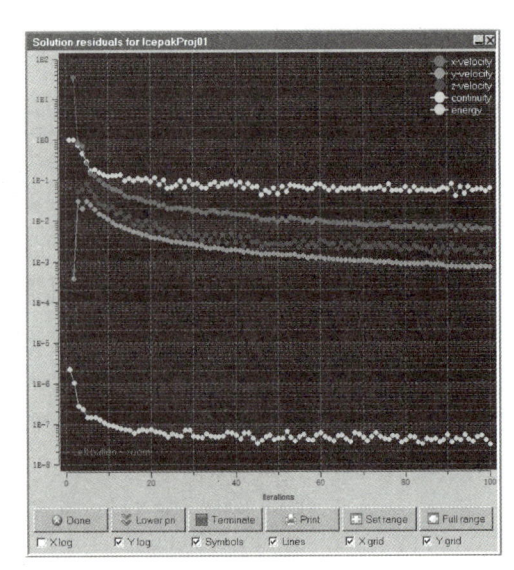

图 12-99　求解对话框　　　　　　　　　图 12-100　残差跟踪窗口

步骤 6：计算完成后，返回 Workbench 平台，在平台中添加一个"结果"模块，如图 12-101 所示。

图 12-101 添加模块

12.3.7 Post 后处理

下面介绍 Post 后处理的具体操作步骤。

步骤 1：双击 C2 栏，进入 Post 后处理平台，如图 12-102 所示。

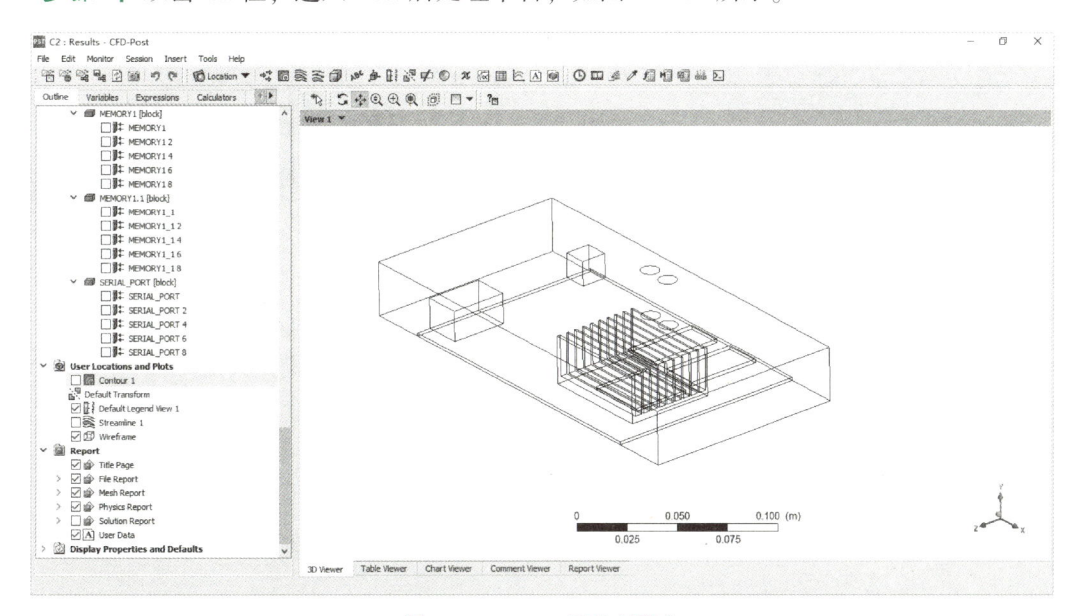

图 12-102 Post 后处理平台

步骤 2：在工具栏中单击 按钮，在弹出的对话框中保持默认名称，单击 OK 按钮。

步骤 3：打开图 12-103 所示的 Details of Streamline 1（流线 1 的详细信息）对话框，在 Start From（开始于）的下拉列表中选择 Cabinet 选项，其余参数保持默认设置，然后单击 Apply（应用）按钮。

步骤 4：图 12-104 为流体流速迹线云图。

图 12-103 设置流迹线

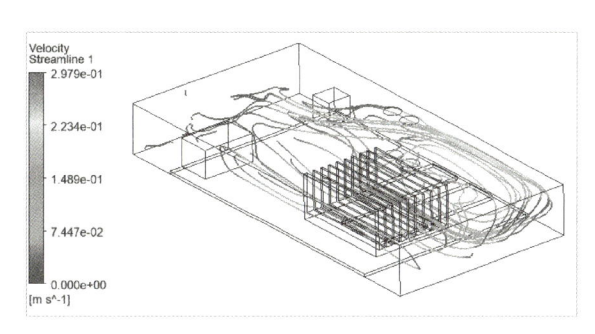

图 12-104 流体流速迹线云图

步骤5：在工具栏中单击 按钮，在弹出的对话框中保持默认名称，单击 OK 按钮。

步骤6：在图 12-105 所示的 Details of Contour 1（云图 1 的详细信息）对话框中，单击 Location（位置）栏右侧的 按钮，在弹出的 Location Selector（位置选择器）对话框中选择 Cabinet 下面的所有几何名称，并单击 OK 按钮，然后再单击 Details of Contour 1（云图 1 的详细信息）对话框中的 Apply（应用）按钮。

步骤7：图 12-106 为温度分布云图。

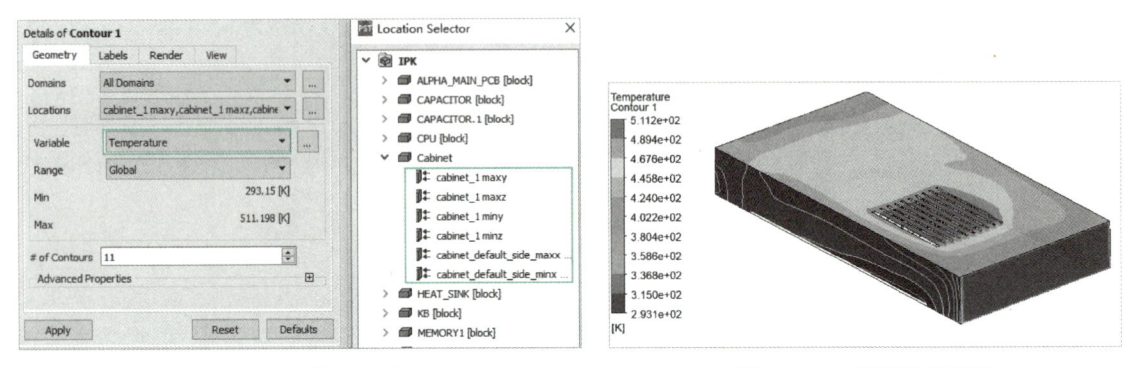

图 12-105　设置云图　　　　　图 12-106　温度分布云图

12.3.8　静态力学分析

下面介绍静态力学分析的具体操作步骤。

步骤1：添加一个静态力学分析模块，如图 12-107 所示。

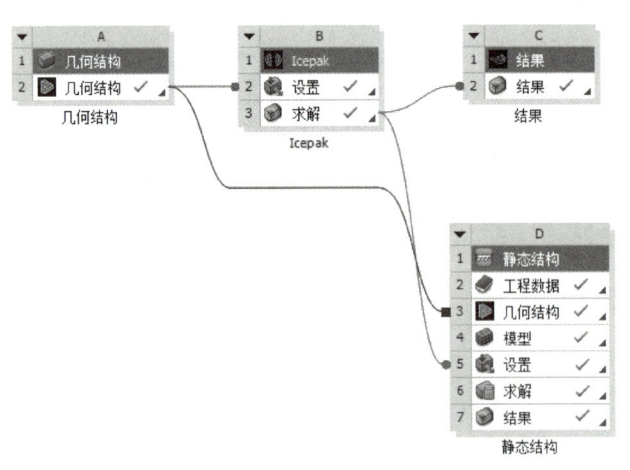

图 12-107　添加静态力学分析模块

步骤2：右击 Mesh（网格）划分网格，如图 12-108 所示。

步骤3：右击 Imported Load（B3）（导入的载荷 B3），在弹出的快捷菜单中选择"插入"→"几何体温度"命令，如图 12-109 所示。

步骤4：在"'Imported Body Temperature'的详细信息"设置窗口的"几何结构"栏中选中所有几何实体，如图 12-110 所示。

第 12 章
热流耦合分析

图 12-108　划分网格　　　　　　　　　　　　图 12-109　选择命令

步骤 5：单击工具栏中的"求解"按钮，此时的温度分布云图如图 12-111 所示。

图 12-110　选中所有几何实体　　　　　　　　图 12-111　温度分布云图

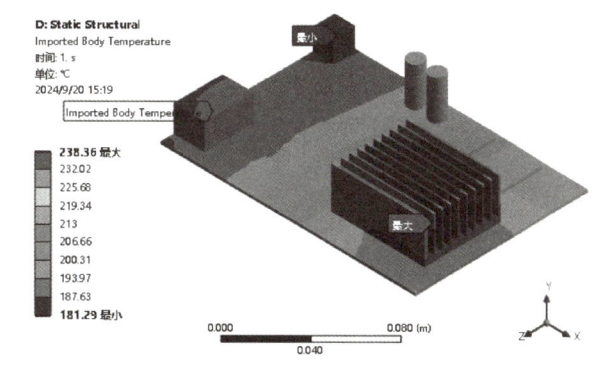

步骤 6：将 PCB 板下端面固定，如图 12-112 所示。然后选择工具栏中的"求解"命令进行计算。

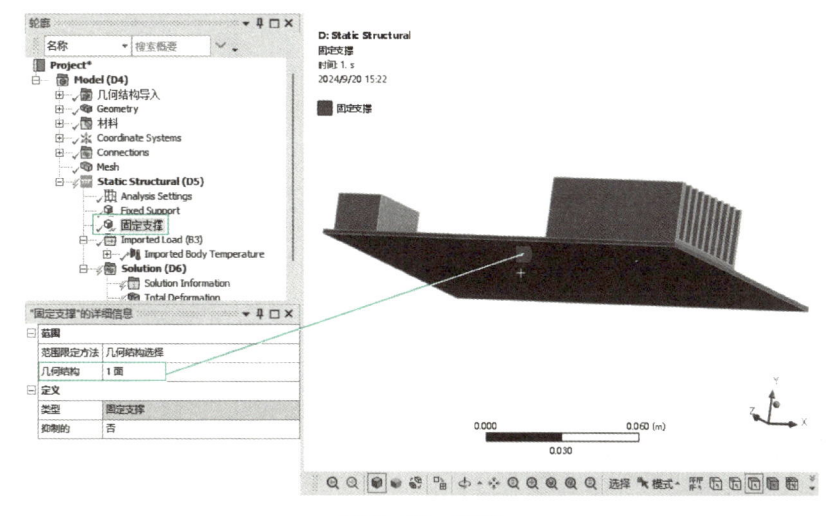

图 12-112　固定

步骤 7：热变形的效果如图 12-113 所示。热应力的效果如图 12-114 所示。

步骤 8：返回 Workbench 窗口，单击 按钮保存文件，然后单击 按钮退出。

307

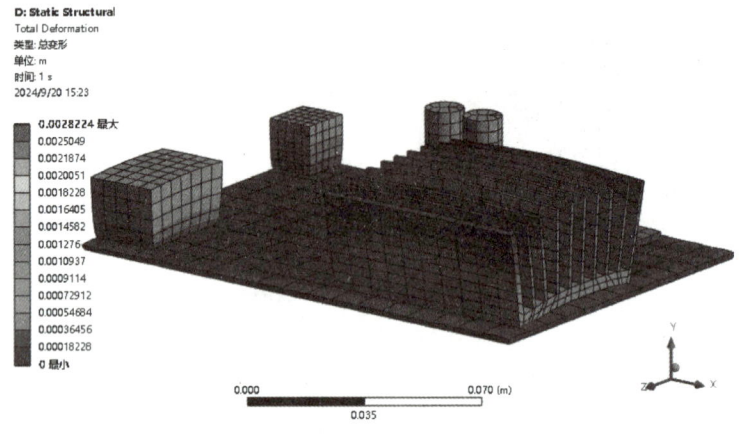

图 12-113　热变形效果

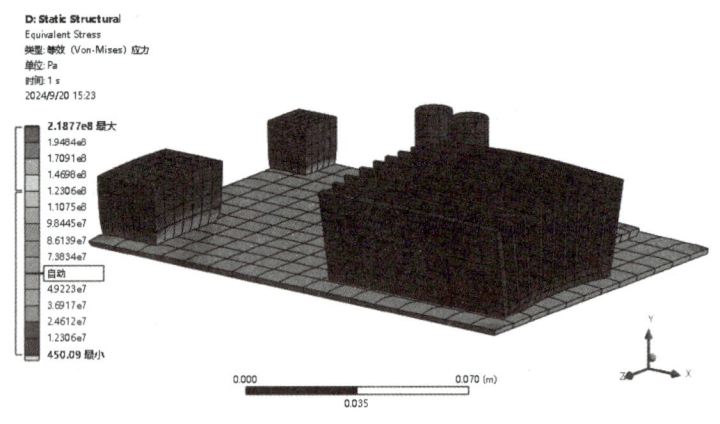

图 12-114　热应力效果

12.4　本章小结

本章介绍了 ANSYS 集成的 CFX、Fluent 及 Icepak 模块的流体动力学分析功能，并通过三个典型算例详细介绍了 CFX、Fluent 及 Icepak 三种软件流体动力学分析的一般步骤，其中包括几何模型的导入、网格划分、求解器设置、求解计算及后处理等操作方法。通过对本章节内容的学习，读者应该对流体动力学的过程有了详细的了解。